RICHARD DEDEKIND
Über die Theorie der
ganzen algebraischen Zahlen

RICHARD DEDEKIND

Über die Theorie der ganzen algebraischen Zahlen

Mit einem Geleitwort von
B. VAN DER WAERDEN

FRIEDR. VIEWEG & SOHN · BRAUNSCHWEIG 1964

Die vorliegende Ausgabe ist ein Nachdruck des Elften Supplements von DIRICHLETs Vorlesungen über Zahlentheorie, 4. Auflage, in den Fassungen XLVI bis XLIX nebst den Erläuterungen von E. Noether, entnommen aus Richard Dedekind, Gesammelte mathematische Werke, Dritter Band, Braunschweig 1932

ISBN 978-3-322-97993-3   ISBN 978-3-322-98606-1 (eBook)
DOI 10.1007/978-3-322-98606-1

Alle Rechte vorbehalten von Friedr. Vieweg & Sohn, Verlag, Braunschweig
Softcover reprint of the hardcover 1st edition 1964

Geleitwort

Zur Rechtfertigung dieser Edition von *Dedekinds* berühmtem *elften Supplement* zu *Dirichlets* „Vorlesungen über Zahlentheorie" kann ich keine besseren Worte finden als die von *Dedekind* selbst am Schluß seines Vorworts zur zweiten Auflage dieser „Vorlesungen" (1871):

„Endlich habe ich mich bemüht, überall, wo es mir möglich war, auf die Quellen zu verweisen, um den Leser zum Studium der Originalwerke zu veranlassen und in ihm ein Bild von den Fortschritten der Wissenschaft zu erwecken, deren ebenso tiefe wie erhabene Wahrheiten einen Schatz bilden, welcher die unvergängliche Frucht eines wahrhaft edelen Wettkampfes der europäischen Völker ist."

Das *elfte Supplement*, das zuerst in der dritten Auflage erschien, war eine Neufassung eines bedeutenden Abschnittes (§§ 159—170) des *zehnten Supplementes* der zweiten Auflage. Über diesen Abschnitt schreibt *Dedekind* im Vorwort zur zweiten Auflage:

„Endlich habe ich in dieses Supplement eine allgemeine Theorie der *Ideale* aufgenommen, um auf den Hauptgegenstand des ganzen Buches von einem höheren Standpunkte aus ein neues Licht zu werfen; hierbei habe ich mich freilich auf die Darstellung der Grundlagen beschränken müssen, doch hoffe ich, daß das Streben nach charakteristischen Grundbegriffen, welches in anderen Teilen der Mathematik mit so schönen Erfolgen gekrönt ist, mir nicht ganz mißglückt sein möge."

Schon vor *Dedekind* hatte *Kronecker* eine Idealtheorie der algebraischen Zahlkörper entwickelt, aber die *Dedekind*sche Theorie ist unabhängig von der *Kronecker*schen entstanden. *Dedekind* fährt nämlich fort:

„Die Untersuchungen in diesem von *Kummer* geschaffenen Gebiete, welche *Kronecker* vor vierzehn Jahren angestellt hat, sind bis jetzt nicht veröffentlicht, und ich vermag nach den damaligen brieflichen Mitteilungen dieses ausgezeichneten Mathematikers nicht zu beurteilen, in welchen Beziehungen seine Prinzipien zu den meinigen stehen."

Die *Dedekind*sche Idealtheorie in ihrer ursprünglichen Form ist in §§ 159— 163 des zehnten Supplementes der zweiten Auflage von *Dirichlets* Zahlentheorie zum ersten Male dargestellt. Dieser Abschnitt ist als Abhandlung XLVII in die vorliegende Publikation aufgenommen.

In der französisch geschriebenen Abhandlung XLVIII vom Jahre 1877 hat *Dedekind* die Theorie nach seinen eigenen Worten „ausführlicher und in etwas veränderter Form dargestellt". Die französische Abhandlung enthält viele Beispiele und hat dadurch mehr den Charakter einer elementaren Einführung. Der Aufbau des elften Supplementes der dritten Auflage ist aus der französischen Abhandlung übernommen. Ferner enthält die dritte Auflage ein Stück allgemeine Idealtheorie, nämlich die eindeutige Zerlegung der Ideale einer Ordnung in „einartige Ideale". Dieses Stück ist als Abhandlung XLIX in die vorliegende Publikation aufgenommen. Ein Beweis, den *Dedekind* für die dritte Auflage kassiert hatte, wurde von *Emmy Noether* im Nachlaß gefunden und an der betreffenden Stelle wieder eingefügt.

Im elften Supplement der vierten Auflage (1894) hat *Dedekind* die Theorie ganz neu aufgebaut. Bei der Edition des dritten Bandes der gesammelten mathematischen Werke von *Dedekind* hat *Emmy Noether* die Fassung der vierten Auflage vollständig aufgenommen, während von den früheren Fassungen nur jeweils das dort nicht übernommene gebracht wurde. Diese vorzügliche Anordnung wurde in dieser Publikation beibehalten. Die Erläuterungen von *Emmy Noether* findet man am Schluß der Abhandlung XLIX.

Über die Entstehungsgeschichte des Supplementes zur 2. Auflage ist mir nicht mehr bekannt als das wenige, was *Dedekind* in seiner Abhandlung XV „Über den Zusammenhang zwischen der Theorie der Ideale und der Theorie der höheren Kongruenzen" (Abh. Ges. Wiss. Göttingen 23, 1878) mitteilt, nämlich:

„Die neuen Prinzipien, durch welche ich zu einer ausnahmelosen und strengen Theorie der Ideale gelangt bin, habe ich zuerst vor sieben Jahren in der zweiten Auflage der *Vorlesungen über Zahlentheorie von Dirichlet* (§§ 159—170) entwickelt und neuerdings in dem Bulletin des sciences mathématiques et astronomiques (t. XI, p. 278; t. I (2e série), p. 17, 69, 144, 207) ausführlicher und in etwas veränderter Form dargestellt. Mit demselben Gegenstand hatte ich mich schon vorher, durch die große Entdeckung *Kummers* angeregt, eine lange Reihe von Jahren hindurch beschäftigt, wobei ich von einer ganz anderen Grundlage, nämlich von der Theorie der höheren Kongruenzen ausging; allein obgleich diese Untersuchungen mich dem erstrebten Ziele sehr nahe brachten, so konnte ich mich zu ihrer Veröffentlichung doch nicht entschließen, weil die so entstandene Theorie hauptsächlich an zwei Unvollkommenheiten leidet. Die eine besteht darin, daß die Untersuchung eines Gebietes von ganzen algebraischen Zahlen sich zunächst auf die Betrachtung einer bestimmten Zahl und der ihr entsprechenden Gleichung gründet, welche als Kongruenz aufgefaßt wird, und daß die so erhaltenen Definitionen der idealen Zahlen (oder vielmehr der Teilbarkeit durch die idealen Zahlen) zufolge dieser bestimmt gewählten Darstellungsform nicht von vornherein den Charakter der *Invarianz* erkennen lassen, welcher in Wahrheit diesen Begriff zukommt; die zweite Unvollkommenheit dieser Begründungsart besteht darin, daß bisweilen eigentümliche Ausnahmefälle auftreten, welche eine besondere Behandlung verlangen. Meine neuere Theorie dagegen gründet sich ausschließlich auf solche Begriffe, wie die des *Körpers*, der *ganzen Zahl*, des *Ideals*, zu deren Definition es gar keiner bestimmten Darstellungsform der Zahlen bedarf, und wie hierdurch der erstgenannte Mangel von selbst wegfällt, so bewährt sich die Kraft dieser äußerst einfachen Begriffe auch darin, daß bei dem Beweise der allgemeinen Gesetze der Teilbarkeit eine Unterscheidung mehrerer Fälle gar niemals mehr auftritt".

Über die Entstehung der definitiven Fassung des elften Supplementes in der vierten Auflage von 1894 und über die Beziehung der *Dedekind*schen Begründungen zur *Kronecker*schen. die im Frühjahr 1888 endlich publiziert wurde, weiß man viel mehr. *Dedekind* selbst hat nämlich in einer Abhandlung ,,Über die Begründung der Idealtheorie" (Nachr. Ges. Wiss. Göttingen 1895, S. 106—113 = Werke II. S. 50—58) zu diesen Fragen Stellung genommen.

Das elfte *Supplement* von *Dedekind* hat in seinen drei Fassungen eine nachhaltige Wirkung ausgeübt. Es markiert einen Wendepunkt in der Geschichte der Zahlentheorie und der Algebra. Der 1897 in Bd. 4 des Jahresberichtes der D.M.V. erschienene ,,Zahlbericht" von *Hilbert* zeigt, wie sich die Theorie der algebraischen Zahlkörper auf dem von *Dedekind* geschaffenen Fundament in kurzer Zeit zu einer erstaunlichen Höhe entwickelt hat. Für *Emmy Noether* war das elfte Supplement eine unerschöpfliche Quelle von Anregungen und Methoden. Bei jeder Gelegenheit pflegte sie zu sagen ,,Es steht schon bei *Dedekind*".

Evariste Galois und *Richard Dedekind* sind es, die der modernen Algebra ihre Struktur gegeben haben. Das tragende Skelett dieser Struktur stammt von ihnen.

Zürich. 1. November 1963   *B. L. van der Waerden*

Inhaltsverzeichnis

XLVI. Über die Theorie der ganzen algebraischen Zahlen
(Supplement XI von Dirichlets Vorlesungen über Zahlentheorie, 4. Aufl., S. 434—657 (1894).)

Seite

§ 159.	Theorie der komplexen ganzen Zahlen von Gauß	2
§ 160.	Zahlenkörper	20
§ 161.	Permutation eines Körpers	24
§ 162.	Resultanten von Permutationen	29
§ 163.	Multipla und Divisoren von Permutationen	30
§ 164.	Irreduzible Systeme. Endliche Körper	33
§ 165.	Permutationen endlicher Körper	41
§ 166.	Gruppen von Permutationen	50
§ 167.	Spuren, Normen, Diskriminanten	53
§ 168.	Moduln	60
§ 169.	Teilbarkeit der Moduln	62
§ 170.	Produkte und Quotienten von Moduln. Ordnungen	67
§ 171.	Kongruenzen und Zahlklassen	74
§ 172.	Endliche Moduln	80
§ 173.	Ganze algebraische Zahlen	90
§ 174.	Teilbarkeit der ganzen Zahlen	98
§ 175.	System der ganzen Zahlen eines endlichen Körpers	101
§ 176.	Zerlegung in unzerlegbare Faktoren. Ideale Zahlen	107
§ 177.	Ideale. Teilbarkeit und Multiplikation	116
§ 178.	Relative Primideale	121
§ 179.	Primideale	126
§ 180.	Normen der Ideale. Kongruenzen	130
§ 181.	Idealklassen und deren Komposition	139
§ 182.	Zerlegbare Formen und deren Komposition	146
§ 183.	Einheiten eines endlichen Körpers	156
§ 184.	Anzahl der Idealklassen	169
§ 185.	Beispiel aus der Kreisteilung	178
§ 186.	Quadratische Körper	200
§ 187.	Moduln in quadratischen Körpern	206

XLVII. Über die Komposition der binären quadratischen Formen
(Supplement X von Dirichlets Vorlesungen über Zahlentheorie, 2. Aufl., S. 423—462 (1871).)

§ 159.	Endliche Körper	223
§ 160.	Ganze algebraische Zahlen	236
§ 161.	Theorie der Moduln	242
§ 162.	Ganze Zahlen eines endlichen Körpers	245
§ 163.	Theorie der Ideale eines endlichen Körpers	251

XLVIII. Sur la Théorie des Nombres entiers algébriques

(Paris, Gauthier-Villars, 1877, S. 1—121. Bulletin des Sciences mathématiques et astronomiques, 1re série, t. XI, 2^{c} série, t. I., 1876, 1877.)

        Seite

Introduction 263
Section I. Théorémes auxiliaires de la théorie des modules 273
Section II. Le germe de la théorie des idéaux 274
    § 5. Les nombres rationnels entiers 274
    § 6. Les nombres complexes entiers de Gauss 276
    § 7. Le domaine $\mathfrak{o}$ des nombres $x + y\sqrt{-5}$ 278
    § 8. Rôle du nombre 2 dans le domaine $\mathfrak{o}$ 281
    § 9. Rôle des nombres 3 et 7 dans le domaine $\mathfrak{o}$ 284
    § 10. Lois de la divisibilité dans le domaine $\mathfrak{o}$ 286
    § 11. Idéaux dans le domaine $\mathfrak{o}$ 288
    § 12. Divisibilité et multiplication des idéaux dans le domaine $\mathfrak{o}$. 291

XLIX. Über die Theorie der ganzen algebraischen Zahlen

(Supplement XI von Dirichlets Vorlesungen über Zahlentheorie, 3. Aufl., S. 515—530 (1879).)

    § 170. Multiplikation der Ideale 297
    § 171. Relative und absolute Primideale 298
    § 172. Hilfssätze 303
    § 173. Gesetze der Teilbarkeit 308

Erläuterungen zu den vorstehenden Abhandlungen XLVI—XLIX 313

XLVI
Über die Theorie der ganzen algebraischen Zahlen
§ 159

Der Begriff der **ganzen Zahl** hat in diesem Jahrhundert eine Erweiterung erfahren, durch welche der Zahlentheorie wesentlich neue Bahnen eröffnet sind; den ersten und wichtigsten Schritt auf diesem Gebiete hat Gauß*) getan, und wir wollen zunächst die Theorie der von ihm eingeführten **ganzen komplexen Zahlen** wenigstens in ihren wichtigsten Grundzügen darstellen, weil hierdurch das Verständnis der später folgenden Untersuchungen über die allgemeinsten ganzen algebraischen Zahlen gewiß erleichtert wird.

Bisher haben wir unter **ganzen Zahlen** ausschließlich die Zahlen

$$0, \pm 1, \pm 2, \pm 3, \pm 4 \ldots$$

verstanden, nämlich alle diejenigen Zahlen, welche durch wiederholte Addition und Subtraktion aus der Zahl 1 entstehen; diese Zahlen reproduzieren sich durch Addition, Subtraktion und Multiplikation, oder mit anderen Worten, die Summen, Differenzen und Produkte von je zwei ganzen Zahlen sind wieder ganze Zahlen. Dagegen führt die vierte Grundoperation, die Division, auf den umfassenderen Begriff der **rationalen Zahlen**, unter welchem Namen die Quotienten**) von irgend zwei ganzen Zahlen verstanden werden; offenbar reproduzieren sich diese rationalen Zahlen durch alle vier Grundoperationen. Jedes System von reellen oder komplexen Zahlen, welches diese fundamentale Eigenschaft der Reproduktion besitzt, wollen wir künftig einen **Zahlkörper** oder kurz einen **Körper** nennen; der Inbegriff R aller rationalen Zahlen ist daher ein Körper, und zwar bildet er das einfachste Beispiel eines solchen. Dieser Körper R der rationalen Zahlen besteht nun aus ganzen und gebrochenen, d. h. nicht ganzen Zahlen; die ersteren wollen wir in Zukunft **rationale ganze Zahlen** nennen, um sie von den neu einzuführenden **ganzen Zahlen** zu unterscheiden.

---

*) Theoria residuorum biquadraticorum. II. 1832. — Vgl. die Abhandlungen von Dirichlet: Recherches sur les formes quadratiques à coefficients et à indéterminées complexes (Crelles Journal, Bd. 24) und Untersuchungen über die Theorie der complexen Zahlen (Abh. d. Berliner Akad. 1841).

**) Dem Begriffe eines Quotienten gemäß wird es hier und im folgenden als selbstverständlich angesehen, daß der Divisor oder Nenner eine von Null verschiedene Zahl ist.

Wir wenden uns nun, indem wir zur Abkürzung $\sqrt{-1} = i$ setzen, zu der Betrachtung desjenigen Körpers J, welcher aus allen komplexen Zahlen ω von der Form
$$x + yi$$
besteht, wo x und y willkürliche **rationale** Zahlen bedeuten, die wir die **Koordinaten** der Zahl ω nennen wollen. Diese Zahlen ω bilden in der Tat einen Körper; denn wenn
$$\alpha = x_1 + y_1 i \quad \text{und} \quad \beta = x_2 + y_2 i$$
irgend zwei solche Zahlen sind, so gehören auch ihre Summe, Differenz, ihr Produkt und Quotient, d. h. die Zahlen
$$\alpha \pm \beta = (x_1 \pm x_2) + (y_1 \pm y_2) i$$
$$\alpha \beta = (x_1 x_2 - y_1 y_2) + (x_1 y_2 + y_1 x_2) i$$
$$\frac{\alpha}{\beta} = \frac{x_1 x_2 + y_1 y_2}{x_2^2 + y_2^2} + \frac{y_1 x_2 - x_1 y_2}{x_2^2 + y_2^2} i$$
demselben System J an. Dieser Körper J, welcher offenbar auch alle rationalen Zahlen enthält, soll ein **Körper zweiten Grades** oder ein **quadratischer Körper** heißen, weil alle seine Zahlen ω durch wiederholte Anwendung der vier Grundoperationen aus der einen Zahl i entstehen, welche eine Wurzel der mit rationalen Koeffizienten behafteten quadratischen Gleichung
$$i^2 + 1 = 0$$
ist. Diese Gleichung hat die Zahl $-i$ zur zweiten Wurzel; ist nun $\omega = x + yi$ auf die angegebene Weise aus i entstanden, also eine Zahl des Körpers J, so wird aus der Zahl $-i$ durch dieselben Operationen die mit ω **konjugierte** Zahl $x - yi$ entstehen, die ebenfalls dem Körper J angehört, und welche wir immer mit ω' bezeichnen wollen. Dann ist umgekehrt die mit ω' konjugierte Zahl $(\omega')' = \omega$, und man überzeugt sich leicht, daß für je zwei Zahlen α, β des Körpers J die folgenden Gesetze gelten:
$$(\alpha \pm \beta)' = \alpha' \pm \beta'$$
$$(\alpha \beta)' = \alpha' \beta'$$
$$\left(\frac{\alpha}{\beta}\right)' = \frac{\alpha'}{\beta'}.$$

Unter der **Norm** einer Zahl ω verstehen wir das Produkt $\omega \omega'$ aus den beiden konjugierten Zahlen ω und ω', und wir bezeichnen diese Norm durch das Symbol $N(\omega)$; es wird daher
$$N(x + yi) = (x + yi)(x - yi) = x^2 + y^2,$$

und hieraus folgt, daß die Norm immer eine positive rationale Zahl ist und nur dann verschwindet, wenn $\omega = 0$, also $x = 0$ und $y = 0$ ist. Da ferner $(\alpha\beta)' = \alpha'\beta'$, also

$$(\alpha\beta)(\alpha\beta)' = (\alpha\alpha')(\beta\beta')$$

ist, so ergibt sich der Satz:

$$N(\alpha\beta) = N(\alpha) N(\beta),$$

d. h. die Norm eines Produktes ist gleich dem Produkte aus den Normen der Faktoren; und ein ganz ähnlicher Satz gilt offenbar auch für die Quotienten.

Wir teilen nun alle Zahlen des Körpers J in zwei große Klassen ein; eine solche Zahl $\omega = x + yi$ soll eine **ganze komplexe** oder kürzer eine **ganze Zahl** heißen, wenn ihre beiden Koordinaten x, y ganze rationale Zahlen sind; ist aber mindestens eine der beiden Koordinaten eine gebrochene Zahl, so soll auch ω eine **gebrochene Zahl** heißen. Offenbar bilden die ganzen rationalen Zahlen x einen Teil des Systems aller ganzen komplexen Zahlen, und umgekehrt ist jede ganze komplexe Zahl $x + yi$, wenn sie zugleich rational ist, notwendig eine ganze rationale Zahl x. Unter einer **natürlichen Zahl** verstehen wir nach altem Herkommen immer eine positive, also von Null verschiedene, ganze rationale Zahl.

Aus den obigen Formeln für die Summe, Differenz und das Produkt zweier in J enthaltenen Zahlen leuchtet nun zunächst ein, daß unsere ganzen Zahlen sich durch Addition, Subtraktion und Multiplikation reproduzieren. Die Analogie mit der Theorie der rationalen Zahlen veranlaßt uns daher, den Begriff der Teilbarkeit einzuführen: die ganze Zahl α heißt **teilbar** durch die ganze Zahl β, wenn $\alpha = \beta\gamma$, und γ ebenfalls eine ganze Zahl ist; zugleich heißt α ein **Vielfaches** oder **Multiplum** von β, und β ein **Teiler** oder **Divisor** oder **Faktor** von α, oder man sagt auch, β gehe in α auf. Aus dieser Erklärung, durch welche der Begriff der Teilbarkeit für rationale ganze Zahlen nicht geändert wird, ergeben sich (wie in § 3) die beiden folgenden Elementarsätze:

I. **Sind α und β teilbar durch μ, so sind auch die Zahlen $\alpha + \beta$ und $\alpha - \beta$ teilbar durch μ.** Denn aus $\alpha = \mu\alpha_1$ und $\beta = \mu\beta_1$ folgt $\alpha \pm \beta = \mu(\alpha_1 \pm \beta_1)$, und da α_1, β_1 ganze Zahlen sind, so gilt dasselbe auch von den Zahlen $\alpha_1 \pm \beta_1$.

II. **Ist $\varkappa$ teilbar durch λ, und λ teilbar durch μ, so ist auch $\varkappa$ teilbar durch μ.** Denn aus $\varkappa = \alpha\lambda$ und $\lambda = \beta\mu$ folgt $\varkappa = (\alpha\beta)\mu$, und da α und β ganze Zahlen sind, so ist auch $\alpha\beta$ eine ganze Zahl.

Ist $\omega = x + yi$ eine ganze Zahl, so ist offenbar die konjugierte Zahl $\omega' = x - yi$ ebenfalls eine ganze Zahl, und folglich ist $N(\omega)$ teilbar durch ω. Diese Norm ist immer eine natürliche Zahl, wenn ω von Null verschieden ist, und aus dem Satze über die Norm eines Produktes ergibt sich der folgende, welcher aber nicht umgekehrt werden darf:

Ist α teilbar durch β, so ist $N(\alpha)$ auch teilbar durch $N(\beta)$.

Unter einer **Einheit** wird jede ganze Zahl ε verstanden, welche ein Divisor der Zahl 1 ist und folglich auch in allen ganzen Zahlen aufgeht; nach dem vorstehenden Satze muß $N(\varepsilon)$ in $N(1)$, d. h. in der Zahl 1 aufgehen, und folglich muß
$$N(\varepsilon) = 1, \quad \text{d. h.} \quad \varepsilon\varepsilon' = 1$$
sein; und umgekehrt leuchtet ein, daß jede ganze Zahl ε, deren Norm $= 1$ ist, gewiß eine Einheit ist. Setzt man nun $\varepsilon = x + yi$, so ist $x^2 + y^2 = 1$, und da x, y ganze rationale Zahlen sind, so ist entweder $x^2 = 1$ und $y = 0$, oder $x = 0$ und $y^2 = 1$; man erhält daher die folgenden vier Einheiten
$$\varepsilon = 1, -1, i, -i,$$
welche man auch in der Form
$$\varepsilon = i^n$$
zusammenfassen kann, wo n eine beliebige ganze rationale Zahl bedeutet. In der Theorie der rationalen Zahlen gibt es nur zwei Einheiten, nämlich die Zahlen ± 1.

Sind zwei ganze, von Null verschiedene Zahlen α, β gegenseitig durch einander teilbar, so sind die Quotienten
$$\frac{\beta}{\alpha} \quad \text{und} \quad \frac{\alpha}{\beta}$$
ganze Zahlen, und da ihr Produkt $= 1$ ist, so sind sie notwendig Einheiten, mithin ist $\beta = \alpha\varepsilon$, wo ε eine Einheit; umgekehrt, wenn dies der Fall ist, so ist auch $\alpha = \beta\varepsilon'$, also ist jede der beiden Zahlen α, β durch die andere teilbar. Zwei solche Zahlen heißen **assoziierte Zahlen**, und es leuchtet ein, daß je vier assoziierte Zahlen
$$\alpha, \alpha i, -\alpha, -\alpha i$$

bei allen Fragen der Teilbarkeit sich ganz gleich verhalten; ist nämlich eine ganze Zahl α teilbar durch eine ganze Zahl μ, so ist auch jede mit α assoziierte Zahl durch jede mit μ assoziierte Zahl teilbar. Wir sehen daher im folgenden vier solche assoziierte Zahlen als nicht **wesentlich verschieden** an.

Um nun eine ausreichende Grundlage für die Theorie der Teilbarkeit in unserem Gebiete der ganzen komplexen Zahlen zu gewinnen, bemerken wir zunächst, daß jede dem Körper J angehörige Zahl $\omega = x + yi$, mag sie ganz oder gebrochen sein, stets als Summe von zwei Zahlen ν und ω_1 dargestellt werden kann, von denen die erstere ν eine ganze Zahl ist, während $N(\omega_1) < 1$ wird: sondert man nämlich aus den rationalen Koordinaten x, y die nächstliegenden ganzen Zahlen r, s aus, so wird $x = r + x_1$, $y = s + y_1$, wo x_1, y_1 rationale Zahlen bedeuten, deren absolute Werte $\leq \frac{1}{2}$ sind; setzt man daher $\nu = r + si$, $\omega_1 = x_1 + y_1 i$, so wird $\omega = \nu + \omega_1$, wo ν eine ganze Zahl, und
$$N(\omega_1) = x_1^2 + y_1^2 \leq \tfrac{1}{2} < 1$$
ist. Hieraus ergibt sich unmittelbar der folgende wichtige Satz:

Ist α eine beliebige ganze, und β eine von Null verschiedene ganze Zahl, so kann man zwei ganze Zahlen γ und ν immer so wählen, daß
$$\alpha = \nu\beta + \gamma, \quad \text{und} \quad N(\gamma) < N(\beta)$$
wird.

Da nämlich der Quotient der beiden Zahlen α, β eine dem Körper J angehörige Zahl ω ist, so kann man
$$\frac{\alpha}{\beta} = \nu + \omega_1, \quad \text{also} \quad \alpha = \nu\beta + \beta\omega_1$$
setzen, wo ν eine ganze Zahl, und $N(\omega_1) < 1$ ist; hieraus folgt aber, daß die Zahl $\gamma = \beta\omega_1 = \alpha - \nu\beta$ ebenfalls eine ganze Zahl, und daß ihre Norm
$$N(\gamma) = N(\beta) N(\omega_1) < N(\beta)$$
ist, was zu beweisen war.

Mit Hilfe dieses Satzes läßt sich nun die Aufgabe behandeln, alle gemeinschaftlichen Divisoren von zwei gegebenen ganzen Zahlen α, β zu finden (vgl. § 4); behalten nämlich ν und γ die eben festgesetzte Bedeutung, so ergibt sich aus den obigen Elementarsätzen I. und II., daß jeder gemeinschaftliche Divisor von α, β auch gemein-

schaftlicher Divisor von β, γ ist, und umgekehrt; man wird daher, wenn γ nicht $= 0$ ist, wieder zwei ganze Zahlen δ und π so bestimmen, daß
$$\beta = \pi\gamma + \delta, \quad \text{und} \quad N(\delta) < N(\gamma)$$
wird, und wenn δ noch nicht $= 0$ ist, wird man auf dieselbe Weise so lange fortfahren, bis unter den sukzessiven Divisionsresten γ, δ ... die Zahl Null auftritt. Dies muß notwendig nach einer endlichen Anzahl von Operationen geschehen, weil die Normen dieser Reste natürliche Zahlen sind, die beständig abnehmen. Ist μ der letzte von diesen Resten, welcher einen von Null verschiedenen Wert hat, so haben wir eine Kette von Gleichungen von der Form

$$\alpha = \nu\beta + \gamma$$
$$\beta = \pi\gamma + \delta$$
$$\cdots \cdots \cdots$$
$$\varkappa = \sigma\lambda + \mu$$
$$= \tau\mu,$$

aus welcher hervorgeht, daß μ gemeinschaftlicher Divisor von α, β, und daß umgekehrt jeder gemeinschaftliche Divisor von α, β notwendig ein Divisor von μ ist. Diese Zahl μ, und ebenso jede mit ihr assoziierte Zahl, heißt der **größte gemeinschaftliche Divisor** von α und β, weil er unter allen gemeinschaftlichen Divisoren die größte Norm hat. Sind α und β **rational**, so ist μ ebenfalls rational und identisch mit derjenigen Zahl, welche in der Theorie der rationalen Zahlen der größte gemeinschaftliche Divisor von α und β genannt wurde.

Durch Umkehrung der obigen Gleichungen, wobei man sich wieder des Eulerschen Algorithmus (§ 23) bedienen kann, ergibt sich, daß immer zwei ganze Zahlen ξ, η existieren, welche der Bedingung
$$\alpha\xi + \beta\eta = \mu$$
genügen (im Falle $\gamma = 0$, $\mu = \beta$ kann man $\xi = 0$, $\eta = 1$ setzen), und derselbe Satz gilt offenbar auch dann, wenn μ nicht den größten gemeinschaftlichen Teiler von α, β selbst, sondern irgendeine durch denselben teilbare Zahl bedeutet.

Nachdem für je zwei ganze Zahlen α, β (die nicht beide verschwinden) die Existenz eines größten gemeinschaftlichen Teilers nachgewiesen, und zugleich eine Methode zur Auffindung desselben angegeben ist, leuchtet ein, daß die Lehre von der Teilbarkeit der komplexen ganzen Zahlen sich ganz ähnlich gestalten muß, wie bei den rationalen Zahlen. Wir heben zunächst folgende Punkte hervor. Zwei ganze Zahlen α, β heißen **relative Primzahlen** oder Zahlen ohne gemeinschaftlichen Divisor, wenn sie außer den vier Einheiten keinen gemeinschaftlichen Divisor besitzen; es gibt dann immer zwei ganze Zahlen ξ, η, welche der Bedingung

$$\alpha\xi + \beta\eta = 1$$

genügen, und umgekehrt folgt aus der vorstehenden Gleichung, daß α, β relative Primzahlen sind. Ist nun ω eine beliebige ganze Zahl, so ergibt sich aus

$$\alpha(\omega\xi) + (\beta\omega)\eta = \omega,$$

daß jeder gemeinschaftliche Teiler von α und $\beta\omega$ notwendig Divisor von ω ist (vgl. § 5); wenn daher ω ebenfalls relative Primzahl zu α ist, so folgt, daß auch das Produkt $\beta\omega$ relative Primzahl zu α ist, und dieser Satz, wiederholt angewendet, liefert den folgenden:

Wenn jede der Zahlen $\alpha_1, \alpha_2, \alpha_3 \ldots$ relative Primzahl zu jeder der Zahlen $\beta_1, \beta_2 \ldots$ ist, so sind auch die beiden Produkte $\alpha_1\alpha_2\alpha_3 \ldots$ und $\beta_1\beta_2 \ldots$ relative Primzahlen.

Aus derselben Gleichung ergeben sich offenbar auch die folgenden Sätze:

Sind α, β relative Primzahlen, und ist $\beta\omega$ teilbar durch α, so ist auch ω teilbar durch α.

Ist ω ein gemeinschaftliches Multiplum der beiden relativen Primzahlen α, β, so ist ω auch durch ihr Produkt $\alpha\beta$ teilbar.

Unter einer **komplexen Primzahl** ist eine ganze Zahl π zu verstehen, welche keine Einheit ist, und deren Divisoren entweder mit π assoziiert oder Einheiten sind (vgl. § 8). Ist nun α eine beliebige ganze Zahl, so muß einer und nur einer der beiden folgenden Fälle eintreten: entweder ist α teilbar durch die Primzahl π, oder α ist relative Primzahl zu π; denn der größte gemeinschaftliche Teiler der beiden Zahlen α, π ist entweder assoziiert mit π oder eine Einheit. Mit Rücksicht auf das Vorhergehende folgt hieraus offenbar der Satz:

Wenn ein Produkt aus mehreren ganzen Zahlen α, β, $\gamma \ldots$ durch eine Primzahl π teilbar ist, so geht π mindestens in einem der Faktoren α, β, $\gamma \ldots$ auf.

Jede ganze, von Null verschiedene Zahl α ist nun entweder eine Einheit, oder eine Primzahl, oder sie besitzt mindestens einen Divisor β, welcher weder eine Einheit, noch mit α assoziiert ist; in diesem letzten Falle heißt α eine **zusammengesetzte Zahl**, und wenn $\alpha = \beta \lambda$ gesetzt wird, so ist auch λ keine Einheit, und da $N(\alpha) = N(\beta) N(\lambda)$ ist, so ergibt sich $N(\alpha) > N(\beta) > 1$, weil die vier Einheiten die einzigen Zahlen sind, deren Norm $= 1$ ist. Hieraus folgt leicht (vgl. § 8), daß mindestens eine in α aufgehende Primzahl existiert; denn wenn β noch keine Primzahl, mithin eine zusammengesetzte Zahl ist, so besitzt sie wieder einen Divisor γ, der der Bedingung $N(\beta) > N(\gamma) > 1$ genügt, und wenn γ noch keine Primzahl ist, so kann man in derselben Weise so lange fortfahren, bis in der Reihe der Zahlen $\alpha, \beta, \gamma \ldots$ eine Primzahl π auftritt, was nach einer endlichen Anzahl von Zerlegungen geschehen muß, weil die Reihe der beständig abnehmenden natürlichen Zahlen $N(\alpha), N(\beta), N(\gamma) \ldots$ notwendig einmal abbrechen wird. Offenbar ist nun α teilbar durch π und folglich von der Form $\pi \alpha_1$, wo α_1 entweder eine Primzahl oder eine zusammengesetzte Zahl ist; im letzteren Falle kann man wieder $\alpha_1 = \pi_1 \alpha_2$, also $\alpha = \pi \pi_1 \alpha_2$ setzen, wo π_1 eine Primzahl bedeutet, und wenn α_2 noch keine Primzahl, sondern eine zusammengesetzte Zahl ist, so kann man in derselben Weise fortfahren, bis in der Reihe der Zahlen $\alpha_1, \alpha_2 \ldots$ eine Primzahl $\alpha_n = \pi_n$ auftritt, was, wie sich abermals aus der Betrachtung der Normen ergibt, nach einer endlichen Anzahl von Zerlegungen geschehen muß. Dann ist die zusammengesetzte Zahl

$$\alpha = \pi \pi_1 \pi_2 \ldots \pi_n$$

dargestellt als ein Produkt von $n+1$ Faktoren, welche sämtlich Primzahlen sind. Gesetzt nun, dieselbe Zahl α sei auch ein Produkt aus $m+1$ Primzahlen $\varrho, \varrho_1, \varrho_2 \ldots \varrho_m$, also

$$\pi \pi_1 \pi_2 \ldots \pi_n = \varrho \varrho_1 \varrho_2 \ldots \varrho_m,$$

so muß nach dem oben bewiesenen Satze die in diesem Produkte α aufgehende Primzahl π notwendig in einem der Faktoren $\varrho, \varrho_1, \varrho_2 \ldots \varrho_m$, z. B. in ϱ aufgehen; da aber ϱ ebenfalls eine Primzahl ist und folglich außer den Einheiten nur solche Divisoren besitzt, welche mit ϱ assoziiert sind, so muß $\pi = \varepsilon \varrho$ sein, wo ε eine Einheit bedeutet, und hieraus folgt durch Division mit ϱ die Gleichung

$$\varepsilon \pi_1 \pi_2 \ldots \pi_n = \varrho_1 \varrho_2 \ldots \varrho_m:$$

da nun das Produkt rechter Hand durch die Primzahl π_1 teilbar ist, so muß zufolge derselben Schlüsse die Zahl π_1 mit einem der Faktoren dieses Produktes, z. B. mit ϱ_1 assoziiert, also von der Form $\varepsilon_1 \varrho_1$ sein, wo ε_1 eine Einheit bedeutet. Die durch Division mit ϱ_1 entstehende Gleichung

$$\varepsilon \varepsilon_1 \pi_2 \ldots \pi_n = \varrho_2 \ldots \varrho_m$$

kann man offenbar in derselben Weise weiter behandeln; es ergibt sich hieraus zunächst, daß m nicht kleiner als n ist, und daß man $\pi_2 = \varepsilon_2 \varrho_2$, $\pi_3 = \varepsilon_3 \varrho_3 \ldots \pi_n = \varepsilon_n \varrho_n$ setzen kann, wo $\varepsilon_2, \varepsilon_3 \ldots \varepsilon_n$ Einheiten bedeuten. Wäre nun $m > n$, so würde sich

$$\varepsilon \varepsilon_1 \varepsilon_2 \ldots \varepsilon_n = \varrho_{n+1} \varrho_{n+2} \ldots \varrho_m$$

ergeben, und es wäre folglich ein Produkt von lauter Einheiten durch mindestens eine Primzahl ϱ_{n+1} teilbar, was unmöglich ist. Mithin ist $m = n$, und die beiden Zerlegungen der Zahl α in Primfaktoren sind **wesentlich identisch**, d. h. wenn in der einen Zerlegung genau r Faktoren auftreten, welche mit einer und derselben Primzahl π assoziiert sind, so finden sich auch in der anderen Zerlegung genau r solche mit π assoziierte Faktoren. In diesem Sinne ist der hiermit bewiesene **Fundamentalsatz** (vgl. § 8) zu verstehen:

Jede zusammengesetzte Zahl läßt sich stets und wesentlich nur auf eine einzige Weise als Produkt aus einer endlichen Anzahl von Primzahlen darstellen.

Es ist nun auch nicht schwer, sich einen deutlichen Überblick über alle in unserem Körper J vorhandenen komplexen Primzahlen π zu verschaffen. Es gibt offenbar unendlich viele natürliche Zahlen, die durch eine bestimmte Primzahl π teilbar sind (eine solche ist z. B. $N(\pi) = \pi \pi'$); von allen diesen Zahlen muß die kleinste p notwendig eine **natürliche Primzahl**, d. h. eine positive Primzahl des Körpers R, also eine Primzahl im alten Sinne des Wortes sein; denn p ist > 1, weil sonst π eine Einheit wäre, und p kann auch nicht ein Produkt von zwei kleineren natürlichen Zahlen sein, weil sonst π als Primzahl in einer derselben aufgehen müßte, was aber der Definition von p widerspricht. Jede komplexe Primzahl π ist daher Divisor von einer (und offenbar auch nur von einer einzigen) natürlichen Primzahl p, und es werden folglich alle komplexen Primzahlen π entdeckt werden, wenn man die Divisoren aller natürlichen Primzahlen p aufsucht. Es sei daher p eine natürliche Primzahl, und π eine in p aufgehende komplexe Primzahl, so ist $N(\pi)$ ein Divisor von $p^2 = N(p)$, und folglich ist $N(\pi)$ entweder $= p$ oder $= p^2$; je nachdem der erste oder zweite Fall eintritt, wollen wir π eine Primzahl **ersten** oder **zweiten Grades** nennen. Im ersten Falle ist $p = \pi\pi' = N(\pi)$ das Produkt aus zwei konjugierten Primzahlen ersten Grades, weil offenbar π' stets gleichzeitig mit π eine Primzahl ist; im zweiten Falle ist $p = \pi\varepsilon$, $N(\varepsilon) = 1$, also ist p assoziiert mit π und folglich selbst eine komplexe Primzahl zweiten Grades.

Die Entscheidung über das Eintreten des einen oder anderen Falles je nach der Beschaffenheit der natürlichen Primzahl p würde sich augenblicklich aus der Theorie der binären quadratischen Formen von der Determinante -1 ergeben (§ 68); allein unser Hauptziel besteht gerade darin, nachzuweisen, daß die Theorie der Formen überhaupt entbehrlich ist, oder vielmehr, daß sie auf die einfachere und zugleich tiefer eindringende Theorie der ganzen algebraischen Zahlen zurückgeführt werden kann. Wir suchen daher auch hier unsere Aufgabe selbständig zu lösen. Es leuchtet nun ein, daß der zweite Fall jedesmal stattfinden muß, wenn $p \equiv 3 \pmod{4}$ ist; denn da die Norm einer jeden ganzen komplexen Zahl eine Summe von zwei ganzen rationalen Quadratzahlen ist und folglich, durch vier dividiert, den Rest 0, 1 oder 2 läßt, je nachdem beide Quadrate gerade, oder eines, oder beide ungerade sind, so kann der erste Fall höchstens dann eintreten, wenn $p = 2$, oder $p \equiv 1 \pmod{4}$ ist. Wir erhalten hiermit das erste Resultat:

Jede natürliche Primzahl p von der Form $4h + 3$ ist eine komplexe Primzahl zweiten Grades.

Der Fall $p = 2$ erledigt sich unmittelbar durch die Bemerkung, daß
$$2 = N(1-i) = (1-i)(1+i) = i(1-i)^2$$
ist, und liefert das Resultat:

Die Zahl 2 ist assoziiert mit dem Quadrate der Primzahl ersten Grades $1-i$.

Es handelt sich jetzt nur noch um die natürlichen Primzahlen p von der Form $4h + 1$; die Entscheidung wird sofort gegeben, sobald man aus der Theorie der rationalen Zahlen den Satz (§ 40) entlehnt, daß die Zahl -1 quadratischer Rest von jeder solchen Zahl p ist, daß also eine ganze rationale Zahl x existiert, für welche $x^2 + 1$,

d. h. das Produkt $(x+i)(x-i)$ durch p teilbar ist; da nämlich keiner der beiden Faktoren $x+i$, $x-i$ durch p teilbar ist, so kann (nach dem obigen Satze) p keine komplexe Primzahl sein, und folglich ist p gewiß das Produkt aus zwei konjugierten Primzahlen ersten Grades π und π'. Setzt man $\pi = a + bi$, so ergibt sich auf diese Weise der Fermatsche Satz (§ 68)

$$p = a^2 + b^2.$$

Die beiden Primzahlen π, π' können nicht assoziiert sein, weil aus $a - bi = i^n(a + bi)$ entweder $b = 0$, oder $a = 0$, oder $a^2 = b^2$ folgen würde, was alles unmöglich ist. Mithin ergibt sich das letzte Resultat:

Jede natürliche Primzahl p von der Form $4h + 1$ ist das Produkt aus zwei konjugierten, nicht assoziierten komplexen Primzahlen ersten Grades.

Will man aber den obigen Satz aus der Theorie der quadratischen Reste nicht voraussetzen, so ergibt sich dasselbe Resultat im weiteren Fortgange der Theorie unserer komplexen Zahlen, wie folgt. Zwei ganze komplexe Zahlen α, β heißen kongruent in bezug auf eine dritte μ, den Modulus, wenn ihre Differenz $\alpha - \beta$ durch μ teilbar ist, und dies wird durch die Kongruenz

$$\alpha \equiv \beta \pmod{\mu}$$

angedeutet. Es leuchtet dann ohne weiteres ein, daß die elementaren Sätze über Kongruenzen (§ 17) von den rationalen Zahlen unmittelbar auf die komplexen Zahlen übertragen werden dürfen, und es ergibt sich ebenso wie früher (§ 26), daß eine Kongruenz n^{ten} Grades, deren Modulus eine komplexe Primzahl ist, niemals mehr als n inkongruente Wurzeln besitzen kann. Ist nun p eine natürliche Primzahl von der Form $4h + 1$, so wird die Kongruenz $(p-1)^{\text{ten}}$ Grades

$$\omega^{p-1} \equiv 1 \pmod{p}$$

durch mindestens p inkongruente Zahlen ω, nämlich durch $\omega = i$ und (nach § 19) durch $\omega = 1, 2, 3 \ldots (p-1)$ befriedigt; mithin ist der Modulus p keine komplexe Primzahl, und hieraus folgt dasselbe Resultat wie oben.

Nachdem die Grundlagen der Theorie der komplexen ganzen Zahlen im vorhergehenden gewonnen sind, wollen wir uns darauf beschränken, einige wenige Fragen zu behandeln, bei deren Auswahl uns der Wunsch leitet, gewisse Begriffe, welche in der später folgenden allgemeinen Theorie der ganzen algebraischen Zahlen auftreten werden, an dem einfachen, uns vorliegenden Beispiel des Körpers J zu entwickeln. Ist μ eine ganze komplexe, und zwar von Null verschiedene Zahl, so teilen wir alle ganzen komplexen Zahlen in Zahl-Klassen ein, indem wir zwei Zahlen stets und nur dann in dieselbe Klasse aufnehmen, wenn sie in bezug auf μ kongruent sind (vgl. § 18); der Grund für die Möglichkeit einer solchen Einteilung liegt darin, daß zwei mit einer dritten kongruente Zahlen notwendig auch miteinander kongruent sind. Wir stellen uns die Aufgabe, die **Anzahl** dieser verschiedenen Klassen zu bestimmen. Zu diesem Zweck betrachten wir vorläufig nur eine einzige von diesen Klassen, nämlich den Inbegriff $\mathfrak{m}$ aller derjenigen Zahlen, welche durch μ teilbar, d. h. $\equiv 0 \pmod{\mu}$ sind. Dieser Inbegriff $\mathfrak{m}$ ist identisch mit dem System aller Zahlen von der Form $\mu(x + yi)$, wo x und y willkürliche ganze rationale Zahlen bedeuten. Auf solche **homogene lineare Formen**, in welchen die **Variablen ganze rationale Zahlen** sind, werden wir in der Folge*) sehr häufig stoßen, und wir wollen, wenn z. B. α, β irgendwelche reelle oder komplexe Konstanten, x und y aber willkürliche ganze rationale Zahlen bedeuten, den **Inbegriff** aller in der Linearform $\alpha x + \beta y$ enthaltenen Werte zur Abkürzung mit dem Symbol $[\alpha, \beta]$ bezeichnen, welches also von jetzt an in ganz anderer Bedeutung gebraucht wird, als früher bei dem Eulerschen Kettenbruch-Algorithmus. Die beiden Konstanten α, β, welche wir die Basiszahlen des Systems $[\alpha, \beta]$ nennen, können nun auf unendlich mannigfaltige Weise abgeändert, d. h. durch andere Basiszahlen α_1, β_1 ersetzt werden, und zwar so, daß das System $[\alpha_1, \beta_1]$ vollständig identisch mit dem System $[\alpha, \beta]$ bleibt. Dies wird z. B. immer dann eintreten, wenn zwischen den beiden Paaren von Basiszahlen zwei Relationen von der Form

$$\alpha = p\alpha_1 + q\beta_1, \quad \beta = r\alpha_1 + s\beta_1$$

stattfinden, wo p, q, r, s vier ganze rationale Zahlen bedeuten, deren Determinante

$$ps - qr = \pm 1$$

ist; denn hieraus folgt umgekehrt

$$\pm \alpha_1 = s\alpha - q\beta, \quad \pm \beta_1 = -r\alpha + p\beta,$$

---

*) Vgl. §§ 168, 172.

mithin ist jede Zahl, welche dem einen der beiden Systeme $[\alpha, \beta]$, $[\alpha_1, \beta_1]$ angehört, auch in dem anderen enthalten, was wir kurz durch $[\alpha, \beta] = [\alpha_1, \beta_1]$ ausdrücken wollen.

Eine solche Transformation der Basis wollen wir auf unseren Fall anwenden, in welchem es sich um das System
$$\mathfrak{m} = [\mu, \mu i]$$
aller durch μ teilbaren Zahlen $\mu(x + yi)$ handelt. Wir bezeichnen mit m die größte in μ aufgehende natürliche Zahl und setzen demgemäß
$$\mu = m(p - qi), \quad \mu i = m(q + pi),$$
wo p, q ganze rationale Zahlen ohne gemeinschaftlichen Teiler bedeuten; hierauf wählen wir (nach § 24) zwei ganze rationale Zahlen r, s, welche der Bedingung
$$ps - qr = 1$$
genügen, und setzen
$$a = p^2 + q^2, \quad b = pr + qs,$$
so ist
$$ma = p.\mu + q.\mu i$$
$$m(b + i) = r.\mu + s.\mu i,$$
und hieraus folgt nach der obigen Bemerkung, daß diese beiden Zahlen ma und $m(b + i)$ ebenfalls eine Basis des Systems $\mathfrak{m}$ bilden, d. h. es wird
$$\mathfrak{m} = [ma, m(b + i)].$$

Mit Hilfe dieser Transformation können wir leicht die Anzahl aller in bezug auf den Modul μ inkongruenten Zahlen bestimmen. Denn wenn
$$\omega = h + ki$$
eine beliebige gegebene ganze komplexe Zahl ist, so erhält man die Klasse, welche aus allen mit ihr kongruenten Zahlen
$$\omega_1 = h_1 + k_1 i$$
besteht, indem man
$$\omega_1 = \omega + max + m(b + i)y,$$
also
$$h_1 = h + max + mby, \quad k_1 = k + my$$
setzt, wo x, y alle ganzen rationalen Zahlen durchlaufen; aus der Form dieser beiden Gleichungen geht aber hervor, daß man zuerst y, hierauf x immer und nur auf eine einzige Weise so bestimmen kann, daß
$$0 \leq k_1 < m \quad \text{und} \quad 0 \leq h_1 < ma$$

wird. Es gibt daher in jeder Klasse einen und nur einen Repräsentanten $\omega_1 = h_1 + k_1 i$, welcher den beiden vorstehenden Bedingungen genügt; mithin ist die Anzahl aller verschiedenen Klassen gleich der Anzahl aller verschiedenen, diese Bedingungen erfüllenden Paare h_1, k_1, also gleich dem Produkte $m^2 a = N(\mu)$ aus der Anzahl m der Werte von k_1 und der Anzahl ma der Werte von h_1. Wir erhalten mithin das folgende Resultat:

Die Anzahl aller in bezug auf den Modul μ inkongruenten Zahlen ist $= N(\mu)$.

Es hat nun auch keine Schwierigkeit, die Anzahl $\psi(\mu)$ aller derjenigen von diesen inkongruenten Zahlen zu bestimmen, welche relative Primzahlen zum Modul μ sind; diese Funktion $\psi(\mu)$ hat für unsere jetzige Zahlentheorie augenscheinlich dieselbe Wichtigkeit, wie die Funktion $\varphi(m)$ für die Theorie der rationalen Zahlen (§§ 11 — 14, 138); durch Betrachtungen, welche den damals angestellten ganz ähnlich sind, findet man

$$\psi(\mu) = 1,$$

wenn μ eine Einheit ist, sonst aber

$$\psi(\mu) = N(\mu) \prod \left(1 - \frac{1}{N(\pi)}\right),$$

wo das Produktzeichen sich auf alle wesentlich verschiedenen, in μ aufgehenden Primzahlen π bezieht; außerdem ist

$$\psi(\mu_1 \mu_2) = \psi(\mu_1) \psi(\mu_2),$$

wenn μ_1, μ_2 relative Primzahlen sind, und

$$\Sigma \psi(\delta) = N(\mu),$$

wo das Summenzeichen sich auf alle wesentlich verschiedenen Divisoren δ der Zahl μ bezieht. Ist ferner ω relative Primzahl zu μ, so ist stets

$$\omega^{\psi(\mu)} \equiv 1 \pmod{\mu},$$

was dem Satze von Fermat entspricht (§§ 19, 127). Wir müssen aber der Kürze halber die Durchführung der Beweise dieser Sätze dem Leser überlassen, und wir dürfen dies um so eher tun, als wir später (§ 180) dieselben Fragen in ihrer allgemeinsten Form behandeln werden.

Dagegen wollen wir noch mit einigen Worten auf den Zusammenhang eingehen, welcher zwischen der Theorie der komplexen ganzen

Zahlen und derjenigen der quadratischen Formen von der Determinante -1 besteht. Wir haben oben das System $\mathfrak{m} = [\mu, \mu i]$ aller durch μ teilbaren Zahlen in die Form $[m a, m(b + i)]$ gebracht, wo die Zahlen m, a, b nach gewissen Regeln aus der gegebenen Zahl μ abzuleiten waren; von diesen drei Zahlen waren m und a völlig bestimmt, während b von der Wahl der beiden Hilfszahlen r, s abhing; jedes andere Paar r_1, s_1, welches der Bedingung

$$p s_1 - q r_1 = 1$$

genügt, ist (nach § 24) von der Form

$$r_1 = r + h p, \quad s_1 = s + h q,$$

wo h eine willkürliche ganze rationale Zahl bedeutet, und liefert an Stelle von b die Zahl

$$b_1 = p r_1 + q s_1 = b + h a \equiv b \pmod{a};$$

die rationalen Zahlen b_1 durchlaufen daher alle Individuen einer völlig bestimmten Zahlklasse in bezug auf den Modul a, und es ist offenbar gleichgültig, welchen Repräsentanten b dieser Klasse man wählt. Dieselbe läßt sich auch direkt, ohne Zuziehung der Hilfszahlen r, s definieren; da nämlich $a = p^2 + q^2$ ist, so ergibt sich aus der Definition von b, daß

$$p b \equiv q, \quad q b \equiv - p \pmod{a}$$

ist, und da jede der beiden gegebenen Zahlen p, q, weil sie keinen gemeinschaftlichen Teiler haben, notwendig relative Primzahl zu a ist, so ist b durch jede einzelne dieser beiden Kongruenzen vollständig bestimmt in bezug auf den Modul a. Quadriert man eine dieser Kongruenzen und bedenkt, daß $p^2 \equiv - q^2 \pmod{a}$ ist, so ergibt sich

$$b^2 \equiv -1 \pmod{a};$$

es ist folglich

$$b^2 = -1 + a c,$$

wo c, wie a, eine natürliche Zahl, und (a, b, c) ist eine positive quadratische Form von der Determinante -1. Nun sind alle durch μ teilbaren, also in dem System $\mathfrak{m}$ enthaltenen Zahlen λ von der Form

$$\lambda = m(a x + (b + i) y),$$

wo x, y willkürliche ganze rationale Zahlen bedeuten, und durch Multiplikation mit der konjugierten Zahl λ' erhält man, weil $m^2 a = N(\mu)$ ist, das Resultat

$$N(\lambda) = N(\mu)(a x^2 + 2 b x y + c y^2).$$

Auf diese Weise führt jede bestimmte ganze komplexe Zahl μ zu einer bestimmten Schar von parallelen*) quadratischen Formen (a, b, c), deren Determinante $= -1$ ist.

Umgekehrt, wenn (a, b, c) eine solche (positive) Form, und folglich
$$ac = (b+i)(b-i)$$
ist, so bezeichnen wir mit γ den größten gemeinschaftlichen Teiler der beiden ganzen komplexen Zahlen a und $b+i$, und setzen
$$a = \alpha\gamma,\ b+i = \beta\gamma;$$
da nun α, β relative Primzahlen sind und beide in der Zahl $\alpha c = \beta(b-i)$ aufgehen, so muß diese durch das Produkt $\alpha\beta$ teilbar sein, und folglich ist
$$c = \beta\delta,\ b-i = \alpha\delta,$$
wo δ ebenfalls eine ganze komplexe Zahl bedeutet. Ersetzt man, was stets erlaubt ist, alle hier auftretenden Zahlen durch die konjugierten Zahlen, so ergibt sich
$$a = \alpha'\gamma',\ b+i = \alpha'\delta',$$
und da γ der größte gemeinschaftliche Teiler dieser beiden Zahlen ist, so muß die in beiden aufgehende Zahl α' notwendig auch in γ aufgehen; setzt man demgemäß
$$\gamma = \varepsilon\alpha',$$
so folgt
$$a = \varepsilon\alpha\alpha' = \varepsilon N(\alpha),$$
mithin ist ε eine natürliche Zahl, und da dieselbe in γ, also auch in $b+i$ aufgeht, so muß sie $= 1$ sein. Wir erhalten daher $\gamma = \alpha'$, also
$$a = \alpha\alpha' = N(\alpha),\ b+i = \beta\alpha';$$
da aber $b+i = \alpha'\delta'$, so folgt $\delta' = \beta$, $\delta = \beta'$, mithin
$$c = \beta\beta' = N(\beta),\ b-i = \alpha\beta'.$$
Man setze nun
$$\alpha = p+qi,\ \beta = r+si,$$
so folgt
$$a = p^2+q^2,\ c = r^2+s^2$$
$$b = pr+qs,\ 1 = ps-qr,$$
mithin geht die Form $(1, 0, 1)$ durch die Substitution $\left(\begin{smallmatrix}p, & r\\ q, & s\end{smallmatrix}\right)$ in die Form (a, b, c) über (§ 54); unsere Theorie der ganzen komplexen

---

*) Vgl. § 56, Anmerkung.

Dedekind

Zahlen liefert also unmittelbar den Beweis, daß alle (positiven) Formen von der Determinante -1 äquivalent sind (§ 68). —

Genau in derselben Weise, wie hier die ganzen komplexen Zahlen $x + yi$ untersucht sind, würden sich noch manche andere Gebiete von ganzen Zahlen behandeln lassen. Bedeutet z. B. θ eine Wurzel von einer der folgenden acht quadratischen Gleichungen

$\theta^2 + \theta + 1 = 0$, $\theta^2 + \theta + 2 = 0$, $\theta^2 + 2 = 0$, $\theta^2 + \theta + 3 = 0$,
$\theta^2 + \theta - 1 = 0$, $\theta^2 - 2 = 0$, $\theta^2 - 3 = 0$, $\theta^2 + \theta - 3 = 0$,

und läßt man x, y alle ganzen und gebrochenen rationalen Zahlen durchlaufen, so bilden die entsprechenden Zahlen von der Form $x + y\theta$ einen quadratischen Körper; nach der allgemeinsten Definition der ganzen algebraischen Zahl, welche wir in § 173 aufstellen werden, sind von diesen Zahlen $x + y\theta$ alle und nur diejenigen als ganze Zahlen anzusehen, deren Koordinaten x, y ganze rationale Zahlen sind. In jedem der acht auf diese Weise gebildeten Gebiete $[1, \theta]$ von ganzen algebraischen Zahlen gelten nun dieselben Fundamentalgesetze über die Teilbarkeit und die Zusammensetzung der Zahlen aus solchen Zahlen, welche den Namen von Primzahlen verdienen. Dies ergibt sich sofort durch die Bemerkung, daß in allen diesen Fällen der größte gemeinschaftliche Teiler von zwei solchen ganzen Zahlen sich durch den bekannten Divisionsprozeß finden läßt; man erkennt auch ebenso leicht den Zusammenhang dieser Zahlgebiete mit den quadratischen Formen teils erster, teils zweiter Art (§ 61), deren Determinanten die acht Zahlen

$$-3, \ -7, \ -2, \ -11,$$
$$+5, \ +2, \ +3, \ +13$$

sind. In den letzten vier Fällen gibt es zwar unendlich viele Einheiten (welche den sämtlichen Lösungen der Pellschen Gleichung entsprechen), doch wird hierdurch die Theorie dieser Gebiete nicht wesentlich erschwert. Die genannten Formen bilden jedesmal eine einzige Klasse; nur für die Determinante $+3$ gibt es zwei Klassen, welche aber durch Multiplikation mit -1 ineinander übergehen (vgl. §§ 181, 182).

Es gibt ferner Zahlengebiete, in welchen zwar der genannte Divisionsprozeß (wenigstens in seiner obigen, einfachsten Form) nicht mehr gelingt, in welchen aber dennoch dieselben Gesetze der Zusammensetzung der Zahlen aus Primzahlen gelten. Ein Beispiel hierzu liefert das Gebiet der ganzen Zahlen von der Form $x + y\theta$, wo θ eine Wurzel der Gleichung

$$\theta^2 + \theta + 5 = 0$$

ist; die entsprechenden quadratischen Formen zweiter Art von der Determinante — 19 bilden wieder nur eine einzige Klasse.

Gänzlich anders verhält es sich aber z. B. mit dem Gebiete $[1, \theta]$ der ganzen Zahlen von der Form $x + y\theta$, wo θ eine Wurzel der Gleichung

$$\theta^2 + 5 = 0$$

bedeutet, und x, y wieder alle ganzen rationalen Zahlen durchlaufen. Hier gelingt der genannte Divisionsprozeß nicht mehr, und zugleich tritt hier zum ersten Male die eigentümliche Erscheinung auf, daß Zahlen, welche nicht weiter in Faktoren von kleinerer Norm zerlegt werden können, doch nicht den Charakter von eigentlichen Primzahlen besitzen, daß vielmehr eine und dieselbe Zahl häufig auf mehrere, wesentlich verschiedene Arten als Produkt von solchen unzerlegbaren Zahlen dargestellt werden kann; es ist z. B. die Zahl 21 gleich

$$3.7 = (1 + 2\theta)(1 - 2\theta)$$

und jede der vier Zahlen 3, 7, $1 \pm 2\theta$ eine unzerlegbare Zahl*). Die entsprechenden quadratischen Formen von der Determinante — 5 zerfallen in zwei verschiedene Klassen, als deren Repräsentanten die Formen (1, 0, 5) und (2, 1, 3) angesehen werden können (§ 71), und hiermit hängt die eben beschriebene Erscheinung untrennbar zusammen.

Dieselbe Erscheinung tritt bei unendlich vielen anderen Gebieten von ganzen algebraischen Zahlen in Körpern zweiten oder höheren Grades auf; in allen diesen Fällen schien es ein durchaus hoffnungsloses Unternehmen, die Zusammensetzung und Teilbarkeit der Zahlen auf einfache Gesetze zurückführen zu wollen. Allein, wie es sich bei ähnlicher Lage der Dinge schon öfter in der Entwicklung der mathematischen Wissenschaften ereignet hat, so ist auch hier diese scheinbar unüberwindliche Schwierigkeit zur Quelle einer wahrhaft großen und folgenschweren Entdeckung geworden; in der Tat fand Kummer **) bei der Untersuchung derjenigen Zahlengebiete, auf welche das Problem der Kreisteilung führt, daß die alten Euklidischen

---

*) Vgl. §§ 16, 176.
**) Zur Theorie der komplexen Zahlen (Crelles Journal, Bd. 35).

Gesetze der Teilbarkeit auch in diesen Gebieten ihre volle Geltung wieder erlangen, sobald dieselben durch die Einführung neuer Zahlen, die er **ideale Zahlen** nannte, vervollständigt werden. Dasselbe Resultat für jedes, aus einer beliebigen algebraischen Gleichung entspringende Gebiet von ganzen Zahlen zu erreichen, ist nun die Aufgabe, die wir in diesem letzten Supplemente des vorliegenden Werkes behandeln und dadurch lösen wollen, daß wir die **Grundlagen einer allgemeinen Zahlentheorie entwickeln, welche alle speziellen Fälle ohne Ausnahme umfaßt.**

§ 160

Um dieses Ziel zu erreichen, müssen wir uns vor allem mit den wichtigsten Grundlagen der heutigen Algebra beschäftigen, was in den nächsten Paragraphen (bis § 167) geschehen soll. Den Ausgangspunkt für unsere Darstellung dieses Gegenstandes bildet der folgende, schon oben erwähnte Begriff:

Ein System A von reellen oder komplexen Zahlen a soll ein **Körper***) heißen, wenn die Summen, Differenzen, Produkte und Quotienten von je zwei dieser Zahlen a demselben System A angehören.

Dieselbe Eigenschaft sprechen wir auch so aus, daß die Zahlen eines Körpers sich durch die rationalen Operationen (Addition, Subtraktion, Multiplikation, Division) reproduzieren. Hierbei sehen wir es als selbstverständlich an, daß die Zahl Null niemals den Nenner eines Quotienten bilden kann; wir setzen deshalb auch immer voraus, daß ein Körper mindestens eine von Null verschiedene Zahl enthält, weil sonst von einem Quotienten innerhalb dieses Systems gar nicht gesprochen werden könnte.

---

*) Vgl. § 159 der zweiten Auflage dieses Werkes (1871). Dieser Name soll, ähnlich wie in den Naturwissenschaften, in der Geometrie und im Leben der menschlichen Gesellschaft, auch hier ein System bezeichnen, das eine gewisse Vollständigkeit, Vollkommenheit, Abgeschlossenheit besitzt, wodurch es als ein organisches Ganzes, als eine natürliche Einheit erscheint. Anfangs, in meinen Göttinger Vorlesungen (1857 bis 1858), hatte ich denselben Begriff mit dem Namen eines **rationalen Gebietes** belegt, der aber weniger bequem ist. Der Begriff fällt im wesentlichen zusammen mit dem, was Kronecker einen **Rationalitätsbereich** genannt hat (**Grundzüge einer arithmetischen Theorie der algebraischen Größen.** 1882). Vgl. auch die von H. Weber und mir verfaßte **Theorie der algebraischen Funktionen einer Veränderlichen** (Crelles Journal, Bd. 92, 1882).

Offenbar bildet das System R aller rationalen Zahlen einen Körper, und dies ist der einfachste oder, wie man auch sagen kann, der kleinste Körper, weil er in jedem anderen Körper A vollständig enthalten ist. In der Tat, wählt man aus A nach Belieben eine von Null verschiedene Zahl a aus, so ist der Quotient dieser Zahl a in sich selbst, d. h. die Zahl 1, zufolge der Definition ebenfalls in A enthalten, und da aus dieser Zahl durch wiederholte Addition und Subtraktion alle ganzen rationalen Zahlen, und hieraus durch Division alle rationalen Zahlen entstehen, so ist R gänzlich in A enthalten.

Jede bestimmte irrationale Wurzel θ einer quadratischen Gleichung mit rationalen Koeffizienten erzeugt, wie schon in § 159 bemerkt ist, einen bestimmten quadratischen Körper, den wir mit $R(\theta)$ bezeichnen werden; er besteht aus allen Zahlen von der Form $x + y\theta$, wo x und y alle rationalen Zahlen durchlaufen. Man sieht leicht ein, daß es unendlich viele verschiedene quadratische Körper $R(\theta)$ gibt, obgleich ein und derselbe Körper immer durch unendlich viele verschiedene Zahlen θ erzeugt wird.

Das System Z aller reellen und komplexen Zahlen ist ebenfalls ein Körper, und zwar der denkbar größte, weil jeder andere Körper in ihm enthalten ist. Zwischen den beiden Extremen R und Z liegt ferner der Körper, welcher aus allen reellen, sowohl rationalen als irrationalen Zahlen besteht.

Man hat, wie schon die eben erwähnten Beispiele zeigen, sehr häufig auszudrücken, daß alle Zahlen eines Körpers D auch einem Körper M angehören; in diesem Falle wollen wir der Kürze halber D einen Divisor von M, umgekehrt M ein Multiplum von D nennen. Hiernach ist jeder Körper Divisor und Multiplum von sich selbst, und wenn jeder der beiden Körper A, B Divisor des anderen ist, so sind sie identisch, was durch $A = B$ bezeichnet wird. Ist D ein Divisor von M, aber verschieden von M, so mag D ein echter Divisor von M, und M ein echtes Multiplum von D heißen. Ist A Divisor von B, und B Divisor von C, so ist A auch Divisor von C. Der Körper R ist ein gemeinschaftlicher Divisor, der Körper Z ein gemeinsames Multiplum aller Körper.

Aus gegebenen Körpern lassen sich nun nach bestimmten Regeln neue Körper bilden; wir betrachten im folgenden zwei solche Körperbildungen, nämlich die des größten gemeinsamen Divisors und die des kleinsten gemeinsamen Multiplums oder des Produktes.

Sind A, B zwei beliebige Körper, so ist der Inbegriff D aller derjenigen Zahlen $u, v \ldots$, welche beiden Körpern gemeinsam angehören, wieder ein Körper, weil die Summen, Differenzen, Produkte, Quotienten von u, v sowohl in A als in B, also auch in D enthalten sind. Dieser Körper D ist ein gemeinsamer Divisor von A, B, und er soll der größte gemeinsame Divisor von A, B heißen, weil jeder andere offenbar Divisor von D ist. Wenn A Divisor von B ist, so ist $D = A$, und umgekehrt.

Diese Betrachtung läßt sich unmittelbar auf ein System von mehr als zwei, ja von unendlich vielen Körpern $A, B \ldots$ übertragen; die Gesamtheit derjenigen Zahlen, welche allen diesen Körpern gemeinsam angehören, ist ein Körper und heißt ihr größter gemeinsamer Divisor.

Die zweite Art der Körperbildung beruht auf der folgenden, ebenfalls sehr einfachen Betrachtung. Ist ein bestimmtes System G von Zahlen g gegeben, deren Anzahl endlich oder unendlich sein kann, so gibt es immer solche Körper M' (z. B. den oben genannten Körper Z), in welchen alle diese Zahlen g enthalten sind; der größte gemeinsame Divisor M aller dieser Körper M' ist nach dem obigen selbst ein solcher Körper M', und zwar von allen der kleinste. Es ist wichtig, sich von diesem, durch das System G vollständig bestimmten Körper M durch eine einfache Konstruktion ein deutliches Bild zu verschaffen, wobei wir annehmen dürfen, daß G nicht aus der einzigen Zahl Null besteht. Zunächst muß M jede Zahl h enthalten, welche entweder selbst eine Zahl g oder doch ein Produkt aus mehreren[*] Faktoren g ist; diese Zahlen h reproduzieren sich durch Multiplikation. Sodann muß M jede Zahl k enthalten, welche entweder selbst eine Zahl h oder doch eine Summe von mehreren Zahlen h ist; diese Zahlen k, unter denen sich auch die Zahlen g befinden, reproduzieren sich durch Addition und Multiplikation. Ferner muß M jede Differenz l von irgend zwei Zahlen k enthalten; diese Zahlen l reproduzieren sich durch Addition, Subtraktion und Multiplikation, und unter ihnen befinden sich auch alle Zahlen $k = (k + k) - k$. Endlich muß M

---

[*] Hiermit soll, wie auch später, immer eine endliche Anzahl von Dingen bezeichnet werden.

auch jeden Quotienten m von irgend zwei Zahlen l enthalten; diese Zahlen m reproduzieren sich durch alle vier rationalen Operationen und bilden offenbar den Körper M, weil unter ihnen sich jede Zahl $l = ll:l$, folglich auch jede Zahl k, h, g befindet. Auf diese Weise hat sich ergeben, daß jede Zahl m dieses Körpers M durch eine endliche Anzahl rationaler Operationen aus den Zahlen g', g'' ... des gegebenen Systems G herstellbar ist; solche Zahlen m heißen **rational darstellbar durch das System** G; der Körper M ist der Inbegriff aller dieser Zahlen m und kann zweckmäßig durch $R(G)$ oder $R(g', g'' ...)$ bezeichnet werden. Im Anschluß an eine von Galois herrührende Ausdrucksweise wollen wir auch sagen, der Körper M entstehe aus dem Körper R der rationalen Zahlen durch Adjunktion des Systems G der Zahlen g', g'' ...; allgemeiner bezeichnen wir, wenn A irgendein Körper ist, mit $A(g', g'' ...)$ den durch Adjunktion der Zahlen g', g'' ... aus A erzeugten Körper, d. h. den kleinsten Körper, welcher außer den Zahlen des Körpers A auch die Zahlen g', g'' ... enthält.

Liegt nun irgendein System von Körpern A, B ... vor, und nimmt man in das System G jede und nur jede solche Zahl g auf, welche in mindestens einem dieser Körper enthalten ist, so wird der entsprechende Körper M, welcher aus allen durch diese Zahlen g rational darstellbaren Zahlen m besteht, ein gemeinsames Multiplum von A, B ..., und zwar das kleinste, weil nach dem obigen jedes andere M' ein Multiplum von M ist. Der Kürze halber werden wir aber den Körper M auch das **Produkt der Faktoren** A, B ... nennen und mit AB ... bezeichnen, wobei die Anordnung der Faktoren gleichgültig ist; denn offenbar ist $AB = BA$, $(AB)C = A(BC)$ usw. Wendet man die oben beschriebene Konstruktion des Körpers M auf den Fall von zwei Körpern A, B an, so besteht das System G aus allen Zahlen a des Körpers A und allen Zahlen b des Körpers B, die Zahlen h sind die Produkte ab, die Zahlen k und l sind Summen von solchen Produkten, und folglich besteht das Produkt AB aus allen Quotienten von der Form

$$m = \frac{a'_1 b'_1 + a'_2 b'_2 + \cdots + a'_r b'_r}{a_1 b_1 + a_2 b_2 + \cdots + a_s b_s}.$$

Daß A ein Divisor von B ist, kann bequem durch $AB = B$ ausgedrückt werden, und immer ist $AA = A$.

§ 161

Es geschieht in der Mathematik und in anderen Wissenschaften sehr häufig, daß, wenn ein System A von Dingen oder Elementen a vorliegt, jedes bestimmte Element a nach einem gewissen Gesetze durch ein bestimmtes, ihm entsprechendes Element a' ersetzt wird (welches in A enthalten sein kann oder auch nicht); ein solches Gesetz pflegt man eine **Substitution** zu nennen, und man sagt, daß durch diese Substitution das Element a in das Element a', und ebenso das System A in das System A' der Elemente a' übergeht*). Die Ausdrucksweise gestaltet sich noch etwas bequemer und anschaulicher, wenn man, was wir tun wollen, diese Substitution wie eine **Abbildung** des Systems A auffaßt und demgemäß a' das **Bild** von a, ebenso A' das Bild von A nennt. Der Deutlichkeit halber ist es oft notwendig, ein solches Abbildungsgesetz, um es von anderen zu unterscheiden, mit einem besonderen Zeichen, z. B. φ, zu belegen; geschieht dies, so wollen wir das Bild a', in welches a durch φ übergeht, auch durch $a\varphi$ bezeichnen; ist ferner T ein **Teil** von A, d. h. ein System von Elementen t, welche alle in A enthalten sind, so soll $T\varphi$ das System bedeuten, welches aus den Bildern $t\varphi$ aller dieser Elemente t besteht; demnach ist $A\varphi$ identisch mit dem obigen A'.

Wir wenden nun diesen Begriff auf einen beliebigen **Zahlenkörper** A an, betrachten aber nur solche Substitutionen φ, durch welche jede in A enthaltene Zahl a wieder in eine Zahl $a' = a\varphi$ übergeht. In dieser Allgemeinheit aufgefaßt, würden solche Substitutionen indessen noch gar kein Interesse darbieten; wir fragen vielmehr, ob es möglich ist, die Zahlen a des Körpers A in der Weise durch Zahlen a' abzubilden, daß alle zwischen den Zahlen a bestehenden rationalen Beziehungen sich vollständig auf die Bilder a' übertragen; oder mit anderen Worten, wir verlangen, daß, wenn aus beliebigen Zahlen $u, v, w \ldots$ des Körpers A

---

*) Schon in der dritten Auflage dieses Werkes (1879, Anmerkung auf S. 470) ist ausgesprochen, daß auf dieser Fähigkeit des Geistes, ein Ding a mit einem Ding a' zu vergleichen, oder a auf a' zu beziehen, oder dem a ein a' entsprechen zu lassen, ohne welche überhaupt kein Denken möglich ist, auch die gesamte Wissenschaft der Zahlen beruht. Die Durchführung dieses Gedankens ist seitdem veröffentlicht in meiner Schrift „Was sind und was sollen die Zahlen?" (Braunschweig 1888); die daselbst angewandte Bezeichnungsweise für Abbildungen und deren Zusammensetzung weicht äußerlich von der hier gebrauchten ein wenig ab.

durch rationale Operationen eine Zahl t abgeleitet ist, welche folglich ebenfalls dem Körper A angehört, durch dieselben rationalen Operationen aus den Bildern u', v', w' ... immer das Bild t' der Zahl t entstehen soll. Eine Substitution oder Abbildung φ, welche sich durch diese Eigenschaft vor anderen auszeichnet, wollen wir eine **Permutation des Körpers A** nennen. Da jede rationale Operation aus einer endlichen Anzahl von einfachen Additionen, Subtraktionen, Multiplikationen und Divisionen zusammengesetzt ist, so leuchtet ein, daß die Abbildung φ stets und nur dann eine solche Permutation ist, wenn für je zwei in A enthaltene Zahlen u, v die folgenden vier **Grundgesetze** gelten:

(1) $\qquad\qquad (u+v)' = u' + v'$
(2) $\qquad\qquad (u-v)' = u' - v'$
(3) $\qquad\qquad (uv)' = u'v'$
(4) $\qquad\qquad \left(\dfrac{u}{v}\right)' = \dfrac{u'}{v'}.$

Von diesen für eine Permutation charakteristischen, d. h. erforderlichen und hinreichenden Bedingungen verlangt die letzte offenbar, daß die Bilder a' nicht alle verschwinden; umgekehrt, wenn eine Abbildung φ, durch welche jede Zahl a des Körpers A in eine Zahl a' übergeht, diese Eigenschaft besitzt und außerdem den Gesetzen (1) und (3) gehorcht, so ergeben sich hieraus, wie wir jetzt beweisen wollen, die Gesetze (2) und (4), und folglich ist φ eine Permutation des Körpers A. In der Tat, aus der Gleichung (1) folgt unmittelbar die Gleichung (2), wenn man, was offenbar erlaubt ist, die willkürliche Zahl u des Körpers A durch die ebenfalls in A enthaltene Zahl $(u-v)$ ersetzt; ebenso darf man in (3), wenn v von Null verschieden ist, u durch den Quotienten $u:v$ ersetzen, wodurch man zunächst

$$u' = \left(\frac{u}{v}\right)' v'$$

erhält; wäre nun $v' = 0$, so würden die Bilder u' von allen in A enthaltenen Zahlen u verschwinden, was aber im Widerspruch mit unserer ausdrücklichen Voraussetzung steht; mithin ist das Bild v' jeder von Null verschiedenen Zahl v ebenfalls von Null verschieden, und es gilt folglich das Gesetz (4), was zu beweisen war.

Es ergibt sich ferner, daß das System A', in welches der Körper A durch eine Permutation φ übergeht, wieder ein Körper ist. Berücksichtigt man nämlich, daß A' aus allen und nur solchen Zahlen u', v' ... besteht, welche Bilder von Zahlen u, v ... des Körpers A sind, und daß jede von Null verschiedene Zahl v' des Systems A' zufolge (1) gewiß das Bild einer von Null verschiedenen Zahl v des Körpers A ist, so ergibt sich, daß die Summen, Differenzen, Produkte, Quotienten von je zwei in A' enthaltenen Zahlen u', v' ebenfalls dem System A' angehören, weil sie zufolge der Gesetze (1), (2), (3), (4) ebenfalls Bilder von Zahlen des Körpers A sind; mithin ist A' ein Körper, was zu beweisen war.

Wir bemerken sodann, daß je zwei voneinander **verschiedene** Zahlen u, v des Körpers A auch voneinander **verschiedene** Bilder u', v' besitzen*), weil sonst zufolge (2) das Bild der von Null verschiedenen Zahl $(u - v)$ verschwinden würde, was, wie wir oben schon bewiesen haben, nicht möglich ist. Mithin ist jede bestimmte im Körper A' enthaltene Zahl a' das Bild von einer einzigen, völlig bestimmten Zahl a des Körpers A, und folglich kann man der Permutation φ, durch welche A in A' übergeht, eine mit φ^{-1} zu bezeichnende Abbildung des Körpers A' gegenüberstellen, durch welche jede bestimmte, in A' enthaltene Zahl a' in diese bestimmte Zahl a des Körpers A übergeht; diese Abbildung φ^{-1} ist aber gewiß eine **Permutation des Körpers A'**; denn wenn u', v' zwei beliebige Zahlen des Körpers A', und u, v die ihnen entsprechenden Zahlen des Körpers A bedeuten, so gehen zufolge (1) und (3) die Zahlen $u' + v'$ und $u'v'$ des Körpers A' durch φ^{-1} in die Zahlen $u + v$ und uv über, was zu zeigen war. Außerdem leuchtet ein, daß der Körper A' durch φ^{-1} in den vollen Körper A, nicht etwa in einen echten Divisor von A übergeht; denn jede in A enthaltene Zahl a ist wirklich das durch die Permutation φ^{-1} erzeugte Bild einer in A' enthaltenen Zahl a'. Wir wollen jede dieser beiden Permutationen φ und φ^{-1} die **umgekehrte oder inverse** der anderen nennen, die beiden Körper A und A' sollen **konjugierte Körper**, und je zwei einander entsprechende Zahlen a und a' sollen **konjugierte Zahlen** heißen.

Diejenige Abbildung eines Körpers A, durch welche jede seiner Zahlen in sich selbst übergeht, genügt offenbar den Bedingungen

---

*) Nach der in der oben zitierten Schrift (§ 3) gewählten Ausdrucksweise ist daher jede Permutation eines Körpers eine **ähnliche** oder **deutliche** Abbildung desselben; A und A' sind **ähnliche** Systeme.

(1), (2), (3), (4) und ist folglich eine Permutation; wir wollen sie die **identische** Permutation von A nennen. Hieraus geht hervor, daß jeder Körper mit sich selbst konjugiert ist.

Der in § 159 betrachtete Körper J oder $R(i)$ besitzt außer der identischen noch eine zweite Permutation, durch welche jede in ihm enthaltene Zahl $x + yi$ in die konjugierte Zahl $x - yi$ übergeht. Dieselbe Permutation gilt, wenn x, y nicht auf rationale Zahlen beschränkt werden, sondern beliebige reelle Zahlen bedeuten, auch für den aus allen Zahlen bestehenden Körper Z.

Wir haben im vorigen Paragraphen gesehen, daß jeder Körper A auch alle rationalen Zahlen enthält; ist nun φ wieder eine beliebige Permutation von A, und wendet man das Gesetz (4) auf den Fall $u = v$ an, so ergibt sich, daß $1' = 1$ ist, und hieraus folgt mit Rücksicht auf die Gesetze (1), (2), (3), (4), daß **jede rationale Zahl** des Körpers A, weil sie durch eine endliche Anzahl von einfachen rationalen Operationen aus der Zahl 1 entsteht, **durch die Permutation φ in sich selbst übergeht.** Der Körper R der rationalen Zahlen besitzt daher keine andere, als die identische Permutation.

Ist φ eine Permutation des Körpers A, so wollen wir umgekehrt sagen, **A gehöre zu φ** oder sei der zu φ **gehörige Körper**, oder wir wollen der Kürze halber A auch geradezu den **Körper der Permutation** φ nennen, während $A\varphi$ der **durch φ erzeugte Körper** heißt.

Daß φ und ψ nur verschiedene Zeichen für eine und dieselbe Körper-Permutation sind, werden wir durch $\varphi = \psi$ andeuten; hierin liegt also, daß φ und ψ Permutationen desselben Körpers A sind, und daß für jede in A enthaltene Zahl a stets $a\varphi = a\psi$ ist. Falls eine dieser beiden Bedingungen nicht erfüllt ist, nennen wir φ und ψ **verschieden**.

Bedeutet nun Φ ein System von Permutationen irgendwelcher Körper, so wollen wir eine in allen diesen Körpern (also auch in ihrem größten gemeinsamen Divisor) enthaltene Zahl **einwertig, zweiwertig** usw. in bezug auf Φ oder zu Φ nennen, je nachdem die Anzahl der verschiedenen Werte, in welche sie durch alle diese Permutationen übergeht, $= 1, 2$ usw. ist. Nach dem obigen ist daher jede rationale Zahl einwertig in bezug auf jedes System Φ; ebenso wichtig ist der folgende Satz:

Ist Φ ein System v n n verschiedenen Permutationen $\varphi_1, \varphi_2 \ldots \varphi_n$ desselben Körpers A, so gibt es in letzterem unendlich viele Zahlen, welche n-wertig zu Φ sind.

Um dies zu beweisen, wollen wir, wenn t irgendeine Zahl in A bedeutet, der Kürze halber $t\varphi_r = t_r$ setzen. Ist $n = 2$, so versteht sich der Satz nach dem obigen von selbst. Ist $n > 2$, so dürfen wir annehmen, es sei schon eine Zahl a in A gefunden, welche durch die $n-1$ Permutationen $\varphi_2, \varphi_3 \ldots \varphi_n$ in ebenso viele verschiedene Zahlen $a_2, a_3 \ldots a_n$ übergeht. Wenn nun a_1 ebenfalls von allen diesen Zahlen verschieden ist, so besitzt die Zahl a die im Satze ausgesprochene Eigenschaft. Im entgegengesetzten Falle, wenn z. B. $a_1 = a_2$ ist, wähle man aus A eine andere Zahl b aus, welche durch φ_1, φ_2 in zwei verschiedene Zahlen b_1, b_2 übergeht, und betrachte alle Zahlen von der Form $y = ax + b$, welche durch beliebige rationale Zahlen x erzeugt werden und folglich demselben Körper A angehören; da x nach dem obigen durch jede Permutation in sich selbst übergeht, so ist nach den Gesetzen (1) und (3) allgemein $y_r = a_r x + b_r$, also auch

$$y_r - y_s = (a_r - a_s) x + (b_r - b_s),$$

wo r, s irgendeine Kombination von zwei verschiedenen Zahlen aus der Reihe $1, 2 \ldots n$ bedeutet. Für die Kombination $r = 1, s = 2$ ergibt sich, daß die Zahlen y_1, y_2 stets voneinander verschieden ausfallen, wie auch die rationale Zahl x gewählt sein mag, weil $a_1 = a_2$, aber b_1 von b_2 verschieden ist. Für jede der übrigen Kombinationen r, s ist a_r verschieden von a_s, und folglich gibt es entweder gar keine oder nur eine rationale Zahl x, für die $y_r = y_s$ wird; schließt man, indem man alle Kombinationen durchgeht, diese etwa vorhandenen Zahlen x aus, deren Anzahl gewiß $< \frac{1}{2} n(n-1)$ ist, so erzeugt jede andere rationale Zahl x gewiß eine Zahl y, welche durch die n Permutationen in n verschiedene Zahlen $y_1, y_2 \ldots y_n$ übergeht, was zu beweisen war.

Hieraus ziehen wir noch eine wichtige Folgerung. Nach einem sehr bekannten Satze der Determinanten-Theorie, auf den wir später (in § 167) noch einmal zurückkommen werden, ist das Produkt aller derjenigen Differenzen $y_r - y_s$, in denen $r < s$, gleich der Determinante

$$\begin{vmatrix} y_1^{n-1} & y_1^{n-2} & \ldots & y_1 & 1 \\ y_2^{n-1} & y_2^{n-2} & \ldots & y_2 & 1 \\ \cdot & \cdot & \cdot & \cdot & \cdot \\ y_n^{n-1} & y_n^{n-2} & \ldots & y_n & 1 \end{vmatrix},$$

deren Elemente die Potenzen $(y_r)^{n-s}$ sind, wo jetzt r, s unabhängig voneinander alle Werte $1, 2 \ldots n$ durchlaufen. Diese Determinante ist daher in unserem Falle von Null verschieden. Da nun $y_r = y\varphi_r$ und folglich nach dem Gesetze (3) die Potenz $(y_r)^{n-s} = (y^{n-s})\varphi_r$ ist so erhält man, wenn man $y^{n-s} = a^{(s)}$ setzt, den Satz:

Sind die n Permutationen $\varphi_1, \varphi_2 \ldots \varphi_n$ desselben Körpers A voneinander verschieden, so gibt es in A ein System von n Zahlen $a', a'' \ldots a^{(n)}$ der Art, daß die aus den Elementen $a^{(s)}\varphi_r$ gebildete Determinante nicht verschwindet.

§ 162

Nach diesen Betrachtungen, welche sich auf Permutationen eines und desselben Körpers beziehen, gehen wir zu der Zusammensetzung*) von zwei Permutationen φ, ψ über, die aber nur dann möglich ist, wenn ψ eine Permutation des durch φ erzeugten Körpers $A\varphi$ ist; im Anschluß an die einzuführende Zeichensprache kann man zweckmäßig ψ einen rechten Nachbar von φ, und φ einen linken Nachbar von ψ nennen. Jede bestimmte Zahl a des Körpers A geht durch die Permutation φ in eine bestimmte Zahl $a\varphi$ des Körpers $A\varphi$, und diese geht durch ψ in eine bestimmte Zahl $(a\varphi)\psi$ über; man kann daher eine Abbildung π des Körpers A dadurch definieren, daß man allgemein $a\pi = (a\varphi)\psi$ setzt. Wendet man nun die Gesetze (1) und (3) des vorigen Paragraphen erst auf φ, dann auf ψ an, so ergibt sich, wie der Leser leicht finden wird, daß dieselben Gesetze auch für diese Abbildung π gelten, und da die Bilder $a\pi$ offenbar nicht alle verschwinden (weil z. B. $1\pi = 1$ ist), so ist π eine Permutation des Körpers A. Wir nennen sie die Resultante der Komponenten φ, ψ und bezeichnen sie durch das Symbol $\varphi\psi$, wobei der Einfluß der linken oder ersten Komponente φ von dem der rechten oder zweiten Komponente ψ durch die Stellung wohl zu unterscheiden ist. Die Definition dieser Resultante $\varphi\psi$ besteht nach dem obigen darin, daß das aus jeder in A enthaltenen Zahl a erzeugte Bild

$$a(\varphi\psi) = (a\varphi)\psi$$

---

*) Dieselbe bildet nur einen speziellen Fall der Zusammensetzung von Abbildungen beliebiger Systeme; vgl. den Schluß in § 2 meiner oben zitierten Schrift, wo aber die Bezeichnungsweise eine andere ist.

ist; man kann daher unbedenklich die Klammern weglassen und dieses Bild kurz durch $a\varphi\psi$ bezeichnen. Ebenso leicht erkennt man, daß, wenn T irgendein Teil von A ist, die beiden Systeme $T(\varphi\psi)$ und $(T\varphi)\psi$ vollständig identisch sind und daher kurz durch $T\varphi\psi$ bezeichnet werden können. Hieraus ergibt sich unmittelbar der Satz:

Wenn zwei Körper A, A'' mit einem dritten A' konjugiert sind, so sind sie auch miteinander konjugiert.

Denn zufolge der Annahme gibt es eine Permutation φ von A, und eine Permutation ψ von A', für welche $A\varphi = A'$, und $A'\psi = A''$ wird; mithin ist $A(\varphi\psi) = (A\varphi)\psi = A'\psi = A''$, was zu beweisen war.

Nachdem die Zusammensetzung benachbarter Permutationen ausführlich beschrieben ist, heben wir noch die folgenden, darauf bezüglichen wichtigen Sätze hervor, deren Beweise der Leser leicht finden wird.

Ist φ eine Permutation des Körpers A, so ist $\varphi\varphi^{-1}$ die identische Permutation von A. Ist ψ ein rechter Nachbar von φ, so ist ψ^{-1} ein linker Nachbar von φ^{-1}, und $(\varphi\psi)^{-1} = \psi^{-1}\varphi^{-1}$. Ist ferner ψ_1 ebenfalls ein rechter Nachbar von φ, und φ_1 ein linker Nachbar von ψ, so folgt aus $\varphi\psi = \varphi\psi_1$, daß $\psi = \psi_1$, und aus $\varphi\psi = \varphi_1\psi$, daß $\varphi = \varphi_1$ ist. Wenn außerdem die Permutation χ ein rechter Nachbar von ψ ist, so ist $(\varphi\psi)\chi = \varphi(\psi\chi)$, und man kann daher diese Resultante kurz durch $\varphi\psi\chi$ bezeichnen; hieraus ergibt sich, wenn man dieselbe Schlußweise wie in § 2 anwendet, die vollständig bestimmte Bedeutung der Resultante $\varphi_1\varphi_2\ldots\varphi_{n-1}\varphi_n$ von n Komponenten φ_1, $\varphi_2\ldots\varphi_{n-1}$, φ_n, deren jede ein rechter Nachbar der vorhergehenden ist; da die Komponenten nicht miteinander vertauscht werden dürfen, und jede immer nur mit der nächstfolgenden zu einer Resultante verbunden werden kann, so ist die Anzahl der verschiedenen Herstellungsarten dieser Resultante $= (n-1)(n-2)\ldots 2.1$.

§ 163

Außer der eben beschriebenen Zusammensetzung benachbarter Permutationen haben wir nun noch die ebenso wichtigen Beziehungen zu betrachten, welche zwischen den Permutationen eines Körpers und denen seiner Divisoren stattfinden. Ist der Körper A ein Divisor des

Körpers M, und π eine Permutation des letzteren, so ist in ihr immer eine vollständig bestimmte Abbildung φ von A enthalten, welche darin besteht, daß für jede in A, also auch in M enthaltene Zahl a das Bild $a\varphi = a\pi$ ist, und es leuchtet aus den Grundgesetzen in § 161 unmittelbar ein, daß diese Abbildung φ eine **Permutation von A** ist; wir wollen sie den **auf A bezüglichen Divisor von π**, und umgekehrt π ein **Multiplum von φ** nennen. Offenbar ist φ^{-1} zugleich ein Divisor von π^{-1}. Wenn $A = M$ ist, so ist natürlich auch $\varphi = \pi$; in jedem anderen Falle, d. h. wenn A ein echter Divisor von M ist, wird man aber φ von π streng unterscheiden müssen*). Ist π wieder ein Divisor einer Permutation ϱ, so leuchtet ein, daß φ auch ein Divisor von ϱ ist. Ist π die identische Permutation von M, so ist φ die identische Permutation von A. Die einzige — nämlich die identische — Permutation des Körpers R der rationalen Zahlen ist (nach § 161) gemeinsamer Divisor aller Körper-Permutationen. Allgemein gilt der folgende Fundamentalsatz:

Bedeutet $\varPi$ irgendein System von Permutationen π beliebiger Körper M, so bildet die Gesamtheit A aller zu $\varPi$ einwertigen Zahlen a einen Körper, der ein gemeinsamer Divisor der Körper M ist; die Permutationen π haben alle einen und denselben auf A bezüglichen Divisor φ, und jeder gemeinsame Divisor ψ der Permutationen π ist Divisor dieser Permutation φ.

Denn das Wesen einer zu $\varPi$ einwertigen Zahl a besteht (nach § 161) darin, daß die den sämtlichen Permutationen π entsprechenden Bilder $a\pi$ einen und denselben Wert besitzen, mithin folgt aus den Grundgesetzen (in § 161), daß die Summen, Differenzen, Produkte und Quotienten von je zwei solchen einwertigen Zahlen u, v ebenfalls einwertig zu $\varPi$ sind; also ist A ein Körper. Definiert man ferner die Abbildung φ von A, indem man $a\varphi = a\pi$ setzt, so ist φ offenbar der auf A bezügliche Divisor von jeder einzelnen Permutation π. Wenn endlich eine Permutation ψ eines Körpers B gemeinsamer Divisor der Permutationen π, und b irgendeine Zahl in B ist, so muß $b\psi$ mit jedem der Bilder $b\pi$ übereinstimmen, d. h. b ist eine zu $\varPi$ einwertige Zahl; folglich ist B Divisor von A, und zugleich ψ Divisor von φ, was zu beweisen war.

---

*) Auf diese Unterscheidung brauchte in der oben zitierten Schrift (§ 2) kein Gewicht gelegt zu werden.

Da dieser Körper A, welcher ein gemeinsamer, aber keineswegs immer der größte gemeinsame Divisor der Körper M ist, durch das System Π vollständig bestimmt ist, so wollen wir sagen, A **gehöre zu Π** oder sei **der zu Π gehörige Körper**, oder wir wollen kurz A **den Körper des Systems Π nennen**, und man sieht sofort, daß diese Ausdrucksweise, falls Π nur aus einer einzigen Permutation besteht, vollständig mit der in § 161 eingeführten übereinstimmt. Die Permutation φ kann unbedenklich der **größte gemeinsame Divisor** der Permutationen π genannt werden; der Kürze halber wollen wir aber φ auch den **Rest** des Systems Π oder der Permutationen π nennen. —

Ganz anders verhält es sich dagegen mit der Existenz eines **gemeinsamen Multiplum** von gegebenen Permutationen; denn es leuchtet z. B. ein, daß zwei verschiedene Permutationen eines und desselben Körpers gewiß kein gemeinsames Multiplum haben. Hierauf gründet sich eine sehr wichtige Unterscheidung: die Permutationen $\varphi, \psi \ldots$ sollen **einig** (harmonisch) oder **uneinig** heißen, je nachdem sie ein gemeinsames Multiplum besitzen oder nicht. Beschränken wir uns auf die Betrachtung von zwei einigen Permutationen φ, ψ der Körper A, B, und bezeichnen mit ϱ ein gemeinsames Multiplum von φ, ψ, so ist der zu ϱ gehörige Körper ein gemeinsames Multiplum von A, B und folglich auch von AB; bedeutet ferner a jede in A, b jede in B enthaltene Zahl, und π den auf AB bezüglichen Divisor von ϱ, so ist $a\varphi = a\varrho = a\pi$, $b\psi = b\varrho = b\pi$, und folglich ist π ebenfalls ein gemeinsames Multiplum von φ, ψ. Da nun jede bestimmte Zahl m des Körpers AB (nach § 160) durch eine endliche Menge von Zahlen a, b rational darstellbar ist, und das Bild $m\pi$ (nach den Grundgesetzen jeder Permutation) auf dieselbe Weise aus den Bildern $a\pi, b\pi$, also aus den Zahlen $a\varphi, b\psi$ abgeleitet wird, so ergibt sich, daß die Permutation π des Produktes AB durch die Permutationen φ, ψ der Faktoren A, B **vollständig bestimmt**, also gänzlich unabhängig von der Auswahl der obigen Permutation ϱ ist. Diese Permutation π, welche folglich Divisor von jedem gemeinsamen Multiplum ϱ der Permutationen φ, ψ ist, kann daher ihr **kleinstes gemeinsames Multiplum** oder kürzer ihre **Union***) genannt werden.

---

*) Ich würde das Wort **Produkt** vorziehen, wenn dasselbe nicht von manchen Schriftstellern schon bei der Zusammensetzung von Substitutionen in dem Sinne benutzt wäre, wofür ich oben (§ 162) den ebenfalls gebräuchlichen Namen **Resultante** gewählt habe.

Umgekehrt, wenn π eine Permutation eines Produktes AB, und φ, ψ die auf A, B bezüglichen Divisoren von π bedeuten, so sind diese Permutationen φ, ψ offenbar einig, und π ist ihre Union. Zugleich leuchtet ein, daß $(AB)\pi = (A\pi)(B\pi) = (A\varphi)(B\psi)$, und daß π^{-1} die Union von φ^{-1}, ψ^{-1} ist. Sind außerdem φ_1, ψ_1 zwei einige Permutationen der Körper $A\varphi$, $B\psi$, und π_1 ihre Union, so erkennt man leicht, daß die Resultanten $\varphi\varphi_1$, $\psi\psi_1$ ebenfalls einig sind, und daß die Resultante $\pi\pi_1$ ihre Union ist.

Auf diesen Betrachtungen, die genau ebenso für Systeme von mehr als zwei, ja von unendlich vielen einigen Permutationen gelten, beruht endlich noch der folgende Begriff. Ein System von beliebigen (einigen oder uneinigen) Permutationen

$$\varphi_1, \varphi_2, \varphi_3 \ldots$$

und ein System von korrespondierenden Permutationen

$$\varphi'_1, \varphi'_2, \varphi'_3 \ldots$$

sollen konjugierte Systeme heißen, wenn je zwei korrespondierende Glieder φ_r, φ'_r Permutationen eines und desselben Körpers A_r sind, und wenn zugleich die resultierenden Permutationen

$$\varphi_1^{-1}\varphi'_1, \varphi_2^{-1}\varphi'_2, \varphi_3^{-1}\varphi'_3 \ldots$$

einig sind. Aus dem Vorhergehenden ergibt sich dann sofort der Satz, daß zwei mit einem dritten konjugierte Systeme von Permutationen auch miteinander konjugiert sind. Der Nutzen, welchen diese und die früher entwickelten Begriffe gewähren, würde freilich erst bei einer ausführlicheren, ins einzelne gehenden Darstellung der Algebra deutlich erkennbar werden.

§ 164

Für die genaue Untersuchung der Verwandtschaft zwischen den verschiedenen Körpern — und hierin besteht der eigentliche Gegenstand der heutigen Algebra — bildet der folgende Begriff[*]) die allgemeinste und zugleich einfachste Grundlage:

---

[*]) Vgl. Dirichlet: Verallgemeinerung eines Satzes aus der Lehre von den Kettenbrüchen nebst einigen Anwendungen auf die Theorie der Zahlen. (Berliner Monatsberichte, April 1842, oder Dirichlets Werke, Bd. 1, S. 633.)

Ein System T von m Zahlen $\omega_1, \omega_2, \ldots, \omega_m$ heißt **reduzibel in bezug auf einen Körper** A, wenn es m Zahlen $a_1, a_2, \ldots, a_m$ in A gibt, die der Bedingung

$$a_1\omega_1 + a_2\omega_2 + \cdots + a_m\omega_m = 0$$

genügen und nicht alle verschwinden; im entgegengesetzten Falle heißt das System T **irreduzibel nach** A. Je nachdem der erstere oder letztere Fall stattfindet, werden wir auch sagen, die m Zahlen $\omega_1, \omega_2, \ldots, \omega_m$ seien voneinander **abhängig** oder **unabhängig** (in bezug auf A).

Ist A ein Divisor des Körpers B, so leuchtet ein, daß jedes in bezug auf A reduzible System auch reduzibel nach B, und jedes nach B irreduzible System auch irreduzibel in bezug auf A ist. Bei den zunächst folgenden Bemerkungen werden aber alle Systeme T immer auf einen und denselben Körper A bezogen, und es wird deshalb erlaubt sein, diese Beziehung unerwähnt zu lassen.

Jedes irreduzible System besteht aus lauter voneinander und von Null verschiedenen Zahlen, und ein aus einer einzigen Zahl bestehendes System ist dann und nur dann irreduzibel, wenn diese Zahl von Null verschieden ist.

Ein reduzibles oder irreduzibles System behält diesen Charakter, wenn die Zahlen desselben mit einem beliebigen gemeinsamen, von Null verschiedenen Faktor multipliziert werden.

Fügt man zu einem reduziblen Systeme noch eine oder mehrere Zahlen hinzu, so bleibt das System reduzibel; jeder Teil eines irreduziblen Systems ist irreduzibel.

Von besonderem Interesse ist die folgende Anwendung des obigen Begriffes. Wir sagen, eine Zahl θ sei **algebraisch in bezug auf den Körper** A, wenn sie die Wurzel einer endlichen algebraischen Gleichung von der Form

$$\theta^n + a_1\theta^{n-1} + \cdots + a_{n-1}\theta + a_n = 0$$

ist, deren Koeffizienten a_r dem Körper A angehören. Dieselbe Eigenschaft können wir jetzt so aussprechen, daß die $n+1$ Potenzen $\theta^n, \theta^{n-1}, \ldots, \theta, 1$ ein nach A reduzibles System bilden. Unter allen positiven Exponenten n, für welche diese Reduzibilität besteht, muß es nun einen kleinsten n geben, in der Weise, daß das System der n Potenzen $\theta^{n-1}, \ldots, \theta, 1$ irreduzibel ist, aber durch Hinzufügung von θ^n reduzibel wird; diese natürliche Zahl n wollen wir den **Grad** der Zahl θ in bezug auf A nennen, und wir sagen kurz, θ sei eine (algebraische) Zahl $n$ten Grades in bezug auf A. Ist $n = 1$, so ist θ offenbar in A enthalten, und umgekehrt ist jede Zahl des Körpers A algebraisch vom ersten Grade in bezug auf A.

Kehren wir jetzt zu dem allgemeinen Falle zurück und nehmen wir an, das obige System der m Zahlen $\omega_1, \omega_2, \ldots, \omega_m$ (die nicht alle verschwinden) sei reduzibel, so wird offenbar ein Teil dieses Systems, der etwa aus den n Zahlen $\omega_1, \omega_2, \ldots, \omega_n$ bestehen mag, irreduzibel sein, während jede der übrigen $m-n$ Zahlen $\omega_{n+1}, \omega_{n+2}, \ldots, \omega_m$ mit jenen ein reduzibles System bildet. Wir wollen nun allgemein mit ω jede Zahl bezeichnen, welche von den Zahlen $\omega_1, \omega_2, \ldots, \omega_n$ abhängig ist, d. h. welche mit diesen Zahlen ein reduzibles System bildet; es leuchtet ein, daß jede solche Zahl ω stets und nur auf eine einzige Art in der Form

(1) $$\omega = h_1 \omega_1 + h_2 \omega_2 + \cdots + h_n \omega_n$$

darstellbar ist, wo die Koeffizienten $h_1, h_2, \ldots, h_n$ Zahlen des Körpers A bedeuten, und daß umgekehrt jede in dieser Form darstellbare Zahl abhängig ist von den n Zahlen $\omega_1, \omega_2, \ldots, \omega_n$. Die Gesamtheit Ω aller dieser Zahlen ω nennen wir eine **Schar** (in bezug auf A); das System der n bestimmten Zahlen $\omega_1, \omega_2, \ldots, \omega_n$ heißt eine (irreduzible) **Basis** der Schar Ω, und diese n Zahlen ω_r selbst heißen die **Glieder** oder **Elemente** dieser Basis. Zu jeder in Ω enthaltenen Zahl ω gehören dann n völlig bestimmte Zahlen $h_1, h_2, \ldots, h_n$ des Körpers A, die in der Darstellung (1) von ω auftreten und die **Koordinaten von ω** in bezug auf diese Basis heißen sollen. Die charakteristischen Eigenschaften einer solchen Schar Ω sind die folgenden:

I. **Die Zahlen in Ω reproduzieren sich durch Addition und Subtraktion**, d. h. die Summen und Differenzen von je zwei solchen Zahlen sind ebenfalls Zahlen in Ω.

II. **Jedes Produkt aus einer Zahl in Ω und einer Zahl in A ist eine Zahl in Ω.**

III. **Es gibt n voneinander unabhängige Zahlen in Ω, aber je $n+1$ solche Zahlen sind voneinander abhängig.**

Nur der zweite Teil dieser letzten Eigenschaft bedarf noch einer Begründung, und wir dürfen dabei annehmen, daß sie für jede ähnliche Schar, deren Basis aus weniger als n Gliedern besteht, schon bewiesen sei. Nimmt man nun $n+1$ beliebige Zahlen $\alpha, \alpha_1, \alpha_2, \ldots, \alpha_n$ aus Ω, so sind sie, falls eine von ihnen, z. B. $\alpha = 0$ ist, gewiß voneinander abhängig; im entgegengesetzten Falle dürfen wir voraussetzen, daß z. B. die erste Koordinate der Zahl α nicht verschwindet; dann kann man offenbar n Zahlen $c_1, c_2, \ldots, c_n$ in A so bestimmen, daß die erste Koordinate von jeder der n Zahlen

$$\alpha_1 + c_1 \alpha, \; \alpha_2 + c_2 \alpha, \ldots, \alpha_n + c_n \alpha$$

verschwindet*); diese n Zahlen gehören dann einer Schar an, deren Basis aus nur $n-1$ Zahlen $\omega_2, \omega_3, \ldots, \omega_n$ besteht, und sind folglich voneinander abhängig; es gibt daher n Zahlen $a_1, a_2, \ldots, a_n$ in A, die nicht alle verschwinden, und welche der Bedingung

$$a_1 (\alpha_1 + c_1 \alpha) + a_2 (\alpha_2 + c_2 \alpha) + \cdots + a_n (\alpha_n + c_n \alpha) = 0$$

genügen, und da auch die Summe $a = a_1 c_1 + a_2 c_2 + \cdots + a_n c_n$ in A enthalten ist, so folgt hieraus, daß die $n+1$ Zahlen $\alpha, \alpha_1, \alpha_2, \ldots, \alpha_n$ wirklich voneinander abhängig sind, was zu beweisen war.

Umgekehrt, wenn ein Zahlensystem Ω die obigen drei Eigenschaften I, II, III besitzt, so folgt aus der letzteren, daß, nachdem man n voneinander unabhängige Zahlen $\omega_1, \omega_2, \ldots, \omega_n$ aus Ω gewählt hat, jede in Ω enthaltene Zahl ω gewiß von der Form (1) ist; sodann folgt aus II und I, daß auch jede in der Form (1) enthaltene Zahl ω dem System Ω angehört. Also sind wirklich diese drei Eigenschaften charakteristisch für die aus allen Zahlen ω von der Form (1) bestehende Schar Ω.

Zugleich leuchtet hieraus ein, daß jedes aus n solchen Zahlen ω bestehende irreduzible System ebenfalls als eine Basis von Ω angesehen und benutzt werden kann; mit jedem Übergange von einer Basis zu einer anderen ist offenbar eine Transformation der Koordinaten aller Zahlen ω verbunden, ähnlich wie in der analytischen Geometrie. Auf die Auswahl einer solchen neuen Basis bezieht sich der folgende wichtige Satz, von dem wir, wenn auch erst später, oft Gebrauch zu machen haben werden.

IV. **Ein beliebiges System von n Zahlen der Schar Ω ist reduzibel oder irreduzibel, je nachdem die aus ihren Koordinaten gebildete Determinante verschwindet oder nicht verschwindet.**

---

*) Im Falle $n=1$ ist hierdurch allein die Behauptung schon erwiesen.

Um dies zu beweisen, betrachten wir ein beliebiges System von n Zahlen $\alpha_1, \alpha_2, \ldots, \alpha_n$, die in Ω enthalten, also von der Form

$$\alpha_r = a_{r,1}\omega_1 + a_{r,2}\omega_2 + \cdots + a_{r,n}\omega_n$$

sind, und bezeichnen mit a die aus den Koordinaten $a_{r,s}$ gebildete Determinante. Bilden nun diese n Zahlen α_r ein reduzibles System, so gibt es n Zahlen $x_1, x_2, \ldots, x_n$ in A, die nicht alle verschwinden und die der Bedingung

$$x_1\alpha_1 + x_2\alpha_2 + \cdots + x_n\alpha_n = 0$$

genügen; ersetzt man hierin die n Zahlen α_r durch die vorstehenden Ausdrücke, so müssen, weil die n Zahlen ω_s voneinander unabhängig sind, die in A enthaltenen n Summen

$$a_{1,s}x_1 + a_{2,s}x_2 + \cdots + a_{n,s}x_n = 0$$

sein, und hieraus folgt bekanntlich, daß jedes der Produkte ax_1, $ax_2, \ldots, ax_n$, also auch a selbst verschwindet. Bilden aber die n Zahlen α_r ein irreduzibles System, also auch eine neue Basis von Ω, so sind die n Zahlen ω_s darstellbar in der Form

$$\omega_s = b_{1,s}\alpha_1 + b_{2,s}\alpha_2 + \cdots + b_{n,s}\alpha_n,$$

wo wieder alle Koeffizienten $b_{r,s}$, deren Determinante wir mit b bezeichnen, in A enthalten sind. Substituiert man diese Darstellungen der Zahlen ω_s in den obigen Ausdruck für α_r, so folgt, daß jede der in A enthaltenen n^2 Summen

$$a_{r,1}b_{s,1} + a_{r,2}b_{s,2} + \cdots + a_{r,n}b_{s,n} = 1 \quad \text{oder} \quad = 0$$

ist, je nachdem r, s gleich oder verschieden sind; nach dem bekannten Satze über die Multiplikation der Determinanten folgt hieraus $ab = 1$, mithin ist a von Null verschieden, was zu beweisen war. —

Wir wenden uns nun zu der wichtigen Frage: Wann ist eine solche, durch die Eigenschaften I, II, III charakterisierte Schar Ω ein **Körper**? Soll dies der Fall sein, so müssen alle Produkte $\omega_r\omega_s$ aus je zwei Elementen der Basis ebenfalls in Ω enthalten, also muß

$$\omega_r\omega_s = a_1^{r,s}\omega_1 + a_2^{r,s}\omega_2 + \cdots + a_n^{r,s}\omega_n$$

sein, wo alle Koeffizienten $a_m^{r,s}$ Zahlen des Körpers A bedeuten[*]. Sind diese Bedingungen erfüllt, so leuchtet ein, daß die Zahlen ω

---

[*] Zufolge der allgemeinen Gesetze $\omega_r\omega_s = \omega_s\omega_r$ und $(\omega_r\omega_s)\omega_t = \omega_r(\omega_s\omega_t)$ müssen diese Koeffizienten gewisse Bedingungen erfüllen, die wir aber hier nicht weiter zu verfolgen brauchen. Vgl. § 159 der **zweiten Auflage** (1871) dieses Werkes [wiedergegeben unter XLVII] und meinen Aufsatz: **Zur Theorie der aus n Haupteinheiten gebildeten komplexen Größen** (Nachrichten von der Göttinger Ges. d. W. 1885, S. 141).

der Schar Ω sich nicht nur (zufolge I) durch Addition und Subtraktion, sondern auch durch Multiplikation reproduzieren; ist ferner α eine beliebige, aber von Null verschiedene Zahl in Ω, so bilden die n Produkte $\alpha \omega_r$ gewiß ein irreduzibles System, und da sie ebenfalls in Ω enthalten sind, so können sie als eine neue Basis von Ω dienen; mithin ist jede Zahl ω auch darstellbar in der Form:

$$\omega = \alpha(k_1 \omega_1 + k_2 \omega_2 + \cdots + k_n \omega_n),$$

wo die n neuen Koordinaten k_r wieder dem Körper A angehören, und folglich ist auch jeder Quotient von zwei Zahlen ω, α der Schar Ω wieder eine Zahl in Ω. Wir haben daher folgenden Satz gewonnen:

V. **Die erforderlichen und hinreichenden Bedingungen dafür, daß die Schar Ω ein Körper ist, bestehen darin, daß alle Produkte aus zwei Elementen einer Basis von Ω wieder in Ω enthalten sind.**

Jede Basis der Schar Ω nennen wir nun auch eine Basis des Körpers Ω in bezug auf A. Da dieser Körper Ω gewiß die Zahl 1 enthält, so ergibt sich aus II der Satz:

VI. **Ist die Schar Ω ein Körper, so ist A ein Divisor von Ω.**

Da ferner, wenn ω eine beliebige Zahl dieses Körpers Ω bedeutet, auch alle Potenzen ω^2, ω^3, ... in Ω enthalten sind, so bilden zufolge III die $n+1$ Zahlen ω^n, ω^{n-1}, ..., ω, 1 gewiß ein reduzibles System, was wir so aussprechen können:

VII. **Ist die Schar Ω ein Körper, so ist jede darin enthaltene Zahl algebraisch in bezug auf A, und zwar höchstens vom Grade n.**

Wir betrachten jetzt zwei Körper A, B und nehmen an, es gebe n Zahlen ω_1, ω_2, ..., ω_n in B, die ein nach A irreduzibles System bilden, aber jedes System von $n+1$ Zahlen des Körpers B sei reduzibel; da jeder Teil eines irreduziblen Systems ebenfalls irreduzibel ist, so kann es nur eine einzige solche Anzahl n geben; in diesem Falle sagen wir, der Körper B sei endlich und vom Grade n in bezug auf A, und bezeichnen dies durch die Gleichung[*]

$$(B, A) = n.$$

---

[*] In dieser Bedeutung habe ich das Symbol (B, A) zuerst benutzt auf S. 21 der Literaturzeitung im Jahrgang 18 von Schlömilchs Zeitschrift für Mathematik und Physik (1873).

Zunächst leuchtet ein, daß der Fall $n = 1$ dann und nur dann eintritt, wenn B Divisor von A ist; die beiden Gleichungen
$$(B, A) = 1, \; AB = A$$
sind daher gleichbedeutend. Für einen beliebigen Grad n ergibt sich, daß B in der Schar Ω enthalten ist, welche aus allen Zahlen ω von der Form (1) besteht, und da alle Produkte $\omega_r \omega_s$ in B, mithin auch in Ω enthalten sind, so ist Ω (nach V, VI) ein Körper, und zwar ein Multiplum von AB; da ferner jede Zahl ω rational aus Zahlen h_r des Körpers A und Zahlen ω_r des Körpers B gebildet und folglich in AB enthalten ist, so ergibt sich, daß Ω auch ein Divisor von AB, mithin $\Omega = AB$ ist. Wir können also folgenden Satz aussprechen:

VIII. **Ist B ein Körper n^{ten} Grades in bezug auf den Körper A, so ist auch**
$$(2) \qquad (AB, A) = (B, A) = n$$
und jedes nach A irreduzible System von n Zahlen in B oder in AB bildet eine Basis der Schar AB in bezug auf A.

Zugleich ergibt sich (aus VII), daß alle Zahlen in AB, also auch alle Zahlen in B algebraisch in bezug auf A sind, und zwar höchstens vom Grade n; daß es in B auch Zahlen n^{ten} Grades gibt, könnte zwar schon jetzt bewiesen werden, doch wollen wir, weil dies später (in § 165, VI) sich ganz von selbst ergeben wird, für jetzt darauf verzichten und nur die folgende Umkehrung beweisen:

IX. **Ist θ eine algebraische Zahl n^{ten} Grades in bezug auf A, und B der Körper $R(\theta)$, welcher aus allen durch θ rational darstellbaren Zahlen besteht, also $AB = A(\theta)$, so ist $(B, A) = n$, und die n Potenzen $\theta^{n-1}, \theta^{n-2}, \ldots, \theta, 1$ bilden eine Basis von $A(\theta)$ in bezug auf A.**

Hierzu betrachten wir die Schar Ω aller Zahlen ω von der Form
$$\omega = h_1 \theta^{n-1} + h_2 \theta^{n-2} + \cdots + h_{n-1} \theta + h_n,$$
deren Koordinaten h_r beliebige Zahlen in A sind. Da (nach Annahme) die Potenz θ^n in Ω enthalten ist, so gilt dasselbe (nach II, I) von $h_1 \theta^n$ und von jedem Produkte $\omega \theta$, also auch von allen höheren Potenzen $\theta^{n+1}, \theta^{n+2}, \ldots$; mithin sind alle Produkte aus je zwei Gliedern der Basis ebenfalls in Ω enthalten, und folglich ist Ω (nach V) ein Körper. Da dieser Körper Ω ein Multiplum von A

ist und die Zahl θ enthält, so ist er auch ein Multiplum von $A(\theta)$ und folglich $= A(\theta)$, weil umgekehrt jede Zahl ω gewiß in $A(\theta)$ enthalten ist. Der Körper $A(\theta)$ oder AB ist daher vom Grade n in bezug auf A, und dasselbe gilt folglich auch von B, was zu beweisen war.

Hieran knüpfen wir die folgenden Bemerkungen Bedeutet t eine Variable, und bezeichnen wir mit $F(t)$, $f(t)$, $f_1(t)$, $f_2(t)$ ... ausschließlich solche ganze Funktionen von t, deren Koeffizienten im Körper A enthalten sind, so sind die Summen, Differenzen, Produkte derselben ebenfalls solche Funktionen, und durch Division von $f_1(t)$ durch $f(t)$ entspringt eine Identität von der Form $f_1(t) = f(t) f_2(t) + F(t)$, wo der Rest $F(t)$ von niedrigerem Grade als $f(t)$, oder identisch $= 0$ wird, falls $f_1(t)$ durch $f(t)$ teilbar ist. Hat nun θ dieselbe Bedeutung wie im vorstehenden Satze, so gibt es eine und nur eine Funktion n^{ten} Grades

(3) $\qquad f(t) = t^n + a_1 t^{n-1} + \cdots + a_{n-1} t + a_n,$

welche zugleich mit $t - \theta$ verschwindet und folglich durch die Zahl θ (und A) vollständig bestimmt ist. Bezeichnet man mit $F(t)$ jede Funktion, deren Grad $< n$ ist, so wird nur dann $F(\theta) = 0$, wenn identisch $F(t) = 0$ ist. Ist daher $f_1(\theta) = 0$, so muß $f_1(t)$ durch $f(t)$ teilbar sein. Die Funktion $f(t)$ selbst kann durch keine Funktion $F(t)$ teilbar sein, weil aus $f(t) = F(t) F_1(t)$ und $f(\theta) = 0$ entweder $F(\theta) = 0$ oder $F_1(\theta) = 0$ folgen würde, was unmöglich ist. Eine solche Funktion $f(t)$, deren Koeffizienten in A enthalten sind, und welche durch keine ähnliche Funktion niedrigeren Grades teilbar ist, heißt **irreduzibel** oder eine **Primfunktion** in bezug auf A, und ebenso heißt auch die Gleichung $f(\theta) = 0$ irreduzibel. Der Körper $A(\theta)$ besteht aus allen Zahlen ω von der Form $F(\theta)$, und jede solche Zahl ω kann auch nur auf eine einzige Weise in der Form $F(\theta)$ dargestellt werden.

Hierauf gehen wir zur Betrachtung von **drei** Körpern A, B, C über und stellen folgenden Satz*) auf:

X. Ist B endlich in bezug auf A, und C endlich in bezug auf AB, so ist auch BC endlich in bezug auf A, und

(4) $\qquad (BC, A) = (C, AB)(B, A).$

---

*) Vgl. das vorhergehende Zitat.

Bilden nämlich, wenn $(B, A) = n$ und $(C, AB) = p$ gesetzt wird, die n Zahlen ω_r in B ein irreduzibles System nach A, und die p Zahlen τ_s in C ein irreduzibles System nach AB, so bilden, wie man leicht sieht, die np Produkte $\omega_r \tau_s$ eine irreduzible Basis des Körpers ABC in bezug auf A, was zu beweisen war.

Am häufigsten tritt der Fall auf, wo B Multiplum von A und zugleich Divisor von C, also $AB = B$, $BC = C$, und folglich

(5) $\qquad (C, A) = (C, B)(B, A)$

ist. Außerdem folgt aus dem Satze X, daß jedes Produkt aus zwei oder mehreren, in bezug auf A endlichen Körpern wieder ein solcher Körper ist. Sind nun θ, η irgend zwei algebraische Zahlen in bezug auf A, so sind (nach IX) die Körper $R(\theta)$, $R(\eta)$ endlich in bezug auf A, und folglich gilt dasselbe von ihrem Produkte $R(\theta, \eta)$; mithin sind auch die in dem letzteren enthaltene Summe, die Differenz, das Produkt und der Quotient von θ, η algebraisch in bezug auf A, und folglich ist der Inbegriff aller in bezug auf A algebraischen Zahlen ein Körper.

Es ist vorteilhaft, dem Symbol (B, A) auch dann eine Bedeutung beizulegen, und zwar $(B, A) = 0$ zu setzen*), wenn B **nicht endlich in bezug auf A** ist. Hierdurch erreicht man nämlich, wie der Leser leicht finden wird, daß die in den beiden Gleichungen (2), (4) enthaltenen Sätze **ohne jede Voraussetzung** für beliebige Körper A, B, C gelten. Vertauscht man nun die letzteren miteinander, so erhält man gewisse Reziprozitäten und andere Beziehungen, wie z. B.

(6) $\qquad (B, C)(C, A)(A, B) = (C, B)(A, C)(B, A),$

deren tiefere Bedeutung aber erst durch die nachfolgenden Untersuchungen erkannt werden kann.

§ 165

Wir verbinden jetzt die in den vorhergehenden Paragraphen erklärten Begriffe miteinander und nehmen an, der Körper A sei ein Divisor des Körpers M, und π sei eine Permutation des letzteren; der Kürze wegen bezeichnen wir, wenn ω irgendeine Zahl in M bedeutet, mit ω' die konjugierte Zahl $\omega\pi$. Bilden nun die in M enthaltenen m

---

*) Wenn man es vorzieht, so mag man $(B, A) = \infty$ setzen, was im wesentlichen denselben Erfolg hat.

Zahlen $\omega_1, \omega_2, \ldots, \omega_m$ ein nach A reduzibles System T, gibt es also m Zahlen $a_1, a_2, \ldots, a_m$ in A, die der Bedingung

$$a_1 \omega_1 + a_2 \omega_2 + \cdots + a_m \omega_m = 0$$

genügen und nicht alle verschwinden, so folgt hieraus, weil $0' = 0$ ist, auch

$$a_1' \omega_1' + a_2' \omega_2' + \cdots + a_m' \omega_m' = 0,$$

und da einer von Null verschiedenen Zahl a in A immer eine von Null verschiedene Zahl a' in $A\pi$ entspricht, so ist das in $M\pi$ enthaltene, aus den m Zahlen $\omega_1', \omega_2', \ldots, \omega_m'$ bestehende System $T\pi$ reduzibel in bezug auf $A\pi$. Da ferner jede Zahl ω' des Körpers $M\pi$ durch die inverse Permutation π^{-1} in eine Zahl ω des Körpers M übergeht, so ist umgekehrt das System T gewiß reduzibel nach A, wenn das System $T\pi$ reduzibel nach $A\pi$ ist. Wir können daher folgenden Satz aussprechen:

I. **Ist der Körper M ein Multiplum des Körpers A, und π eine Permutation von M, so wird, je nachdem das in M enthaltene System T reduzibel oder irreduzibel nach A ist, das System $T\pi$ auch reduzibel oder irreduzibel nach $A\pi$ sein.**

Wenden wir dies auf den Fall an, wo M das Produkt der beiden Körper A, B ist, so ergibt sich unmittelbar der Satz:

II. **Ist π eine Permutation des Produktes AB der beiden Körper A, B, so ist**

$$(B, A) = (B\pi, A\pi)$$

Hierauf schreiten wir zum Beweise des folgenden Fundamentalsatzes:

III. **Ist der Körper B endlich in bezug auf den Körper A und φ eine Permutation von A, so ist der Grad (B, A) die Anzahl aller derjenigen verschiedenen Permutationen π des Produktes AB, welche Multipla von φ sind. Zugleich ist A der Körper und φ der Rest des Systems Π dieser Permutationen π.**

Derselbe leuchtet für den Fall $(B, A) = 1$ unmittelbar ein, weil dann B ein Divisor von A, also $AB = A$, mithin notwendig $\pi = \varphi$ sein muß. Um ihn allgemein zu beweisen, wenden wir die vollständige Induktion an; wir nehmen an, er sei schon für alle Fälle bewiesen, wo der Grad $(B, A) < n$ ist, und zeigen, daß er dann auch für $(B, A) = n$ gilt.

Hierbei müssen wir **zwei Fälle** unterscheiden, deren **erster** dann eintritt, wenn es einen dritten Körper K gibt, der ein **echter** Divisor von AB und zugleich ein **echtes** Multiplum von A ist. Setzen wir $(AB, K) = p$, $(K, A) = q$, so ist (nach den Sätzen VIII und X in § 164) $n = (B, A) = (AB, A) = (AB, K)(K, A) = pq$, und da K verschieden von AB und A ist, so ist jeder der beiden Grade $p, q > 1$ und folglich auch $< n$. Nach unserer Annahme gibt es daher q und nur q verschiedene Permutationen

$$\chi_1, \chi_2, \ldots, \chi_q$$

des Körpers $AK = K$, welche Multipla von φ sind, und wenn χ_r irgendeine dieser Permutationen ist, so gibt es p und nur p verschiedene Permutationen

$$\pi_{r,1}, \pi_{r,2}, \ldots, \pi_{r,p}$$

des Körpers $ABK = AB$, welche Multipla von χ_r sind, und jede dieser Permutationen $\pi_{r,s}$ ist (nach § 163) zugleich Multiplum von φ. Da ferner jeder Permutation π des Körpers AB, welche Multiplum von φ ist, immer eine und nur eine Permutation χ von K entspricht, welche Divisor von π und folglich ebenfalls Multiplum von φ ist, so sind die oben erhaltenen n Permutationen $\pi_{r,s}$, welche den q Werten r und den p Werten s entsprechen, alle voneinander verschieden, und außer diesen n Permutationen $\pi_{r,s}$ kann es keine andere Permutation π von AB geben, die ein Multiplum von φ wäre. Also ist in diesem Falle unser Satz über die Anzahl der Permutationen π bewiesen.

Im entgegengesetzten **zweiten** Falle, wo es keinen Körper K von der obigen Beschaffenheit gibt, wählen wir aus B (oder auch aus AB) eine nicht in A enthaltene Zahl θ, was stets möglich ist, weil $n > 1$, also B nicht Divisor von A ist. Dann muß der aus A durch Adjunktion von θ erzeugte Körper $A(\theta) = AB$ sein, weil er Divisor von AB und zugleich Multiplum von A, aber verschieden von A ist, und die in bezug auf A algebraische Zahl θ ist (nach IX in § 164) gewiß vom Grade $n = (B, A)$; der Körper $A(\theta)$ besteht aus allen Zahlen α von der Form

(1) $\quad \alpha = F(\theta) = x_1 \theta^{n-1} + x_2 \theta^{n-2} + \cdots + x_{n-1} \theta + x_n,$

wo die n Koeffizienten oder Koordinaten x willkürliche Zahlen in A bedeuten, und zwar ist jede Zahl α nur auf eine einzige Art so darstellbar, weil die n Potenzen $\theta^{n-1}, \ldots, \theta, 1$ ein nach A irreduzibles System bilden. Die Zahl θ ist die Wurzel einer bestimmten, nach A irreduziblen Gleichung

(2) $\quad f(\theta) = \theta^n + a_1 \theta^{n-1} + a_2 \theta^{n-2} + \cdots + a_{n-1} \theta + a_n = 0$,

deren Koeffizienten a_r zugleich die Koordinaten der Zahl $-\theta^n$ sind*).

Wir suchen nun alle etwa vorhandenen Permutationen π dieses Körpers $A(\theta)$, welche Multipla von der gegebenen Permutation φ des Körpers A sind. Der Einfachheit halber setzen wir, wenn x irgendeine Zahl in A bedeutet, die aus ihr durch φ erzeugte, also gegebene Zahl

(3) $\quad\quad\quad\quad\quad x\varphi = x';$

dann muß, weil π ein Multiplum von φ sein soll, auch

(4) $\quad\quad\quad\quad\quad x\pi = x'$

sein, und da alle Zahlen α des Körpers AB rational aus Zahlen x und der einzigen Zahl θ gebildet sind, so wird die Permutation π vollständig bestimmt sein, sobald auch $\theta\pi$ bekannt ist; setzen wir der Kürze halber diese Zahl

(5) $\quad\quad\quad\quad\quad \theta\pi = \eta$,

so folgt aus (1) und (2), daß jede in der Form (1) dargestellte Zahl α durch π in die zugehörige Zahl

(6) $\quad \alpha\pi = \mathfrak{F}(\eta) = x'_1 \eta^{n-1} + x'_2 \eta^{n-2} + \cdots + x'_{n-1} \eta + x'_n$

übergeht, und daß η eine Wurzel der bestimmten Gleichung

(7) $\quad \mathfrak{f}(\eta) = \eta^n + a'_1 \eta^{n-1} + a'_2 \eta^{n-2} + \cdots + a'_{n-1} \eta + a'_n = 0$

sein muß. Umgekehrt, wenn η eine bestimmte Wurzel dieser Gleichung (7) bedeutet, so ist, weil jede Zahl α des Körpers $A(\theta)$ stets und nur auf eine einzige Weise in der Form (1) darstellbar ist, durch das Gesetz (6), worin (4) und (5) als spezielle Fälle enthalten sind, eine Abbildung π dieses Körpers vollständig bestimmt, und wir wollen jetzt beweisen, daß dieselbe wirklich eine Permu-

---

*) Es ist gut, zu bemerken, daß alles Folgende für jeden solchen Körper $A(\theta)$ gilt, der aus einer Zahl θ vom Grade n entspringt.

tation ist. Hierzu brauchen wir (nach § 161) nur zu zeigen, daß für je zwei Zahlen α, β des Körpers AB die beiden Gesetze

(8) $\qquad (\alpha + \beta)\pi = \alpha\pi + \beta\pi$
(9) $\qquad (\alpha\beta)\pi = (\alpha\pi)(\beta\pi)$

gelten. Bezeichnet man mit y_r die Koordinaten von β, so sind $x_r + y_r$ diejenigen von $\alpha + \beta$; da nun φ eine Permutation von A, also $(x_r + y_r)' = x'_r + y'_r$ ist, so ergibt sich aus (6) unmittelbar das Gesetz (8). Da dasselbe natürlich auch für Summen von mehr als zwei Gliedern gilt, und da jede Zahl β eine Summe von Produkten ist, deren Faktoren teils in A enthalten, teils $= \theta$ sind, so erkennt man leicht, daß das Gesetz (9) nur noch für die beiden Fälle zu beweisen ist, wo β entweder eine beliebige Zahl y des Körpers A oder $= \theta$ ist. Da nun die Koordinaten $y\,x_r$ des Produktes αy durch die Permutation φ in $(y\,x_r)' = y'\,x'_r$ übergehen, so folgt aus (6) der erste Fall $(\alpha y)\pi = (\alpha\pi)\,y'$, und ebenso leicht ergibt sich der zweite Fall $(\alpha\theta)\pi = (\alpha\pi)\eta$, wenn man bedenkt, daß zufolge (2), (6), (7) auch $(\theta^n)\pi = \eta^n$ ist. Hiermit ist der Beweis geliefert, daß jeder Wurzel η der Gleichung (7) wirklich eine durch (6) definierte Permutation π des Körpers AB entspricht, welche ein Multiplum von φ ist*).

Zugleich folgt aus dem Satze I, daß die n Potenzen $\eta^{n-1}, \ldots, \eta, 1$ ein irreduzibles System in bezug auf den Körper $A\pi = A\varphi$ bilden. Nun gibt es nach dem zuerst von Gauß bewiesenen Hauptsatze der Algebra im allgemeinen n verschiedene Wurzeln η der Gleichung (7), und ihre Anzahl ist bekanntlich nur dann kleiner als n, wenn wenigstens eine dieser Zahlen η zugleich der Bedingung

$$\mathfrak{f}'(\eta) = n\eta^{n-1} + (n-1)a'_1\eta^{n-2} + (n-2)a'_2\eta^{n-3} + \cdots + a'_{n-1} = 0$$

genügt; da dies aber mit der eben bewiesenen Irreduzibilität im Widerspruch stehen würde, so hat die Gleichung (7) wirklich n verschiedene Wurzeln η, und es gibt folglich genau n ver-

---

*) Bedeuten (wie in § 164) $f(t)$, $F(t)$, $f_1(t)\ldots$ ganze Funktionen der Variablen t, deren Koeffizienten c in A enthalten sind, und gehen aus ihnen bzw. die Funktionen $\mathfrak{f}(t)$, $\mathfrak{F}(t)$, $\mathfrak{f}_1(t)\ldots$ dadurch hervor, daß jeder Koeffizient c durch $c' = c\varphi$ ersetzt wird, so folgen, weil φ eine Permutation von A ist, aus den Identitäten $F(t) + F_1(t) = F_2(t)$, $F(t)\,F_1(t) = f(t)\,f_1(t) + F_3(t)$ immer die Identitäten $\mathfrak{F}(t) + \mathfrak{F}_1(t) = \mathfrak{F}_2(t)$, $\mathfrak{F}(t)\,\mathfrak{F}_1(t) = \mathfrak{f}(t)\,\mathfrak{f}_1(t) + \mathfrak{F}_3(t)$. Hierin liegt offenbar ein Beweis der Gesetze (8) und (9), von welchem der oben im Text gegebene nur eine Umschreibung ist.

schiedene Permutationen π des Körpers AB, welche Multipla von φ sind, was zu beweisen war.

Nachdem hiermit der Satz III, soweit er von der Anzahl der Permutationen π handelt, allgemein bewiesen ist, können wir auch seinen letzten Teil leicht erledigen. Denn wenn K den Körper, und χ den Rest des Systems $\varPi$ bedeutet, so besteht K (nach § 163) aus allen zu $\varPi$ einwertigen Zahlen, ist also Multiplum von A und Divisor von AB, und seine Permutation χ ist Multiplum von φ; setzt man wieder $(AB, K) = p$, $(K, A) = q$, so ist $n = pq$, und nach dem schon bewiesenen Teile des Satzes ist p die genaue Anzahl derjenigen verschiedenen Permutationen von AB, welche Multipla von χ sind; unter diesen befinden sich aber gewiß die n Permutationen π, und folglich ist $p \geq n$, mithin $p = n$, $q = 1$, $K = A$, $\chi = \varphi$, was zu beweisen war. —

Nachdem der Fundamentalsatz III vollständig bewiesen ist, bemerken wir zunächst, daß die auf B bezüglichen Divisoren ψ der n Permutationen π ebenfalls voneinander verschieden sind, weil (nach § 163) jede Permutation π des Produktes AB umgekehrt durch ihre auf A, B bezüglichen Divisoren φ, ψ vollständig bestimmt ist. Der Körper des Systems $\varPsi$ dieser n mit φ einigen Permutationen ψ ist, wie unmittelbar einleuchtet, der größte gemeinsame Divisor D von A, B, und der Rest von $\varPsi$ ist der auf D bezügliche Divisor von φ.

Ist ferner φ' ebenfalls eine Permutation von A, also $\varphi^{-1}\varphi'$ eine Permutation von $A\varphi$, und $\varPi'$ das System derjenigen n Permutationen π' von AB, welche Multipla von φ' sind, so sind, wenn π eine bestimmte Permutation in $\varPi$ bedeutet, die n Permutationen $\pi^{-1}\pi'$ des Körpers $(AB)\pi$ verschieden und zugleich Multipla von $\varphi^{-1}\varphi'$ (nach § 163), und da der Körper $(AB)\pi$ zufolge II vom Grade n in bezug auf $A\varphi$ ist, so kann es zufolge III außer diesen n Permutationen $\pi^{-1}\pi'$, durch welche $(AB)\pi$ in die n Körper $(AB)\pi'$ übergeht, und deren Komplex zweckmäßig durch $\pi^{-1}\varPi'$ bezeichnet wird, keine andere Permutation von $(AB)\pi$ geben, die zugleich Multiplum von $\varphi^{-1}\varphi'$ wäre; es ist also $A\varphi$ der Körper, $\varphi^{-1}\varphi'$ der Rest des Systems $\pi^{-1}\varPi'$. —

Von jetzt ab wollen wir nur noch den speziellen Fall betrachten, in welchem φ die identische Permutation von A ist; dann sind in den Systemen $\varPi$, $\varPsi$ offenbar auch die identischen Permutationen von AB, B enthalten; A ist der Inbegriff aller Zahlen in AB, welche durch jede Permutation π in sich selbst übergehen, und ebenso ist D der Inbegriff aller Zahlen in B, welche durch jede Permutation ψ in sich selbst übergehen. Bedeutet nun T irgendeine in AB enthaltene Reihe von n Zahlen $\omega_1, \omega_2, \ldots, \omega_n$, und sind $\pi_1, \pi_2, \ldots, \pi_n$ die in einer bestimmten Folge geordneten Permutationen in Π, so wollen wir die aus den n^2 Elementen $\omega_r \pi_s$ gebildete Determinante

$$(10) \quad \begin{vmatrix} \omega_1 \pi_1, & \omega_2 \pi_1, & \ldots, & \omega_n \pi_1 \\ \omega_1 \pi_2, & \omega_2 \pi_2, & \ldots, & \omega_n \pi_2 \\ \cdots \\ \omega_1 \pi_n, & \omega_2 \pi_n, & \ldots, & \omega_n \pi_n \end{vmatrix} = (T)$$

setzen und kurz die Determinante des Systems T nennen. Dann gilt folgender Satz:

IV. **Die erforderliche und hinreichende Bedingung dafür, daß das System T irreduzibel nach A ist und folglich eine Basis von AB bildet, besteht darin, daß die Determinante (T) nicht verschwindet; und der Quotient von je zwei solchen Determinanten (T) ist in A enthalten.**

Denn wenn T irreduzibel ist, so kann jede Zahl α der Schar AB in der Form

$$(11) \quad \alpha = x_1 \omega_1 + x_2 \omega_2 + \cdots + x_n \omega_n$$

dargestellt werden, wo die Zahlen x_r die in A enthaltenen Koordinaten von α bedeuten, und folglich ist zugleich

$$(12) \quad \alpha \pi_s = x_1 (\omega_1 \pi_s) + x_2 (\omega_2 \pi_s) + \cdots + x_n (\omega_n \pi_s).$$

Ist nun U ein System von n solchen Zahlen $\alpha_1, \alpha_2, \ldots, \alpha_n$, und $a_{r,s}$ die s^{te} Koordinate von α_r, so ist

$$(13) \quad \begin{aligned} \alpha_r &= a_{r,1} \omega_1 + a_{r,2} \omega_2 + \cdots + a_{r,n} \omega_n \\ \alpha_r \pi_s &= a_{r,1} (\omega_1 \pi_s) + a_{r,2} (\omega_2 \pi_s) + \cdots + a_{r,n} (\omega_n \pi_s) \end{aligned}$$

und folglich nach dem bekannten Satze der Determinantentheorie

$$(14) \quad (U) = a(T),$$

wo a die aus den Koordinaten $a_{r,s}$ gebildete Determinante

$$(15) \quad a = \begin{vmatrix} a_{1,1}, & a_{1,2}, & \ldots, & a_{1,n} \\ a_{2,1}, & a_{2,2}, & \ldots, & a_{2,n} \\ \cdots \\ a_{n,1}, & a_{n,2}, & \ldots, & a_{n,n} \end{vmatrix}$$

bedeutet, also in A enthalten ist. Da nun nach einem früheren Satze (am Schlusse von § 161) in AB gewiß ein System U existiert, dessen Determinante (U) nicht verschwindet, so folgt aus (14), daß (T) von Null verschieden ist*). Wenn aber zweitens T reduzibel ist, so gibt es n Zahlen x_r in A, welche nicht sämtlich verschwinden, für welche aber die Summe α in (11), also auch alle n Summen $\alpha \pi_s$ in (12) verschwinden, und hieraus folgt bekanntlich, daß auch $(T) = 0$ ist, was zu beweisen war.

Unter der in bezug auf A genommenen Norm des Körpers B verstehen wir das Produkt P der n konjugierten Körper $B\pi$ oder $B\psi$, in welche B durch die n Permutationen ψ des Systems Ψ übergeht; da unter diesen sich auch die identische Permutation von B befindet, so ist die Norm P immer ein Multiplum von B. Offenbar ist AP zugleich die Norm von AB, weil $A\pi = A$, also $(AB)\pi = A(B\psi)$ ist, und aus dem Beweise des vorhergehenden Satzes ergibt sich leicht der folgende:

V. **Ist P die Norm des Körpers B in bezug auf A, und Q der größte gemeinsame Divisor von P und A, so ist $(B, A) = (B, Q)$.**

Denn wenn man aus B ein nach A irreduzibles System T von n Zahlen $\omega_1, \omega_2, \ldots, \omega_n$ wählt, so ist jede Zahl α des Körpers B in der Form (11) darstellbar; da nun die Determinante (T) nicht verschwindet, und da alle in (12) auftretenden Zahlen $\alpha \pi, \omega_r \pi$ in P enthalten sind, so gilt dasselbe von den Koordinaten x_r, welche mithin gewiß dem Körper Q angehören; das nach A, und folglich auch nach Q irreduzible System T wird daher durch Hinzufügung jeder in B enthaltenen Zahl α reduzibel nach Q, und folglich ist $(B, Q) = n$, was zu beweisen war.

Bedeutet ferner θ eine beliebige Zahl in AB, und T das System der n Potenzen $\theta^{n-1}, \theta^{n-2}, \ldots, \theta, 1$, so ist die Determinante (T), wie wir schon früher (am Schlusse von § 161) bemerkt haben, das Produkt der sämtlichen Differenzen $\theta \pi_r - \theta \pi_s$, wo $r < s$, und folglich wird das System T stets und nur dann irreduzibel nach A, wenn θ eine n-wertige Zahl zu Π ist; da nun jede in AB enthaltene Zahl (nach § 164, VIII) algebraisch in bezug auf A und höchstens vom Grade n ist, so folgt hieraus, daß jede n-wer-

---

*) Man vergleiche hiermit den Satz IV in § 164.

tige Zahl θ und keine andere vom Grade n ist. Da ferner das System Ψ aus n verschiedenen Permutationen ψ des Körpers B besteht, so gibt es in B (nach § 161) unendlich viele Zahlen θ, welche n-wertig zu Ψ, also auch zu Π sind, und wir können daher folgenden Satz aussprechen:

VI. **Ist B ein Körper n^{ten} Grades in bezug auf A, so gibt es in B auch unendlich viele Zahlen θ vom Grade n in bezug auf A, und zugleich ist $A(\theta) = AB$.**

Wenn umgekehrt ein Körper B aus lauter Zahlen besteht, die algebraisch in bezug auf A sind, und deren Grade eine endliche Höhe nicht überschreiten, so ergibt sich aus den vorhergehenden Sätzen ohne Schwierigkeit, daß B endlich in bezug auf A ist. Ein anderes, ebenfalls charakteristisches Kriterium dieser Endlichkeit besteht darin, daß die Anzahl aller der verschiedenen Körper K, welche Multipla von A und zugleich Divisoren von AB sind, endlich ist. Wir wollen hier aber nur auf den einen Teil dieses Satzes eingehen, indem wir wieder annehmen, B sei vom Grade n in bezug auf A, und mit Π das System der n Permutationen π von AB bezeichnen, welche Multipla der identischen Permutation φ von A sind; setzt man $(AB, K) = p$, $(K, A) = q$, so ist $n = pq$, und K ist (nach VI) von der Form $A(\alpha)$, wo α eine in K, also auch in AB enthaltene Zahl vom Grade q bedeutet, und umgekehrt erzeugt jede Zahl α in AB einen solchen Körper $K = A(\alpha)$. Nun gibt es (nach III) q verschiedene Permutationen χ von K, welche Multipla von φ sind, und durch welche α in q verschiedene Werte $\alpha\chi$ übergeht; jede bestimmte solche Permutation χ ist wieder der Rest eines Systems Π' von p Permutationen π', welche einen und denselben Wert $\alpha\pi' = \alpha\chi$ erzeugen, und das System Π besteht aus diesen q Komplexen Π'. Da nun umgekehrt K durch jeden einzelnen Komplex Π' als zugehöriger Körper (nach § 163) vollständig bestimmt ist, so leuchtet ein, daß die Anzahl solcher Körper K endlich ist, weil ein endliches System Π auch nur eine endliche Anzahl von Teilen Π' besitzt. — Auf den Beweis der Umkehrung, welcher zwar nicht schwierig ist, aber doch einige Hilfssätze erfordert, müssen wir der Kürze halber hier verzichten.

Für die Algebra bildet nun die vollständige Bestimmung aller dieser Körper K und die Untersuchung ihrer gegenseitigen Beziehungen die wichtigste Aufgabe, deren Lösung von Lagrange*) begonnen und endlich von Galois**) zu einem systematischen Abschluß durch die Theorie der Gruppen gebracht ist. Obgleich wir auf die letztere selbst nicht näher eingehen können, so wollen wir doch von unserem Standpunkte aus noch andeuten, worin diese Zurückführung besteht.

§ 166

Ein System Π von n verschiedenen Körperpermutationen π heißt eine **Gruppe**, wenn jede mit jeder zusammensetzbar, und wenn die Resultante immer in Π enthalten ist.

Aus dieser Erklärung folgt zunächst, daß die in einer Gruppe Π enthaltenen Permutationen π sich alle auf einen und denselben Körper beziehen, und daß dieser Körper M durch jede Permutation π in sich selbst übergeht. Bedeutet ferner π' eine bestimmte dieser n Permutationen, während π sie alle durchläuft, so sind die n Resultanten $\pi\pi'$ (nach § 162) alle verschieden, mithin ist ihr Komplex identisch mit Π; es gibt daher, wenn π', π'' zwei bestimmte Permutationen sind, immer eine und nur eine Permutation π, welche der Bedingung $\pi\pi' = \pi''$ genügt. Nimmt man $\pi' = \pi''$, so ergibt sich, daß in Π auch die **identische** Permutation von M enthalten ist. Auf diesen Eigenschaften einer Gruppe beruht der folgende Fundamentalsatz:

I. **Besteht eine Gruppe Π aus n verschiedenen Permutationen π des Körpers M, und ist A der Körper von Π, so ist $(M, A) = n$, und der Rest von Π ist die identische Permutation von A.**

Um dies zu beweisen, wählen wir (nach § 161) aus M ein System von n Zahlen α_r so aus, daß die aus den n^2 Zahlen $\alpha_r \pi$ gebildete Determinante nicht verschwindet; dann gibt es, wenn ω irgendeine bestimmte Zahl in M bedeutet, ein und nur ein System von n Zahlen x_r, welche den n linearen Gleichungen

(1) $$\omega \pi = x_1(\alpha_1 \pi) + x_2(\alpha_2 \pi) + \cdots + x_n(\alpha_n \pi)$$

---

*) Réflexions sur la résolution algébrique des équations (Mém. de l'Acad. de Berlin, 1770, 1771. — Œuvres de L. Tome III).
**) Sur les conditions de résolubilité des equations par radicaux (Liouvilles Journal, t. XI, 1846).

genügen; da alle hier auftretenden Zahlen $\omega\pi$, $\alpha\pi$ in M enthalten sind, so gilt dasselbe auch von diesen n Zahlen x_r, und folglich entspringt, wenn π' eine bestimmte Permutation in Π bedeutet, aus dem vorstehenden System (1) das folgende

$$\omega\pi\pi' = (x_1\pi')(\alpha_1\pi\pi') + (x_2\pi')(\alpha_2\pi\pi') + \cdots + (x_n\pi')(\alpha_n\pi\pi'),$$

welches, weil $\pi\pi'$ zugleich mit π das ganze System Π durchläuft, auch in der Form

$$\omega\pi = (x_1\pi')(\alpha_1\pi) + (x_2\pi')(\alpha_2\pi) + \cdots + (x_n\pi')(\alpha_n\pi)$$

dargestellt werden kann; durch Vergleichung mit (1) ergibt sich hieraus $x_r\pi' = x_r$, und folglich sind die n Zahlen x_r in dem Körper A enthalten, welcher (nach § 163) aus allen zu Π einwertigen Zahlen besteht. Da unter den Permutationen π sich auch die identische Permutation von M befindet, so folgt aus (1), daß jede Zahl ω des Körpers M in der Form

$$\omega = x_1\alpha_1 + x_2\alpha_2 + \cdots + x_n\alpha_n$$

darstellbar ist, wo die Koeffizienten x_r dem Körper A angehören; mithin ist M endlich in bezug auf A, und zwar $(M, A) \leq n$; da es aber n verschiedene Permutationen π von M gibt, welche Multipla der identischen Permutation von A sind, so folgt (nach § 165, III), daß $(M, A) = n$, und daß das System der n Zahlen α_r irreduzibel nach A ist, was zu beweisen war.

Bildet nun ein Teil der Gruppe Π ebenfalls eine **Gruppe** Π', welche aus p Permutationen π' besteht, so ist der zu Π' gehörige Körper A' Divisor von M und Multiplum von A, weil jede zu Π einwertige Zahl auch einwertig zu Π' ist, und zugleich ist $n = pq$, wo $p = (M, A')$, $q = (A', A)$; bezeichnet man ferner, wenn π eine bestimmte Permutation in Π bedeutet, π' aber alle Permutationen der Gruppe Π' durchläuft, mit $\Pi'\pi$ den Komplex der p Resultanten $\pi'\pi$, und mit φ' den Rest von $\Pi'\pi$, so besteht die Gruppe Π aus q verschiedenen Komplexen $\Pi'\pi$, und deren Reste φ' stimmen überein mit denjenigen q Permutationen des Körpers A', welche Multipla der identischen Permutation von A sind. Umgekehrt, wenn ein Körper A' Divisor von M und Multiplum von A ist, so bilden, wie man leicht sieht, diejenigen Permutationen von M, welche Multipla der identischen Permutation von A' sind, eine in Π enthaltene Gruppe Π', und A' ist der zu Π' gehörige Körper. Ist ferner Π'' ebenfalls eine in Π enthaltene Gruppe, und A'' der zugehörige Körper, so bilden die den beiden Gruppen Π', Π'' gemeinsamen Permutationen wieder eine Gruppe, und der zugehörige Körper ist das Produkt $A'A''$.

Hieraus erkennt man, daß die vollständige Bestimmung aller dieser Körper A', A'', ... und die Untersuchung ihrer gegenseitigen Beziehungen vollständig erledigt wird durch die Bestimmung aller in der Gruppe Π enthaltenen Gruppen Π', Π'', ..., und diese Aufgabe gehört in die allgemeine*) Theorie der Gruppen.

Nun läßt sich der allgemeine Fall (§ 165), wo $(B, A) = n > 0$, und wo es sich um die Bestimmung aller Körper K handelt, die Multipla von A und zugleich Divisoren von AB sind, leicht auf den eben besprochenen zurückführen. Bedeutet φ wieder die identische Permutation von A, und Π das System der n Permutationen π von AB, welche Multipla von φ sind, so haben wir schon bemerkt, daß die Norm von B, d. h. das Produkt P der n Körper $B\pi$, ein Multiplum von B ist. Wenn nun $P = B$, also B seine eigene Norm ist, soll B ein Normalkörper in bezug auf A heißen; dieser Fall tritt stets und auch nur**) dann ein, wenn alle Körper $B\pi$ identisch mit B sind, und offenbar ist dann auch AB normal in bezug auf A. Ist nun das letztere der Fall — was, wie wir doch bemerken wollen, auch eintreten kann, ohne daß B normal in bezug auf A ist —, so überzeugt man sich leicht, daß Π eine Gruppe ist, und daß alles, was oben von dem Körper M gesagt ist, für diesen Körper AB gilt. Ist aber AB (und folglich auch B) nicht

---

*) Schon in meinen Göttinger Vorlesungen (1857—1858) habe ich diese Theorie in der Weise vorgetragen, daß sie für Gruppen Π von beliebigen Elementen π gilt.

**) Zunächst folgt allerdings nur, daß jeder Körper $B\pi$ Divisor von B sein muß; da aber (nach § 164) jede Zahl ω in B algebraisch in bezug auf A ist und da die Zahlen der unendlichen Kette ω, $\omega' = \omega\pi$, $\omega'' = \omega'\pi$, $\omega''' = \omega''\pi$ ... in B enthalten und Wurzeln einer und derselben, nach A irreduziblen Gleichung sind, so müssen in ihr Wiederholungen von der Form $\omega^{(r)} = \omega^{(r+s)}$ auftreten, wo $s > 0$, und da aus $\alpha\pi = \beta\pi$ stets $\alpha = \beta$ folgt, so ergibt sich $\omega = \omega^{(s)}$, und folglich ist jede in B enthaltene Zahl ω auch in $B\pi$ enthalten, also $B\pi = B$. — Um diese Betrachtung in das rechte Licht zu setzen, bemerken wir noch folgendes. Sind τ, τ' irgend zwei transzendente, d. h. nicht algebraische Zahlen in bezug auf A, so geht der Körper $A(\tau)$ durch unendlich viele Permutationen, welche Multipla der identischen Permutation von A sind, in $A(\tau')$ über, und unter ihnen ist eine einzige π, für welche $\tau\pi = \tau'$ wird; nimmt man nun z. B. $\tau' = \tau^2$, so leuchtet leicht ein, daß der mit $A(\tau)$ konjugierte Körper $A(\tau^2)$ ein echter Divisor von $A(\tau)$ ist.

normal in bezug auf A, so ist doch immer die Norm P von B und folglich auch AP normal in bezug auf A; ist nämlich χ eine bestimmte Permutation von AP, und zwar Multiplum von φ, so sind (nach § 165) die auf die n Körper $AB\pi$ bezüglichen Divisoren von χ von der Form $\pi^{-1}\pi'$, wo π' gleichzeitig mit π alle in Π enthaltenen Permutationen durchläuft*), und folglich ist $(AP)\chi = AP$, d. h. AP (und ebenso auch P) ist normal in bezug auf A, das System X aller Permutationen χ ist eine Gruppe, φ deren Rest, und die obigen Prinzipien gelten für den Körper $M = AP$.

Hieraus folgt beiläufig auch noch der wichtige Satz, daß, wenn ω irgendeine in AB enthaltene Zahl bedeutet, jede aus den n Zahlen $\omega\pi$ auf rationale und symmetrische Weise abgeleitete Zahl gewiß in A enthalten ist, weil sie offenbar einwertig zu X ist.

§ 167

Wir bezeichnen wieder mit φ die identische Permutation eines Körpers A, mit B einen in bezug auf A endlichen Körper vom Grade n, mit Π das System der n verschiedenen Permutationen π von AB, welche Multipla von φ sind, und führen folgende Begriffe ein. Ist α eine beliebige Zahl in AB, so verstehen wir unter ihrer **Spur** $S(\alpha)$ die Summe, unter ihrer **Norm** $N(\alpha)$ das Produkt der n mit α konjugierten Zahlen $\alpha\pi$; da (nach § 161) das Bild $\alpha\pi$ einer von Null verschiedenen Zahl α niemals verschwindet, so ist nur dann $N(\alpha) = 0$, wenn $\alpha = 0$ ist. Ist x eine einwertige, also in A enthaltene Zahl, so ergibt sich

(1) $\qquad S(x) = nx, \quad S(x\alpha) = xS(\alpha)$
(2) $\qquad N(x) = x^n, \quad N(x\alpha) = x^n N(\alpha)$,

und wenn β ebenfalls eine in AB enthaltene Zahl ist, so folgt aus den Gesetzen $(\alpha \pm \beta)\pi = \alpha\pi \pm \beta\pi$ und $(\alpha\beta)\pi = (\alpha\pi)(\beta\pi)$, daß

(3) $\qquad S(\alpha \pm \beta) = S(\alpha) \pm S(\beta)$
(4) $\qquad N(\alpha\beta) = N(\alpha) N(\beta)$,

---

*) Denn wählt man aus AB irgendeine n-wertige Zahl θ, so müssen die n verschiedenen, in AP enthaltenen Zahlen $\theta\pi$ durch die Permutation χ (nach § 161) auch in n verschiedene Bilder $\theta\pi'$ übergehen, und folglich sind auch die n Permutationen π' verschieden; die Permutation χ erzeugt also eine gewisse Vertauschung (Permutation) der n Werte $\theta\pi$ untereinander.

daß also die Spur einer Summe von Zahlen gleich der Summe ihrer Spuren, und die Norm eines Produktes gleich dem Produkte aus den Normen der Faktoren ist.

Bedeutet T irgendein System von n Zahlen $\omega_1, \omega_2, \ldots, \omega_n$ in AB, so haben wir schon (in § 165, (10)) die aus den n^2 Zahlen $\omega_r \pi_s$ gebildete Determinante mit (T) bezeichnet, und wir wollen jetzt das Quadrat von (T), welches von der Reihenfolge der Zahlen ω_r und der Permutationen π_s gänzlich unabhängig ist, die Diskriminante des Systems T nennen und kurz mit ΔT oder $\Delta(\omega_1, \omega_2, \ldots, \omega_n)$ bezeichnen; dieselbe ist (nach § 165, IV) stets und nur dann von Null verschieden, wenn das System T irreduzibel ist und folglich eine Basis von AB bildet; und wenn ein System U von n Zahlen $\alpha_1, \alpha_2, \ldots, \alpha_n$ mit T durch n Gleichungen von der Form

(5) $\qquad \alpha_r = a_{r,1}\omega_1 + a_{r,2}\omega_2 + \cdots + a_{r,n}\omega_n$

verbunden ist, wo alle Koeffizienten $a_{r,s}$ in A enthalten sind, so folgt

(6) $\qquad (U) = a(T), \quad \Delta U = a^2 \Delta T,$

wo a die aus diesen Koeffizienten $a_{r,s}$ gebildete Determinante bedeutet [§ 165, (13) bis (15)].

Zwischen den Determinanten (T), den Spuren und Normen bestehen ferner die folgenden Beziehungen. Bezeichnet man das System der n Produkte $\alpha\omega_1, \alpha\omega_2, \ldots, \alpha\omega_n$ kurz mit αT, so folgt aus $(\alpha\omega_r)\pi_s = (\alpha\pi_s)(\omega_r\pi_s)$, daß die zugehörige Determinante

(7) $\qquad (\alpha T) = N(\alpha)(T)$

ist. Wenn ferner U ein System von n Zahlen α_r, und V ein System von n Zahlen β_s ist, so folgt bekanntlich aus

$$S(\alpha_r \beta_s) = (\alpha_r \pi_1)(\beta_s \pi_1) + \cdots + (\alpha_r \pi_n)(\beta_s \pi_n),$$

daß das Produkt

(8) $\qquad (U)(V) = \begin{vmatrix} S(\alpha_1\beta_1) & \ldots & S(\alpha_1\beta_n) \\ \cdots & & \cdots \\ S(\alpha_n\beta_1) & \ldots & S(\alpha_n\beta_n) \end{vmatrix}$

und folglich die Diskriminante

(9) $\qquad \Delta T = \begin{vmatrix} S(\omega_1\omega_1) & \ldots & S(\omega_1\omega_n) \\ \cdots & & \cdots \\ S(\omega_n\omega_1) & \ldots & S(\omega_n\omega_n) \end{vmatrix}$

ist.

Aus der Schlußbemerkung des vorigen Paragraphen folgt unmittelbar, daß alle Spuren und Normen Zahlen des Körpers A

sind, und da (nach § 165, VI) alle Zahlen des Körpers AB rational durch die des Körpers A und durch eine einzige n-wertige Zahl θ darstellbar sind, so folgt dasselbe [ohne Zuziehung von (8) und (9)] auch für jedes Produkt von zwei Determinanten (T), also auch für jede Diskriminante $\varDelta T$, weil diese Größen ebenfalls **symmetrisch aus den n konjugierten Zahlen $\theta\pi$ gebildet sind**. Es ist aber von Wichtigkeit, diese Voraussagungen der allgemeinen Theorie durch die Rechnung zu bestätigen. Zu diesem Zwecke wählen wir aus AB ein **irreduzibles** System T von n Zahlen ω_r; dann ergibt sich schon aus (6) und (7), daß die Norm $N(\alpha)$ als Quotient der beiden Determinanten (αT) und (T) gewiß in A enthalten ist. Wir wollen dies etwas näher ausführen. Da T eine Basis von AB bildet, so kann man

(10) $$\alpha = x_1\omega_1 + x_2\omega_2 + \cdots + x_n\omega_n$$

und ebenso

(11) $$\alpha\omega_r = x_{r,1}\omega_1 + x_{r,2}\omega_2 + \cdots + x_{r,n}\omega_n$$

setzen, wo die Koordinaten x_r und $x_{r,s}$ sämtlich in A enthalten sind, und zufolge (6) und (7) ist die aus den letzteren*) gebildete Determinante

(12) $$\Sigma \pm x_{1,1}x_{2,2}\ldots x_{n,n} = N(\alpha).$$

Jeder Zahl α entspricht nun, wenn t eine **Variable** bedeutet, eine ganze Funktion n^{ten} Grades

(13) $$f(t) = \Pi(t - \alpha\pi) = t^n + a_1 t^{n-1} + \cdots + a_{n-1}t + a_n,$$

wo sich das Produktzeichen Π auf alle n Permutationen π bezieht. Dieselbe ist offenbar dadurch völlig bestimmt, daß **für jeden in A enthaltenen Wert t**

(14) $$f(t) = N(t - \alpha)$$

wird; ersetzt man aber in (11) die Zahl α durch $\alpha - t$, so bleiben die Koordinaten $x_{r,s}$ ungeändert mit Ausnahme derjenigen $x_{r,r}$, welche in der Diagonale liegen und durch $x_{r,r} - t$ zu ersetzen sind, und folglich entspringt aus (12) die Gleichung

(15) $$\begin{vmatrix} x_{1,1} - t & \ldots & x_{1,n} \\ \cdots & \cdots & \cdots \\ x_{n,1} & \ldots & x_{n,n} - t \end{vmatrix} = (-1)^n f(t),$$

---

*) Diese sind offenbar homogene lineare Funktionen der n Koordinaten x_r, und die Koeffizienten dieser Funktionen sind die Koordinaten der Produkte $\omega_r\omega_s$. Vgl. § 182.

welche identisch für jeden Wert von t gilt, weil auch die linke Seite eine ganze Funktion n^{ten} Grades von t ist; mithin sind die Koeffizienten a_r der Funktion $f(t)$ in A enthalten. Dies gilt also insbesondere von der Spur

(16) $$S(\alpha) = x_{1,1} + x_{2,2} + \cdots + x_{n,n} = -a_1$$

und zufolge (8) und (9) auch von allen Produkten $(U)(V)$ und von allen Diskriminanten $\varDelta T$, was zu beweisen war.

Ist α eine n-wertige und folglich (nach § 165) eine Zahl n^{ten} Grades in bezug auf A, so ist die zugehörige Funktion $f(t)$ irreduzibel in bezug auf A, d. h. sie kann nicht in Faktoren niedrigeren Grades zerlegt werden, deren Koeffizienten ebenfalls in A enthalten sind (§ 164); allgemein, wenn α eine q-wertige Zahl ist, so ist (nach § 165) $n = pq$, und $f(t)$ ist die p^{te} Potenz einer irreduziblen Funktion vom Grade q. Da die Funktion $f(t)$, also auch ihre Derivierte $f'(t)$ durch die Zahl α vollständig bestimmt ist, so gehört zu jeder Zahl α eine bestimmte Zahl α^*, welche durch

(17) $$\alpha^* = f'(\alpha) = n\alpha^{n-1} + \cdots + a_{n-1}$$

definiert wird und ebenfalls in AB enthalten ist, und wenn π eine bestimmte Permutation in Π bedeutet, so folgt aus (13), daß

(18) $$\alpha^*\pi = f'(\alpha\pi) = \Pi'(\alpha\pi - \alpha\pi')$$

ist, wo das Produktzeichen Π' sich auf alle $n-1$ von π verschiedenen Permutationen π' bezieht, und hieraus ergibt sich

(19) $$N(\alpha^*) = (-1)^{1/2\,n\,(n-1)}\,\Pi''(\alpha\pi_r - \alpha\pi_s)^2,$$

wo die Multiplikation Π'' auf alle Kombinationen r, s auszudehnen ist, in denen $r < s$ ist. Offenbar ist die Zahl α^* dann und nur dann von Null verschieden, wenn α eine n-wertige, also eine Zahl n^{ten} Grades ist, und folglich das aus den n Potenzen $\alpha^{n-1}, \alpha^{n-2}, \ldots, \alpha, 1$ bestehende System T_α eine Basis von AB bildet. In dieser Annahme folgt aus

(20) $$f(\alpha) = \alpha^n + a_1\alpha^{n-1} + \cdots + a_n = 0,$$

daß a_r die r^{te} Koordinate der Zahl $-\alpha^n$ ist; bedeuten ferner x, y willkürliche Variable, so können wir

(21) $$\frac{f(x) - f(y)}{x - y} = f_1(x)y^{n-1} + f_2(x)y^{n-2} + \cdots + f_n(x)$$

setzen, wo

$$f_r(x) = x^{r-1} + a_1 x^{r-2} + \cdots + a_{r-2}x + a_{r-1},$$

und hieraus entspringt wieder ein bestimmtes System U_α von n Zahlen $\alpha_1, \alpha_2, \ldots, \alpha_n$, welche durch

(22) $\quad \alpha_r = f_r(\alpha) = \alpha^{r-1} + a_1 \alpha^{r-2} + \cdots + a_{r-2}\alpha + a_{r-1}$

definiert sind und den Bedingungen

(23) $\quad \alpha_1 = 1; \ \alpha_{r+1} = \alpha \alpha_r + a_r; \ 0 = \alpha \alpha_n + a_n$

genügen. Da die aus ihren Koordinaten gebildete Determinante $= (-1)^{1/2 n(n-1)}$ ist, so folgt aus (6):

(24) $\quad (U_\alpha) = (-1)^{1/2 n(n-1)} (T_\alpha)$.

Wählt man ferner irgend zwei Permutationen π, π' und setzt $x = \alpha\pi$, $y = \alpha\pi'$, so ergibt sich aus (21), daß die Summe

(25) $\quad (\alpha_1 \pi)(\alpha^{n-1}\pi') + (\alpha_2 \pi)(\alpha^{n-2}\pi') + \cdots + (\alpha_n \pi)(1\,\pi')$
$\qquad = \alpha^* \pi \ \text{oder} \ = 0$

ist, je nachdem π, π' gleich oder verschieden sind; läßt man π und π' unabhängig voneinander alle n Permutationen durchlaufen, und bildet man die Determinante aus den entsprechenden n^2 Summen, so ist dieselbe bekanntlich das Produkt aus den Determinanten (U_α), (T_α), und man erhält daher

(26) $\quad (U_\alpha)(T_\alpha) = N(\alpha^*)$,

also mit Rücksicht auf (24) auch

(27) $\quad N(\alpha^*) = (-1)^{1/2 n(n-1)} \varDelta T_\alpha$;

da nach einem sehr bekannten, schon öfter (z. B. in § 161) von uns benutzten Satze die Determinante (T_α) gleich dem Produkte aller Differenzen $\alpha \pi_r - \alpha \pi_s$ ist, wo $r < s$, so stimmt (27) völlig mit (19) überein.

Das Vorhergehende hängt nahe zusammen mit der folgenden allgemeinen Betrachtung *). Bedeutet wieder T irgendein irreduzibles System von n Zahlen ω_r, so gibt es, weil die in (9) dargestellte Diskriminante $\varDelta T$ von Null verschieden ist, immer ein und nur ein System T' von n korrespondierenden Zahlen ω'_r, welches den n linearen Gleichungen

(28) $\quad \omega_r = S(\omega_r \omega_1) \omega'_1 + S(\omega_r \omega_2) \omega'_2 + \cdots + S(\omega_r \omega_n) \omega'_n$

genügt und offenbar ebenfalls in AB enthalten ist, weil dies von allen anderen hier auftretenden Zahlen $\omega_r, S(\omega_r \omega_s)$ gilt. Setzt man

---

*) Vgl. meine Abhandlung Über die Diskriminanten endlicher Körper (1882, Bd. 29 der Abhandlungen der Ges. d. Wissensch. zu Göttingen).

diese Ausdrücke (28) in die Gleichung (10) ein, so geht die letztere mit Rücksicht auf (1) und (3) in die Gleichung

(29) $\quad \alpha = S(\alpha \omega_1)\omega'_1 + S(\alpha \omega_2)\omega'_2 + \cdots + S(\alpha \omega_n)\omega'_n$

über, in welcher umgekehrt die Gleichungen (28) als spezielle Fälle enthalten sind. Zugleich leuchtet ein, daß das System T' ebenfalls eine Basis von AB bildet, und daß die ihr entsprechenden Koordinaten einer beliebigen Zahl α die n Spuren $S(\alpha \omega_r)$ sind. Wir wollen T' die zu T komplementäre Basis oder das Komplement von T nennen, wobei wohl zu beachten ist, daß jedem Elemente ω_r der Basis T ein bestimmtes Element ω'_r der Basis T' entspricht. Setzt man nun $\alpha = \omega'_s$, so ergibt sich aus (29), daß

(30) $\quad\quad\quad S(\omega_r \omega'_s) = 1 \text{ oder } = 0$

ist, je nachdem r, s gleich oder verschieden sind, und aus (8) folgt daher

(31) $\quad\quad\quad (T)(T') = 1, \; \varDelta T \cdot \varDelta T' = 1.$

Umgekehrt, wenn zwei Systeme T und T' von je n Zahlen ω_r und ω'_r des Körpers AB den n^2 Gleichungen (30) genügen, so folgt zunächst aus (31), daß beide Systeme Basen von AB sind; jede Zahl α in AB ist daher von der Form

$$\alpha = y_1 \omega'_1 + y_2 \omega'_2 + \cdots + y_n \omega'_n,$$

wo die Koeffizienten y_r in A enthalten sind; multipliziert man mit ω_r, so ergibt sich mit Rücksicht auf (1), (3) und (30), daß $y_r = S(\alpha \omega_r)$ ist; mithin gilt (29), also auch (28), und folglich ist T' das Komplement von T. Da aber die Gleichungen (30) durchaus symmetrisch in bezug auf die beiden Systeme T und T' sind, so ist zugleich T das Komplement von T'. Aus denselben Gleichungen (30) und aus der Bedeutung einer Spur ergibt sich ferner nach bekannten Sätzen, daß $\omega'_r \pi_s \cdot (T)$ der Koeffizient des Elementes $\omega_r \pi_s$ in der Determinante (T) ist; zugleich folgt, daß auch die Summe

(32) $\quad (\omega_1 \pi)(\omega'_1 \pi') + \cdots + (\omega_n \pi)(\omega'_n \pi') = 1 \text{ oder } = 0$

ist, je nachdem die Permutationen π, π' gleich oder verschieden sind, und umgekehrt folgt (30) aus (32). Nimmt man für π und π' die identische Permutation von AB, so ergibt sich die Beziehung

(33) $\quad\quad\quad \omega_1 \omega'_1 + \omega_2 \omega'_2 + \cdots + \omega_n \omega'_n = 1,$

welche man auch auf anderem Wege aus (29) und (16) ableiten kann.

Vergleicht man die Gleichungen (25) mit (32), so ergibt sich, daß das dort mit U_α bezeichnete System $= \alpha^* T'_\alpha$ ist, wo T'_α das Komplement des dortigen Systems T_α bedeutet; hieraus folgt zugleich mit Rücksicht auf (30), daß

$$(34) \qquad S\left(\frac{\alpha_r \alpha^{n-s}}{\alpha^*}\right) = 1 \quad \text{oder} \quad = 0$$

ist, je nachdem r, s gleich oder verschieden sind; das letztere ergibt sich aber auch unmittelbar aus dem bekannten Satze über die Zerlegung echt gebrochener Funktionen mit dem Nenner $f(t)$ in Partialbrüche.

Durch Vertauschung von T mit T' ergibt sich aus (29), daß jede Zahl α auch in der Form

$$35) \qquad \alpha = S(\alpha \omega'_1)\omega_1 + S(\alpha \omega'_2)\omega_2 + \cdots + S(\alpha \omega'_n)\omega_n$$

darstellbar, also $S(\alpha \omega'_s)$ die s^{te} Koordinate von α in bezug auf die Basis T ist. Verstehen wir jetzt unter $\alpha_1, \alpha_2, \ldots, \alpha_n$ nicht mehr die in (22) definierten Zahlen, sondern die in (5) dargestellten Elemente einer beliebigen Basis U, so ist die Zahl $a_{r,s} = S(\alpha_r \omega'_s)$ die s^{te} Koordinate von α_r in bezug auf die Basis T und folglich zugleich die r^{te} Koordinate von ω'_s in bezug auf die Basis U'; hieraus ergibt sich, daß gleichzeitig mit den n Gleichungen (5) auch die n Gleichungen

$$(36) \qquad \omega'_s = a_{1,s}\alpha'_1 + a_{2,s}\alpha'_2 + \cdots + a_{n,s}\alpha'_n$$

gelten. —

Zum Schlusse der in den §§ 160 bis 167 enthaltenen Darstellung algebraischer Grundlagen bemerken wir, daß in dem weiteren Verlaufe des vorliegenden Werkes der Körper, auf welchen sich die Begriffe der reduziblen und irreduziblen Systeme, der algebraischen Zahlen, der endlichen Körper usw. beziehen, ausschließlich der Körper R der rationalen Zahlen sein wird. Ein System von m Zahlen $\omega_1, \omega_2, \ldots, \omega_m$ heißt daher reduzibel, wenn es m rationale Zahlen $a_1, a_2, \ldots, a_m$ gibt, die der Bedingung $a_1 \omega_1 + a_2 \omega_2 + \cdots + a_m \omega_m = 0$ genügen, und nicht alle verschwinden; im entgegengesetzten Falle heißt das System schlechthin irreduzibel. Eine Zahl θ heißt algebraisch[*]) und vom Grade n, wenn die n Potenzen $1, \theta, \theta^2, \ldots, \theta^{n-1}$

---

[*]) Aus dem Satze X in § 164 und dessen unmittelbaren Folgerungen geht hervor, daß der Inbegriff $\mathfrak{A}$ aller dieser algebraischen Zahlen ein (nicht endlicher) Körper, und daß jede in bezug auf $\mathfrak{A}$ algebraische Zahl notwendig in $\mathfrak{A}$ selbst enthalten ist. Daß aber mit $\mathfrak{A}$ das Reich aller Zahlen noch nicht erschöpft ist,

ein irreduzibles System bilden, das durch Hinzufügung von θ^n reduzibel wird. Aus jeder solchen Zahl θ entspringt ein **endlicher Körper** $R(\theta)$, und umgekehrt ist jeder endliche Körper n^{ten} Grades von dieser Form; er besitzt, weil es nur eine einzige Permutation von R gibt, n und nur n verschiedene Permutationen, von denen eine die identische Permutation ist.

§ 168

Wir wenden uns jetzt zu einer anderen allgemeinen Untersuchung, welche eine wichtige Grundlage unserer Zahlentheorie bildet und auch auf andere Teile der Mathematik sich mit Nutzen anwenden läßt. Sie beruht auf dem folgenden einfachen Begriffe:

Ein System $\mathfrak{a}$ von beliebigen reellen oder komplexen Zahlen soll ein **Modul** heißen, wenn dieselben sich durch Subtraktion reproduzieren, d. h. wenn die Differenzen von je zwei solchen Zahlen demselben System $\mathfrak{a}$ angehören.

Zufolge dieser Erklärung ist jeder Zahlenkörper (§ 160) gewiß auch ein Modul; aber wir wollen von vornherein bemerken, daß in der folgenden allgemeinen Theorie auf diesen Umstand nicht das geringste Gewicht zu legen ist, weil diejenigen besonderen Moduln, welche wir später (§ 172) ausschließlich zu betrachten haben, niemals zugleich Körper sind.

---

daß es also noch andere, sogenannte transzendente Zahlen gibt, ist meines Wissens zuerst von Liouville bewiesen (Sur des classes très-étendues de quantités dont la valeur n'est ni algébrique, ni même réductible à des irrationnelles algébriques. Journal de Math. t. XVI, 1851). Einen anderen Beweis findet man in der Abhandlung von G. Cantor: Über eine Eigenschaft des Inbegriffes aller reellen algebraischen Zahlen (Crelles Journal, Bd. 77, 1874). Dann hat Ch. Hermite (in der Abhandlung Sur la fonction exponentielle, 1874) zuerst den strengen Beweis geliefert, daß die Basis e des natürlichen Logarithmensystems eine transzendente Zahl ist, und durch die hieran sich anschließenden Untersuchungen von Lindemann (Über die Zahl π; Math. Annalen, Bd. 20) und Weierstraß (Sitzungsberichte der Berliner Ak. 1885) ist endlich der allgemeinere Satz bewiesen, daß, wenn α irgendwelche verschiedene Zahlen in $\mathfrak{A}$ durchläuft, die entsprechenden Potenzen e^α immer ein nach $\mathfrak{A}$ irreduzibles System bilden, woraus als spezieller Fall die Transzendenz der Ludolphschen Zahl π, also auch die vorher noch nicht erwiesene Unmöglichkeit der Quadratur des Zirkels hervorgeht. Vgl. auch Hurwitz: Über arithmetische Eigenschaften gewisser transzendenter Funktionen (Math. Annalen, Bd. 22 und 32), ferner die neuesten, sehr einfachen Beweise für die Transzendenz der Zahlen e und π von Hilbert und Hurwitz (Nachr. v. d. Göttinger Ges. d. W., 1893).

In jedem Modul $\mathfrak{a}$ ist die Zahl Null enthalten; denn wenn α irgendeine Zahl in $\mathfrak{a}$ bedeutet, so muß auch die Differenz $\alpha - \alpha$ in $\mathfrak{a}$ enthalten sein. Zugleich leuchtet ein, daß die Zahl Null für sich allein schon einen Modul, den Modul 0, bildet.

Hieraus folgt weiter, daß mit α auch stets die entgegengesetzte Zahl $-\alpha = 0 - \alpha$ in $\mathfrak{a}$ enthalten ist. Sind ferner α_1, α_2 und folglich auch $-\alpha_2$ Zahlen in $\mathfrak{a}$, so gilt dasselbe von der Differenz $\alpha_1 - (-\alpha_2)$, d. h. von der Summe $\alpha_1 + \alpha_2$, und ebenso von jeder aus mehreren Zahlen des Moduls $\mathfrak{a}$ gebildeten Summe. Die Zahlen eines Moduls reproduzieren sich daher nicht bloß durch Subtraktion, sondern auch durch Addition*), und folglich besteht jeder von 0 verschiedene Modul immer aus unendlich vielen verschiedenen Zahlen; denn wenn α in $\mathfrak{a}$ enthalten ist, so müssen auch alle Zahlen von der Form $x\alpha$ in $\mathfrak{a}$ enthalten sein, wo x alle ganzen rationalen Zahlen durchläuft.

Hieran schließt sich die Bemerkung, daß jedes endliche oder unendliche System T von Zahlen α, falls es nicht selbst schon ein Modul ist, durch Hinzufügung der Zahlen $-\alpha$ und aller Summen von mehreren Zahlen $\pm \alpha$ offenbar zu einem Modul $\mathfrak{a}$ ergänzt wird; diesen durch das System T vollständig bestimmten Modul $\mathfrak{a}$ kann man zweckmäßig durch das Symbol $[T]$ bezeichnen, und wir wollen T eine Basis des Moduls $\mathfrak{a}$ nennen. Zugleich leuchtet ein, daß jeder Modul $\mathfrak{b}$, welcher alle Zahlen α des Systems T enthält, auch alle Zahlen des Moduls $[T]$ enthalten muß.

Ist T ein endliches System, welches aus den n Zahlen α_1, α_2, ..., α_n besteht, so bezeichnen wir den zugehörigen Modul $\mathfrak{a}$ durch das Symbol
$$[\alpha_1, \alpha_2, \ldots, \alpha_n];$$
derselbe besteht offenbar aus allen Zahlen von der Form
$$x_1 \alpha_1 + x_2 \alpha_2 + \cdots + x_n \alpha_n,$$
wo $x_1, x_2, \ldots, x_n$ willkürliche ganze rationale Zahlen bedeuten. Jeden solchen Modul $\mathfrak{a}$ wollen wir einen endlichen Modul nennen; die n Zahlen $\alpha_1, \alpha_2, \ldots, \alpha_n$ heißen die Elemente oder Glieder seiner Basis, und $\mathfrak{a}$ selbst heißt danach ein n-gliedriger Modul.

---

*) In § 161 der zweiten Auflage dieses Werkes (1871) [wiedergegeben unter XLVII], wo der Begriff des Moduls zuerst in die Zahlentheorie eingeführt ist, und ebenso in § 165 der dritten Auflage (1879) war diese Eigenschaft in die Erklärung selbst aufgenommen.

Offenbar ist es stets erlaubt, diese Basis in der Weise abzuändern, daß man zu ihren Gliedern noch irgendwelche in dem Modul $\mathfrak{a}$ enthaltene Zahlen als neue Glieder hinzufügt; derselbe Modul $\mathfrak{a}$ ist daher auch ein $(n + 1)$-gliedriger Modul*). Der eingliedrige Modul [1], den wir immer durch $\mathfrak{z}$ bezeichnen wollen, ist nichts anderes als das System aller ganzen rationalen Zahlen; ebenso ist [2] oder auch [2, 6, 10] das System aller geraden Zahlen, und der zweigliedrige Modul [1, i] ist das System aller ganzen komplexen Zahlen von Gauß (§ 159).

§ 169

Sehr häufig wird, wie z. B. in der vorstehenden Betrachtung, der Fall auftreten, daß alle Zahlen eines Moduls $\mathfrak{m}$ auch in einem Modul $\mathfrak{b}$ enthalten sind; dann heißt $\mathfrak{m}$ **teilbar durch $\mathfrak{b}$**, oder wir sagen, $\mathfrak{m}$ sei ein **Vielfaches** oder **Multiplum** von $\mathfrak{b}$, $\mathfrak{b}$ sei ein **Teiler** oder **Divisor** von $\mathfrak{m}$, oder $\mathfrak{b}$ gehe in $\mathfrak{m}$ auf, und wir bezeichnen dies symbolisch**) auf doppelte Weise durch

$$\mathfrak{m} > \mathfrak{b} \text{ oder } \mathfrak{b} < \mathfrak{m}.$$

Diese Ausdrucks- und Bezeichnungsweise mag auf den ersten Blick Anstoß erregen, weil das Vielfache $\mathfrak{m}$ in Wahrheit einen Teil des Teilers $\mathfrak{b}$ bildet, doch wird dieselbe sich in der Folge hinreichend rechtfertigen durch die Analogie mit der Teilbarkeit der Zahlen***); so ist z. B. [4] ein Vielfaches von [2], weil alle durch 4 teilbaren ganzen rationalen Zahlen auch gerade Zahlen sind. Allgemein bemerken wir, daß der Modul 0 ein gemeinschaftliches Vielfaches, und das System aller Zahlen ein gemeinsamer Teiler aller Moduln ist. Der im vorigen Paragraphen betrachtete Modul $[T]$ ist teilbar durch jeden Modul, welcher alle Zahlen der Basis T enthält. Ist jeder der Moduln $\mathfrak{a}_1, \mathfrak{a}_2, \mathfrak{a}_3, \ldots$ durch den zunächst folgenden teilbar, so ist jeder auch ein Multiplum von allen folgenden. Jeder Modul ist durch sich selbst teilbar, und wenn jeder der beiden Moduln $\mathfrak{m}$, durch

---

*) Erst später (§ 172) kann es zweckmäßig erscheinen, diese Ausdrucksweise abzuändern.

**) Diese und die später folgenden Zeichen $\mathfrak{a} + \mathfrak{b}$, $\mathfrak{a} - \mathfrak{b}$ usw. habe ich schon benutzt in der Festschrift: Über die Anzahl der Ideal-Klassen in den verschiedenen Ordnungen eines endlichen Körpers (Braunschweig 1877).

***) Selbst der Umstand, daß bei den Körpern, die doch auch Moduln sind, die entgegengesetzte Ausdrucksweise gebraucht ist, kann hier nicht ins Gewicht fallen, weil bei einiger Aufmerksamkeit eine Verwechslung nicht möglich ist.

den anderen teilbar, also $\mathfrak{m} > \mathfrak{b}$ und $\mathfrak{b} > \mathfrak{m}$ ist, so folgt $\mathfrak{m} = \mathfrak{b}$, d. h. $\mathfrak{m}$ und $\mathfrak{b}$ sind nur verschiedene Zeichen für einen und denselben Modul. Wenn dagegen $\mathfrak{m}$ teilbar durch $\mathfrak{b}$, aber verschieden von $\mathfrak{b}$ ist, so soll $\mathfrak{b}$ ein echter Teiler von $\mathfrak{m}$, und $\mathfrak{m}$ ein echtes Vielfaches von $\mathfrak{b}$ heißen; es gibt dann in $\mathfrak{b}$ mindestens eine und folglich, wie leicht zu sehen, auch unendlich viele Zahlen, die nicht in $\mathfrak{m}$ enthalten sind.

Sind nun $\mathfrak{a}$, $\mathfrak{b}$ irgend zwei Moduln, und bedeutet α jede Zahl in $\mathfrak{a}$, ebenso β jede Zahl in $\mathfrak{b}$, so bezeichnen wir mit

$$\mathfrak{a} + \mathfrak{b}$$

das System aller in der Form $\alpha + \beta$ darstellbaren Zahlen; dasselbe ist ebenfalls ein Modul, weil die Differenz von je zwei solchen Zahlen $\alpha_1 + \beta_1$, $\alpha_2 + \beta_2$, nämlich $(\alpha_1 - \alpha_2) + (\beta_1 - \beta_2)$ wieder in $\mathfrak{a} + \mathfrak{b}$ enthalten ist. Dieser Modul, den wir kurz die Summe der beiden Moduln $\mathfrak{a}$, $\mathfrak{b}$ nennen, ist offenbar ein gemeinsamer Teiler von $\mathfrak{a}$, $\mathfrak{b}$, weil er alle Zahlen $\alpha + 0$ des Moduls $\mathfrak{a}$ und alle Zahlen $0 + \beta$ des Moduls $\mathfrak{b}$ enthält. Ist ferner der Modul $\mathfrak{b}$ irgendein gemeinsamer Teiler von $\mathfrak{a}$, $\mathfrak{b}$, also $\mathfrak{b} < \mathfrak{a}$ und $\mathfrak{b} < \mathfrak{b}$, so sind alle Zahlen α, β, also auch alle Summen $\alpha + \beta$ in $\mathfrak{b}$ enthalten, mithin ist $\mathfrak{b} < \mathfrak{a} + \mathfrak{b}$. Aus diesem Grunde nennen wir der Analogie wegen die Summe $\mathfrak{a} + \mathfrak{b}$ auch den größten gemeinsamen Teiler von $\mathfrak{a}$, $\mathfrak{b}$, obgleich er unter allen Moduln $\mathfrak{b}$ den kleinsten Zahleninhalt besitzt.

Aus dieser Erklärung folgen unmittelbar die für beliebige Moduln $\mathfrak{a}$, $\mathfrak{b}$, $\mathfrak{c}$, ... geltenden Sätze:

(1) $\qquad\qquad \mathfrak{a} + \mathfrak{a} = \mathfrak{a}$
(2) $\qquad\qquad \mathfrak{a} + \mathfrak{b} = \mathfrak{b} + \mathfrak{a}$
(3) $\qquad\qquad (\mathfrak{a} + \mathfrak{b}) + \mathfrak{c} = \mathfrak{a} + (\mathfrak{b} + \mathfrak{c})$,

und wendet man auf (2) und (3) die in § 2 vorgetragene Schlußweise an, so ergibt sich die Bedeutung der in beliebiger Ordnung gebildeten Summe

(4) $\qquad\qquad \Sigma \mathfrak{a} = \mathfrak{a}_1 + \mathfrak{a}_2 + \cdots + \mathfrak{a}_n$

von beliebigen Moduln $\mathfrak{a}$, deren Anzahl endlich ist; diese Summe ist der größte gemeinsame Teiler aller n Moduln $\mathfrak{a}$, d. h. sie geht in jedem Modul $\mathfrak{a}$ auf und ist zugleich teilbar durch jeden gemeinsamen Teiler aller $\mathfrak{a}$. Offenbar ist z. B.

(5) $\qquad\qquad [\alpha_1, \alpha_2, ..., \alpha_n] = [\alpha_1] + [\alpha_2] + \cdots + [\alpha_n]$,

und die Summe von mehreren endlichen Moduln ist wieder ein endlicher Modul. Außerdem leuchtet ein, daß die Teilbarkeit eines Moduls $\mathfrak{m}$ durch einen Modul $\mathfrak{b}$ vollständig durch

(6) $$\mathfrak{m} + \mathfrak{b} = \mathfrak{b}$$

ausgedrückt wird, und daß aus $\mathfrak{a} > \mathfrak{a}'$ und $\mathfrak{b} > \mathfrak{b}'$ auch $\mathfrak{a} + \mathfrak{b} > \mathfrak{a}' + \mathfrak{b}'$ folgt.

Der Begriff der Summe $\Sigma \mathfrak{a}$ oder des größten gemeinsamen Teilers von beliebigen Moduln $\mathfrak{a}$ läßt sich aber von vornherein auch so erklären, daß er einen vollständig bestimmten Sinn, und zwar die oben ausgesprochene Bedeutung behält, mag die Anzahl der Moduln $\mathfrak{a}$ endlich oder unendlich groß sein, welcher letztere Fall auch bei unseren Untersuchungen gelegentlich auftreten wird. Hierzu führt am kürzesten die im vorigen Paragraphen betrachtete Bildung des Moduls $[T]$ aus einem gegebenen System T; in der Tat, nimmt man in T jede und nur jede solche Zahl α auf, welche in wenigstens einem der Moduln $\mathfrak{a}$ enthalten ist*), so besteht der zugehörige Modul $[T]$ aus diesen Zahlen α und allen Summen von mehreren Zahlen α, und es leuchtet ein, daß dieser Modul $[T]$, den wir nun auch durch $\Sigma \mathfrak{a}$ bezeichnen, im obigen Sinne auch der größte gemeinsame Teiler aller Moduln $\mathfrak{a}$ ist.

Ein besonderer Fall, welcher uns später (§§ 172, 173) wirklich begegnen wird, ist der, wo die Moduln $\mathfrak{a}$ eine einfach unendliche Reihe $\mathfrak{a}_1, \mathfrak{a}_2, \mathfrak{a}_3 \ldots$ von der Art bilden, daß jeder Modul $\mathfrak{a}_n$ durch den nächstfolgenden $\mathfrak{a}_{n+1}$ und also durch alle folgenden teilbar ist. Dann ist offenbar ihr größter gemeinsamer Teiler $[T] = T$; bedeuten nämlich ϱ, σ irgend zwei Zahlen in T, so gehört ϱ einem Modul $\mathfrak{a}_r$, ebenso σ einem Modul $\mathfrak{a}_s$ an; ist nun $r \leq s$, so sind beide Zahlen ϱ, σ in $\mathfrak{a}_s$ enthalten, und da $\mathfrak{a}_s$ ein Modul ist, so ist die Differenz $\varrho - \sigma$ in $\mathfrak{a}_s$ und folglich auch in T enthalten, mithin ist T ein Modul und folglich $= [T]$, wie behauptet war. Offenbar kann der größte gemeinsame Teiler $[T]$ oder $\Sigma \mathfrak{a}$ in diesem Falle zweckmäßig mit $\mathfrak{a}_\infty$ bezeichnet werden.

Ist z. B. $\mathfrak{a}_n = [2^{-n}]$, so besteht $\mathfrak{a}_n$ aus allen ganzen und denjenigen gebrochenen rationalen Zahlen, welche, auf die kleinste Benennung gebracht, zum Nenner eine Potenz von 2 haben, deren

---

*) Nach der Ausdrucksweise der in § 161 mehrmals zitierten Schrift (§ 1) ist T das aus den Systemen $\mathfrak{a}$ zusammengesetzte System.

Exponent $\leq n$ ist; offenbar ist $\mathfrak{a}_{n+1}$ ein echter Teiler von $\mathfrak{a}_n$; der größte gemeinsame Teiler $\mathfrak{a}_\infty$ aller dieser Moduln $\mathfrak{a}_n$ ist das System aller derjenigen rationalen Zahlen, deren Nenner irgendeine Potenz von 2 ist; alle Moduln $\mathfrak{a}_n$ sind endliche, eingliedrige Moduln, aber $\mathfrak{a}_\infty$ ist kein endlicher Modul. —

Auf der Erklärung der Teilbarkeit der Moduln, aus welcher der Begriff des größten gemeinsamen Teilers von beliebigen Moduln $\mathfrak{a}$ hervorgegangen ist, beruht ebenso der Begriff ihres **kleinsten gemeinsamen Vielfachen**; wir verstehen darunter das System $\mathfrak{m}$ aller derjenigen Zahlen μ, welche (wie z. B. die Zahl 0) allen Moduln $\mathfrak{a}$ gemeinsam angehören, deren jede also in jedem dieser Moduln $\mathfrak{a}$ enthalten ist*). Da, wenn μ_1, μ_2 zwei solche Zahlen in $\mathfrak{m}$ sind, auch ihre Differenz $\mu_1 - \mu_2$ in jedem der Moduln $\mathfrak{a}$ und folglich auch in $\mathfrak{m}$ enthalten ist, so ist $\mathfrak{m}$ ein Modul, und zwar ein gemeinsames Vielfaches dieser Moduln $\mathfrak{a}$. Da ferner jedes gemeinsame Vielfache $\mathfrak{m}'$ der Moduln $\mathfrak{a}$ nur aus solchen Zahlen besteht, welche in jedem dieser Moduln $\mathfrak{a}$ und folglich in $\mathfrak{m}$ enthalten sind, so ist $\mathfrak{m}' > \mathfrak{m}$; aus diesem Grunde haben wir der Analogie wegen $\mathfrak{m}$ das **kleinste gemeinsame Vielfache** der Moduln $\mathfrak{a}$ genannt, obgleich $\mathfrak{m}$ unter allen Moduln $\mathfrak{m}'$ den größten Zahleninhalt besitzt.

Bezeichnet man das kleinste gemeinsame Vielfache zweier Moduln $\mathfrak{a}$, $\mathfrak{b}$ durch das Symbol
$$\mathfrak{a} - \mathfrak{b},$$
so ergeben sich folgende Sätze, deren Beweise wir wieder übergehen dürfen:

(1') $\qquad\qquad \mathfrak{a} - \mathfrak{a} = \mathfrak{a}$
(2') $\qquad\qquad \mathfrak{a} - \mathfrak{b} = \mathfrak{b} - \mathfrak{a}$
(3') $\qquad\qquad (\mathfrak{a} - \mathfrak{b}) - \mathfrak{c} = \mathfrak{a} - (\mathfrak{b} - \mathfrak{c}).$

Zugleich leuchtet ein, daß die **Teilbarkeit** eines Moduls $\mathfrak{m}$ durch einen Modul $\mathfrak{b}$ vollständig durch

(6') $\qquad\qquad \mathfrak{m} - \mathfrak{b} = \mathfrak{m}$

ausgedrückt wird, und daß aus $\mathfrak{a} > \mathfrak{a}'$ und $\mathfrak{b} > \mathfrak{b}'$ auch $\mathfrak{a} - \mathfrak{b} > \mathfrak{a}' - \mathfrak{b}'$ folgt.

Zwischen den Begriffen des größten gemeinsamen Teilers und des kleinsten gemeinsamen Vielfachen beliebiger Moduln besteht ein

---
*) Nach der Ausdrucksweise der eben wieder zitierten Schrift (§ 1) ist $\mathfrak{m}$ die **Gemeinheit** der Systeme $\mathfrak{a}$.

eigentümlicher Dualismus, dessen letzter Grund schwer zu erkennen sein mag. Wir führen hier nur folgenden besonders charakteristischen Satz an:

Ist $\mathfrak{m}$ teilbar durch $\mathfrak{b}$, und $\mathfrak{a}$ ein beliebiger Modul, so ist*)

(7) $\qquad \mathfrak{m} + (\mathfrak{a} - \mathfrak{b}) = (\mathfrak{m} + \mathfrak{a}) - \mathfrak{b}.$

Um dies zu beweisen, bezeichnen wir den Modul linker Hand mit $\mathfrak{p}$, den rechter Hand mit $\mathfrak{q}$, und wir haben zu zeigen, daß sie gegenseitig durch einander teilbar sind. Die Teilbarkeit von $\mathfrak{p}$ durch $\mathfrak{q}$ ergibt sich ohne Mühe aus den früheren Sätzen, weil jeder der beiden Moduln $\mathfrak{m}$ und $\mathfrak{a} - \mathfrak{b}$ teilbar durch jeden der beiden Moduln $\mathfrak{m} + \mathfrak{a}$ und $\mathfrak{b}$, und folglich der größte gemeinsame Divisor $\mathfrak{p}$ der beiden ersteren auch teilbar durch das kleinste gemeinsame Vielfache $\mathfrak{q}$ der beiden letzteren ist. Um aber die Teilbarkeit von $\mathfrak{q}$ durch $\mathfrak{p}$ darzutun, genügen die früheren Sätze durchaus nicht, sondern es ist erforderlich, noch einmal auf den Begriff des Moduls zurückzugehen und die in $\mathfrak{q}$ enthaltenen Zahlen zu betrachten; da jede solche Zahl gleichzeitig in $\mathfrak{m} + \mathfrak{a}$ und $\mathfrak{b}$ enthalten ist, so ist sie von der Form $\mu + \alpha = \delta$, wo μ, α, δ bzw. in $\mathfrak{m}, \mathfrak{a}, \mathfrak{b}$ enthalten sind; da nun $\mathfrak{m} > \mathfrak{b}$, also μ auch in $\mathfrak{b}$ enthalten ist, so gilt dasselbe von der Zahl $\alpha = \delta - \mu$, welche folglich auch in $\mathfrak{a} - \mathfrak{b}$ enthalten ist, und hieraus folgt, daß die Zahl $\mu + \alpha$ wirklich in $\mathfrak{p}$ enthalten ist, was zu beweisen war.

Bedeuten nun $\mathfrak{a}, \mathfrak{b}, \mathfrak{c}$ willkürliche Moduln, und setzt man in dem eben bewiesenen Satze einmal $\mathfrak{m} = \mathfrak{b}, \mathfrak{b} = \mathfrak{b} + \mathfrak{c}$, hierauf $\mathfrak{m} = \mathfrak{b} - \mathfrak{c}$, $\mathfrak{b} = \mathfrak{b}$, so ist die Bedingung $\mathfrak{m} > \mathfrak{b}$ erfüllt, und man erhält die beiden Sätze

(8) $\qquad (\mathfrak{a} + \mathfrak{b}) - (\mathfrak{b} + \mathfrak{c}) = \mathfrak{b} + (\mathfrak{a} - (\mathfrak{b} + \mathfrak{c}))$
(8') $\qquad (\mathfrak{a} - \mathfrak{b}) + (\mathfrak{b} - \mathfrak{c}) = \mathfrak{b} - (\mathfrak{a} + (\mathfrak{b} - \mathfrak{c})),$

in welchen sich der erwähnte Dualismus recht auffällig ausspricht**). Aus jedem dieser beiden Sätze folgt rückwärts der Satz (7), aus dem ersten, wenn man $\mathfrak{b} = \mathfrak{m}, \mathfrak{c} = \mathfrak{b}$, aus dem zweiten, wenn man $\mathfrak{b} = \mathfrak{b}$, $\mathfrak{c} = \mathfrak{m}$ setzt und wieder $\mathfrak{m} > \mathfrak{b}$ voraussetzt. Der Satz (7) entspricht dualistisch sich selbst

---

*) Daß umgekehrt, wenn drei Moduln $\mathfrak{m}, \mathfrak{b}, \mathfrak{a}$ die Gleichung (7) erfüllen, $\mathfrak{m}$ durch $\mathfrak{b}$ teilbar ist, leuchtet unmittelbar ein.

**) Leitet man aus drei beliebigen Moduln neue Moduln ab, indem man immer wieder die gemeinsamen größten Teiler und kleinsten Vielfachen bildet, so gelangt man zu einer endlichen Modulgruppe, welche im allgemeinen aus 28 verschiedenen Moduln besteht. Die merkwürdigen Gesetze jeder Gruppe, welche mit je zwei

§ 170

Während die eben betrachteten Modulbildungen auf dem Begriffe der Teilbarkeit beruhten, gehen wir jetzt zu der hiervon durchaus unabhängigen Multiplikation der Moduln über. Sind $\mathfrak{a}$, $\mathfrak{b}$ zwei beliebige Moduln, und bedeutet α jede Zahl in $\mathfrak{a}$, ebenso β jede Zahl in $\mathfrak{b}$, so verstehen wir unter dem Produkte $\mathfrak{a}\mathfrak{b}$ der Faktoren $\mathfrak{a}, \mathfrak{b}$ den Inbegriff aller Zahlen μ, welche als ein Produkt $\alpha\beta$ oder als Summe von mehreren solchen Produkten $\alpha\beta$ darstellbar sind. Da auch jede Zahl $-\alpha$ in $\mathfrak{a}$ enthalten ist, so leuchtet ein, daß jede Differenz von zwei Zahlen μ ebenfalls eine solche Zahl μ, daß also das Produkt $\mathfrak{a}\mathfrak{b}$ wieder ein Modul ist; aber man darf, wie kaum bemerkt zu werden braucht, das Produkt $\mathfrak{a}\mathfrak{b}$ nicht mit einem Vielfachen von $\mathfrak{a}, \mathfrak{b}$ verwechseln.

Aus dieser Erklärung ergibt sich ohne weiteres, daß

(1) $\qquad \mathfrak{a}\mathfrak{b} = \mathfrak{b}\mathfrak{a}$

(2) $\qquad (\mathfrak{a}\mathfrak{b})\mathfrak{c} = \mathfrak{a}(\mathfrak{b}\mathfrak{c})$

ist; wir bezeichnen dieses letztere Produkt kurz mit $\mathfrak{a}\mathfrak{b}\mathfrak{c}$, und aus der schon oft angewendeten Schlußweise (§ 2) geht hervor, daß das mit $\mathfrak{a}_1 \mathfrak{a}_2 \ldots \mathfrak{a}_m$ zu bezeichnende Produkt aus m beliebigen Moduln $\mathfrak{a}_1, \mathfrak{a}_2, \ldots, \mathfrak{a}_m$ eine vollständig bestimmte, von der Anordnung der aufeinander folgenden Multiplikationen gänzlich unabhängige Bedeutung hat. Man könnte dieses Produkt auch unmittelbar als den Modul $[T]$ erklären (§ 168), dessen Basis T aus allen Produkten $\alpha_1 \alpha_2 \ldots \alpha_m$ besteht, wo $\alpha_1, \alpha_2, \ldots, \alpha_m$ resp. beliebige Zahlen der Moduln $\mathfrak{a}_1, \mathfrak{a}_2, \ldots, \mathfrak{a}_m$ bedeuten. Sind alle diese m Moduln miteinander identisch $= \mathfrak{a}$, so bezeichnen wir ihr Produkt mit $\mathfrak{a}^m$, und nennen es die m^{te} Potenz von $\mathfrak{a}$; m heißt der Exponent derselben, und wir dehnen diese Erklärung auch auf den Fall $m = 1$ aus, indem wir $\mathfrak{a}^1 = \mathfrak{a}$ setzen; dann gelten allgemein die Sätze

(3) $\qquad \mathfrak{a}^r \mathfrak{a}^s = \mathfrak{a}^{r+s}, \quad (\mathfrak{a}^r)^s = \mathfrak{a}^{rs}, \quad (\mathfrak{a}\mathfrak{b})^r = \mathfrak{a}^r \mathfrak{b}^r.$

Moduln $\mathfrak{a}, \mathfrak{b}$ zugleich die Moduln $\mathfrak{a} \pm \mathfrak{b}$ enthält, sollen an einem anderen Orte [vgl. XXX] besprochen werden; hier mag nur der folgende, oft anzuwendende Satz erwähnt werden: sind $\mathfrak{a}, \mathfrak{b}$ zwei beliebige Moduln, so findet zwischen der Gruppe aller Moduln $\mathfrak{a}'$, welche Teiler von $\mathfrak{a}$, und zugleich Vielfache von $\mathfrak{a} + \mathfrak{b}$ sind, und der Gruppe aller Moduln $\mathfrak{b}_1$, welche Vielfache von $\mathfrak{b}$ und zugleich Teiler von $\mathfrak{a} - \mathfrak{b}$ sind, eine gegenseitige eindeutige Korrespondenz statt, welche durch jede der beiden, wechselseitig auseinander folgenden Beziehungen $\mathfrak{b}_1 = \mathfrak{b} - \mathfrak{a}'$, $\mathfrak{a}' = \mathfrak{a} + \mathfrak{b}_1$ ausgedrückt wird.

Wir bemerken zunächst, daß ein Produkt aus zwei oder mehreren Moduln dann und nur dann $= 0$ ist, wenn unter den Faktoren sich auch der Modul Null befindet. Sodann leuchtet ein, daß, wenn $\mathfrak{z}$ wieder das System [1] aller ganzen rationalen Zahlen bedeutet, immer
(4) $$\mathfrak{a}\,\mathfrak{z} = \mathfrak{a}$$
ist; und zwar ist $\mathfrak{z}$ auch der einzige Modul $\mathfrak{b}$, welcher als Faktor jeden Modul $\mathfrak{a}$ ungeändert läßt, weil $\mathfrak{b}\,\mathfrak{z} = \mathfrak{b} = \mathfrak{z}$ sein muß.

Sehr häufig wird der Fall auftreten, wo der eine Faktor $\mathfrak{b}$ eines Produktes $\mathfrak{a}\mathfrak{b}$ ein eingliedriger Modul $[\eta]$ ist; dann setzen wir zur Abkürzung das Produkt
(5) $$\mathfrak{a}\,[\eta] = \mathfrak{a}\,\eta = \eta\,\mathfrak{a};$$
dasselbe besteht offenbar aus allen Produkten $\alpha\,\eta$, wo α alle Zahlen in $\mathfrak{a}$ durchläuft, und insbesondere ist stets
(6) $$[\eta] = \mathfrak{z}\,\eta.$$
Ferner ergibt sich, daß das Produkt $(\mathfrak{a}\,\eta)\,\eta_1 = (\mathfrak{a}\,\eta_1)\,\eta = \mathfrak{a}\,(\eta\,\eta_1)$ ist und deshalb kurz durch $\mathfrak{a}\,\eta\,\eta_1$ bezeichnet werden darf.

Sodann leuchtet ein, daß ein Produkt aus zwei oder mehreren **endlichen** Moduln (§ 168) wieder ein **endlicher** Modul ist; bilden z. B. die m Zahlen α_r eine Basis von $\mathfrak{a}$, und die n Zahlen β_s eine Basis von $\mathfrak{b}$, so bilden die mn Produkte $\alpha_r\,\beta_s$ eine Basis des Produktes $\mathfrak{a}\mathfrak{b}$. Insbesondere ist
(7) $$\eta\,[\alpha_1, \alpha_2, \ldots, \alpha_m] = [\eta\,\alpha_1, \eta\,\alpha_2, \ldots, \eta\,\alpha_m].$$

Nach diesen, allein auf die Multiplikation der Moduln bezüglichen Bemerkungen lassen wir zunächst einige Sätze folgen, in welchen es sich um eine Verbindung mit dem Begriffe der **Teilbarkeit** handelt:

I. **Ist $\mathfrak{a} > \mathfrak{a}'$, so ist auch $\mathfrak{a}\mathfrak{b} > \mathfrak{a}'\mathfrak{b}$, und wenn außerdem $\mathfrak{b} > \mathfrak{b}'$ ist, so ist $\mathfrak{a}\mathfrak{b} > \mathfrak{a}'\mathfrak{b}'$.**

Denn weil jede Zahl α des Moduls $\mathfrak{a}$ auch in $\mathfrak{a}'$, und jede Zahl β des Moduls $\mathfrak{b}$ auch in $\mathfrak{b}'$ enthalten ist, so ist jedes Produkt $\alpha\,\beta$ und folglich auch jede Summe solcher Produkte $\alpha\,\beta$ zugleich in $\mathfrak{a}'\mathfrak{b}'$ enthalten, was zu beweisen war.

Mit Rücksicht auf (4), oder auch unmittelbar aus den Begriffen selbst, ergibt sich der besondere Satz:

II. **Ist die Zahl 1 in dem Modul $\mathfrak{o}$ enthalten, also $\mathfrak{z} > \mathfrak{o}$, so ist allgemein $\mathfrak{a} > \mathfrak{a}\,\mathfrak{o}$.**

Wir wollen noch bemerken, daß umgekehrt aus der Teilbarkeit von $\mathfrak{a}\mathfrak{b}$ durch $\mathfrak{a}'\mathfrak{b}$ nicht allgemein die Teilbarkeit von $\mathfrak{a}$ durch $\mathfrak{a}'$ folgt*); doch ist dies offenbar der Fall, wenn $\mathfrak{b}$ ein von Null verschiedener eingliedriger Modul $[\eta]$ ist, d. h. es besteht der Satz:

III. Ist η eine von Null verschiedene Zahl, und $\mathfrak{a}\eta > \mathfrak{a}'\eta$, so ist $\mathfrak{a} > \mathfrak{a}'$; und aus $\mathfrak{a}\eta = \mathfrak{a}'\eta$ folgt $\mathfrak{a} = \mathfrak{a}'$.

Von der größten Wichtigkeit ist aber der folgende Satz:

IV. Sind $\mathfrak{a}, \mathfrak{b}, \mathfrak{c}$ drei beliebige Moduln, so ist immer
$$(8) \qquad (\mathfrak{a} + \mathfrak{b})\mathfrak{c} = \mathfrak{a}\mathfrak{c} + \mathfrak{b}\mathfrak{c}.$$

Bezeichnen wir den Modul linker Hand mit $\mathfrak{p}$, den rechter Hand mit $\mathfrak{q}$, so haben wir zu zeigen, daß $\mathfrak{p} > \mathfrak{q}$, und $\mathfrak{q} > \mathfrak{p}$ ist. Das letztere folgt ohne weiteres aus dem Satze I; da nämlich $\mathfrak{a} + \mathfrak{b}$ ein gemeinsamer Teiler von $\mathfrak{a}, \mathfrak{b}$ ist, so muß das Produkt $\mathfrak{p}$ auch ein gemeinsamer Teiler der Produkte $\mathfrak{a}\mathfrak{c}, \mathfrak{b}\mathfrak{c}$, also ein Teiler von deren größtem gemeinsamen Teiler $\mathfrak{q}$ sein. Um aber das erstere zu beweisen, müssen wir alle in den Moduln $\mathfrak{a}, \mathfrak{b}, \mathfrak{c}$ enthaltenen Zahlen α, β, γ betrachten; nun ist jede Zahl des Produktes $\mathfrak{p}$ ein Produkt $(\alpha + \beta)\gamma$ oder eine Summe von mehreren solchen Produkten, und da $(\alpha + \beta)\gamma = \alpha\gamma + \beta\gamma$ die Summe einer in $\mathfrak{a}\mathfrak{c}$ enthaltenen Zahl $\alpha\gamma$ und einer in $\mathfrak{b}\mathfrak{c}$ enthaltenen Zahl $\beta\gamma$ ist, so ist jedes Produkt $(\alpha + \beta)\gamma$ und folglich jede Zahl des Moduls $\mathfrak{p}$ in der Summe $\mathfrak{q}$ der Moduln $\mathfrak{a}\mathfrak{c}, \mathfrak{b}\mathfrak{c}$ enthalten, d. h. $\mathfrak{p} > \mathfrak{q}$, was zu beweisen war.

Wir bemerken, daß es keinen ebenso bestimmten Satz für das kleinste gemeinsame Vielfache gibt; aus dem Satze I folgt lediglich, daß
$$(9) \qquad (\mathfrak{a} - \mathfrak{b})\mathfrak{c} > \mathfrak{a}\mathfrak{c} - \mathfrak{b}\mathfrak{c}$$
ist, und mehr läßt sich im allgemeinen nicht beweisen**). Wenn aber $\mathfrak{c}$ z. B. ein eingliedriger Modul $[\eta]$ ist, so ergibt sich leicht
$$(10) \qquad (\mathfrak{a} - \mathfrak{b})\eta = \mathfrak{a}\eta - \mathfrak{b}\eta.$$

Der Satz IV läßt sich, wie man leicht erkennt, auf Produkte von beliebig vielen Faktoren (in endlicher Anzahl) ausdehnen, deren jeder eine Summe von beliebig vielen (auch unendlich vielen) Moduln ist; als spezieller Fall ergibt sich z. B. wieder, daß jedes Produkt aus

---

*) Nimmt man z. B. $\mathfrak{a} = [1]$, $\mathfrak{a}' = [i]$, $\mathfrak{b} = [1, i]$, wo $i^2 = -1$, so ist $\mathfrak{a}\mathfrak{b} = \mathfrak{a}'\mathfrak{b} = \mathfrak{b}$, aber keiner der beiden Moduln $\mathfrak{a}, \mathfrak{a}'$ ist durch den anderen teilbar.

**) Ist z. B. $\mathfrak{a} = [1]$, $\mathfrak{b} = [i]$, $\mathfrak{c} = [1, i]$, wo $i^2 = -1$, so ist $\mathfrak{a} - \mathfrak{b} = (\mathfrak{a} - \mathfrak{b})\mathfrak{c} = 0$, hingegen $\mathfrak{a}\mathfrak{c} = \mathfrak{b}\mathfrak{c} = \mathfrak{a}\mathfrak{c} - \mathfrak{b}\mathfrak{c} = \mathfrak{c}$.

zwei endlichen Moduln $\Sigma[\alpha_r]$ und $\Sigma[\beta_s]$ ebenfalls ein endlicher Modul $\Sigma[\alpha_r\beta_s]$ ist. Zugleich leuchtet ein, daß sehr viele Identitäten der gewöhnlichen Buchstabenrechnung, in denen nur die Addition und Multiplikation der Zahlen auftritt, sich unmittelbar auf unsere **Moduln** übertragen lassen. So ist z. B.:

$$(11) \quad \begin{aligned}(\mathfrak{a}+\mathfrak{b}_1)(\mathfrak{a}+\mathfrak{b}_2)\ldots(\mathfrak{a}+\mathfrak{b}_n) \\ = \mathfrak{a}^n + \mathfrak{c}_1\mathfrak{a}^{n-1} + \mathfrak{c}_2\mathfrak{a}^{n-2} + \cdots + \mathfrak{c}_{n-1}\mathfrak{a} + \mathfrak{c}_n,\end{aligned}$$

wo $\mathfrak{c}_1, \mathfrak{c}_2, \ldots, \mathfrak{c}_{n-1}, \mathfrak{c}_n$ die einfachsten, auf symmetrische Weise aus $\mathfrak{b}_1, \mathfrak{b}_2, \ldots, \mathfrak{b}_n$ gebildeten Moduln (Summen von Produkten) bedeuten. Allein viele dieser Sätze erleiden doch, weil $\mathfrak{a} + \mathfrak{a} = \mathfrak{a}$ und nicht $= 2\mathfrak{a}$ ist, eine wesentliche Änderung. Sind z. B. in der vorstehenden Gleichung die n Moduln $\mathfrak{b}_1, \mathfrak{b}_2, \ldots, \mathfrak{b}_n$ alle $= \mathfrak{b}$, so wird $\mathfrak{c}_r = \mathfrak{b}^r$, und man erhält

$$(12) \quad (\mathfrak{a}+\mathfrak{b})^n = \mathfrak{a}^n + \mathfrak{a}^{n-1}\mathfrak{b} + \mathfrak{a}^{n-2}\mathfrak{b}^2 + \cdots + \mathfrak{b}^n.$$

Unter diesen der Modultheorie eigentümlichen Identitäten müssen wir wenigstens eine hier noch besonders hervorheben, weil sie uns später (§ 173) von sehr großem Nutzen sein wird, nämlich

$$(13) \quad (\mathfrak{a}+\mathfrak{b}+\mathfrak{c})(\mathfrak{b}\mathfrak{c}+\mathfrak{c}\mathfrak{a}+\mathfrak{a}\mathfrak{b}) = (\mathfrak{b}+\mathfrak{c})(\mathfrak{c}+\mathfrak{a})(\mathfrak{a}+\mathfrak{b}).$$

Ihre Wahrheit ergibt sich unmittelbar durch Auflösung aller Klammern, worauf beide Produkte dieselbe Form

$$\mathfrak{a}\mathfrak{b}\mathfrak{c} + \mathfrak{a}\mathfrak{b}^2 + \mathfrak{a}\mathfrak{c}^2 + \mathfrak{b}\mathfrak{c}^2 + \mathfrak{b}\mathfrak{a}^2 + \mathfrak{c}\mathfrak{a}^2 + \mathfrak{c}\mathfrak{b}^2$$

annehmen. Das Charakteristische dieses Satzes*) besteht darin, daß ein und derselbe Modul auf zwei wesentlich verschiedene Arten als Produkt von Faktoren dargestellt wird, und daß eine Summe von drei beliebigen Moduln $\mathfrak{a}, \mathfrak{b}, \mathfrak{c}$ durch Multiplikation mit einem Modul, dessen Zahlen auf rationale Weise aus denen von $\mathfrak{a}, \mathfrak{b}, \mathfrak{c}$

---

*) Derselbe ist nur ein spezieller Fall des folgenden allgemeinen, nicht ganz leicht zu beweisenden Satzes, in welchem wir die oben in (11) gebrauchte Bezeichnung beibehalten: Wenn $n > r > 0$, so ist das Produkt aller Summen von je $(r+1)$ mit verschiedenen Zeigern behafteten Moduln aus der Reihe $\mathfrak{b}_1, \mathfrak{b}_2, \ldots, \mathfrak{b}_n$ identisch mit dem Produkte

$$\mathfrak{c}_1^{e_1}\mathfrak{c}_2^{e_2}\ldots\mathfrak{c}_{n-r}^{e_{n-r}},$$

wo die Exponenten die Binomialkoeffizienten

$$e_s = \frac{\Pi(n-1-s)}{\Pi(r-1)\Pi(n-r-s)}$$

bedeuten. Für $r=1$ wird dieses Produkt $= \mathfrak{c}_1\mathfrak{c}_2\ldots\mathfrak{c}_{n-2}\mathfrak{c}_{n-1}$, und hieraus folgt unser obiger Satz (13) für $n=3$.

gebildet sind, in ein Produkt verwandelt wird, dessen Faktoren die Summen von je zwei dieser Moduln sind. —

Wir wenden uns endlich zu einer letzten Art von Modulbildung, der Division. Unter dem Quotienten

$$\frac{\mathfrak{b}}{\mathfrak{a}} \quad \text{oder} \quad \mathfrak{b} : \mathfrak{a}$$

zweier Moduln, des Nenners $\mathfrak{a}$ und des Zählers $\mathfrak{b}$ verstehen wir den Inbegriff $\mathfrak{n}$ aller derjenigen Zahlen ν (z. B. 0), für welche $\mathfrak{a}\nu > \mathfrak{b}$ wird. Sind ν_1, ν_2 solche Zahlen, während α jede Zahl in $\mathfrak{a}$ bedeutet, so sind alle Produkte $\alpha\nu_1$, $\alpha\nu_2$, also auch alle Produkte $\alpha(\nu_1 - \nu_2)$ in dem Modul $\mathfrak{b}$ enthalten, also ist $\mathfrak{a}(\nu_1 - \nu_2) > \mathfrak{b}$, und folglich gehört die Differenz $\nu_1 - \nu_2$ ebenfalls dem Quotienten $\mathfrak{n}$ an, welcher mithin ein Modul ist*). Offenbar ist jede der beiden Aussagen

(14) $$\mathfrak{a}\mathfrak{m} > \mathfrak{b} \quad \text{und} \quad \mathfrak{m} > \frac{\mathfrak{b}}{\mathfrak{a}}$$

eine Folge der anderen, mithin könnte der Quotient $\mathfrak{n}$ auch erklärt werden als der größte gemeinsame Teiler (die Summe) aller der Moduln $\mathfrak{m}$, welche der Bedingung $\mathfrak{a}\mathfrak{m} > \mathfrak{b}$ genügen. Hierauf beruhen die leicht zu findenden Beweise der folgenden Sätze, in denen sich eine gewisse Fortsetzung des in § 169 erwähnten Dualismus offenbart:

(15) Aus $\mathfrak{a} > \mathfrak{a}'$, $\mathfrak{b} > \mathfrak{b}'$ folgt $\dfrac{\mathfrak{b}}{\mathfrak{a}'} > \dfrac{\mathfrak{b}'}{\mathfrak{a}}$.

(16) Allgemein ist $\mathfrak{a}\left(\dfrac{\mathfrak{b}}{\mathfrak{a}}\right) > \mathfrak{b} > \dfrac{\mathfrak{a}\mathfrak{b}}{\mathfrak{a}}$,

aber der erste Modul ist gleich dem zweiten, wenn $\mathfrak{a}$ ein Faktor von $\mathfrak{b}$, d. h. wenn $\mathfrak{b} = \mathfrak{a}\mathfrak{c}$, und der zweite Modul ist gleich dem dritten, wenn $\mathfrak{b} = \mathfrak{c} : \mathfrak{a}$ ist. Ferner ergibt sich

(17) $$\frac{\mathfrak{a}}{\mathfrak{z}} = \mathfrak{a}; \quad \frac{\mathfrak{c}}{\mathfrak{a}\mathfrak{b}} = \left(\frac{\mathfrak{c}}{\mathfrak{a}}\right) : \mathfrak{b}; \quad \mathfrak{b}\left(\frac{\mathfrak{a}}{\mathfrak{c}}\right) > \frac{\mathfrak{a}\mathfrak{b}}{\mathfrak{c}}$$

(18) $$\frac{\mathfrak{a} - \mathfrak{b}}{\mathfrak{c}} = \frac{\mathfrak{a}}{\mathfrak{c}} - \frac{\mathfrak{b}}{\mathfrak{c}}; \quad \frac{\mathfrak{c}}{\mathfrak{a} + \mathfrak{b}} = \frac{\mathfrak{c}}{\mathfrak{a}} - \frac{\mathfrak{c}}{\mathfrak{b}}$$

(19) $$\frac{\mathfrak{c}}{\mathfrak{a} - \mathfrak{b}} < \frac{\mathfrak{c}}{\mathfrak{a}} + \frac{\mathfrak{c}}{\mathfrak{b}}; \quad \frac{\mathfrak{a} + \mathfrak{b}}{\mathfrak{c}} < \frac{\mathfrak{a}}{\mathfrak{c}} + \frac{\mathfrak{b}}{\mathfrak{c}}.$$

In den Untersuchungen, auf welche wir uns hier beschränken müssen, wird vorzugsweise der besondere Fall auftreten, wo Zähler

---

*) Ist der Nenner $\mathfrak{a} = 0$, so ist der Quotient der Inbegriff aller Zahlen.

und Nenner eines Quotienten miteinander identisch sind. Wenn $\mathfrak{a}$ ein beliebiger Modul ist, so setzen wir

(20) $$\mathfrak{a}^0 = \frac{\mathfrak{a}}{\mathfrak{a}}$$

und nennen $\mathfrak{a}^0$ die **Ordnung** von $\mathfrak{a}$; nach (14) ist dann jede der beiden Aussagen

(21) $$\mathfrak{a}\,m > \mathfrak{a} \quad \text{und} \quad m > \mathfrak{a}^0$$

eine Folge der anderen. Hieraus ergibt sich nach (4) zunächst

(22) $$\mathfrak{z} > \mathfrak{a}^0, \text{ also allgemein } \mathfrak{b} > \mathfrak{b}\,\mathfrak{a}^0,$$

d. h. in jeder Ordnung sind alle ganzen rationalen Zahlen enthalten. Da mithin $\mathfrak{a} > \mathfrak{a}\,\mathfrak{a}^0$, und zufolge (21) auch $\mathfrak{a}\,\mathfrak{a}^0 > \mathfrak{a}$ ist, so ergibt sich

(23) $$\mathfrak{a}\,\mathfrak{a}^0 = \mathfrak{a},$$

und hieraus ebenso leicht

(24) $$\frac{\mathfrak{a}}{\mathfrak{a}^0} = \mathfrak{a}.$$

Aus (23) folgt $\mathfrak{a}\,\mathfrak{a}^0\,\mathfrak{a}^0 = \mathfrak{a}$, also nach (21) auch $\mathfrak{a}^0\,\mathfrak{a}^0 > \mathfrak{a}^0$, und da aus (22) ebenso $\mathfrak{a}^0 > \mathfrak{a}^0\,\mathfrak{a}^0$ folgt, so ist

(25) $$\mathfrak{a}^0\,\mathfrak{a}^0 = \mathfrak{a}^0,$$

mithin reproduzieren sich die Zahlen einer jeden Ordnung nicht bloß durch Addition und Subtraktion, sondern auch durch **Multiplikation**.

Umgekehrt, wenn ein Modul $\mathfrak{o}$ die Zahl 1 enthält, und wenn seine Zahlen sich durch Multiplikation reproduzieren, wenn also

(26) $$\mathfrak{z} > \mathfrak{o}, \ \mathfrak{o}^2 > \mathfrak{o}$$

ist, so folgt leicht, daß $\mathfrak{o}$ eine **Ordnung**, nämlich

(27) $$\mathfrak{o} = \mathfrak{o}^0$$

ist; denn zufolge der zweiten Annahme (26) ist $\mathfrak{o} > \mathfrak{o}^0$, und aus der ersten folgt durch Multiplikation mit $\mathfrak{o}^0$ und mit Rücksicht auf (23) auch $\mathfrak{o}^0 > \mathfrak{o}$, woraus sich (27) ergibt.

Da nun zufolge (22), (25) jede Ordnung $\mathfrak{a}^0$ die beiden Eigenschaften (26) besitzt, so folgt

(28) $$(\mathfrak{a}^0) = \mathfrak{a}^0,$$

und ebenso findet man, daß das kleinste gemeinsame Vielfache $\mathfrak{a}^0 - \mathfrak{b}^0$ von zwei Ordnungen $\mathfrak{a}^0$, $\mathfrak{b}^0$, und ihr Produkt $\mathfrak{a}^0\,\mathfrak{b}^0$, welches

auch $= (\mathfrak{a}^0 + \mathfrak{b}^0)^2$ und $< \mathfrak{a}^0 + \mathfrak{b}^0$ ist, wieder Ordnungen sind. Offenbar ist
(29) $\qquad \mathfrak{a}\mathfrak{b} = \mathfrak{a}^0(\mathfrak{a}\mathfrak{b}) = \mathfrak{b}^0(\mathfrak{a}\mathfrak{b}) = \mathfrak{a}^0\mathfrak{b}^0(\mathfrak{a}\mathfrak{b}),$
und aus (14), (16), (22), (23) folgt ebenso
(30) $\qquad \dfrac{\mathfrak{b}}{\mathfrak{a}} = \mathfrak{a}^0\left(\dfrac{\mathfrak{b}}{\mathfrak{a}}\right) = \mathfrak{b}^0\left(\dfrac{\mathfrak{b}}{\mathfrak{a}}\right) = \mathfrak{a}^0\mathfrak{b}^0\left(\dfrac{\mathfrak{b}}{\mathfrak{a}}\right),$
mithin
(31) $\qquad \mathfrak{a}^0 + \mathfrak{b}^0 > \mathfrak{a}^0\mathfrak{b}^0 > (\mathfrak{a}\mathfrak{b})^0,\ \mathfrak{a}^0\mathfrak{b}^0 > \left(\dfrac{\mathfrak{b}}{\mathfrak{a}}\right).$

Es liegt nun nahe, den Begriff der Potenz eines Moduls $\mathfrak{a}$ auch auf den Fall **negativer** Exponenten auszudehnen, indem man
(32) $\qquad\qquad\qquad \mathfrak{a}^{-n} = \dfrac{\mathfrak{a}^0}{\mathfrak{a}^n}$
setzt, wenn $n > 0$ ist. Allein es ist im allgemeinen unmöglich, die Gesetze der Multiplikation und Division von Zahlenpotenzen auf die Modulpotenzen zu übertragen; vielmehr zerfallen die Moduln hinsichtlich ihres Verhaltens zu ihrer Ordnung in zwei wesentlich verschiedene Arten. Aus (16) und (30) folgt jedenfalls
(33) $\qquad \mathfrak{a}\mathfrak{a}^{-1} > \mathfrak{a}^0,\ \mathfrak{a}^0\mathfrak{a}^{-1} = \mathfrak{a}^{-1},\ \mathfrak{a}^0 > (\mathfrak{a}^{-1})^0,\ \mathfrak{a} > (\mathfrak{a}^{-1})^{-1};$
wir wollen aber $\mathfrak{a}$ einen **eigentlichen** Modul nennen,
(34) $\qquad\qquad\qquad$ wenn $\mathfrak{a}\mathfrak{a}^{-1} = \mathfrak{a}^0,$
oder, was nach (4), (23), (33) hiermit gleichwertig ist,
(34') $\qquad\qquad\qquad$ wenn $\mathfrak{z} > \mathfrak{a}\mathfrak{a}^{-1}$
ist. Aus dieser Erklärung ergeben sich die folgenden Sätze:

V. **Ein Modul $\mathfrak{a}$ ist gewiß (und auch nur dann) ein eigentlicher Modul, wenn er ein Faktor seiner Ordnung $\mathfrak{a}^0$ ist, d. h. wenn es einen Modul $\mathfrak{n}$ gibt, welcher der Bedingung $\mathfrak{a}\mathfrak{n} = \mathfrak{a}^0$ genügt; und hieraus folgt $\mathfrak{a}^{-1} = \mathfrak{n}\mathfrak{a}^0$.**

Denn nach (23) ist $\mathfrak{a}(\mathfrak{n}\mathfrak{a}^0) = \mathfrak{a}^0$, also $\mathfrak{n}\mathfrak{a}^0 > \mathfrak{a}^{-1}$, und aus (33) folgt $\mathfrak{a}^{-1} = \mathfrak{a}^0\mathfrak{a}^{-1} = \mathfrak{n}\mathfrak{a}\mathfrak{a}^{-1} > \mathfrak{n}\mathfrak{a}^0$; mithin ist $\mathfrak{a}^{-1} = \mathfrak{n}\mathfrak{a}^0$, und folglich $\mathfrak{a}\mathfrak{a}^{-1} = \mathfrak{n}\mathfrak{a}\mathfrak{a}^0 = \mathfrak{n}\mathfrak{a} = \mathfrak{a}^0$, was zu beweisen war.

VI. **Ist $\mathfrak{a}$ ein eigentlicher Modul, so gilt dasselbe von $\mathfrak{a}^{-1}$, und es ist**
(35) $\qquad\qquad\qquad (\mathfrak{a}^{-1})^0 = \mathfrak{a}^0,\ (\mathfrak{a}^{-1})^{-1} = \mathfrak{a}.$

Denn da nach (31) die Ordnung eines Produktes ein Teiler von der Ordnung jedes Faktors ist, so folgt aus (34) mit Rücksicht auf (28), daß $\mathfrak{a}^0 < (\mathfrak{a}^{-1})^0$, und hieraus mit Rücksicht auf (33), daß $\mathfrak{a}^0 = (\mathfrak{a}^{-1})^0$ ist. Da nun zufolge (34) der Modul $\mathfrak{a}^{-1}$ ein Faktor seiner Ordnung $\mathfrak{a}^0$ ist, so ist er zufolge V ein eigentlicher Modul, und zugleich ergibt sich die zweite Gleichung (35), was zu beweisen war.

VII. Ist $\mathfrak{a}$ ein eigentlicher, $\mathfrak{b}$ ein beliebiger Modul, so ist

(36) $$\frac{\mathfrak{a}\mathfrak{b}}{\mathfrak{a}} = \mathfrak{b}\mathfrak{a}^0, \quad \frac{\mathfrak{b}\mathfrak{a}^0}{\mathfrak{a}} = \mathfrak{b}\mathfrak{a}^{-1}.$$

Diese beiden Sätze gehen auseinander hervor, wenn man $\mathfrak{b}$ durch $\mathfrak{b}\mathfrak{a}^{-1}$ oder durch $\mathfrak{b}\mathfrak{a}$ ersetzt und (34), (33), (23) berücksichtigt. Bezeichnet man die linke und rechte Seite der ersten Gleichung bzw. mit $\mathfrak{p}$ und $\mathfrak{q}$, so ist zufolge (17) immer $\mathfrak{q} > \mathfrak{p}$. Ist aber $\mathfrak{a}$ ein eigentlicher Modul (34), so ist zufolge (22) $\mathfrak{p} > \mathfrak{p}\mathfrak{a}\mathfrak{a}^{-1}$, und da nach (16) $\mathfrak{p}\mathfrak{a} > \mathfrak{b}\mathfrak{a}$, also $\mathfrak{p}\mathfrak{a}\mathfrak{a}^{-1} > \mathfrak{b}\mathfrak{a}\mathfrak{a}^{-1}$ ist, so folgt $\mathfrak{p} > \mathfrak{q}$, mithin $\mathfrak{p} = \mathfrak{q}$, was zu beweisen war.

VIII. Sind $\mathfrak{a}, \mathfrak{b}$ eigentliche Moduln, so gilt dasselbe von ihrem Produkte $\mathfrak{a}\mathfrak{b}$, und es ist

(37) $$(\mathfrak{a}\mathfrak{b})^0 = \mathfrak{a}^0\mathfrak{b}^0, \quad (\mathfrak{a}\mathfrak{b})^{-1} = \mathfrak{a}^{-1}\mathfrak{b}^{-1}.$$

Die erste Gleichung ergibt sich aus dem zweiten Satze (17), wenn man $\mathfrak{c} = \mathfrak{a}\mathfrak{b}$ setzt und den ersten Satz (36) zweimal anwendet. Da ferner $\mathfrak{a}\mathfrak{a}^{-1} = \mathfrak{a}^0$, $\mathfrak{b}\mathfrak{b}^{-1} = \mathfrak{b}^0$, mithin $(\mathfrak{a}\mathfrak{b})(\mathfrak{a}^{-1}\mathfrak{b}^{-1}) = \mathfrak{a}^0\mathfrak{b}^0 = (\mathfrak{a}\mathfrak{b})^0$, also das Produkt $\mathfrak{a}\mathfrak{b}$ ein Faktor seiner Ordnung $(\mathfrak{a}\mathfrak{b})^0$ ist, so ist es nach V ein eigentlicher Modul, und zugleich ergibt sich mit Rücksicht auf (33), daß $(\mathfrak{a}\mathfrak{b})^{-1} = (\mathfrak{a}\mathfrak{b})^0 (\mathfrak{a}^{-1}\mathfrak{b}^{-1}) = \mathfrak{a}^0\mathfrak{b}^0\mathfrak{a}^{-1}\mathfrak{b}^{-1} = \mathfrak{a}^{-1}\mathfrak{b}^{-1}$ ist, was zu beweisen war.

Mit Hilfe dieser Sätze wird man leicht finden, daß die Multiplikation und Division **aller** Potenzen eines eigentlichen Moduls, ebenso aller eigentlichen Moduln, welche **dieselbe** Ordnung haben, genau nach denselben Regeln geschieht wie bei Produkten und Quotienten von Zahlen.

§ 171

Wir gehen nun zu derjenigen Betrachtung über, die uns veranlaßt hat, für die hier untersuchten Zahlengebiete den Namen Moduln zu wählen, obgleich derselbe schon in so vielen anderen Bedeutungen gebraucht wird. Wenn $\mathfrak{m}$ ein beliebiger Modul ist, so nennen wir zwei Zahlen α, β **kongruent nach** $\mathfrak{m}$, wenn ihre Differenz $\alpha - \beta$ in $\mathfrak{m}$ enthalten ist, und wir bezeichnen dies durch die **Kongruenz**

(1) $$\alpha \equiv \beta \pmod{\mathfrak{m}},$$

in welcher offenbar die beiden Zahlen α, β, deren jede auch ein **Rest** der anderen heißt, stets miteinander vertauscht werden dürfen. Wir nennen dagegen die Zahlen α, β, γ, ... **inkongruent nach** $\mathfrak{m}$, wenn keine von ihnen mit einer der übrigen kongruent ist[*]. Aus dem Begriffe eines Moduls und aus den früheren Sätzen folgt, daß man beliebig viele solche Kongruenzen, die sich auf einen und denselben Modul $\mathfrak{m}$ beziehen, addieren und subtrahieren darf, wie Gleichungen; auch darf man beide Seiten einer solchen Kongruenz mit derselben ganzen rationalen Zahl, allgemeiner mit jeder in der Ordnung $\mathfrak{m}^0$ des Moduls $\mathfrak{m}$ enthaltenen Zahl multiplizieren. Aus der Kongruenz zweier Zahlen in bezug auf einen Modul $\mathfrak{m}$ folgt auch ihre Kongruenz in bezug auf jeden Teiler von $\mathfrak{m}$, und wenn eine Kongruenz in bezug auf mehrere Moduln gilt, so gilt sie auch für deren kleinstes gemeinsames Vielfaches.

Ferner leuchtet ein, daß jede Zahl sich selbst kongruent, und daß zwei mit einer dritten Zahl γ kongruente Zahlen α, β auch einander kongruent sind; denn wenn $\alpha - \gamma$, $\beta - \gamma$ Zahlen des Moduls $\mathfrak{m}$ sind, so ist auch ihre Differenz $\alpha - \beta$ in $\mathfrak{m}$ enthalten. Hierauf beruht die Möglichkeit, alle Zahlen in bezug auf einen Modul $\mathfrak{m}$ in **Zahlklassen** einzuteilen, in der Weise, daß je zwei beliebige Zahlen in dieselbe oder in verschiedene Klassen aufgenommen werden, je nachdem sie kongruent oder inkongruent sind; ist α eine bestimmte Zahl, während μ alle Zahlen des Moduls $\mathfrak{m}$ durchläuft, so bilden die Zahlen $\alpha + \mu$ eine solche Klasse, die wir mit $\alpha + \mathfrak{m}$ oder $\mathfrak{m} + \alpha$ bezeichnen wollen, und man kann α oder jede andere dieser Zahlen als **Repräsentant** oder auch als **Rest** der Klasse ansehen. Die Gleichung $\mathfrak{m} + \alpha = \mathfrak{m} + \beta$ ist dann gleichbedeutend mit der Kongruenz (1); findet sie nicht statt, so sind die Klassen $\alpha + \mathfrak{m}$, $\beta + \mathfrak{m}$ verschieden und

---

[*] Der von Gauß zuerst eingeführte Begriff der Kongruenz bildet offenbar einen besonderen Fall des obigen; denn wenn a, b, m ganze rationale Zahlen sind, so ist die Kongruenz $a \equiv b \pmod{m}$ gleichbedeutend mit der Kongruenz der Zahlen a, b nach dem Modul $[m] = m\,[1]$; und wenn α, β, μ ganze Zahlen des Körpers J sind (§ 159), so ist die Kongruenz $\alpha \equiv \beta \pmod{\mu}$ gleichbedeutend mit der Kongruenz der Zahlen α, β nach dem Modul $[\mu, \mu i] = \mu\,[1, i]$.

besitzen keine einzige gemeinsame Zahl. Offenbar bildet der Modul $\mathfrak{m}$ selbst die durch die Zahl 0 repräsentierte Klasse.

Auf diesem Begriffe beruhen die folgenden Betrachtungen. Ist $\mathfrak{a}$ ein Teiler von $\mathfrak{m}$, und α' eine bestimmte Zahl in $\mathfrak{a}$, so sind alle Zahlen der Klasse $\alpha' + \mathfrak{m}$ auch in $\mathfrak{a}$ enthalten, und folglich besteht der Modul $\mathfrak{a}$ aus einer endlichen oder unendlichen Anzahl verschiedener Klassen $\alpha' + \mathfrak{m}$, von denen je zwei keine gemeinsame Zahl besitzen. Ist ferner ϱ eine beliebige Zahl, so besteht zugleich die auf den Modul $\mathfrak{a}$ bezügliche Klasse $\varrho + \mathfrak{a}$ aus den sämtlichen entsprechenden, ebenfalls verschiedenen Zahlklassen $(\varrho + \alpha') + \mathfrak{m}$.

Allgemeiner, sind $\mathfrak{a}$, $\mathfrak{b}$ zwei beliebige Moduln, deren kleinstes gemeinsames Vielfaches $\mathfrak{a} - \mathfrak{b}$ zur Abkürzung mit $\mathfrak{m}$ bezeichnet werden möge, und ist α' eine bestimmte Zahl in $\mathfrak{a}$, so bilden alle diejenigen in $\mathfrak{a}$ enthaltenen Zahlen α, welche $\equiv \alpha' \pmod{\mathfrak{b}}$ sind, die auf $\mathfrak{m}$ bezügliche, durch α' repräsentierte Klasse $\alpha' + \mathfrak{m}$; da nämlich $\alpha - \alpha'$ sowohl in $\mathfrak{a}$ als auch in $\mathfrak{b}$ enthalten ist, so ist $\alpha = \alpha' + \mu$, wo μ eine Zahl des Moduls $\mathfrak{m}$ bedeutet, und umgekehrt, wenn μ in $\mathfrak{m}$, also auch in $\mathfrak{a}$ und in $\mathfrak{b}$ enthalten ist, so ist die Summe $\alpha = \alpha' + \mu$ in $\mathfrak{a}$ enthalten und zugleich $\equiv \alpha' \pmod{\mathfrak{b}}$. Wählt man daher aus jeder der verschiedenen Klassen $\alpha' + \mathfrak{m}$, aus denen $\mathfrak{a}$ besteht, einen bestimmten Rest α' aus, so besitzt das System aller dieser in $\mathfrak{a}$ enthaltenen Zahlen α' offenbar die charakteristische Eigenschaft, daß jede beliebige in $\mathfrak{a}$ enthaltene Zahl α mit einer, aber auch nur mit einer einzigen Zahl α' kongruent ist nach dem Modul $\mathfrak{b}$; ein solches System von Zahlen α' nennen wir daher ein **Repräsentanten-System** oder ein **Restsystem von $\mathfrak{a}$ nach $\mathfrak{b}$**. Ist die Anzahl dieser in $\mathfrak{a}$ enthaltenen, nach $\mathfrak{b}$ inkongruenten Zahlen α' endlich, so wollen wir dieselbe durch das Symbol

$$(\mathfrak{a}, \mathfrak{b})$$

bezeichnen*), und dies ist zugleich die Anzahl der Klassen $\alpha' + \mathfrak{m}$, aus denen $\mathfrak{a}$ besteht; ist sie aber unendlich, so ist es zweckmäßig, unter dem Symbol $(\mathfrak{a}, \mathfrak{b})$ die Zahl **Null** zu verstehen, weil dann die meisten Sätze allgemein gültig bleiben**). Ist $(\mathfrak{a}, \mathfrak{b}) = 1$, sind also

---

*) Dasselbe habe ich zuerst in § 169 der zweiten Auflage benutzt. Sollten die Moduln $\mathfrak{a}$, $\mathfrak{b}$ zugleich Körper sein, was aber bei unseren Untersuchungen niemals vorkommen wird, so würde die dem Symbol $(\mathfrak{a}, \mathfrak{b})$ jetzt beigelegte Bedeutung von der in § 164 wohl zu unterscheiden sein.

**) Vgl. z. B. die Sätze im folgenden § 172.

alle Zahlen α des Moduls $\mathfrak{a}$ einander kongruent, mithin alle $\alpha \equiv 0$ (mod $\mathfrak{b}$), so ist $\mathfrak{a}$ teilbar durch $\mathfrak{b}$, und aus dieser Teilbarkeit folgt umgekehrt $(\mathfrak{a}, \mathfrak{b}) = 1$.

Aus dem Obigen leuchtet unmittelbar ein, daß dieselben Zahlen α' zugleich ein Restsystem von $\mathfrak{a}$ nach $\mathfrak{m}$ bilden, und folglich ist in allen Fällen

(2) \qquad $(\mathfrak{a}, \mathfrak{b}) = (\mathfrak{a}, \mathfrak{a} - \mathfrak{b})$.

Dieselben Zahlen α' bilden aber auch ein Restsystem von $\mathfrak{a} + \mathfrak{b}$ nach $\mathfrak{b}$, d. h. $\mathfrak{a} + \mathfrak{b}$ besteht aus den sämtlichen Klassen $\alpha' + \mathfrak{b}$, und folglich ist

(3) \qquad $(\mathfrak{a}, \mathfrak{b}) = (\mathfrak{a} + \mathfrak{b}, \mathfrak{v})$;

denn die Zahlen α' sind auch in $\mathfrak{a} + \mathfrak{b}$ enthalten und inkongruent nach $\mathfrak{b}$, und jede in $\mathfrak{a} + \mathfrak{b}$ enthaltene Zahl $\alpha + \beta$ ist $\equiv \alpha$ (mod $\mathfrak{b}$), also auch kongruent mit einer der Zahlen α', was zu beweisen war.

Auf dieselbe Weise ergibt sich, daß, wenn η eine von Null verschiedene Zahl ist, die Produkte $\eta \alpha'$ ein Restsystem von $\mathfrak{a} \eta$ nach $\mathfrak{b} \eta$ bilden, und folglich ist

(4) \qquad $(\mathfrak{a} \eta, \mathfrak{b} \eta) = (\mathfrak{a}, \mathfrak{b})$.

Ist ferner $\mathfrak{a}$ ein Teiler von $\mathfrak{b}$, und $\mathfrak{b}$ ein Teiler von $\mathfrak{c}$, also $(\mathfrak{b}, \mathfrak{a}) = (\mathfrak{c}, \mathfrak{b}) = 1$, so bilden, wenn α' ein Restsystem von $\mathfrak{a}$ nach $\mathfrak{b}$, und β' ein Restsystem von $\mathfrak{b}$ nach $\mathfrak{c}$ durchläuft, die sämtlichen Summen $\alpha' + \beta'$ ein Restsystem von $\mathfrak{a}$ nach $\mathfrak{c}$, und folglich ist

(5) \qquad $(\mathfrak{a}, \mathfrak{c}) = (\mathfrak{a}, \mathfrak{b})(\mathfrak{b}, \mathfrak{c})$, wenn $\mathfrak{a} < \mathfrak{b} < \mathfrak{c}$.

Denn $\mathfrak{a}$ besteht aus allen Klassen $\alpha' + \mathfrak{b}$, und jede dieser Klassen wieder aus den allen β' entsprechenden Klassen $(\alpha' + \beta') + \mathfrak{c}$, mithin besteht $\mathfrak{a}$ aus allen Klassen $(\alpha' + \beta') + \mathfrak{c}$, wo α' und β' alle ihre Werte durchlaufen.

Zu diesen Sätzen, durch deren Verbindung sich viele andere[*] ableiten lassen, fügen wir noch die folgenden hinzu.

---

[*] Aus drei beliebigen Moduln $\mathfrak{a}$, $\mathfrak{b}$, $\mathfrak{c}$ entspringt, wie in der Anmerkung auf S. 66 erwähnt ist, eine Gruppe von 28 Moduln $\mathfrak{m}$, $\mathfrak{n}$, ...; die sämtlichen Klassenanzahlen $(\mathfrak{m}, \mathfrak{n})$ lassen sich aus sieben von ihnen bestimmen; bezeichnet man diese mit a, b, c, a_1, b_1, c_1 und d, so ist z. B.:

$(\mathfrak{b}, \mathfrak{c}) = b c_1 d$, \quad $(\mathfrak{c}, \mathfrak{a}) = c a_1 d$, \quad $(\mathfrak{a}, \mathfrak{b}) = a b_1 d$,
$(\mathfrak{c}, \mathfrak{b}) = c b_1 d$, \quad $(\mathfrak{a}, \mathfrak{c}) = a c_1 d$, \quad $(\mathfrak{b}, \mathfrak{a}) = b a_1 d$.

Hieraus folgt der schon in der zweiten Auflage dieses Werkes (S. 490) angeführte Satz

$(\mathfrak{b}, \mathfrak{c})(\mathfrak{c}, \mathfrak{a})(\mathfrak{a}, \mathfrak{b}) = (\mathfrak{c}, \mathfrak{b})(\mathfrak{a}, \mathfrak{c})(\mathfrak{b}, \mathfrak{a})$,

welcher sich aber auch leicht auf kürzerem Wege beweisen läßt.

I. **Sind $\mathfrak{a}, \mathfrak{b}$ zwei beliebige Moduln, so genügt jede in $\mathfrak{a}$ enthaltene Zahl α der Kongruenz**
(6) $\quad\quad\quad\quad (\mathfrak{a}, \mathfrak{b}) \, \alpha \equiv 0 \;(\text{mod } \mathfrak{a} - \mathfrak{b})$,
also ist $(\mathfrak{a}, \mathfrak{b}) \, \mathfrak{a} > \mathfrak{a} - \mathfrak{b}$.

Dies leuchtet, wenn $(\mathfrak{a}, \mathfrak{b}) = \mathfrak{o}$ ist, unmittelbar ein. Ist aber $(\mathfrak{a}, \mathfrak{b}) = n > 0$, und durchläuft α' ein Restsystem von $\mathfrak{a}$ nach $\mathfrak{a} - \mathfrak{b}$, während α eine bestimmte Zahl in $\mathfrak{a}$ bedeutet, so bilden die n Zahlen $\alpha + \alpha'$, weil sie in $\mathfrak{a}$ enthalten und inkongruent nach $\mathfrak{a} - \mathfrak{b}$ sind, ebenfalls ein solches Restsystem; jede dieser Zahlen $\alpha + \alpha'$ ist daher mit einer der Zahlen α', umgekehrt jede der letzteren mit einer der ersteren kongruent; mithin ist auch die Summe σ der Zahlen α' kongruent der Summe $n\alpha + \sigma$, woraus (6) folgt, was zu beweisen war.

II. **Ist $\mathfrak{c} > \mathfrak{a}$, und $(\mathfrak{a}, \mathfrak{c}) > 0$, so gibt es nur eine endliche Anzahl solcher Moduln $\mathfrak{b}$, welche $> \mathfrak{a}$ und zugleich $< \mathfrak{c}$ sind*).**

Da nämlich jeder solche Modul $\mathfrak{b}$ aus gewissen Zahlklassen $\beta' + \mathfrak{c}$ bestehen muß, welche in $\mathfrak{a}$ enthalten sind, und unter denen sich immer $\mathfrak{c}$ selbst befindet, und da die Anzahl m aller in $\mathfrak{a}$ enthaltenen Klassen $\alpha' + \mathfrak{c}$ endlich, nämlich $= (\mathfrak{a}, \mathfrak{c})$ ist, so kann die Anzahl der Moduln $\mathfrak{b}$ höchstens gleich 2^{m-1} sein, was zu beweisen war.

Wir schließen diese Betrachtungen mit der Verallgemeinerung zweier in § 25 und § 11 bewiesenen Sätze.

III. **Sind ϱ, σ gegebene Zahlen, und $\mathfrak{a}, \mathfrak{b}$ irgend zwei Moduln, so haben die beiden gleichzeitigen Kongruenzen**
(7) $\quad\quad\quad\quad \omega \equiv \varrho \;(\text{mod } \mathfrak{a}), \quad \omega \equiv \sigma \;(\text{mod } \mathfrak{b})$
stets und nur dann gemeinsame Wurzeln ω, wenn
(8) $\quad\quad\quad\quad \varrho \equiv \sigma \;(\text{mod } \mathfrak{a} + \mathfrak{b})$
ist, und alle diese Wurzeln, d. h. alle den beiden Klassen $\mathfrak{a} + \varrho, \mathfrak{b} + \sigma$ gemeinsamen Zahlen ω bilden eine bestimmte Klasse in bezug auf den Modul $\mathfrak{a} - \mathfrak{b}$.

---

*) Daß auch die Umkehrung dieses Satzes wahr ist, wird man leicht beweisen, z. B. durch die Betrachtung aller Moduln von der Form $\mathfrak{c}, \mathfrak{c} + [\alpha]$, $\mathfrak{c} + [2\alpha], \mathfrak{c} + [3\alpha] \ldots$, wo α jede beliebige Zahl in $\mathfrak{a}$ bedeutet. Man kann auch von dem Begriffe eines unmittelbaren oder nächsten Teilers von $\mathfrak{c}$ ausgehen; so soll ein echter Teiler $\mathfrak{b}$ von $\mathfrak{c}$ heißen, wenn es außer $\mathfrak{b}$ und $\mathfrak{c}$ keinen Modul gibt, der $> \mathfrak{b}$ und zugleich $< \mathfrak{c}$ ist; die erforderliche und hinreichende Bedingung hierfür besteht darin, daß $(\mathfrak{b}, \mathfrak{c})$ eine **Primzahl** ist. Man vergleiche hiermit die Betrachtungen im folgenden § 172.

In der Tat, wenn eine Zahl ω den Kongruenzen (7) genügt, so sind die Zahlen $\omega - \varrho$, $\omega - \sigma$, also auch ihre Differenz in $\mathfrak{a} + \mathfrak{b}$ enthalten, d. h. die Bedingung (8) ist erfüllt. Umgekehrt, wenn dies der Fall ist, so gibt es zufolge der Definition von $\mathfrak{a} + \mathfrak{b}$ eine Zahl α in $\mathfrak{a}$ und eine Zahl β in $\mathfrak{b}$, deren Summe $\alpha + \beta = \varrho - \sigma$ ist, und dann erfüllt die Zahl $\omega = \varrho - \alpha = \sigma + \beta$ die Kongruenzen (7). Genügt ferner ω' denselben Kongruenzen (7), so ist $\omega' - \omega$ in $\mathfrak{a}$ und $\mathfrak{b}$, also in $\mathfrak{a} - \mathfrak{b}$ enthalten, mithin $\omega' \equiv \omega \pmod{\mathfrak{a} - \mathfrak{b}}$, und umgekehrt leuchtet ein, daß jede Zahl ω' der Klasse $\omega + (\mathfrak{a} - \mathfrak{b})$ auch den Kongruenzen (7) genügt, was zu beweisen war*).

IV. **Ist $(\mathfrak{a}, \mathfrak{m}) > 0$, und $\mathfrak{a} - \mathfrak{m}$ teilbar durch jeden der r Moduln $\mathfrak{n}$, so ist die Anzahl aller derjenigen nach $\mathfrak{m}$ inkongruenten Zahlen α in $\mathfrak{a}$, die in keinem Modul $\mathfrak{n}$ enthalten sind, gleich der Summendifferenz**

$$\text{(9)} \qquad \Sigma(\mathfrak{n}', \mathfrak{m}) - \Sigma(\mathfrak{n}'', \mathfrak{m}),$$

wo für $\mathfrak{n}'$ der Modul $\mathfrak{a}$ und jedes aus $\mathfrak{a}$ und einer geraden Anzahl, für $\mathfrak{n}''$ jedes aus $\mathfrak{a}$ und einer ungeraden Anzahl von Moduln $\mathfrak{n}$ gebildete kleinste Vielfache zu setzen ist.

Denn wenn ω irgendeine Zahl in $\mathfrak{a}$ bedeutet, so ist nach dem Obigen die Klasse $(\mathfrak{a} - \mathfrak{m}) + \omega$ der Inbegriff aller der Zahlen in $\mathfrak{a}$, welche $\equiv \omega \pmod{\mathfrak{m}}$ sind, und $\mathfrak{a}$ besteht aus $(\mathfrak{a}, \mathfrak{m})$ solchen Klassen. Ist nun $\mathfrak{a} - \mathfrak{m} > \mathfrak{n}$, und ω in $\mathfrak{n}$, also auch in $\mathfrak{a} - \mathfrak{n}$ enthalten, so gilt dasselbe von allen Zahlen der Klasse $(\mathfrak{a} - \mathfrak{m}) + \omega$, und da $\mathfrak{a} - \mathfrak{n}$ aus $(\mathfrak{a} - \mathfrak{n}, \mathfrak{m})$ solchen Klassen besteht, so ist $(\mathfrak{a}, \mathfrak{m}) - (\mathfrak{a} - \mathfrak{n}, \mathfrak{m})$ die Anzahl derjenigen nach $\mathfrak{m}$ inkongruenten Zahlen in $\mathfrak{a}$, welche nicht in $\mathfrak{n}$ enthalten sind. Mithin gilt unser Satz für den Fall $r = 1$, weil es dann nur einen Modul $\mathfrak{n}' = \mathfrak{a}$, und nur einen Modul $\mathfrak{n}'' = \mathfrak{a} - \mathfrak{n}$ gibt. Nimmt man an, er sei für eine bestimmte Anzahl r von Moduln $\mathfrak{n}$ allgemein bewiesen, und der Modul $\mathfrak{p}$ gehe ebenfalls in $\mathfrak{a} - \mathfrak{m}$ auf, so darf man $\mathfrak{a}$ auch durch $\mathfrak{a} - \mathfrak{p}$ ersetzen, weil $(\mathfrak{a} - \mathfrak{p}, \mathfrak{m}) > 0$, und weil der Modul $(\mathfrak{a} - \mathfrak{p}) - \mathfrak{m} = \mathfrak{a} - \mathfrak{m}$, also durch jeden Modul $\mathfrak{n}$ teilbar ist; zufolge (9) ist daher die Differenz

$$\Sigma(\mathfrak{n}' - \mathfrak{p}, \mathfrak{m}) - \Sigma(\mathfrak{n}'' - \mathfrak{p}, \mathfrak{m})$$

---

*) Schwieriger gestaltet sich die Untersuchung, ob drei oder mehr gegebene Zahlklassen $\mathfrak{a} + \varrho$, $\mathfrak{b} + \sigma$, $\mathfrak{c} + \tau$ ... gemeinsame Zahlen besitzen oder nicht; im ersteren Falle kann man diese Klassen einig nennen, und es leuchtet ein, daß ihre Gemeinheit, d. h. der Inbegriff aller ihnen gemeinsamen Zahlen, eine auf den Modul $\mathfrak{a} - \mathfrak{b} - \mathfrak{c}$ ... bezügliche Klasse ist.

die Anzahl derjenigen, im Satze mit α bezeichneten Zahlen, welche in $\mathfrak{p}$ enthalten sind; zieht man dieselbe von der in (9) angegebenen Anzahl aller Zahlen α ab, so erhält man die Differenz
$$\{\Sigma(\mathfrak{n}', \mathfrak{m}) + \Sigma(\mathfrak{n}'' - \mathfrak{p}, \mathfrak{m})\} - \{\Sigma(\mathfrak{n}'', \mathfrak{m}) + \Sigma(\mathfrak{n}' - \mathfrak{p}, \mathfrak{m})\}$$
als Anzahl aller nicht in $\mathfrak{p}$ enthaltenen Zahlen α, d. h. aller nach $\mathfrak{m}$ inkongruenten Zahlen in $\mathfrak{a}$, welche in keinem der $(r+1)$ Moduln $\mathfrak{n}$, $\mathfrak{p}$ enthalten sind. Vergleicht man diesen Ausdruck mit (9), so ergibt sich, daß unser Satz auch für die nächstfolgende Anzahl $(r+1)$, mithin allgemein gilt, was zu beweisen war.

Statt die vollständige Induktion anzuwenden (wie in § 11), kann man unseren Satz auch unmittelbar auf folgende Art beweisen. Wir schicken die Bemerkung voraus, daß die Anzahl der Moduln $\mathfrak{n}'$ immer gleich der der Moduln $\mathfrak{n}''$, nämlich $= 2^{r-1}$ ist; sondert man nämlich einen bestimmten Modul $\mathfrak{n}$ aus, und bezeichnet mit $\mathfrak{o}'$, $\mathfrak{o}''$ bzw. diejenigen $\mathfrak{n}'$, $\mathfrak{n}''$, zu deren Bildung $\mathfrak{n}$ nicht mitwirkt, so besteht das System der Moduln $\mathfrak{n}'$ aus den Moduln $\mathfrak{o}'$, $\mathfrak{o}'' - \mathfrak{n}$, ebenso das System der Moduln $\mathfrak{n}''$ aus den Moduln $\mathfrak{o}' - \mathfrak{n}$, $\mathfrak{o}''$, wodurch unsere Behauptung erwiesen ist*). Läßt man nun ω ein Restsystem von $\mathfrak{a}$ nach $\mathfrak{m}$ durchlaufen, und bezeichnet mit ω', ω'' bzw. die Anzahl der Moduln $\mathfrak{n}'$, $\mathfrak{n}''$, denen ω angehört, so ist offenbar $\Sigma\omega' = \Sigma(\mathfrak{n}', \mathfrak{m})$, $\Sigma\omega'' = \Sigma(\mathfrak{n}'', \mathfrak{m})$, also die in (9) angegebene Differenz $= \Sigma(\omega' - \omega'')$. Da nun die Anzahl der Zahlen α offenbar $= \Sigma(\alpha' - \alpha'')$ ist, weil $\alpha' = 1$, $\alpha'' = 0$, so wird unser Satz bewiesen sein, wenn wir zeigen, daß für jede andere Zahl ω die Differenz $\omega' - \omega'' = 0$, also $\omega' = \omega''$ ist (vgl. § 138). Bezeichnet man mit $\mathfrak{p}$ diejenigen s Moduln $\mathfrak{n}$, denen ω angehört, und mit $\mathfrak{p}'$, $\mathfrak{p}''$ bzw. diejenigen Moduln $\mathfrak{n}'$, $\mathfrak{n}''$, welche aus $\mathfrak{a}$ und nur diesen Moduln $\mathfrak{p}$ gebildet sind, so gehört ω allen diesen Moduln $\mathfrak{p}'$, $\mathfrak{p}''$ und keinem anderen Modul $\mathfrak{n}'$, $\mathfrak{n}''$ an, und hieraus folgt nach der obigen Bemerkung $\omega' = \omega'' = 2^{s-1}$, w. z. b. w.

§ 172

Von diesen allgemeinen Sätzen über die Beziehungen zwischen beliebigen Moduln wenden wir uns jetzt zur Betrachtung der be-

---

*) Wenn $\mathfrak{n}$ in $\mathfrak{a}$ aufgeht, also $\mathfrak{o}' - \mathfrak{n} = \mathfrak{o}'$, $\mathfrak{o}'' - \mathfrak{n} = \mathfrak{o}''$ ist, so fällt das System der Moduln $\mathfrak{n}'$ mit dem der Moduln $\mathfrak{n}''$ zusammen, und folglich verschwindet die Differenz in (9), was damit übereinstimmt, daß es in diesem Falle selbstverständlich gar keine Zahl α gibt. Aber man darf nicht umgekehrt aus der letzteren Tatsache schließen, daß mindestens einer der Moduln $\mathfrak{n}$ in $\mathfrak{a}$ aufgeht (vgl. § 178, IX).

sonderen Erscheinungen, welche dann auftreten, wenn diese Moduln zum Teil oder alle endlich sind (§ 168). Da jeder endliche Modul entweder eingliedrig oder [nach (5) in § 169] eine Summe von mehreren eingliedrigen Moduln ist, so gehen wir von dem folgenden Satze aus:

I. **Jedes Vielfache $\mathfrak{m}$ eines eingliedrigen Moduls $\mathfrak{n}$ ist ebenfalls eingliedrig, und zwar ist**

(1) $$\mathfrak{m} = (\mathfrak{n}, \mathfrak{m})\,\mathfrak{n}.$$

Um dies zu beweisen, setzen wir $\mathfrak{z} = [1]$, $\mathfrak{n} = \mathfrak{z}\omega$ und bemerken, daß jede in $\mathfrak{m}$, also auch in $\mathfrak{n}$ enthaltene Zahl ein Produkt $x\omega$ ist, wo x eine Zahl in $\mathfrak{z}$ bedeutet, und daß der Inbegriff $\mathfrak{r}$ aller dieser Zahlen x, welche durch Multiplikation mit ω in Zahlen des Moduls $\mathfrak{m}$ verwandelt werden, offenbar ein durch $\mathfrak{z}$ teilbarer Modul ist; zugleich ist $\mathfrak{m} = \mathfrak{r}\omega$. Schließen wir zunächst den Fall aus, wo $\mathfrak{r} = 0$ ist, und bezeichnen wir mit a die kleinste positive Zahl in $\mathfrak{r}$, so ergibt sich leicht, daß $\mathfrak{r} = a\mathfrak{z}$, lso $\mathfrak{m} = a\mathfrak{n}$ ist; denn wenn z jede Zahl in $\mathfrak{z}$ bedeutet, so ist az in $\mathfrak{r}$ enthalten, also $a\mathfrak{z} > \mathfrak{r}$; umgekehrt läßt sich jede in $\mathfrak{r}$ enthaltene Zahl x (nach § 4 oder § 17) in die Form $x = az + y$ setzen*), wo y eine der a Zahlen $0, 1, 2 \ldots (a-1)$ bedeutet, und da $y = x - az$ in $\mathfrak{r}$ enthalten ist, so muß $y = 0$, $x = az$, $\mathfrak{r} > a\mathfrak{z}$, also wirklich $\mathfrak{r} = a\mathfrak{z}$ sein**). Da ferner irgend zwei Zahlen $z_1\omega$, $z_2\omega$ des Moduls $\mathfrak{n}$ dann und nur dann kongruent nach $\mathfrak{m}$ sind, wenn ihre Differenz $(z_1 - z_2)\omega$ in $\mathfrak{m}$, also die Differenz $z_1 - z_2$ in $\mathfrak{r} = a\mathfrak{z}$ enthalten ist, so bilden die a Zahlen

(2) $$0,\ \omega,\ 2\omega,\ \ldots,\ (a-1)\omega$$

ein Restsystem von $\mathfrak{n}$ nach $\mathfrak{m}$; mithin ist

(3) $$a = (\mathfrak{n}, \mathfrak{m}),$$

und da, wie wir oben gesehen haben, $\mathfrak{m} = \mathfrak{r}\omega = a\mathfrak{n}$ ist, so ergibt sich hieraus unser Satz (1). Offenbar gilt derselbe aber auch in dem bisher ausgeschlossenen Falle, wo $\mathfrak{r} = 0$ ist; dann ist nämlich $\mathfrak{m} = \mathfrak{r}\omega = 0$, und da je zwei verschiedenen ganzen rationalen Zahlen z_1, z_2 zwei Zahlen $z_1\omega, z_2\omega$ des Moduls $\mathfrak{n}$ entsprechen, welche inkongruent nach $\mathfrak{m}$ sind, so ist (nach § 171) auch $(\mathfrak{n}, \mathfrak{m}) = 0$, w. z. b. w.

---

*) Dies ist die Grundlage aller Zahlentheorie.
**) Offenbar ist dies selbst nur ein spezieller Fall unseres Satzes.

Um zu zeigen, wie nützlich dieser Satz schon in den ersten Anfangsgründen der Zahlentheorie verwendet werden kann, leiten wir aus ihm zunächst den folgenden ab:

II. **Jeder endliche, aus lauter rationalen Zahlen bestehende Modul $\mathfrak{c}$ ist darstellbar als eingliedriger Modul.**

Besteht nämlich eine Basis von $\mathfrak{c}$ aus m ganzen oder gebrochenen rationalen Zahlen $c_1, c_2, \ldots, c_m$, die nicht alle verschwinden*), so kann man bekanntlich eine natürliche Zahl b immer so wählen, daß die m Produkte $b c_1, b c_2, \ldots, b c_m$ ganze Zahlen werden; da dieselben eine Basis des von Null verschiedenen Moduls $b\mathfrak{c}$ bilden, so ist letzterer teilbar durch den eingliedrigen Modul $\mathfrak{z}$, also $b\mathfrak{c} = a\mathfrak{z} = [a]$, wo a eine natürliche Zahl bedeutet; setzt man noch $a = bc$, so ist c eine positive rationale Zahl, und man erhält $\mathfrak{c} = [c]$, w. z. b. w.

Nach der Bedeutung unserer Symbole besagt nun die eben bewiesene Gleichung

(4) $$[c_1, c_2, \ldots, c_m] = [c]$$

erstens, daß es m ganze rationale Zahlen $q_1, q_2, \ldots, q_m$ gibt, welche der Bedingung

(5) $$c_1 q_1 + c_2 q_2 + \cdots + c_m q_m = c$$

genügen, und zweitens, daß

(6) $$c_1 = c p_1, \; c_2 = c p_2, \ldots, c_m = c p_m,$$

also

(7) $$p_1 q_1 + p_2 q_2 + \cdots + p_m q_m = 1$$

ist, wo $p_1, p_2, \ldots, p_m$ ebenfalls ganze rationale Zahlen bedeuten. Da der Modul $[c]$ der größte gemeinsame Teiler der m Moduln $[c_r]$ ist, so nennen wir die Zahl c auch den größten gemeinsamen Teiler der m Zahlen c_r, und offenbar ist die gewöhnliche Bedeutung dieses Wortes (§§ 6 und 24) hierin als spezieller Fall enthalten. Ja es ist zweckmäßig, diese Ausdrucksweise selbst auf den oben ausgeschlossenen Fall zu übertragen, wo die m Zahlen c_r sämtlich verschwinden, und unter deren größtem gemeinsamen Teiler die Zahl $c = 0$ zu verstehen, wodurch die Gleichung (4) erhalten bleibt. —

Da, wenn $\mathfrak{a}, \mathfrak{n}$ irgendwelche Moduln bedeuten, immer $(\mathfrak{n}, \mathfrak{a}) = (\mathfrak{n}, \mathfrak{a} - \mathfrak{n}) = (\mathfrak{a} + \mathfrak{n}, \mathfrak{a})$ ist (§ 171), so können wir den in (1) enthaltenen Satz auch so aussprechen:

---

*) Im entgegengesetzten Falle ist offenbar $\mathfrak{c} = 0 = [0]$.

III. Ist $\mathfrak{n}$ ein eingliedriger, und $\mathfrak{a}$ ein beliebiger Modul, so ist
(8) $$\mathfrak{a}-\mathfrak{n} = (\mathfrak{n}, \mathfrak{a})\,\mathfrak{n} = (\mathfrak{a}+\mathfrak{n}, \mathfrak{a})\,\mathfrak{n}.$$
Derselbe dient zum Beweise des folgenden:

IV. Ist der letzte der drei Moduln $\mathfrak{a}, \mathfrak{b}, \mathfrak{n}$ eingliedrig $= [\omega]$, so kann man einen eingliedrigen Modul $\mathfrak{n}' = [\alpha']$ so wählen, daß
(9) $$\mathfrak{a} - (\mathfrak{b}+\mathfrak{n}) = (\mathfrak{a}-\mathfrak{b}) + \mathfrak{n}'$$
wird.

Dies läßt sich in der Tat immer auf folgende Weise erreichen. Setzen wir zur Abkürzung
(10) $$(\mathfrak{n}, \mathfrak{a}+\mathfrak{b}) = (\mathfrak{a}+\mathfrak{b}+\mathfrak{n}, \mathfrak{a}+\mathfrak{b}) = a,$$
so ist zufolge (8)
(11) $$(\mathfrak{a}+\mathfrak{b})-\mathfrak{n} = a\,\mathfrak{n} = [a\,\omega];$$
da nun $a\,\omega$ in $\mathfrak{a}+\mathfrak{b}$ enthalten ist, so kann man eine Zahl α' in $\mathfrak{a}$ und eine Zahl β' in $\mathfrak{b}$ so wählen, daß
(12) $$a\,\omega = \alpha' - \beta', \text{ also } \alpha' = \beta' + a\,\omega$$
wird, und wir wollen beweisen, daß der eingliedrige Modul $\mathfrak{n}' = [\alpha']$ die Gleichung (9) erfüllt. Hierzu bezeichnen wir deren linke und rechte Seite bzw. mit $\mathfrak{p}, \mathfrak{q}$, und wir haben zu zeigen, daß $\mathfrak{p}$ durch $\mathfrak{q}$, und $\mathfrak{q}$ durch $\mathfrak{p}$ teilbar ist. Das Erstere ergibt sich daraus, daß jede in $\mathfrak{p}$ enthaltene Zahl von der Form $\alpha = \beta + \nu$ ist, wo α, β, ν bzw. Zahlen der Moduln $\mathfrak{a}, \mathfrak{b}, \mathfrak{n}$ bedeuten; denn hieraus folgt zunächst, daß die Zahl $\alpha - \beta = \nu$ in $(\mathfrak{a}+\mathfrak{b})-\mathfrak{n}$ enthalten, also zufolge (11) und (12) auch $= x\,(\alpha'-\beta')$ ist, wo x eine ganze rationale Zahl bedeutet, und folglich ist die Zahl $\mu = \alpha - x\,\alpha' = \beta - x\,\beta'$ in $\mathfrak{a}-\mathfrak{b}$ enthalten; mithin ergibt sich, daß jede in $\mathfrak{p}$ enthaltene Zahl $\alpha = \mu + x\,\alpha'$ auch in $\mathfrak{q}$ enthalten, also wirklich $\mathfrak{p}$ durch $\mathfrak{q}$ teilbar ist. Umgekehrt leuchtet ein, daß $\mathfrak{a}-\mathfrak{b}$ durch jeden der beiden Moduln $\mathfrak{a}$ und $\mathfrak{b}+\mathfrak{n}$, also auch durch $\mathfrak{p}$ teilbar, und da dasselbe zufolge (12) von dem Modul $\mathfrak{n}' = [\alpha']$ gilt, so muß auch der größte gemeinsame Teiler von $\mathfrak{a}-\mathfrak{b}$ und $\mathfrak{n}'$, d. h. $\mathfrak{q}$ durch $\mathfrak{p}$ teilbar sein. Mithin ist $\mathfrak{p} = \mathfrak{q}$, was zu beweisen war. Hieraus folgt der Satz:

V. Jedes Vielfache eines n-gliedrigen Moduls ist ein n-gliedriger Modul.

Für eingliedrige Moduln ergibt sich derselbe aus (1) oder (8). Da ferner, wenn $n > 1$, jeder n-gliedrige Modul $\mathfrak{o} = \mathfrak{b} + \mathfrak{n}$ gesetzt werden kann, wo n eingliedrig, $\mathfrak{b}$ aber $(n-1)$-gliedrig ist, und da wir annehmen dürfen, der Satz sei schon für jedes Vielfache $\mathfrak{a}-\mathfrak{b}$ von $\mathfrak{b}$ bewiesen, so folgt aus (9), daß er auch für jedes Vielfache $\mathfrak{a}-\mathfrak{o}$ von $\mathfrak{o}$, also allgemein gilt, w. z. b. w.

Es ist aber von Wichtigkeit, wenn irgendein n-gliedriger Modul

(13) $\qquad \mathfrak{o} = [\omega_1, \omega_2, \ldots, \omega_n]$

gegeben ist, die Basis des Vielfachen $\mathfrak{a}-\mathfrak{o}$ nach den in (10) und (12) enthaltenen Vorschriften wirklich herzustellen. Zu diesem Zweck setzen wir, wenn r irgendeine Zahl aus der Reihe $1, 2, \ldots, n$ ist,

(14) $\qquad \mathfrak{o}_r = [\omega_1, \omega_2, \ldots, \omega_r],$

und wenden den Satz (9) auf das Beispiel $\mathfrak{b} = \mathfrak{o}_{r-1}$, $\omega = \omega_r$ an, woraus $\mathfrak{n} = [\omega_r]$, $\mathfrak{b} + \mathfrak{n} = \mathfrak{o}_r$ folgt; bezeichnen wir zugleich die Basis α' des Moduls $\mathfrak{n}'$ mit α_r, so erhalten wir:

$$\mathfrak{a} - \mathfrak{o}_r = (\mathfrak{a} - \mathfrak{o}_{r-1}) + [\alpha_r],$$

und da $\mathfrak{o}_n = \mathfrak{o}$, $\mathfrak{o}_0 = 0$ zu setzen ist, so ergibt sich:

(15) $\qquad \mathfrak{a} - \mathfrak{o} = \Sigma [\alpha_r] = [\alpha_1, \alpha_2, \ldots, \alpha_n].$

Um die Zahlen α_r zu bestimmen, setzen wir nach (10):

(16) $\qquad (\mathfrak{a} + \mathfrak{o}_r, \mathfrak{a} + \mathfrak{o}_{r-1}) = a_r^{(r)};$

dann folgt aus (12), weil β' in $\mathfrak{b}$, d. h. in $\mathfrak{o}_{r-1}$ enthalten ist, die Darstellung:

(17) $\qquad \alpha_r = a_1^{(r)} \omega_1 + a_2^{(r)} \omega_2 + \cdots + a_{r-1}^{(r)} \omega_{r-1} + a_r^{(r)} \omega_r,$

wo alle Koeffizienten $a_s^{(r)}$ ganze rationale Zahlen bedeuten, und $a_s^{(r)} = 0$ ist, wenn $s > r$. Multipliziert man die n Gleichungen (16) miteinander und bedenkt, daß $\mathfrak{a} + \mathfrak{o}_r$ ein Teiler von $\mathfrak{a} + \mathfrak{o}_{r-1}$ ist, so ergibt sich mit Rücksicht auf die Sätze (5), (3), (2) in § 171 die wichtige Beziehung:

(18) $\qquad (\mathfrak{a} + \mathfrak{o}, \mathfrak{a}) = (\mathfrak{o}, \mathfrak{a}) = (\mathfrak{o}, \mathfrak{a} - \mathfrak{o}) = a_1' a_2'' \ldots a_n^{(n)},$

wo das Produkt rechter Hand zugleich die Determinante der n^2 Koeffizienten $a_s^{(r)}$ ist. Diese Zahl $(\mathfrak{o}, \mathfrak{a})$ ist von Null verschieden, wenn keine der n Zahlen $a_r^{(r)}$ in (16) verschwindet, und bedeutet dann die Anzahl der in $\mathfrak{o}$ enthaltenen, nach $\mathfrak{a}$ inkongruenten Zahlen ω'; erinnert man sich der Bedeutung des obigen Restsystems (2), und läßt $x_1, x_2, \ldots, x_n$ alle ganzen Zahlen durchlaufen, welche den Bedingungen

(19) $\qquad 0 \leq x_r < a_r^{(r)}$

genügen, so folgt aus den genannten Sätzen des vorigen Paragraphen leicht, daß die entsprechenden Zahlen
(20) $$\omega' = x_1 \omega_1 + x_2 \omega_2 + \cdots + x_n \omega_n$$
ein Restsystem von $\mathfrak{o}$ nach $\mathfrak{a}$ bilden*). —

Die in (4) enthaltene Zurückführung einer mehrgliedrigen Basis auf eine eingliedrige bildet nur einen besonderen Fall eines sehr wichtigen allgemeinen Satzes, in welchem der Begriff des endlichen Moduls sich mit dem des irreduziblen Systems (§ 164) verbindet; wir bemerken aber (wie schon am Schluß von § 167), daß dieser letztere Begriff hier und in der Folge stets auf den Körper der rationalen Zahlen zu beziehen ist. Unser Satz lautet:

VI. **Jeder endliche, von Null verschiedene Modul besitzt eine irreduzible Basis.**

Um dies zu beweisen, nehmen wir an, es liege ein m-gliedriger Modul
(21) $$\mathfrak{a} = [\mu_1, \mu_2, \ldots, \mu_m]$$
mit einer reduziblen Basis vor, welche aus m Zahlen μ_s besteht, die nicht alle verschwinden. Bedeutet nun n die größte Anzahl voneinander unabhängiger Zahlen, die man aus diesen m Zahlen μ_s und folglich (nach § 164) aus dem Modul $\mathfrak{a}$ auswählen kann, so lassen sie sich sämtlich in der Form
(22) $$\mu_s = c_1^{(s)} \omega_1 + c_2^{(s)} \omega_2 + \cdots + c_n^{(s)} \omega_n$$
darstellen, wo die n Zahlen ω_r ein irreduzibles System bilden, und die mn Koeffizienten $c_r^{(s)}$ ganze rationale Zahlen sind; denn da wir annehmen dürfen, daß z. B. die ersten n Zahlen $\mu_1, \mu_2, \ldots, \mu_n$ ein irreduzibles System bilden, so ist jede der m Zahlen μ_s, weil sie mit jenen ein reduzibles System bildet, von der Form
$$\mu_s = e_1^{(s)} \mu_1 + e_2^{(s)} \mu_2 + \cdots + e_n^{(s)} \mu_n,$$
wo die mn Koeffizienten $e_r^{(s)}$ rationale, im allgemeinen gebrochene Zahlen bedeuten; nun kann man immer eine natürliche Zahl c so wählen, daß alle Produkte $c\, e_r^{(s)}$ ganze Zahlen $c_r^{(s)}$ werden, und wenn man
$$\mu_1 = c\,\omega_1,\ \mu_2 = c\,\omega_2,\ \ldots,\ \mu_n = c\,\omega_n$$
setzt, so nehmen die vorhergehenden Gleichungen wirklich die Form (22) an, und die n Zahlen ω_r bilden ebenfalls ein irreduzibles System.

---
*) Vgl. das Beispiel in § 159, S. 13 bis 15.

Nachdem dies nachgewiesen ist, leuchtet ein, daß der Modul $\mathfrak{a}$ durch den n-gliedrigen Modul (13) teilbar und folglich selbst ein n-gliedriger Modul von der Form (15) ist, dessen Basis aus n Zahlen α_r von der Form (17) besteht und gewiß **irreduzibel** ist, weil sonst je n Zahlen in $\mathfrak{a}$ ein reduzibles System bilden würden, w. z. b. w.

An den Beweis des vorstehenden Satzes knüpfen wir die folgende Beschreibung eines einfachen Verfahrens*), durch welches man die aus m gegebenen Zahlen μ_s von der Form (22) bestehende Basis des Moduls $\mathfrak{a}$ in eine irreduzible, aus n Zahlen α_r von der Form (17) bestehende Basis überführen kann. Die m Koeffizienten c_n', c_n'', ..., $c_n^{(m)}$, mit welchen die letzte Zahl ω_n in den m Gleichungen (22) multipliziert ist, können gewiß nicht alle verschwinden, weil sonst (nach § 164, III) schon je n der m Zahlen μ_s ein reduzibles System bilden würden; sind nun von diesen m Koeffizienten $c_n^{(s)}$ **mindestens zwei von Null verschieden**, z. B. c_n' und c_n'', und ist (absolut genommen) $c_n' \geqq c_n''$, so kann man (nach § 4) die ganze rationale Zahl x so wählen, daß $c_n' + x c_n'' < c_n''$, also auch $< c_n'$ wird. Nun bleibt offenbar der Modul $\mathfrak{a}$ in (21) ungeändert, wenn man das erste Glied μ_1 seiner Basis durch $\mu_1 + x \mu_2$ ersetzt, alle anderen $\mu_2, \mu_3, ..., \mu_m$ aber beibehält, d. h. es ist

(23) $\qquad \mathfrak{a} = [\mu_1, \mu_2, ..., \mu_m] = [\mu_1 + x \mu_2, \mu_2, ..., \mu_m];$

hiermit ist das System der mn Koeffizienten $c_r^{(s)}$ in (22) nur insofern abgeändert, als an Stelle der n Koeffizienten c_r' die Koeffizienten $c_r' + x c_r''$ getreten sind, und von diesen ist der letzte $c_n' + x c_n''$ **absolut kleiner** als der frühere c_n'. Durch wiederholte Anwendung solcher elementaren Transformationen (23) wird man endlich zu einer neuen Basis von m Gliedern gelangen, von denen $m - 1$ in dem nach (14) mit $\mathfrak{o}_{n-1}$ zu bezeichnenden Modul enthalten sind, während ein einziges Glied α_n von der Form (17) ist, und zwar kann man den Koeffizienten $a_n^{(n)}$, welcher offenbar der größte gemeinsame Teiler der m Koeffizienten $c_n^{(s)}$ ist, **positiv** annehmen, weil α_n auch durch $-\alpha_n$ ersetzt werden darf. In derselben Weise kann man nun, indem man α_n ungeändert läßt, die übrigen, in $\mathfrak{o}_{n-1}$ enthaltenen $m - 1$ Glieder der neuen Basis transformieren, bis alle Koeffizienten von ω_{n-1} mit Ausnahme eines einzigen $a_{n-1}^{(n-1)}$ verschwinden, welcher in einem Gliede α_{n-1}

---

*) Die Kenntnis desselben ist unerläßlich für diejenigen, welche bestimmte Beispiele in der Theorie der Moduln und Ideale zu berechnen haben. Vgl. § 176.

auftritt. Durch Fortsetzung dieses Verfahrens gelangt man endlich zu einer Basis von m Gliedern, unter denen sich n Zahlen α_r von der Form (17) befinden, während die übrigen $m-n$ Glieder $=0$ sind und deshalb gänzlich unterdrückt werden dürfen.

Nachdem auf diese Weise die Basis (22) wirklich durch eine Kette elementarer Transformationen (23), von denen sich mehrere auch gleichzeitig ausführen lassen, in eine Basis (17) übergeführt ist, in welcher die n Koeffizienten $a_r^{(r)}$ (nach § 164, III) von Null verschieden sind und als positiv angenommen werden dürfen, während alle Koeffizienten $a_s^{(r)} = 0$ sind, in denen $s > r$, kann man offenbar durch fernere Anwendung von elementaren Transformationen (23) noch erreichen, daß alle anderen Koeffizienten, in denen $s < r$, der Bedingung $0 \leq a_s^{(r)} < a_s^{(s)}$ genügen, und man überzeugt sich leicht, daß hierdurch das System der Koeffizienten $a_s^{(r)}$ vollständig bestimmt ist, daß also der Modul $\mathfrak{a}$ nur eine einzige solche Basis besitzt. Außerdem leuchtet ein, daß das ganze Verfahren auch auf den Fall anwendbar ist, wo $m = n$, also der Modul $\mathfrak{a}$ schon in (21) durch eine irreduzible Basis dargestellt ist. Ein Beispiel, auf welches wir später (in § 176) zurückkommen werden, möge zur Erläuterung dienen:

$$[21\omega_1,\ 12\omega_1 + 3\omega_2,\ 14\omega_1 + 7\omega_2,\ 3\omega_1 + 6\omega_2]$$
$$= [21\omega_1,\ 12\omega_1 + 3\omega_2,\ -10\omega_1 + \omega_2,\ -21\omega_1]$$
$$= [21\omega_1,\ 42\omega_1,\ -10\omega_1 + \omega_2,\ -21\omega_1]$$
$$= [21\omega_1,\ 0,\ -10\omega_1 + \omega_2,\ 0]$$
$$= [21\omega_1,\ -10\omega_1 + \omega_2] = [21\omega_1,\ 11\omega_1 + \omega_2].$$

Ähnlich findet man:

$$[21\omega_1,\ 7\omega_1 + 7\omega_2,\ 9\omega_1 + 3\omega_2,\ -2\omega_1 + 4\omega_2] = [21\omega_1,\ 10\omega_1 + \omega_2]$$
$$[3\omega_1,\ \omega_1 + \omega_2,\ 2\omega_1 + \omega_2,\ -\omega_1 + \omega_2] = [\omega_1,\ \omega_2]$$
$$[7\omega_1,\ 3\omega_1 + \omega_2,\ 4\omega_1 + \omega_2,\ \omega_1 + \omega_2] = [\omega_1,\ \omega_2]$$
$$[\omega_1 + 2\omega_2,\ -10\omega_1 + \omega_2] = [21\omega_1,\ 11\omega_1 + \omega_2]$$
$$[\omega_1 - 2\omega_2,\ 10\omega_1 + \omega_2] = [21\omega_1,\ 10\omega_1 + \omega_2].$$

Wenn nun ein Modul $\mathfrak{a}$, welcher durch (21) und (22) als Vielfaches des Moduls $\mathfrak{o}$ in (13) dargestellt wird, durch das angegebene Verfahren in die Form (15) übergeführt ist, so folgt aus (18) auch der Wert der Klassenanzahl $(\mathfrak{o}, \mathfrak{a})$; aber es ist sehr wichtig, daß man dieselbe auch unmittelbar aus den Koeffizienten $c_r^{(s)}$ in (22), nämlich durch die aus ihnen gebildeten Determinanten n^{ten} Grades bestimmen kann. Bedeutet σ irgendeine Kombination von n der m

Zahlen $s = 1, 2 \ldots m$, so wollen wir mit $C(\sigma)$ die entsprechende Determinante bezeichnen, welche aus den n^2 zugehörigen Koeffizienten $c_r^{(s)}$ gebildet und natürlich eine ganze rationale Zahl ist; die Anzahl dieser Kombinationen σ und Determinanten $C(\sigma)$ ist bekanntlich

$$= \frac{m(m-1)\ldots(m-n+1)}{1 \cdot 2 \ \ldots \ n}.$$

Wie verändern sich nun diese Determinanten bei der in (23) dargestellten Transformation der Basis? Bezeichnet man mit σ_1 alle diejenigen Kombinationen σ, in denen die Zahl 1, aber nicht 2 auftritt, und mit σ_2 alle anderen Kombinationen, so leuchtet ein, daß, wenn μ_1 durch $\mu_1 + x\mu_2$ ersetzt wird, alle Determinanten $C(\sigma_2)$ ungeändert bleiben, während $C(\sigma_1)$ in eine Summe von der Form $C(\sigma_1) + x C(\sigma_2)$ übergeht. Hieraus folgt offenbar, daß der größte gemeinsame Teiler C aller Determinanten $C(\sigma)$ vor wie nach der Transformation (23) derselbe ist und folglich bis zum Schlusse des ganzen Verfahrens ungeändert erhalten bleibt. Da nun die letzte Basis aus den n Zahlen α_r in (17) und aus $m-n$ Nullen besteht, so gibt es nur noch eine einzige von Null verschiedene Determinante (18), und folglich ist

(24) \qquad\qquad $(\mathfrak{o}, \mathfrak{a}) = C.$

Bei dem Beweise dieses Satzes haben wir eben nur die einfachsten Sätze über Determinanten benutzt; zu demselben Resultate gelangt man auch auf folgendem Wege, der etwas tiefere Kenntnisse voraussetzt. Die doppelte Darstellung desselben Moduls $\mathfrak{a}$ durch (21) und (15) ist nach der Bedeutung unserer Symbole nur ein kurzer Ausdruck dafür, daß m Gleichungen

(25) \qquad\qquad $\mu_s = p_1^{(s)} \alpha_1 + p_2^{(s)} \alpha_2 + \cdots + p_n^{(s)} \alpha_n$

und n Gleichungen

(26) \qquad\qquad $\alpha_r = q_r' \mu_1 + q_r'' \mu_2 + \cdots + q_r^{(m)} \mu_m$

bestehen, wo alle Koeffizienten $p_r^{(s)}$ und $q_r^{(s)}$ ganze rationale Zahlen bedeuten*). Da nun die n Zahlen α_r ein irreduzibles System bilden, so ergibt sich durch Substitution von (25) in (26), daß die Summe

(27) \qquad\qquad $p_t' q_r' + p_t'' q_r'' + \cdots + p_t^{(m)} q_r^{(m)} = 1$ oder $= 0$

---

*) Das oben beschriebene Verfahren liefert durch Zusammensetzung aller Transformationen (23) und deren Umkehrung immer ein solches System von Koeffizienten p, q; die allgemeinste Lösung der Aufgabe, alle solche Systeme zu finden,

ist, je nachdem die in der Reihe 1, 2...n enthaltenen Zahlen t, r gleich oder verschieden sind. Hieraus folgt nach einem bekannten Satze der Determinanten-Theorie die Gleichung

(28) $\qquad \Sigma P(\sigma) Q(\sigma) = 1$,

wo σ jede Kombination von n der m Zahlen $s = 1, 2...m$ durchläuft, und $P(\sigma)$, $Q(\sigma)$ die zugehörigen, aus den Koeffizienten $p_r^{(s)}$, $q_r^{(s)}$ gebildeten Determinanten n^{ten} Grades bedeuten; mithin sind die Determinanten $P(\sigma)$ — und ebenso die Determinanten $Q(\sigma)$ — Zahlen ohne gemeinsamen Teiler. Substituiert man ferner (17) in (25), so folgt durch Vergleichung mit (22):

(29) $\qquad c_r^{(s)} = p_1^{(s)} a_r' + p_2^{(s)} a_r'' + \cdots + p_n^{(s)} a_r^{(n)}$,

und hieraus mit Rücksicht auf (18):

(30) $\qquad C(\sigma) = (\mathfrak{o}, \mathfrak{a}) P(\sigma)$,

wodurch unser Satz (24) abermals bewiesen ist.

Wir wenden uns nun noch zu dem wichtigen Fall $m = n$ und sprechen den besonderen, in (24) enthaltenen Satz*) so aus:

VII. Sind die irreduziblen Basen zweier n-gliedrigen Moduln

$$\mathfrak{o} = [\omega_1, \omega_2, \ldots, \omega_n], \quad \mathfrak{a} = [\mu_1, \mu_2, \ldots, \mu_n]$$

durch n Gleichungen von der Form

$$\mu_s = c_1^{(s)} \omega_1 + c_2^{(s)} \omega_2 + \cdots + c_n^{(s)} \omega_n$$

miteinander verbunden, wo die Koeffizienten $c_r^{(s)}$ ganze rationale Zahlen bedeuten, so ist deren Determinante

(31) $\qquad C = \pm (\mathfrak{o}, \mathfrak{a})$.

Wir schließen diesen, der Modultheorie gewidmeten Abschnitt mit der folgenden Betrachtung. Es leuchtet ein, daß jeder von Null

---

besteht in der Verallgemeinerung einer Methode, welche von Gauß in einigen besonderen Fällen angewendet ist (D. A. artt. 234, 236, 279). Der Fall $n = 1$ ist oben schon in den Gleichungen (4) bis (7) behandelt.

*) Wenn unter den Elementen $c_r^{(s)}$ der Determinante C sich auch gebrochene rationale Zahlen befinden, also $\mathfrak{a}$ nicht teilbar durch $\mathfrak{o}$ ist, so gilt der allgemeinere Satz $(\mathfrak{o}, \mathfrak{a}) = \pm (\mathfrak{a}, \mathfrak{o}) C$, und zwar ist der umgekehrte Wert von $(\mathfrak{a}, \mathfrak{o})$ vollständig bestimmt als der größte gemeinsame Teiler der Determinante C und aller ihrer Unterdeterminanten, zu denen auch die Zahl 1 als Determinante 0ten Grades zu rechnen ist; dies ergibt sich leicht aus den obigen Sätzen durch Betrachtung des Moduls $\mathfrak{a} + \mathfrak{o}$. Ist endlich $C = 0$, so bilden die n Zahlen μ_s ein reduzibles System, und die Gleichung (31) bleibt gültig.

verschiedene Modul $\mathfrak{n}$ — mag er endlich sein oder nicht — unendlich viele verschiedene Vielfache $\mathfrak{m}$ besitzt, und daß man sogar unendliche Ketten von solchen Vielfachen $\mathfrak{m}, \mathfrak{m}_1, \mathfrak{m}_2 \ldots$ bilden kann, deren jedes ein echter Teiler des nächstfolgenden ist; denn wenn ω eine beliebige, von Null verschiedene Zahl in $\mathfrak{n}$ bedeutet, so bilden die Moduln $[\omega], [2\omega], [4\omega], [8\omega] \ldots$ offenbar eine solche Kette. Es wird daher auf den ersten Blick vielleicht auffallen, daß ein endlicher Modul $\mathfrak{n}$ keine unendliche Kette von Vielfachen $\mathfrak{a}_1, \mathfrak{a}_2, \mathfrak{a}_3 \ldots$ besitzen kann, in welcher jeder Modul ein echtes Vielfaches des nächstfolgenden wäre. In der Tat besteht folgender Satz, von welchem wir bald (in § 173) eine wichtige Anwendung machen werden:

VIII. **Sind alle Moduln der unendlichen Kette $\mathfrak{a}_1, \mathfrak{a}_2, \mathfrak{a}_3 \ldots$ teilbar durch den endlichen Modul $\mathfrak{n}$, und ist jeder von ihnen teilbar durch den nächstfolgenden, so sind von einer bestimmten Stelle an alle folgenden Moduln $\mathfrak{a}_n, \mathfrak{a}_{n+1}, \mathfrak{a}_{n+2} \ldots$ miteinander identisch.**

Denn der größte gemeinsame Teiler aller dieser Moduln $\mathfrak{a}$, den man (nach § 169) zweckmäßig durch $\mathfrak{a}_\infty$ bezeichnen kann, ist teilbar durch ihren gemeinsamen Teiler $\mathfrak{n}$, mithin ebenfalls ein endlicher Modul $[\alpha_1, \alpha_2, \ldots, \alpha_m]$, und da jede in $\mathfrak{a}_\infty$ enthaltene Zahl auch in einem Modul $\mathfrak{a}_r$ und folglich in allen folgenden $\mathfrak{a}_{r+1}, \mathfrak{a}_{r+2} \ldots$ enthalten ist, so muß es auch einen solchen Modul $\mathfrak{a}_n$ geben, welcher die sämtlichen m Zahlen $\alpha_1, \alpha_2, \ldots, \alpha_m$ enthält, aus denen die Basis von $\mathfrak{a}_\infty$ besteht; dann ist $\mathfrak{a}_\infty$ teilbar durch $\mathfrak{a}_n$, und da umgekehrt $\mathfrak{a}_n$ durch $\mathfrak{a}_\infty$ teilbar ist, so muß $\mathfrak{a}_n$ und ebenso jeder folgende Modul $\mathfrak{a}_{n+1}, \mathfrak{a}_{n+2} \ldots$ mit $\mathfrak{a}_\infty$ identisch sein, w. z. b. w.

§ 173

Wir nennen, wie schon früher (am Schluß von § 167) bemerkt ist, eine Zahl ω eine algebraische Zahl schlechthin, wenn die hinreichend weit fortgesetzte Reihe der Potenzen $1, \omega, \omega^2, \ldots, \omega^{n-1}, \omega^n$ ein reduzibles System bildet, d. h. wenn ω einer Gleichung von der Form

(1) $\qquad \omega^n + a_1 \omega^{n-1} + \cdots + a_{n-1} \omega + a_n = 0$

genügt, deren Koeffizienten a_r rationale Zahlen sind. Indem wir uns jetzt dem eigentlichen Gegenstande unserer Untersuchung zuwenden, teilen wir den unendlichen Körper aller algebraischen Zahlen in zwei wesentlich verschiedene Teile ein: wir nennen eine solche Zahl ω eine **ganze algebraische Zahl** oder kürzer eine **ganze Zahl***), wenn sie einer Gleichung von der Form (1) genügt, deren höchster Koeffizient $= 1$, und deren übrige Koeffizienten a_r ganze rationale Zahlen sind; jede andere algebraische Zahl soll eine **gebrochene Zahl** heißen.

Vor allem müssen wir uns versichern, daß der neue, erweiterte Begriff der ganzen Zahl mit dem alten, engeren Sinne desselben Wortes niemals in Widerspruch geraten kann. Bezeichnen wir auch ferner mit $\mathfrak{z}$ den Inbegriff [1] aller ganzen rationalen Zahlen, so leuchtet zunächst ein, daß jede solche Zahl a auch eine ganze algebraische Zahl ω, nämlich die Wurzel der Gleichung $\omega - a = 0$ ist; wir müssen aber auch umgekehrt beweisen, daß jede ganze algebraische Zahl ω, welche zugleich dem Körper R der rationalen Zahlen angehört, auch in $\mathfrak{z}$ enthalten ist. Dies geschieht leicht auf folgende Weise. Da ω eine ganze algebraische Zahl ist, so genügt sie einer Gleichung von der Form (1) mit ganzen rationalen Koeffizienten a_r; da sie zugleich rational, also ein Quotient ist, dessen Zähler b und Nenner c in $\mathfrak{z}$ enthalten und zwar relative Primzahlen sind, so ergibt sich durch Multiplikation der Gleichung (1) mit c^n, daß die Potenz b^n, welche ebenfalls relative Primzahl zu c ist, durch c teilbar ist; mithin muß $c = \pm 1$, also $\omega = \pm b$ sein, w. z. b. w.

Genau auf dieselbe Weise würde sich zeigen lassen, daß jede ganze algebraische Zahl ω, welche dem in § 159 behandelten Körper J angehört, notwendig eine ganze komplexe Zahl, d. h. in dem Modul $[1, i]$ enthalten ist, und umgekehrt leuchtet ein, daß jede solche ganze komplexe Zahl $\omega = x + yi$ eine Wurzel der Gleichung
$$\omega^2 - 2x\omega + (x^2 + y^2) = 0$$
und folglich eine ganze algebraische Zahl ist.

Um jedes Mißverständnis zu verhüten, bemerken wir ferner, daß, wenn unter den rationalen Koeffizienten a_r in (1) sich auch gebrochene Zahlen befinden, dennoch ω eine ganze Zahl sein, also einer anderen Gleichung mit lauter ganzen Koeffizienten genügen kann. So z. B. genügt die Zahl $\omega = \sqrt{2} = 1,414\ldots$ der Gleichung
$$\omega^3 + \tfrac{1}{2}\omega^2 - 2\omega - 1 = 0,$$

---

*) Vgl. § 160 der zweiten Auflage dieses Werkes (1871, vgl. XLVII); ob dieselben Benennungen schon früher in diesem Sinne gebraucht sind, ist mir nicht bekannt.

in welcher ein Koeffizient gebrochen ist; sie genügt aber auch der Gleichung $\omega^2 - 2 = 0$ und ist folglich eine ganze Zahl. Doch werden wir am Schlusse dieses Paragraphen beweisen, daß die Gleichung (1), wenn sie eine ganze Wurzel ω besitzt und zugleich **irreduzibel** ist, notwendig lauter **ganze Koeffizienten** a_r haben muß; und aus diesem Satze folgt offenbar wieder das, was wir eben über die ganzen Zahlen der Körper R und J bemerkt haben.

Wenn aber ω eine gebrochene Zahl ist, und folglich die Koeffizienten a_r der Gleichung (1) nicht alle ganz sind, so kann man eine natürliche Zahl c so wählen, daß die Produkte $c\,a_r$, also auch die Produkte $b_r = a_r c^r$ ganze Zahlen werden; multipliziert man nun (1) mit c^n und setzt $c\omega = \beta$, so erhält man

$$\beta^n + b_1 \beta^{n-1} + \cdots + b_{n-1} \beta + b_n = 0,$$

und folglich ist β eine ganze Zahl. Wir können daher folgenden Satz aussprechen:

I. **Jede gebrochene Zahl läßt sich durch Multiplikation mit einer natürlichen Zahl in eine ganze Zahl verwandeln.**

Unsere obige Erklärung einer ganzen Zahl läßt sich nun, wenn man die Begriffe und Bezeichnungen der vorausgeschickten Theorie der **Moduln** zuzieht, in mehrere Formen bringen, die für die nächsten Beweisführungen von großem Nutzen sind. Setzen wir zur Abkürzung den aus einer beliebigen Zahl ω gebildeten m-gliedrigen Modul

(2) $$[\omega^{m-1},\ \omega^{m-2},\ \ldots,\ \omega,\ 1] = (\omega)_m,$$

so ist $(\omega)_m$ stets teilbar durch $(\omega)_{m+1} = [\omega^m] + (\omega)_m$; ist aber ω eine ganze Zahl, also eine Wurzel einer Gleichung von der Form (1) mit ganzen rationalen Koeffizienten a_r, so ist ω^n in $(\omega)_n$ enthalten, also $(\omega)_{n+1}$ teilbar durch $(\omega)_n$, und folglich

(3) $$(\omega)_n = (\omega)_{n+1};$$

umgekehrt folgt aus einer solchen Identität (3) offenbar, daß ω einer Gleichung (1) mit ganzen rationalen Koeffizienten a_r genügt, also eine ganze Zahl ist. Zugleich leuchtet ein, daß dann auch alle folgenden Moduln $(\omega)_{n+2}$, $(\omega)_{n+3}$, ... mit $(\omega)_n$ identisch sind.

Ein endlicher, von Null verschiedener Modul $\mathfrak{a}$ soll im folgenden eine **Hülle** der Zahl ω heißen, wenn $\mathfrak{a}\omega > \mathfrak{a}$, also ω in der Ordnung $\mathfrak{a}^0$ enthalten ist (§ 170); dann wird der Charakter einer ganzen

Zahl auf die einfachste Weise durch den folgenden Satz*) ausgesprochen:

II. **Eine Zahl ist dann und nur dann eine ganze Zahl, wenn sie eine Hülle besitzt.**

Der Beweis des zweiten Teils ergibt sich leicht aus dem Vorhergehenden; denn wenn ω eine ganze Zahl ist, so besteht eine Identität von der Form (3), und da $(\omega)_{n+1} = \omega(\omega)_n + \mathfrak{z}$ stets ein Teiler des Produktes $\omega(\omega)_n$ ist, so ist $(\omega)_n$ eine Hülle von ω. Um auch den ersten Teil zu beweisen, nehmen wir an, der von Null verschiedene Modul
$$\mathfrak{a} = [\alpha_1, \alpha_2, \ldots, \alpha_n]$$
sei eine Hülle der Zahl ω, d. h. es bestehen n Gleichungen von der Form
$$\omega \alpha_r = a_{r,1} \alpha_1 + a_{r,2} \alpha_2 + \cdots + a_{r,n} \alpha_n,$$
wo alle Koeffizienten $a_{r,s}$ ganze rationale Zahlen bedeuten; da nun die n Zahlen α_r nicht alle verschwinden, so ergibt sich durch ihre Elimination bekanntlich die Determinanten-Gleichung
$$\begin{vmatrix} a_{1,1} - \omega & \cdots & a_{1,n} \\ \cdots & \cdots & \cdots \\ a_{n,1} & \cdots & a_{n,n} - \omega \end{vmatrix} = 0,$$
deren Entwicklung offenbar zu einer Gleichung von der Form (1) mit ganzen rationalen Koeffizienten a_r führt, und folglich ist ω eine ganze Zahl, w. z. b. w.

So kurz sich dieser Beweis durch die Zuziehung der Theorie der Determinanten gestaltet, so muß man doch zugestehen, daß diese Theorie dem eigentlichen Inhalte des Satzes gänzlich fern steht; es wird daher hoffentlich nicht überflüssig erscheinen, wenn wir diesen Teil des Satzes und seinen Beweis in die folgende Form einkleiden:

III. **Die Ordnung $\mathfrak{a}^0$ eines jeden endlichen, von Null verschiedenen Moduls $\mathfrak{a}$ ist ebenfalls ein solcher Modul und besteht aus lauter ganzen Zahlen ω.**

Wählt man aus $\mathfrak{a}$ irgendeine von Null verschiedene Zahl α und bedenkt, daß nach dem Satze (23) in § 170 immer $\mathfrak{a}\mathfrak{a}^0 = \mathfrak{a}$ ist, so folgt $\alpha \mathfrak{a}^0 > \mathfrak{a}$, mithin ist $\mathfrak{a}^0$ teilbar durch den endlichen Modul $\mathfrak{a}\alpha^{-1}$ und folglich (nach § 172) ebenfalls ein endlicher Modul. Da

---

*) Vgl. die Anmerkung zu S. 481—482 in der dritten Auflage dieses Werkes (1879).

(nach § 170) jede Ordnung ein Teiler des Moduls $\mathfrak{z}$ ist, und die in ihr enthaltenen Zahlen sich auch durch Multiplikation reproduzieren, so sind, wenn ω eine Zahl in $\mathfrak{a}^0$ bedeutet, alle in (2) definierten Moduln $(\omega)_m$ teilbar durch $\mathfrak{a}^0$, und da zugleich jeder solche Modul $(\omega)_m$ durch den nächstfolgenden $(\omega)_{m+1}$ teilbar ist, so muß nach dem Schlußsatze des vorigen Paragraphen endlich eine Identität von der Form (3) eintreten, und folglich ist ω eine ganze Zahl, w. z. b. w.

Hieraus geht auch hervor, daß gleichzeitig mit dem Modul $\mathfrak{a}$ auch dessen Ordnung $\mathfrak{a}^0$ eine Hülle der Zahl ω ist, weil $\mathfrak{a}^0$ ein endlicher, von Null verschiedener Modul ist, dessen Zahlen sich durch Multiplikation reproduzieren, so daß auch $\omega \mathfrak{a}^0 > \mathfrak{a}^0$ ist. Wichtiger ist aber die andere Bemerkung, daß, wenn $\mathfrak{n}$ einen willkürlichen endlichen, von Null verschiedenen Modul bedeutet, auch das Produkt $\mathfrak{a}\mathfrak{n}$ eine Hülle von ω ist, weil aus $\mathfrak{a}\omega > \mathfrak{a}$ auch $\mathfrak{a}\mathfrak{n}\omega > \mathfrak{a}\mathfrak{n}$ folgt. Sind daher $\alpha_1, \alpha_2, \ldots, \alpha_n$ irgendwelche ganze Zahlen in endlicher Anzahl, die bzw. die Hüllen $\mathfrak{a}_1, \mathfrak{a}_2, \ldots, \mathfrak{a}_n$ besitzen, so ist das Produkt $\mathfrak{a} = \mathfrak{a}_1 \mathfrak{a}_2 \ldots \mathfrak{a}_n$ eine **gemeinsame Hülle** dieser Zahlen. Hieraus ergeben sich unmittelbar die folgenden Sätze:

IV. **Die ganzen Zahlen reproduzieren sich durch Addition, Subtraktion und Multiplikation.**

Denn je zwei ganze Zahlen α_1, α_2 besitzen eine gemeinsame Hülle $\mathfrak{a}$ und sind folglich in deren Ordnung $\mathfrak{a}^0$ enthalten; da nun diese Ordnung $\mathfrak{a}^0$ (nach III) aus lauter ganzen Zahlen besteht, die sich (nach § 170) durch Addition, Subtraktion, Multiplikation reproduzieren, so sind auch die Zahlen $\alpha_1 + \alpha_2$, $\alpha_1 - \alpha_2$, $\alpha_1 \alpha_2$ in $\mathfrak{a}^0$ enthalten und folglich ganze Zahlen, w. z. b. w.

V. **Genügt eine Zahl ω einer Gleichung von der Form**
$$(4) \qquad \omega^n + \alpha_1 \omega^{n-1} + \cdots + \alpha_{n-1} \omega + \alpha_n = 0,$$
deren höchster Koeffizient $= 1$, und deren übrige Koeffizienten α_r ganze Zahlen sind, so ist auch ω eine ganze Zahl.

Denn wenn $\mathfrak{a}$ eine gemeinsame Hülle der Koeffizienten α_r ist, so ergibt sich leicht, daß das Produkt $\mathfrak{a}(\omega)_n$ eine Hülle von ω ist. In der Tat, bedeutet α irgendeine Zahl in $\mathfrak{a}$, so sind die n Produkte $\alpha \alpha_r$ in $\mathfrak{a}$ enthalten, und hieraus folgt nach (4), daß $\alpha \omega^n$ in $\mathfrak{a}(\omega)_n$ enthalten, mithin $\mathfrak{a}\omega^n > \mathfrak{a}(\omega)_n$ ist; da ferner $\omega(\omega)_n > (\omega)_{n+1} = [\omega^n] + (\omega)_n$ ist, so folgt $\omega \mathfrak{a}(\omega)_n > \mathfrak{a}(\omega)_{n+1} = \mathfrak{a}\omega^n + \mathfrak{a}(\omega)_n$, also $\omega \mathfrak{a}(\omega)_n > \mathfrak{a}(\omega)_n$, w. z. b. w.

Als einen speziellen Fall, von welchem oft Gebrauch zu machen ist, erwähnen wir, daß jede Wurzel $\sqrt[n]{\alpha}$ aus einer ganzen Zahl α eine ganze Zahl ist. Hierauf beweisen wir den folgenden wichtigen Satz:

VI. **Jeder endliche, von Null verschiedene Modul m, der aus ganzen oder gebrochenen algebraischen Zahlen besteht, kann durch Multiplikation mit einem Modul n, dessen Zahlen aus denen von m auf rationale Weise gebildet sind, in einen Modul mn verwandelt werden, welcher aus lauter ganzen Zahlen besteht und ein Teiler des Moduls $\mathfrak{z}$ ist.**

Ist m eingliedrig $= [\alpha]$, so genügt der Modul $\mathfrak{n} = [\alpha^{-1}]$ dem Satze, weil $\mathfrak{mn} = \mathfrak{z}$ wird. Liegt ein zweigliedriger Modul
(5) $$\mathfrak{m} = [\alpha, \beta]$$
vor, wo α, β algebraische Zahlen und von Null verschieden sind, so besteht, weil ihr Quotient ebenfalls algebraisch ist, eine homogene Gleichung von der Form
(6) $$c_0 \alpha^n + c_1 \alpha^{n-1} \beta + \cdots + c_{n-1} \alpha \beta^{n-1} + c_n \beta^n = 0,$$
deren Koeffizienten c_s ganze rationale Zahlen ohne gemeinsamen Teiler sind, was nach unserer Bezeichnung kurz durch
(7) $$[c_0, c_1, \ldots, c_{n-1}, c_n] = \mathfrak{z}$$
ausgedrückt wird. Es ist vorteilhaft, die Reihe dieser Koeffizienten nach beiden Seiten in der Weise fortzusetzen, daß immer $c_s = 0$ ist, wenn s größer als n oder negativ ist. Sodann bilden wir eine entsprechende Reihe von Zahlen v_s, indem wir
(8) $$\beta v_{s+1} - \alpha v_s = c_s$$
und das Anfangsglied
(9) $$v_0 = 0$$
setzen; hierdurch sind alle diese Zahlen v_s vollständig bestimmt, und zwar sind sie auf rationale Weise aus α und β gebildet*). Zunächst ergibt sich, daß auch $v_s = 0$ ist, wenn s größer als n oder negativ ist; das letztere folgt unmittelbar aus (8) und (9), wenn man s die Zahlen $-1, -2, -3, \ldots$ durchlaufen läßt; setzt man ferner
$$\gamma_s = \alpha^{n-s+1} \beta^s v_s, \text{ also } \gamma_0 = 0,$$
so wird zufolge (8)
$$c_s \alpha^{n-s} \beta^s = \gamma_{s+1} - \gamma_s,$$

---

*) Die leicht herzustellenden Ausdrücke für die Zahlen v_s sind hier völlig entbehrlich.

und hieraus ergibt sich mit Rücksicht auf (6), daß $\gamma_{n+1} = \gamma_0 = 0$, also auch $\nu_{n+1} = 0$ ist; setzt man weiter $s = n+1, n+2, \ldots$, so folgt aus (8), daß auch alle folgenden Zahlen $\nu_{n+2}, \nu_{n+3}, \ldots$ verschwinden. Nun ist leicht zu zeigen, daß der n-gliedrige Modul

(10) $$\mathfrak{n} = [\nu_1, \nu_2, \ldots, \nu_n]$$

die im Satze angegebenen Eigenschaften besitzt. In der Tat folgt zunächst aus (7) und (8), daß der Modul $\mathfrak{z}$ durch $\mathfrak{mn}$ teilbar, also auch $\mathfrak{n}$ von Null verschieden ist. Multipliziert man ferner (8) mit ν_{r+1}, so folgt

(11) $$\beta \nu_{r+1} \nu_{s+1} \equiv \alpha \nu_{r+1} \nu_s \pmod{\mathfrak{n}}$$

und hieraus durch Vertauschung von r mit s

$$\alpha \nu_{r+1} \nu_s \equiv \alpha \nu_r \nu_{s+1} \pmod{\mathfrak{n}};$$

mithin sind alle diejenigen Produkte $\alpha \nu_p \nu_q$, in denen die Summe $p+q$ einen und denselben Wert hat, einander kongruent nach $\mathfrak{n}$, und da unter diesen Produkten sich auch solche befinden, die $= 0$ sind (wie z. B. $\alpha \nu_0 \nu_{p+q}$), so sind sie alle in $\mathfrak{n}$ enthalten, und zufolge (11) gilt dasselbe von allen Produkten $\beta \nu_p \nu_q$. Mithin ist der Modul $\mathfrak{m} \mathfrak{n}^2$ teilbar durch $\mathfrak{n}$, also $\mathfrak{mn}$ teilbar durch die Ordnung $\mathfrak{n}^0$ des endlichen, von Null verschiedenen Moduls $\mathfrak{n}$, und folglich besteht $\mathfrak{mn}$ aus lauter ganzen Zahlen, womit unser Satz auch für den Fall eines zweigliedrigen Moduls $\mathfrak{m}$ bewiesen ist.

Wir machen nun, wenn $m > 2$ ist, die Annahme, der Satz sei für jeden endlichen algebraischen Modul $\mathfrak{m}$ bewiesen, dessen Basis aus weniger als m Gliedern besteht, und brauchen nur zu zeigen, daß er dann auch für jeden m-gliedrigen Modul $\mathfrak{m}$ gilt. Zu diesem Zwecke bedienen wir uns der früher [§ 170, (13)] bewiesenen Identität:

$$(\mathfrak{a} + \mathfrak{b} + \mathfrak{c})(\mathfrak{bc} + \mathfrak{ca} + \mathfrak{ab}) = (\mathfrak{b} + \mathfrak{c})(\mathfrak{c} + \mathfrak{a})(\mathfrak{a} + \mathfrak{b})$$

in folgender Weise. Wir verteilen die (von Null verschiedenen) m Zahlen, aus denen die Basis von $\mathfrak{m}$ besteht, nach Belieben in drei Gruppen, doch so, daß jede Gruppe wenigstens eine dieser Zahlen enthält, und bezeichnen mit $\mathfrak{a}, \mathfrak{b}, \mathfrak{c}$ die drei Moduln, deren Basen aus je einer dieser Gruppen bestehen, wodurch

$$\mathfrak{m} = \mathfrak{a} + \mathfrak{b} + \mathfrak{c}$$

wird. Da nun die von Null verschiedenen Moduln $\mathfrak{b} + \mathfrak{c}, \mathfrak{c} + \mathfrak{a}, \mathfrak{a} + \mathfrak{b}$ nur algebraische Zahlen, nämlich Zahlen des Moduls $\mathfrak{m}$ enthalten, und ihre Basen aus höchstens $m-1$ Gliedern bestehen, so kann man

nach unserer Annahme drei Moduln $\mathfrak{a}'$, $\mathfrak{b}'$, $\mathfrak{c}'$, deren Zahlen auf rationale Weise aus denen von $\mathfrak{m}$ gebildet sind, so wählen, daß jeder der drei Moduln $(\mathfrak{b}+\mathfrak{c})\mathfrak{a}'$, $(\mathfrak{c}+\mathfrak{a})\mathfrak{b}'$, $(\mathfrak{a}+\mathfrak{b})\mathfrak{c}'$ und folglich auch ihr Produkt
$$\mathfrak{m}(\mathfrak{b}\mathfrak{c}+\mathfrak{c}\mathfrak{a}+\mathfrak{a}\mathfrak{b})\mathfrak{a}'\mathfrak{b}'\mathfrak{c}'$$
nur ganze Zahlen enthält und zugleich ein Teiler von $\mathfrak{z}$ wird. Mithin genügt der Modul
$$\mathfrak{n}=(\mathfrak{b}\mathfrak{c}+\mathfrak{c}\mathfrak{a}+\mathfrak{a}\mathfrak{b})\mathfrak{a}'\mathfrak{b}'\mathfrak{c}',$$
dessen Zahlen ebenfalls auf rationale Weise aus denen von $\mathfrak{m}$ gebildet sind, unserem Satze, w. z. b. w.

Derselbe Satz kann, wie man leicht findet, auch in folgender Weise ausgesprochen werden:

VII. **Aus je m algebraischen Zahlen μ_r, die nicht alle verschwinden, kann man auf rationale Weise m Zahlen ν_s ableiten, welche der Gleichung**
$$(12) \qquad \mu_1\nu_1+\mu_2\nu_2+\cdots+\mu_m\nu_m=1$$
und außerdem der Bedingung genügen, daß alle m^2 Produkte $\mu_r\nu_s$ ganze Zahlen sind.

Wir bemerken zugleich, daß, wenn die gegebenen algebraischen Zahlen μ_r überhaupt eine Lösung der Gleichung
$$(13) \qquad \mu_1\xi_1+\mu_2\xi_2+\cdots+\mu_m\xi_m=1$$
durch ganze Zahlen ξ_r zulassen, es gewiß auch eine solche Lösung innerhalb des Körpers $R(\mu_1, \mu_2, \ldots, \mu_m)$ gibt; denn wenn man (13) mit jeder der eben mit ν_r bezeichneten Zahlen multipliziert, so ergibt sich, daß diese Zahlen ν_r ebenfalls ganze Zahlen sind.

Wir schließen mit dem folgenden Satze:

VIII. **Jede mit einer ganzen Zahl θ konjugierte Zahl ist eine ganze Zahl; bedeutet ferner A irgendeinen Körper, und t eine Variable, so hat die zu θ gehörige, nach A irreduzible Funktion**
$$f(t)=t^n+a_1t^{n-1}+\cdots+a_{n-1}t+a_n,$$
welche mit $t-\theta$ verschwindet, lauter ganze Koeffizienten a_r.

Denn weil θ eine ganze Zahl ist, so gibt es eine ganze Funktion $f_1(t)$, welche mit $t-\theta$ verschwindet und lauter ganze rationale Koeffizienten c_s hat, deren höchster $=1$ ist. Bedeutet nun π eine Permutation irgendeines Körpers M, in welchem θ enthalten ist, so folgt aus $f_1(\theta)=0$, weil $c_s\pi=c_s$ ist, auch $f_1(\theta)\pi=f_1(\theta\pi)=0$, mithin ist jede mit θ konjugierte Zahl $\theta\pi$ eine ganze Zahl. Da ferner (nach den auf den Satz IX in § 164 folgenden Bemerkungen) $f_1(t)$ durch $f(t)$ teilbar ist, so genügt jede Wurzel η der Gleichung $f(\eta) = 0$ auch der Gleichung $f_1(\eta) = 0$ und ist folglich eine ganze Zahl; mithin müssen (nach IV) auch die in A enthaltenen Zahlen $\pm a_r$, welche bekanntlich durch Addition und Multiplikation aus diesen n Wurzeln η gebildet sind, ganze algebraische Zahlen sein, w. z. b. w.

§ 174

Eine ganze Zahl α heißt **teilbar** durch eine ganze Zahl β, wenn $\alpha = \beta\gamma$, und γ ebenfalls eine ganze Zahl ist, und ebenso übertragen wir die anderen Ausdrucksarten, welche in der Theorie der rationalen Zahlen zur Bezeichnung der Teilbarkeit einer Zahl durch eine andere gebräuchlich sind, auf unser Gebiet **aller ganzen Zahlen**. Zunächst ergeben sich wieder dieselben beiden Elementarsätze:

I. **Sind α und β teilbar durch μ, so sind auch die Zahlen $\alpha+\beta$ und $\alpha-\beta$ teilbar durch μ.**

II. **Ist $\varkappa$ teilbar durch λ, und λ teilbar durch μ, so ist auch $\varkappa$ teilbar durch μ.**

Die Beweise derselben beruhen offenbar auf der im vorigen Paragraphen bewiesenen Reproduktion der ganzen Zahlen durch Addition, Subtraktion und Multiplikation (vgl. §§ 3, 159).

Unter einer **Einheit** verstehen wir jede ganze Zahl, welche in der Zahl 1 und folglich auch in jeder ganzen Zahl aufgeht. Offenbar ist ein Produkt von beliebig vielen Einheiten immer wieder eine Einheit, und da der reziproke Wert einer Einheit, ferner jede Wurzel aus einer Einheit ebenfalls eine Einheit ist, so reproduzieren sich die Einheiten durch Multiplikation, Division und Wurzelausziehung. Es gibt unendlich viele Einheiten; denn jede Wurzel einer Gleichung, deren höchster und niedrigster Koeffizient Einheiten, und deren übrige Koeffizienten beliebige ganze Zahlen sind, ist immer wieder eine Einheit.

Wenn zwei ganze, von Null verschiedene Zahlen α, β gegenseitig durch einander teilbar sind, so sind ihre beiden Quotienten ganze Zahlen, und zwar Einheiten, weil ihr Produkt $= 1$ ist. Es ist folglich $\beta = \alpha\varepsilon$, wo ε eine Einheit bedeutet; umgekehrt, wenn dies der Fall ist, so ist $1 = \varepsilon\varepsilon'$, wo ε' ebenfalls eine Einheit bedeutet und folglich $\alpha = \beta\varepsilon'$. Zwei solche Zahlen α, β sollen **assoziierte Zahlen** heißen; aus dieser Definition ergibt sich sofort, daß zwei mit einer dritten assoziierte Zahlen auch miteinander assoziiert sind, und hierauf beruht die Möglichkeit einer Einteilung aller ganzen Zahlen in Systeme von assoziierten Zahlen, in der Weise, daß zwei beliebige ganze Zahlen demselben oder zwei verschiedenen Systemen zugeteilt werden, je nachdem sie assoziiert sind oder nicht. Solange es sich nur um die Teilbarkeit der Zahlen handelt, verhalten sich alle miteinander assoziierten Zahlen wie eine einzige Zahl; denn wenn α durch μ teilbar ist, so ist auch jede mit α assoziierte Zahl teilbar durch jede mit μ assoziierte Zahl.

Die Definition von relativen Primzahlen kann auf verschiedene Arten gefaßt werden; diejenige, welche uns augenblicklich am weitesten führen wird, obwohl sie etwas formell ist und deshalb wohl nicht als die beste bezeichnet werden darf, lautet folgendermaßen: Zwei ganze Zahlen α, β heißen **relative Primzahlen**, wenn es zwei ganze Zahlen ξ, η gibt, welche der Bedingung

$$\alpha\xi + \beta\eta = 1$$

genügen*). In der Tat gewinnt man hieraus leicht die folgenden Sätze:

Ist α relative Primzahl zu β und zu γ, so ist α auch relative Primzahl zu dem Produkt $\beta\gamma$.

Denn zufolge der Annahme existieren ganze Zahlen ξ, η, ξ', η', welche den Bedingungen

$$\alpha\xi + \beta\eta = 1, \quad \alpha\xi' + \gamma\eta' = 1$$

genügen, und hieraus folgt durch Multiplikation die Existenz von zwei ganzen Zahlen

$$\xi'' = \alpha\xi\xi' + \beta\eta\xi' + \gamma\xi\eta', \quad \eta'' = \eta\eta',$$

welche der Bedingung

$$\alpha\xi'' + (\beta\gamma)\eta'' = 1$$

genügen, was zu beweisen war. Durch wiederholte Anwendung dieses Satzes ergibt sich seine Verallgemeinerung:

Ist jede der Zahlen $\alpha_1, \alpha_2, \alpha_3 \ldots$ relative Primzahl zu jeder der Zahlen $\beta_1, \beta_2 \ldots$, so sind die Produkte $\alpha_1\alpha_2\alpha_3\ldots$ und $\beta_1\beta_2\ldots$ relative Primzahlen.

---

*) Zufolge der bei (13) in § 173 gemachten Bemerkung können diese ganzen Zahlen ξ, η dem Körper $R(\alpha, \beta)$ entnommen werden.

Multipliziert man ferner die obige Gleichung, welche ausdrückt, daß α, β relative Primzahlen sind, mit einer beliebigen ganzen Zahl ω, so erhält man $\omega = \alpha\omega\xi + \beta\omega\eta$, woraus sich ohne weiteres die folgenden Sätze ergeben:

Sind α, β relative Primzahlen, und ist $\beta\omega$ teilbar durch α, so ist auch ω teilbar durch α.

Ist ω ein gemeinschaftliches Multiplum von zwei relativen Primzahlen α, β, so ist ω auch durch das Produkt $\alpha\beta$ teilbar.

Es leuchtet ferner ein, daß, wenn α, β relative Primzahlen sind, auch jeder Divisor von α relative Primzahl zu jedem Divisor von β ist, und so ließen sich noch sehr viele andere Sätze aus den vorhergehenden durch Kombination ableiten, die wir aber übergehen, weil sie uns doch keinen wesentlichen Dienst leisten würden. Auf einen Punkt müssen wir indessen hier noch aufmerksam machen. Offenbar ergibt sich aus der obigen Definition auch der folgende Satz:

Jeder gemeinschaftliche Divisor von zwei relativen Primzahlen ist notwendig eine Einheit.

Ob aber auch die Umkehrung dieses Satzes gilt, ob also zwei ganze Zahlen, welche außer den Einheiten keine gemeinschaftlichen Divisoren besitzen, immer relative Primzahlen im Sinne der obigen Definition sind, dies zu entscheiden sind wir mit den augenblicklich uns zu Gebote stehenden Hilfsmitteln noch nicht imstande. Erst später (§ 181) wird uns dies gelingen, und zwar werden wir folgenden allgemeinen Satz beweisen:

Zwei beliebige ganze Zahlen α, β besitzen immer einen gemeinschaftlichen Divisor δ, welcher in der Form $\alpha\xi + \beta\eta$ darstellbar ist, wo ξ, η ganze Zahlen bedeuten, und diese Zahl δ wird folglich durch jeden gemeinschaftlichen Teiler von α und β teilbar sein.

Hieraus ergibt sich dann sofort, daß die eben aufgeworfene Frage zu bejahen ist, und man wird die obige Definition, ohne ihren Inhalt zu ändern, durch folgende einfachere ersetzen können: Zwei ganze Zahlen heißen relative Primzahlen, wenn sie außer den Einheiten keinen gemeinschaftlichen Divisor besitzen.

Wenden wir uns bei dieser vorläufigen Orientierung im Gebiete aller ganzen Zahlen endlich noch zu dem Begriffe der Primzahl, so würden wir nach Analogie der Theorie der rationalen Zahlen unter einer Primzahl eine solche ganze Zahl α verstehen, welche keine Einheit ist, und deren sämtliche Divisoren entweder Einheiten oder mit α assoziiert sind. Allein es folgt aus dem Satze V des vorigen Paragraphen, daß diese Bedingungen einen Widerspruch enthalten, daß also eine solche Zahl gar nicht existieren kann; denn wenn die ganze Zahl α keine Einheit ist, so ist auch die ganze Zahl $\sqrt{\alpha}$ keine Einheit, und sie ist auch nicht assoziiert mit α, aber sie ist ein Divisor von α. Überhaupt geht aus dem genannten Satze leicht hervor, daß jede ganze Zahl, die keine Einheit ist, immer, und zwar auf unendlich viele wesentlich verschiedene Arten in eine beliebig vorgeschriebene Anzahl von ganzen Faktoren zerlegt werden kann, von denen keiner eine Einheit ist. In dem von uns bis jetzt betrachteten, aus **allen** ganzen Zahlen bestehenden Gebiete findet daher eine unbeschränkte Zerlegbarkeit statt.

Das System aller ganzen Zahlen ist ein Teil des Körpers aller algebraischen Zahlen; um nun von diesem Körper, in welchem die ganzen Zahlen eine unbeschränkte Zerlegbarkeit besitzen, zu solchen Gebieten zu gelangen, innerhalb deren die Zerlegbarkeit eine begrenzte ist, müssen wir diejenigen Körper betrachten, welche wir (am Schlusse von § 167) schlechthin **endliche Körper** genannt haben. Mit diesen werden wir uns von jetzt ab ausschließlich beschäftigen.

§ 175

Es sei Ω ein endlicher Körper n^{ten} Grades; derselbe besitzt, wie schon früher (am Schlusse von § 167) bemerkt ist, n und nur n verschiedene Permutationen $\pi_1, \pi_2, \ldots, \pi_n$, unter denen sich auch die identische Permutation befindet, und wir wollen, wenn ω irgendeine Zahl in Ω bedeutet, die konjugierten Zahlen $\omega\pi_1, \omega\pi_2, \ldots, \omega\pi_n$ kurz mit $\omega', \omega'', \ldots, \omega^{(n)}$ bezeichnen. Nach den in § 167 aufgestellten Definitionen ist dann

(1) $\qquad S(\omega) = \omega' + \omega'' + \cdots + \omega^{(n)},$
(2) $\qquad N(\omega) = \omega' \omega'' \ldots \omega^{(n)},$
(3) $\qquad \Delta(\alpha_1, \alpha_2, \ldots, \alpha_n) = (\Sigma \pm \alpha_1' \alpha_2'' \ldots \alpha_n^{(n)})^2,$
(4) $\qquad \Delta(\omega\alpha_1, \omega\alpha_2, \ldots, \omega\alpha_n) = N(\omega)^2 \Delta(\alpha_1, \alpha_2, \ldots, \alpha_n),$

wo $\alpha_1, \alpha_2, \ldots, \alpha_n$ irgendwelche n Zahlen des Körpers bedeuten, und alle diese Spuren, Normen und Diskriminanten sind **rationale** Zahlen.

Die Norm von ω verschwindet nur dann, wenn $\omega = 0$ ist, und die Diskriminante (3) ist stets und nur dann von Null verschieden, wenn die n Zahlen α_r ein irreduzibles System und folglich eine Basis von Ω bilden, durch welche jede in Ω enthaltene Zahl ω in der Form

(5) $$\omega = x_1 \alpha_1 + x_2 \alpha_2 + \cdots + x_n \alpha_n$$

mit rationalen Koordinaten x_r darstellbar ist. Wenn ferner die n Zahlen $\beta_1, \beta_2, \ldots, \beta_n$ ebenfalls eine Basis von Ω bilden, so bestehen n Gleichungen von der Form:

(6) $$\alpha_r = c_{r,1} \beta_1 + c_{r,2} \beta_2 + \cdots + c_{r,n} \beta_n$$

mit rationalen Koeffizienten $c_{r,s}$, und wenn deren Determinante mit C bezeichnet wird, so ist

(7) $$\varDelta(\alpha_1, \alpha_2, \ldots, \alpha_n) = C^2 \varDelta(\beta_1, \beta_2, \ldots, \beta_n).$$

Hieran knüpfen wir die folgende Betrachtung. Setzen wir

(8) $$\mathfrak{a} = [\alpha_1, \alpha_2, \ldots, \alpha_n], \quad \mathfrak{b} = [\beta_1, \beta_2, \ldots, \beta_n],$$

so sind $\mathfrak{a}$, $\mathfrak{b}$ endliche, in Ω enthaltene Moduln, deren Basen zugleich Basen von Ω sind, und umgekehrt leuchtet ein (nach § 172, VI), daß jeder endliche, in Ω enthaltene Modul, unter dessen Zahlen sich auch n voneinander unabhängige befinden, gewiß von der Form (8) ist. Hieraus folgt leicht, daß

$$\mathfrak{a} + \mathfrak{b}, \; \mathfrak{a}\mathfrak{b}, \; \mathfrak{a} - \mathfrak{b}, \; \mathfrak{b} : \mathfrak{a}, \; \mathfrak{a}^0, \; \mathfrak{b}^0$$

ebenfalls solche Moduln sind; von den beiden ersten leuchtet dies unmittelbar ein; wählt man ferner eine natürliche Zahl m so, daß alle Produkte $m c_{r,s}$ ganze Zahlen werden, so sind die n voneinander unabhängigen Produkte $m \alpha_r$ in $\mathfrak{a} - \mathfrak{b}$ enthalten, mithin hat der Modul $\mathfrak{a} - \mathfrak{b}$ dieselbe Eigenschaft, weil er als Vielfaches von $\mathfrak{a}$ zugleich endlich ist; dasselbe gilt auch von dem Quotienten $\mathfrak{b} : \mathfrak{a}$, weil er das kleinste gemeinsame Vielfache der n Moduln $\mathfrak{b}\alpha_r^{-1}$ ist, mithin auch von den Ordnungen $\mathfrak{a}^0$, $\mathfrak{b}^0$.

Da die Moduln $\mathfrak{a}$, $\mathfrak{b}$ (nach § 172, VII) stets und nur dann miteinander identisch sind, wenn alle Koeffizienten $c_{r,s}$ in (6) ganze Zahlen sind, und außerdem ihre Determinante $C = \pm 1$ ist, so folgt aus (7), daß alle Basen eines und desselben Moduls $\mathfrak{a}$ eine und dieselbe Diskriminante besitzen; diese von der Wahl der Basis gänzlich unabhängige Zahl wollen wir daher die Diskriminante des Moduls $\mathfrak{a}$

nennen und mit $\varDelta(\mathfrak{a})$ bezeichnen*). Nehmen wir jetzt nur noch an, $\mathfrak{a}$ sei teilbar durch $\mathfrak{b}$, so sind die Koeffizienten $c_{r,s}$ in (6) ganze Zahlen, und da (nach § 172, VII) ihre Determinante $C = \pm(\mathfrak{b}, \mathfrak{a})$ ist, so nimmt die Gleichung (7) die Form $\varDelta(\mathfrak{a}) = (\mathfrak{b}, \mathfrak{a})^2 \varDelta(\mathfrak{b})$ an. Sind endlich $\mathfrak{a}, \mathfrak{b}$ zwei beliebige Moduln von der Form (8), so ergibt sich hieraus, weil $(\mathfrak{a}, \mathfrak{a} - \mathfrak{b}) = (\mathfrak{a}, \mathfrak{b})$ ist, der allgemeinste Satz

(9) $\qquad \varDelta(\mathfrak{a} - \mathfrak{b}) = (\mathfrak{a}, \mathfrak{b})^2 \varDelta(\mathfrak{a}) = (\mathfrak{b}, \mathfrak{a})^2 \varDelta(\mathfrak{b}),$

zugleich folgen mit Rücksicht auf (7) und (4) die Sätze**):

(10) $\qquad \dfrac{(\mathfrak{b}, \mathfrak{a})}{(\mathfrak{a}, \mathfrak{b})} = \sqrt{\dfrac{\varDelta(\mathfrak{a})}{\varDelta(\mathfrak{b})}} = \pm C$

(11) $\qquad (\mathfrak{b}, \mathfrak{c})(\mathfrak{c}, \mathfrak{a})(\mathfrak{a}, \mathfrak{b}) = (\mathfrak{c}, \mathfrak{b})(\mathfrak{a}, \mathfrak{c})(\mathfrak{b}, \mathfrak{a})$

(12) $\qquad \dfrac{(\mathfrak{a}, \mathfrak{a}\omega)}{(\mathfrak{a}\omega, \mathfrak{a})} = \sqrt{\dfrac{\varDelta(\mathfrak{a}\omega)}{\varDelta(\mathfrak{a})}} = \pm N(\omega),$

und wenn $(\mathfrak{a}\omega, \mathfrak{a}) = 1$, also $\mathfrak{a}\omega > \mathfrak{a}$, und folglich ω eine Zahl der Ordnung $\mathfrak{a}^0$ ist, so ist $(\mathfrak{a}, \mathfrak{a}\omega) = \pm N(\omega)$. —

Alle im Körper Ω enthaltenen Zahlen sind algebraisch und zerfallen daher in ganze und gebrochene Zahlen. Wir bezeichnen mit $\mathfrak{o}$ den Inbegriff aller ganzen Zahlen des Körpers Ω, und unsere Aufgabe besteht darin, die Gesetze der Teilbarkeit der Zahlen innerhalb dieses Gebietes $\mathfrak{o}$ zu entwickeln. Da die Summen, Differenzen und Produkte von je zwei solchen Zahlen (nach § 173, IV) wieder ganze Zahlen und in Ω, also auch in $\mathfrak{o}$ enthalten sind, so ist $\mathfrak{o}$ ein Modul, und $\mathfrak{o}^2 > \mathfrak{o}$, und da alle rationalen Zahlen in Ω enthalten sind, also auch $\mathfrak{z} > \mathfrak{o}$ ist, so ist dieser Modul $\mathfrak{o}$ (nach § 170) eine Ordnung, mithin

(13) $\qquad\qquad\qquad \mathfrak{o}^2 = \mathfrak{o}.$

---

*) Auf dieselbe Weise ergibt sich aus den Gleichungen (5) und (36) in § 167, daß die zu allen Basen des Moduls $\mathfrak{a}$ komplementären Basen auch Basen eines und desselben Moduls sind, den man deshalb das Komplement von $\mathfrak{a}$ nennen und mit $\mathfrak{a}'$ bezeichnen kann; umgekehrt ist dann $\mathfrak{a}$ das Komplement von $\mathfrak{a}'$, und $\varDelta(\mathfrak{a}) \varDelta(\mathfrak{a}') = 1$. Verbindet man ferner die dortigen Sätze über komplementäre Systeme ebenfalls mit dem Satze VII in § 172, so erhält man die wichtigen Sätze

$(\mathfrak{a}, \mathfrak{b}) = (\mathfrak{b}', \mathfrak{a}'),\ (\mathfrak{a} + \mathfrak{b})' = \mathfrak{a}' - \mathfrak{b}',\ (\mathfrak{a}\omega)' = \mathfrak{a}'\omega^{-1},\ (\mathfrak{a}\mathfrak{b})' = \mathfrak{a}' : \mathfrak{b},$

welche in meiner (in § 167 zitierten) Abhandlung „Über die Diskriminanten endlicher Körper" weiter verfolgt sind.

**) Vgl. die Anmerkungen auf S. 89, 77.

Es kommt nun vor allen Dingen darauf an, einen deutlichen Überblick über die Ausdehnung dieses Zahlengebietes o zu gewinnen. Zunächst ergibt sich leicht, daß man immer, und zwar auf unendlich viele Arten, eine ganze Basis, d. h. eine Basis von Ω finden kann, welche aus lauter ganzen Zahlen besteht. Denn wenn man ein beliebiges irreduzibles System von n Zahlen $\omega_1, \omega_2, \ldots, \omega_n$ aus Ω gewählt hat, so gibt es (nach § 173, I) n natürliche Zahlen $c_1, c_2, \ldots, c_n$ von der Art, daß die n Produkte $\alpha_r = c_r \omega_r$ ganze Zahlen werden, und offenbar bilden dieselben ebenfalls ein irreduzibles System. Nimmt man dasselbe als Basis von Ω, so leuchtet ein, daß alle diejenigen Zahlen ω in (5), deren Koordinaten x_r ganze Zahlen sind, d. h. alle Zahlen des Moduls $\mathfrak{a}$ in (8) gewiß ganze Zahlen sind, also $\mathfrak{a}$ durch o teilbar ist; jeden solchen Modul $\mathfrak{a}$ wollen wir einen ganzen Modul nennen.

Da ferner alle mit einer ganzen Zahl konjugierten Zahlen (nach § 173, VIII) ebenfalls ganze Zahlen sind, so ist die rationale und von Null verschiedene Diskriminante $\varDelta(\mathfrak{a})$ notwendig eine ganze Zahl, weil sie nach (3) aus lauter ganzen Zahlen $\alpha_r^{(s)}$ durch Addition, Subtraktion und Multiplikation gebildet ist. Bedeutet nun ω irgendeine Zahl in o, so wird sie nach (5) immer in der Form

(14) $$\omega = \frac{m_1 \alpha_1 + m_2 \alpha_2 + \cdots + m_n \alpha_n}{m}$$

darstellbar sein, wo $m, m_1, m_2, \ldots, m_n$ ganze rationale Zahlen ohne gemeinschaftlichen Teiler bedeuten, deren erste, m, positiv angenommen werden darf; dann ist (nach § 172, III) offenbar $\mathfrak{a} - [\omega] = [m\omega]$, und wenn man $\mathfrak{b} = \mathfrak{a} + [\omega]$ setzt, so ist $m = (\mathfrak{b}, \mathfrak{a})$, und $(\mathfrak{a}, \mathfrak{b}) = 1$, also zufolge (9):

(15) $$\varDelta(\mathfrak{a}) = m^2 \varDelta(\mathfrak{b});$$

da ferner der Modul $\mathfrak{b}$ gewiß wieder von der Form (8), und zwar ein ganzer Modul ist, so können wir folgenden Satz aussprechen:

I. Ist $\mathfrak{a}$ ein endlicher und ganzer Modul, dessen Basis zugleich eine Basis des Körpers Ω bildet, und ist m der kleinste natürliche Faktor, durch welchen eine ganze Zahl ω in eine Zahl $m\omega$ des Moduls $\mathfrak{a}$ verwandelt wird, so ist die Diskriminante $\varDelta(\mathfrak{a})$ teilbar durch m^2, und der Quotient ist die Diskriminante $\varDelta(\mathfrak{b})$ des ganzen Moduls $\mathfrak{b} = \mathfrak{a} + [\omega]$.

Da nun die Diskriminanten aller dieser Moduln $\mathfrak{a}, \mathfrak{b} \ldots$ ganze rationale Zahlen und von Null verschieden sind, so muß es auch einen solchen Modul $\mathfrak{a}$ geben, dessen Diskriminante $\varDelta(\mathfrak{a})$, absolut genommen, ein Minimum ist, und aus dem vorhergehenden Satze leuchtet ein, daß jede ganze Zahl ω notwendig in diesem ganzen Modul $\mathfrak{a}$ enthalten, und folglich $\mathfrak{a} = \mathfrak{o}$ sein muß. Wir haben daher den folgenden Fundamentalsatz gewonnen:

II. **Der Inbegriff $\mathfrak{o}$ aller ganzen Zahlen eines endlichen Körpers Ω ist ein endlicher Modul, dessen Basis zugleich eine Basis von Ω bildet.**

Nächst dem Grade n ist nun diese Minimal-Diskriminante von der größten Bedeutung für die Beschaffenheit des Körpers Ω; wir wollen sie deshalb die **Grundzahl** oder auch die **Diskriminante von Ω** nennen und immer mit D bezeichnen, also

(16) $$D = \varDelta(\mathfrak{o})$$

setzen; für jeden ganzen Modul $\mathfrak{a}$ von der obigen Beschaffenheit gilt dann zufolge (9) der Satz:

(17) $$\varDelta(\mathfrak{a}) = D(\mathfrak{o}, \mathfrak{a})^2.$$

Im einfachsten Falle $n = 1$, wo Ω der Körper R der rationalen Zahlen, also $\mathfrak{o} = \mathfrak{z} = [1]$ ist, hat man $D = 1$ zu setzen.

Zur Erläuterung wollen wir das nächstliegende Beispiel, den Fall eines **quadratischen Körpers** Ω betrachten. Jede Wurzel θ einer irreduziblen quadratischen Gleichung läßt sich auf die Form $a + b\sqrt{d}$ bringen, wo d eine ganze rationale, positive oder negative Zahl bedeutet, welche durch kein Quadrat (außer 1) teilbar und auch nicht $= +1$ ist, während a, b rationale Zahlen sind, deren letztere nicht verschwindet. Alle in Ω enthaltenen, d. h. durch θ rational darstellbaren Zahlen sind dann von der Form $\alpha = t + u\sqrt{d}$, wo t, u willkürliche rationale Zahlen bedeuten. Durch die nicht identische Permutation des Körpers geht $\sqrt{d}$ in $-\sqrt{d}$, also α in die konjugierte Zahl $\alpha' = t - u\sqrt{d}$ über, welche ebenfalls in Ω enthalten ist; mithin ist Ω ein Normalkörper (§ 166). Die ganzen Zahlen 1 und $\sqrt{d}$ sind voneinander unabhängig, und da ihre Diskriminante

$$\varDelta(1, \sqrt{d}) = \begin{vmatrix} 1, & \sqrt{d} \\ 1, & -\sqrt{d} \end{vmatrix}^2 = 4d$$

durch keine Quadratzahl m^2 außer 1 und 4 teilbar ist, so schließen wir aus den obigen Sätzen, daß die Grundzahl D des Körpers entweder $= 4d$ oder $= d$ ist, und das letztere wird stets und nur dann eintreten, wenn es in Ω eine ganze Zahl $\omega = \frac{1}{2}(x + y\sqrt{d})$ gibt, wo x, y ganze rationale Zahlen bedeuten, die nicht beide gerade sind. Um diese Möglichkeit zu prüfen, dürfen wir uns diese Zahlen x, y schon auf ihre kleinsten Reste 0 oder 1 nach dem Modul 2 reduziert denken; offenbar kann y nicht $= 0$ sein, weil sonst auch $x = 0$ sein müßte, und von den beiden übrigen Zahlen $\omega = \frac{1}{2}\sqrt{d}$ und $\omega = \frac{1}{2}(1 + \sqrt{d})$ ist die erstere gebrochen, weil ihr Quadrat keine ganze Zahl ist; die letztere genügt der irreduziblen Gleichung

$$\omega^2 - \omega + \frac{1}{4}(1 - d) = 0$$

und ist folglich dann und nur dann eine ganze Zahl, wenn $d \equiv 1$ (mod 4) ist. Hieraus ergibt sich also:

(18) $\quad \mathfrak{o} = [1, \sqrt{d}]$, $D = 4d$, wenn $d \equiv 2$ oder 3 (mod 4),

(19) $\quad \mathfrak{o} = \left[1, \dfrac{1 + \sqrt{d}}{2}\right]$, $D = d$, wenn $d \equiv 1$ (mod 4)

und in beiden Fällen

(20) $\quad\quad\quad\quad \mathfrak{o} = \left[1, \dfrac{D + \sqrt{D}}{2}\right].$

Es gibt 61 quadratische Körper, deren Grundzahlen D absolut genommen kleiner als 100 sind; unter diesen Zahlen D sind 30 positive Zahlen:

5, 8, 12, 13, 17, 21, 24, 28, 29, 33, 37, 40, 41, 44, 53, 56, 57, 60, 61, 65, 69, 73, 76, 77, 85, 88, 89, 92, 93, 97

und die absoluten Werte der 31 negativen Zahlen D sind:

3, 4, 7, 8, 11, 15, 19, 20, 23, 24, 31, 35, 39, 40, 43, 47, 51, 52, 55, 56, 59, 67, 68, 71, 79, 83, 84, 87, 88, 91, 95.

Die Grundzahl des Körpers J (§ 159) ist $= - 4$*).

---

*) Um schon hier einen Begriff von der Bedeutung der Grundzahl D zu geben, wollen wir nur darauf aufmerksam machen, daß (zufolge § 52, I—IV) die natürlichen Primzahlen p, von welchen d quadratischer Rest ist, immer in arithmetischen Reihen von der kleinsten Differenz D enthalten sind; diese Zahlen p verlieren in dem quadratischen Körper Ω den eigentlichen Primzahl-Charakter, und dem in dieser Form ausgesprochenen Gesetze fügt sich auch die Zahl $p = 2$ (vgl. § 186). Dies aus dem Reziprozitätssatze abgeleitete Gesetz der Verteilung in arithmetische Reihen hängt wesentlich damit zusammen, daß Ω ein Divisor desjenigen Kreisteilungskörpers $R(\theta)$ ist, welcher aus der Gleichung $\theta^D = 1$ entspringt, während aus jeder Gleichung $\theta^m = 1$, deren Grad m absolut $< D$, immer ein Körper $R(\theta)$ entspringt, welcher die Zahl $\sqrt{d}$ nicht enthält.

§ 176

Das Gebiet o aller ganzen Zahlen ω, welche in einem Körper Ω vom Grade n enthalten sind, und mit denen wir uns im folgenden ausschließlich beschäftigen, besitzt einige allgemeine Eigenschaften, welche denen der früher behandelten speziellen Gebiete [1] und [1, i] genau entsprechen. Wir wollen diese Analogie zunächst verfolgen, um sodann diejenige wesentlich neue Erscheinung hervorzuheben, welche uns zur Einführung neuer Begriffe nötigen wird.

Wir wiederholen zunächst, daß die Zahlen ω, zu denen auch alle ganzen rationalen Zahlen gehören, sich durch Addition, Subtraktion und Multiplikation reproduzieren; wenn ferner von zwei solchen Zahlen λ, μ die erstere durch die letztere teilbar ist (§ 174), so ist $λ = μν$, und die Zahl ν gehört demselben Gebiete o an. Zugleich leuchtet ein, daß in o die beiden Elementarsätze der Teilbarkeit gelten, die wir früher (§ 174, I und II) für das Gebiet aller ganzen algebraischen Zahlen bewiesen haben.

Die Spur $S(μ)$ und die Norm $N(μ)$ einer Zahl μ des Gebietes o sind ganze rationale Zahlen, weil sie aus den n mit μ konjugierten Zahlen, die (zufolge § 173, VIII) ebenfalls ganze Zahlen sind, durch Addition und Multiplikation gebildet sind. Zugleich folgt aus dem [in § 167, (4) bewiesenen] Satze

(1) $$N(μν) = N(μ)N(ν)$$

der häufig anzuwendende, aber nicht umzukehrende Satz:

I. **Ist λ teilbar durch μ, so ist auch $N(λ)$ teilbar durch $N(μ)$.**

Die Norm besitzt nun eine äußerst wichtige Bedeutung, welche mit dem folgenden Begriffe zusammenhängt. Zwei Zahlen α, β heißen **kongruent in bezug auf die Zahl μ, den Modulus**, wenn ihre Differenz $α - β$ durch μ teilbar ist, und wir bezeichnen dies durch die **Kongruenz**

(2) $$α \equiv β \pmod{μ};$$

wir nennen dagegen die Zahlen α, β, γ ... **inkongruent** nach μ, wenn keine von ihnen mit einer der übrigen kongruent ist. Aus der oben erwähnten Reproduktion unserer Zahlen ω durch Addition, Subtraktion und Multiplikation folgt, daß man beliebig viele solche Kongruenzen, die sich auf einen und denselben Modul μ beziehen, addieren, subtrahieren und multiplizieren darf, wie Gleichungen (vgl. § 17). Da nun der Inbegriff aller durch μ teilbaren Zahlen $\omega\mu$ offenbar identisch mit dem Modul $\mathfrak{o}\mu$ ist (§ 170), so stimmt die Kongruenz (2) gänzlich überein mit

(3) $\qquad \alpha \equiv \beta \pmod{\mathfrak{o}\mu}$,

und folglich ist die Anzahl aller nach μ inkongruenten Zahlen zugleich die Anzahl $(\mathfrak{o}, \mathfrak{o}\mu)$ aller auf den Modul $\mathfrak{o}\mu$ bezüglichen Zahlklassen, aus welchen $\mathfrak{o}$ besteht; da ferner $\mathfrak{o}\mu > \mathfrak{o}$, also $(\mathfrak{o}\mu, \mathfrak{o}) = 1$ ist, so folgt aus (12) in § 175 der Satz:

II. **Die Anzahl aller nach μ inkongruenten Zahlen ist**
(4) $\qquad (\mathfrak{o}, \mathfrak{o}\mu) = \pm N(\mu).$

Hierbei ist vorausgesetzt, daß μ und folglich auch $N(\mu)$ von Null verschieden ist; wenn aber μ verschwindet, so ist die Anzahl der inkongruenten Zahlen offenbar unendlich groß, und die Gleichung (4) bleibt richtig, wenn $(\mathfrak{o}, \mathfrak{o}\mu)$ wieder $= 0$ gesetzt wird (§ 171); doch wollen wir diesen uninteressanten Fall im folgenden ausschließen. Die Betrachtung der Moduln von der Form $\mathfrak{o}\mu$ wird uns auch in der Folge große Dienste leisten, und ihre Bedeutung für unsere Aufgabe spricht sich schon in dem folgenden Satze aus:

III. **Die Teilbarkeit der Zahl λ durch die Zahl μ ist gleichbedeutend mit der Teilbarkeit des Moduls $\mathfrak{o}\lambda$ durch den Modul $\mathfrak{o}\mu$, also mit $\mathfrak{o}\lambda > \mathfrak{o}\mu$.**

Dies leuchtet unmittelbar ein; denn wenn λ durch μ teilbar ist, so ist nach dem zweiten Elementarsatze der Teilbarkeit jede durch λ teilbare, d. h. in $\mathfrak{o}\lambda$ enthaltene Zahl $\varkappa$ auch teilbar durch μ, also in $\mathfrak{o}\mu$ enthalten, mithin $\mathfrak{o}\lambda > \mathfrak{o}\mu$; und umgekehrt, wenn $\mathfrak{o}\lambda > \mathfrak{o}\mu$, so ist jede in $\mathfrak{o}\lambda$ enthaltene Zahl, also z. B. λ selbst auch in $\mathfrak{o}\mu$ enthalten, d. h. teilbar durch μ, w. z. b. w.

Um hiervon sogleich eine Anwendung zu machen, erinnern wir an den für zwei beliebige Moduln $\mathfrak{a}, \mathfrak{b}$ geltenden Satz $(\mathfrak{a}, \mathfrak{b})\mathfrak{a} > \mathfrak{b}$ (§ 171, I); setzen wir $\mathfrak{a} = \mathfrak{o}$, $\mathfrak{b} = \mathfrak{o}\mu$, so folgt aus (4) der Satz:

IV. **Die Norm der Zahl μ ist teilbar durch μ.**

Derselbe ergibt sich aber auch unmittelbar daraus, daß $N(\mu)$ das Produkt aus den n mit μ konjugierten, also ganzen Zahlen, und daß eine derselben $= \mu$ ist; mithin ist

(5) $\qquad N(\mu) = \mu\nu,$

wo ν das Produkt aus den übrigen $n-1$ Faktoren, also eine ganze Zahl bedeutet, welche wir das **Supplement***) der Zahl μ nennen wollen. Da $N(\mu)$ eine rationale Zahl und folglich $NN(\mu) = N(\mu)^n$ ist, so folgt aus (1):

(6) $\qquad\qquad N(\nu) = N(\mu)^{n-1}.$

Wir bemerken noch, daß jeder Zahl μ (nach § 167) eine bestimmte Funktion einer Variablen t entspricht, welche durch

(7) $\qquad \begin{aligned}f(t) &= (t-\mu')(t-\mu'')\ldots(t-\mu^{(n)})\\ &= t^n + a_1 t^{n-1} + \cdots + a_{n-1} t + a_n\end{aligned}$

definiert wird, und deren Koeffizienten a_r in unserem Falle ganze rationale Zahlen sind; insbesondere ist

(8) $\qquad\qquad S(\mu) = -a_1; \ N(\mu) = (-1)^n a_n,$

und da $f(\mu) = 0$ ist, so ergibt sich auch hieraus wieder der Satz IV und zugleich die Darstellung des Supplementes ν durch die Gleichung

(9) $\qquad (-1)^{n-1}\nu = \mu^{n-1} + a_1 \mu^{n-2} + \cdots + a_{n-1}.$

Bedeutet ε irgendeine (in $\mathfrak{o}$ enthaltene) **Einheit**, also eine Zahl, welche in allen ganzen Zahlen aufgeht (§ 174), so ist $\mathfrak{o}$ teilbar durch $\mathfrak{o}\varepsilon$, und folglich

(10) $\qquad\qquad \mathfrak{o}\varepsilon = \mathfrak{o},$

weil $\mathfrak{o}\varepsilon$ auch teilbar durch $\mathfrak{o}$ ist; und umgekehrt, wenn eine Zahl ε dieser Bedingung (10) genügt, so ist sie offenbar in $\mathfrak{o}$ enthalten, und zwar eine Einheit, weil die in $\mathfrak{o}$ enthaltene Zahl 1, und folglich jede ganze Zahl durch ε teilbar ist**). Zufolge (4) ist diese, für jede in $\mathfrak{o}$ enthaltene Einheit ε charakteristische Bedingung (10) gänzlich gleichbedeutend mit der folgenden

(11) $\qquad\qquad N(\varepsilon) = \pm 1.$

Dasselbe ergibt sich aber auch so: wenn ε eine Einheit ist, also in der Zahl 1 aufgeht, so geht (nach I) die ganze rationale Zahl $N(\varepsilon)$ auch in $N(1)$, d. h. in 1 auf und ist folglich $= \pm 1$; umgekehrt, wenn eine ganze Zahl ε der Bedingung (11) genügt, so geht sie (nach IV) auch in der Zahl 1 auf, und ist folglich eine Einheit.

---

*) In den früheren Auflagen habe ich ν die zu μ **adjungierte** Zahl genannt, was aber unzweckmäßig erscheint, weil diesem Worte von **Galois** eine ganz andere Bedeutung beigelegt ist (§ 160).

**) Allgemein, wenn $\mathfrak{a}$ irgendein endlicher, von Null verschiedener Modul, und $\mathfrak{a}\varepsilon = \mathfrak{a}$ ist, so ist ε eine in der Ordnung $\mathfrak{a}^0$ enthaltene Einheit, und umgekehrt genügt jede solche Einheit ε der Bedingung $\mathfrak{a}\varepsilon = \mathfrak{a}$.

Betrachten wir jetzt eine Zahl μ, welche von Null verschieden und auch keine Einheit ist, so ist $N(\mu)$ absolut ≥ 2, und umgekehrt; jede solche Zahl μ ist gewiß durch alle Einheiten ε, und außerdem durch alle mit μ assoziierten Zahlen $\varepsilon\mu$ teilbar. Nun sind zwei Fälle möglich: wenn die Zahl μ außer den eben genannten Zahlen ε und $\varepsilon\mu$ keinen anderen Divisor in o besitzt, so heißt μ unzerlegbar (in o, was immer hinzuzudenken ist); sie soll dagegen zerlegbar heißen, wenn sie einen von den Zahlen ε und $\varepsilon\mu$ verschiedenen Divisor α besitzt. In dem letzteren Falle ist $\mu = \alpha\beta$, und es leuchtet ein, daß auch β weder eine Einheit, noch mit μ assoziiert sein kann, weil sonst α entweder mit μ oder mit 1 assoziiert wäre; da ferner $N(\mu) = N(\alpha)N(\beta)$ ist, so folgt, daß (absolut) $N(\mu) > N(\alpha) > 1$ ist. Zerlegt man nun α und β, falls es angeht, weiter in solche Faktoren, die keine Einheiten sind, und fährt man so fort, so ergibt sich aus der angeführten Beschaffenheit der Normen, daß diese Zerlegung nach einer endlichen Anzahl von Schritten ihr Ende finden muß; während also in dem aus allen algebraischen Zahlen bestehenden Körper eine unbeschränkte Zerlegbarkeit der ganzen Zahlen stattfindet (§ 174), gilt für jeden endlichen Körper Ω der folgende Satz:

V. **Jede zerlegbare Zahl ist darstellbar als Produkt aus einer endlichen Anzahl von unzerlegbaren Faktoren.**

Diese Operation der Zerlegung einer Zahl μ ist vollständig analog derjenigen, welche wir früher bei den Körpern R und J (§§ 8 und 159) beschrieben haben; aber in diesen beiden speziellen Fällen besaß das Schlußresultat eine größere Bestimmtheit als dasjenige, zu welchem wir hier gelangt sind, denn wir konnten damals beweisen, daß das System der unzerlegbaren Faktoren von μ ein im wesentlichen bestimmtes, einziges war, vorausgesetzt, daß zwei assoziierte Zahlen als nicht wesentlich verschieden angesehen wurden. Dieser Nachweis gründete sich bei beiden Körpern auf diejenige Eigenschaft ihrer unzerlegbaren Zahlen, welche wir den Primzahl-Charakter nennen wollen, die aber bei einem beliebigen endlichen Körper Ω mit der Unzerlegbarkeit keineswegs notwendig verbunden ist. Um diesen Unterschied kurz bezeichnen zu können, stellen wir der obigen Einteilung der Zahlen ω in zerlegbare und unzerlegbare Zahlen die folgende gegenüber:

Eine von Null verschiedene Zahl μ, welche keine Einheit ist, soll eine **Primzahl** (in o) heißen, wenn je zwei durch μ nicht teilbare Zahlen ω auch ein durch μ unteilbares Produkt besitzen*); gibt es aber zwei durch μ nicht teilbare Zahlen ω, deren Produkt durch μ teilbar ist, so soll μ eine zusammengesetzte Zahl heißen.

Es leuchtet unmittelbar ein, daß jede zerlegbare Zahl gewiß auch eine zusammengesetzte Zahl, also jede Primzahl gewiß eine unzerlegbare Zahl ist. In den beiden speziellen Fällen der Körper R und J decken sich nun beide Einteilungen vollständig, d. h. jede unzerlegbare Zahl ist auch eine Primzahl, und jede zusammengesetzte Zahl ist auch eine zerlegbare Zahl, und man erkennt sofort, daß gerade hierin der Grund liegt, weshalb die Zerlegung einer Zahl in unzerlegbare Faktoren eine einzige, völlig bestimmte war (§§ 8 und 159); dieselbe Bestimmtheit der Zerlegungen wird deshalb bei allen Körpern Ω vorhanden sein, bei welchen die Begriffe der unzerlegbaren Zahl und der Primzahl sich vollständig decken. Sobald aber eine unzerlegbare Zahl μ existiert, welche keine Primzahl, also eine zusammengesetzte Zahl ist, so gibt es zwei durch μ nicht teilbare Zahlen α, β, deren Produkt γ durch μ teilbar, also von der Form μν ist; mag man nun die Zahlen α, β, ν, wenn sie zerlegbar sind, auf irgendwelche Weise in unzerlegbare Faktoren aufgelöst haben, so entspringen aus den Gleichungen

$$\gamma = \alpha\beta \quad \text{und} \quad \gamma = \mu\nu$$

zwei Zerlegungen derselben Zahl γ in unzerlegbare Faktoren, und diese beiden Zerlegungen sind wesentlich verschieden, weil unter den Faktoren der durch μ nicht teilbaren Zahlen α und β kein einziger mit μ assoziiert sein kann.

Auf eine solche Erscheinung ist Kummer bei seinen Untersuchungen über diejenigen Zahlengebiete o gestoßen, welche aus dem Problem der Kreisteilung entspringen; aber durch die Einführung seiner idealen Zahlen ist es ihm gelungen, die hiermit zusammenhängenden großen Schwierigkeiten zu überwinden. Diese Schöpfung neuer Zahlen beruht auf einem Gedanken, welcher für unseren obigen

---

*) Ist also αβ teilbar durch die Primzahl μ, so ist wenigstens einer der beiden Faktoren α, β durch μ teilbar. — Aus dieser Definition folgt leicht, daß die kleinste, durch μ teilbare natürliche Zahl p eine Primzahl in R, und daß $\pm N(\mu) = p^f$ ist; der Exponent f, welcher immer > 0 und $\leq n$ ist, kann der Grad der Primzahl μ genannt werden. Die Umkehrung dieses Satzes ist im allgemeinen nicht gestattet, doch gilt der folgende, ebenfalls leicht zu beweisende Satz: ist $N(\mu)$ eine Primzahl in R, so ist μ eine Primzahl (ersten Grades) in Ω.

Fall sich etwa in folgender Weise darstellen läßt. Wären die Zahlen α, β, μ, ν, welche durch die Gleichung

(12) $$\alpha\beta = \mu\nu$$

miteinander verbunden sind, ganze rationale Zahlen, und zwar ohne gemeinschaftlichen Teiler, so würde hieraus nach den in R herrschenden Gesetzen der Teilbarkeit eine Zerlegung dieser Zahlen in rationale Faktoren folgen, nämlich

(13) $$\alpha = \alpha_1\alpha_2,\ \beta = \beta_1\beta_2,\ \mu = \alpha_1\beta_2,\ \nu = \beta_1\alpha_2,$$

und zwar würde α_1 relative Primzahl zu β_1, und ebenso α_2 relative Primzahl zu β_2 sein; selbst wenn man nun diese Zerlegung nicht wirklich ausgeführt hätte, wenn man also die vier ganzen rationalen Zahlen α_1, α_2, β_1, β_2 noch nicht kennte, so wären dieselben doch wesentlich bestimmt, und, was das Wichtigste ist, man wäre mit alleiniger Hilfe der gegebenen Zahlen α, β, μ, ν völlig imstande, zu entscheiden, ob eine beliebige ganze rationale Zahl ω durch eine der unbekannten Zahlen, z. B. durch α_1, teilbar ist oder nicht; denn offenbar ist die Kongruenz

(14) $$\omega \equiv 0\ (\mathrm{mod}\ \alpha_1)$$

völlig gleichbedeutend mit jeder der beiden Kongruenzen

(15) $$\beta\omega \equiv 0\ (\mathrm{mod}\ \mu),\ \nu\omega \equiv 0\ (\mathrm{mod}\ \alpha).$$

Wir haben es nun in Wahrheit nicht mit rationalen, sondern mit Zahlen α, β, μ, ν zu tun, welche dem Gebiete $\mathfrak{o}$ angehören, und da die Zahl μ unzerlegbar, und keine der Zahlen α, β durch μ teilbar ist, so existiert innerhalb $\mathfrak{o}$ eine Zerlegung von der Form (13) in Wirklichkeit nicht; aber obgleich eine Zahl wie α_1 nicht in $\mathfrak{o}$ vorhanden ist, so kann man mit Kummer doch eine solche Zahl α_1 als einen idealen Faktor der wirklichen Zahl μ in die Untersuchung einführen; diese ideale Zahl α_1 tritt zwar niemals isoliert auf, aber in Verbindung mit anderen, ebenfalls idealen Zahlen α_2, β_2 kann sie wirkliche Zahlen α, μ des Gebietes $\mathfrak{o}$ erzeugen, und vor allen Dingen läßt sich die Teilbarkeit einer beliebigen wirklichen Zahl ω durch die ideale Zahl α_1 mit voller Klarheit, nämlich durch jede der beiden obigen Kongruenzen (15) definieren.

Eine solche fingierte Zahl α_1 wird man eine ideale Primzahl nennen, wenn je zwei durch α_1 nicht teilbare Zahlen ein Produkt geben, welches ebenfalls durch α_1 nicht teilbar ist; man kann auch

Potenzen solcher Primzahlen einführen und die Teilbarkeit einer beliebigen wirklichen Zahl ω durch α_1^r so definieren, daß die Kongruenz
$$\omega \equiv 0 \pmod{\alpha_1^r}$$
als gleichbedeutend mit jeder der beiden Kongruenzen
$$\beta^r \omega \equiv 0 \pmod{\mu^r}, \quad \nu^r \omega \equiv 0 \pmod{\alpha^r}$$
angesehen wird. Zur Erläuterung möge folgendes einfache, schon in §§ 16, 159 erwähnte Beispiel dienen*).

Der quadratische Körper Ω, welcher aus einer Wurzel θ der Gleichung
$$(16) \qquad \theta^2 + 5 = 0$$
entspringt, hat die Grundzahl $D = -20$, und der endliche Modul
$$(17) \qquad \mathfrak{o} = [1, \theta]$$
ist (nach § 175) der Inbegriff aller in Ω enthaltenen ganzen Zahlen
$$(18) \qquad \omega = x + y\theta,$$
wo x, y beliebige ganze rationale Zahlen bedeuten. Da hieraus
$$(19) \qquad N(\omega) = \omega \omega' = (x + y\theta)(x - y\theta) = x^2 + 5y^2$$
folgt, so sind die einzigen Einheiten die beiden Zahlen ± 1. Nun sind die vier Zahlen
$$(20) \qquad \alpha = 3,\ \beta = 7,\ \mu = 1 + 2\theta,\ \nu = 1 - 2\theta$$
durch die Gleichung (12) miteinander verbunden, und zwar sind sie alle **unzerlegbar**; denn wäre z. B. $\alpha = 3 = \alpha_1 \alpha_2$, und keine der beiden ganzen Zahlen α_1, α_2 eine Einheit, so würde aus $N(\alpha) = 9 = N(\alpha_1) N(\alpha_2)$ folgen, daß $N(\alpha_1) = N(\alpha_2) = 3$ sein müßte, was aber zufolge (19) unmöglich ist; und ebenso würde sich die Unzerlegbarkeit der drei anderen Zahlen β, μ, ν beweisen lassen**). Man wird daher vier **ideale** Zahlen α_1, α_2, β_1, β_2 einführen und so definieren, daß eine beliebige Zahl ω teilbar durch α_1, α_2, β_1, β_2 heißt, wenn die entsprechende Kongruenz

(α_1)	$\nu \omega \equiv 0 \pmod 3$
(α_2)	$\mu \omega \equiv 0 \pmod 3$
(β_1)	$\mu \omega \equiv 0 \pmod 7$
(β_2)	$\nu \omega \equiv 0 \pmod 7$

---

*) Dasselbe ist ausführlicher behandelt in meiner Abhandlung **Sur la théorie des nombres entiers algébriques** §§ 7—12 (Paris 1877; Abdruck aus dem Bulletin des Sciences math. et astron. von Darboux und Hoüel, 1re série, t. XI, et 2e série, t. I) [vgl. XLVIII].

**) Vgl. §§ 71, 159.

erfüllt ist. Zufolge (18) und (20) ist aber

(21) $\quad\begin{cases} \nu\omega = (x + 10y) + (y - 2x)\theta \\ \mu\omega = (x - 10y) + (y + 2x)\theta, \end{cases}$

und die vorstehenden Kongruenzen gehen über in

(α_1) $\qquad\qquad x + y \equiv 0 \pmod{3}$
(α_2) $\qquad\qquad x - y \equiv 0 \pmod{3}$
(β_1) $\qquad\qquad x - 3y \equiv 0 \pmod{7}$
(β_2) $\qquad\qquad x + 3y \equiv 0 \pmod{7}$.

Setzt man ferner $\omega_1 = x_1 + y_1\theta$, so wird $\omega\omega_1 = x_2 + y_2\theta$, wo $x_2 = xx_1 - 5yy_1$, $y_2 = xy_1 + yx_1$, mithin z. B.:

$$x_2 + y_2 \equiv (x + y)(x_1 + y_1) \pmod{3};$$

hieraus folgt mit Rücksicht auf (α_1), daß das Produkt $\omega\omega_1$ dann und nur dann durch die ideale Zahl α_1 teilbar ist, wenn mindestens einer der beiden Faktoren ω, ω_1 durch α_1 teilbar ist, und folglich werden wir α_1 eine ideale Primzahl nennen; ganz dasselbe gilt, wie man leicht findet, auch für die drei anderen idealen Zahlen α_2, β_1, β_2. Da ferner die Zahl μ teilbar durch α_1, unteilbar durch α_2, und ebenso die Zahl ν teilbar durch α_2, unteilbar durch α_1 ist, so sind die beiden idealen Primzahlen α_1, α_2 als verschieden anzusehen, und in demselben Sinne sind die Zahlen β_1, β_2 voneinander und von α_1, α_2 verschieden. Nun geht aus (α_1) und (α_2) hervor, daß eine Zahl ω dann und nur dann durch die Zahl $\alpha = 3$ teilbar ist, wenn sie sowohl durch α_1 als auch durch α_2 teilbar ist, und da α_1, α_2 für zwei verschiedene ideale Primzahlen zu halten sind, so wird man nach Analogie der Theorie der rationalen Zahlen die Zahl $\alpha = 3$ als wesentlich identisch mit dem Produkte dieser Zahlen α_1, α_2 ansehen, also in diesem Sinne $\alpha = \alpha_1\alpha_2$ setzen; ebenso würden sich die drei anderen Gleichungen in (13) rechtfertigen lassen, und diese Zerlegungen der Zahlen α, β, μ, ν in ideale Faktoren α_1, α_2, β_1, β_2 würden in (12) eine schöne Bestätigung finden.

Durch die Einführung dieser und unendlich vieler anderen idealen Primzahlen, sowie ihrer Potenzen, gewinnt nun die Theorie dieses Zahlengebietes o eine bewunderungswürdige Einfachheit; in der Tat gelangt man auf diese Weise zu dem überraschenden Resultate, daß die in der Theorie der rationalen (ebenso der komplexen) Zahlen herrschenden allgemeinen Gesetze der Teilbarkeit, welche in unserem Gebiete o ihre Geltung zu verlieren drohten, nun vollständig wieder hergestellt werden; jede Zahl ω des Gebietes $\mathfrak{o}$ kann wie ein Produkt von völlig bestimmten Potenzen von wirklichen oder idealen Primzahlen angesehen werden, und sie geht dann und nur dann in einer zweiten Zahl auf, wenn diese durch jede solche Potenz teilbar ist. Mit diesem Versuche, den Grundgedanken der Kummerschen Schöpfung zu erläutern, müssen wir uns hier begnügen; es würde sich nämlich selbst bei dem einfachen, hier gewählten Beispiele bald zeigen, daß eine völlig klare und strenge Durchführung dieser Untersuchung einige Schwierigkeiten darbietet, die zwar nicht erheblich sind, deren Beseitigung aber doch etwas umständlich ist. In bei weitem höheren Maße treten solche Schwierigkeiten auf, wenn man zu Körpern höheren Grades übergehen oder gar, was unsere eigentliche Aufgabe ist, die allgemeinen Gesetze der Teilbarkeit ergründen will, welche für **jeden endlichen Körper** Ω gelten. Wegen dieser Schwierigkeiten, deren genauere Erörterung uns hier zu weit führen würde*), verzichten wir im folgenden gänzlich auf die Einführung **idealer Zahlen** und gründen unsere Theorie auf einen anderen Begriff, den Begriff des **Ideals**, worunter immer ein mit gewissen charakteristischen Eigenschaften begabtes System von unendlich vielen **wirklichen Zahlen** verstanden werden soll.

Es wird gut sein, diesen Begriff an unserem obigen Beispiele zu erläutern. Die erforderliche und hinreichende Bedingung dafür, daß eine ganze Zahl $\omega = x + y\theta$ durch die ideale Primzahl α_1 teilbar ist, besteht nach (α_1) darin, daß $x \equiv 2y \pmod{3}$, also $x = 3z + 2y$ ist, wo z eine beliebige ganze rationale Zahl bedeutet; jede solche Zahl ω ist also von der Form $3z + (2 + \theta)y$. Bezeichnet man daher mit $\mathfrak{a}_1$ den Inbegriff aller durch α_1 teilbaren Zahlen ω, so ist

(22) $\qquad \mathfrak{a}_1 = [3, 2 + \theta],$

und ebenso findet man, daß die Inbegriffe aller durch $\alpha_2, \beta_1, \beta_2$ teilbaren Zahlen bzw. die Moduln

(22) $\qquad \mathfrak{a}_2 = [3, 1 + \theta], \ \mathfrak{b}_1 = [7, 3 + \theta], \ \mathfrak{b}_2 = [7, 4 + \theta]$

sind. Bilden wir nun auch die Inbegriffe

(23) $\quad \begin{cases} \mathfrak{o}\alpha = [3, 3\theta], \ \mathfrak{o}\beta = [7, 7\theta], \\ \mathfrak{o}\mu = [1 + 2\theta, -10 + \theta], \ \mathfrak{o}\nu = [1 - 2\theta, 10 + \theta] \end{cases}$

---

*) Vgl. die Einleitung der Schrift **Sur la théorie des nombres entiers algébriques** [XLVIII].

der durch α, β, μ, ν teilbaren Zahlen, von denen die letzteren in (21) dargestellt sind, so ergibt sich leicht, daß diese acht Moduln durch die Gleichungen

(24) $\quad \mathfrak{o}\alpha = \mathfrak{a}_1\mathfrak{a}_2, \ \mathfrak{o}\beta = \mathfrak{b}_1\mathfrak{b}_2, \ \mathfrak{o}\mu = \mathfrak{a}_1\mathfrak{b}_2, \ \mathfrak{o}\nu = \mathfrak{b}_1\mathfrak{a}_2$

miteinander verbunden sind. Zunächst freilich erscheinen die rechts befindlichen Produkte von je zwei zweigliedrigen Moduln als die viergliedrigen Moduln

$$\mathfrak{a}_1\mathfrak{a}_2 = [\ 9, 3\ + 3\theta,\ 6\ + 3\theta,\ -\ 3 + 3\theta],$$
$$\mathfrak{b}_1\mathfrak{b}_2 = [49, 21 + 7\theta, 28 + 7\theta, 7 + 7\theta],$$
$$\mathfrak{a}_1\mathfrak{b}_2 = [21, 12 + 3\theta, 14 + 7\theta, 3 + 6\theta],$$
$$\mathfrak{b}_1\mathfrak{a}_2 = [21, 7\ + 7\theta,\ 9\ + 3\theta,\ -\ 2 + 4\theta],$$

aber diese und auch die Moduln $\mathfrak{o}\mu, \mathfrak{o}\nu$ lassen sich nach der in § 172 angegebenen Methode auf zweigliedrige Moduln von der Form $[a, b + c\theta]$ reduzieren, wo a, b, c ganze rationale Zahlen bedeuten; diese Reduktion ist in den dortigen Beispielen, wo man nur $\omega_1 = 1$, $\omega_2 = \theta$ zu setzen braucht, schon ausgeführt und ergibt als Resultat die Gleichungen (24). Offenbar bilden nun diese Zerlegungen (24), in welchen nur von wirklich in $\mathfrak{o}$ enthaltenen Zahlen die Rede ist, einen vollständigen Ersatz für die Zerlegungen (13), die innerhalb dieses Gebietes $\mathfrak{o}$ schlechterdings unausführbar sind.

§ 177

Das soeben behandelte Beispiel läßt vermuten, daß die eigentümlichen Lücken, die bei der Untersuchung über die Teilbarkeit der Zahlen ω innerhalb eines Gebietes $\mathfrak{o}$ auftreten und eine gewisse Unvollständigkeit desselben erkennen lassen, dadurch ausgefüllt werden können, daß man statt der einzelnen Zahlen ω in $\mathfrak{o}$ ganze Systeme solcher Zahlen einführt. Am nächsten liegt, wenn μ eine bestimmte, von Null verschiedene Zahl in $\mathfrak{o}$ bedeutet, die Betrachtung des schon im vorigen Paragraphen besprochenen Systems $\mathfrak{m} = \mathfrak{o}\mu$ aller durch μ teilbaren Zahlen $\omega\mu$. Wir heben die dort erwähnten Elementarsätze der Teilbarkeit nochmals als Eigenschaften eines jeden solchen Systems $\mathfrak{m}$ in folgender Weise hervor:

I. Das System $\mathfrak{m}$ besteht aus lauter ganzen Zahlen des Körpers Ω, und diese Zahlen reproduzieren sich durch Addition und Subtraktion, d. h. $\mathfrak{m}$ ist ein durch $\mathfrak{o}$ teilbarer, also ganzer Modul.

II. Ist λ eine in $\mathfrak{m}$ enthaltene Zahl, so ist jede durch λ teilbare Zahl $\omega\lambda$ des Körpers Ω ebenfalls in $\mathfrak{m}$ enthalten, d. h. das Produkt $\mathfrak{o}\mathfrak{m}$ ist teilbar durch $\mathfrak{m}$.

Dieselben beiden Eigenschaften kommen aber nicht bloß solchen Systemen $\mathfrak{m}$ zu, welche von der Form $\mathfrak{o}\mu$ sind, sondern z. B. auch dem System $\mathfrak{m}$ aller in $\mathfrak{o}$ enthaltenen Wurzeln ω einer Kongruenz von der Form $\nu\omega \equiv 0 \pmod{\alpha}$, wo ν und α bestimmte Zahlen in $\mathfrak{o}$ bedeuten, und in dem eben behandelten Beispiel hat sich gezeigt, daß es solche Systeme $\mathfrak{m}$ gibt, welche schlechterdings nicht von der Form $\mathfrak{o}\mu$ sind, die aber doch einen wesentlichen Dienst leisten, indem sie bei den Untersuchungen über die Teilbarkeit einen gewissen Ersatz für die fehlende (ideale) Zahl μ liefern. Diese Erscheinung veranlaßt uns, von der Existenz einer Zahl μ, durch welche ein solches System $\mathfrak{m}$ erzeugt werden könnte, ganz abzusehen und lediglich an den Eigenschaften I und II festzuhalten, welche an sich einen vollkommen klaren und bestimmten, von der Existenz einer erzeugenden Zahl μ unabhängigen Sinn haben. Jedes System $\mathfrak{m}$, welches diese beiden Eigenschaften besitzt, wollen wir (wegen der im vorigen Paragraphen besprochenen Beziehung zu Kummers idealen Zahlen) ein Ideal des Körpers Ω oder des Gebietes $\mathfrak{o}$ nennen; ist aber $\mathfrak{m} = \mathfrak{o}\mu$, gibt es also eine Zahl μ, durch welche das Ideal $\mathfrak{m}$ in der angegebenen Weise erzeugt wird, so soll $\mathfrak{m}$ ein Hauptideal genannt werden, weil solche Ideale unter den übrigen eine ähnliche oder vielmehr dieselbe Stellung einnehmen, welche z. B. in der Theorie der binären quadratischen Formen den der Hauptklasse angehörigen Formen unter den übrigen zukommt.

Zufolge dieser Definition würde die Zahl Null für sich allein ein Ideal bilden, und manche der im folgenden zu entwickelnden Sätze würden ihre Gültigkeit auch für diesen besonderen Fall nicht verlieren; da es aber für die Ausdrucksweise lästig sein würde, die etwaigen Ausnahmen immer anzugeben, so wollen wir diesen Fall lieber gänzlich ausschließen. Die vollständige Definition lautet daher:

III. Ein Modul $\mathfrak{m}$ heißt ein Ideal (in $\mathfrak{o}$), wenn er von Null verschieden ist und den beiden Bedingungen $\mathfrak{m} > \mathfrak{o}$, $\mathfrak{o}\mathfrak{m} > \mathfrak{m}$ genügt.

Unsere Aufgabe besteht nun darin, aus dieser Erklärung alle Eigenschaften der in $\mathfrak{o}$ enthaltenen Ideale und alle ihre Beziehungen zueinander abzuleiten. In dieser Theorie der Ideale sind (nach § 176, III) jedenfalls die Gesetze der Teilbarkeit der Zahlen innerhalb $\mathfrak{o}$ vollständig enthalten; aber es wird sich auch umgekehrt zeigen, daß diese Teilbarkeitsgesetze nur durch Zuziehung aller Ideale gewonnen werden können. Da jedes Ideal ein Modul ist, so benutzen wir hierbei alle Begriffe und Sätze der allgemeinen Theorie der Moduln (§§ 168 — 172); die Theorie der Ideale $\mathfrak{m}$ wird aber infolge der zweiten Eigenschaft, nach welcher $\mathfrak{o}\mathfrak{m} > \mathfrak{m}$ ist, eine bei weitem bestimmtere Gestalt erhalten.

Wir bemerken zunächst, daß jedes Ideal $\mathfrak{m}$ zufolge der ersten Eigenschaft $\mathfrak{m} > \mathfrak{o}$ ein endlicher Modul ist (§ 172, V), und da es zufolge der zweiten Eigenschaft $\mathfrak{o}\mathfrak{m} > \mathfrak{m}$ offenbar n voneinander unabhängige Zahlen enthält, so ist jedes Ideal $\mathfrak{m}$ ein Modul von der Form (8) in § 175. Sodann leuchtet ein, daß diese zweite Eigenschaft, weil $\mathfrak{z} > \mathfrak{o}$, also $\mathfrak{m} > \mathfrak{o}\mathfrak{m}$ ist, sich in der schärferen Form

(1) $$\mathfrak{o}\mathfrak{m} = \mathfrak{m}$$

darstellen läßt, und hierin liegt, weil $\mathfrak{o}$ offenbar selbst ein Ideal ist, ein erster Satz über die Multiplikation der Ideale, mit welcher wir uns sogleich näher zu beschäftigen haben. Schon hieraus erkennt man, daß dieses in allen Idealen aufgehende Ideal $\mathfrak{o}$ hier dieselbe Stellung einnimmt, wie die Zahl 1 in der rationalen Zahlentheorie. Wir können hinzufügen, daß $\mathfrak{o}$ ein Hauptideal ist; denn wenn $\varepsilon = 1$ oder irgendeine andere Einheit ist, so ist $\mathfrak{o}\varepsilon = \mathfrak{o}$ [§ 176, (10)]. Ferner leuchtet ein, daß ein Hauptideal $\mathfrak{o}\mu$ stets und nur dann durch ein Ideal $\mathfrak{m}$ teilbar ist, wenn die Zahl μ in $\mathfrak{m}$ enthalten ist, weil $\mathfrak{o}\mathfrak{m} > \mathfrak{m}$, und μ in $\mathfrak{o}\mu$ enthalten ist. Aus diesem Grunde wollen wir von jeder in $\mathfrak{m}$ enthaltenen Zahl μ (selbst von der Zahl Null) auch sagen, sie sei teilbar durch $\mathfrak{m}$, oder $\mathfrak{m}$ gehe in μ auf, oder $\mathfrak{m}$ sei ein Teiler von μ. Offenbar ist $\mathfrak{o}$ das einzige Ideal, das in einer Einheit ε aufgeht, weil $\mathfrak{o}\varepsilon = \mathfrak{o}$ ist. Ebenso soll ein Ideal $\mathfrak{m}$ teilbar durch die Zahl α heißen, wenn $\mathfrak{m} > \mathfrak{o}\alpha$, also jede in $\mathfrak{m}$ enthaltene Zahl μ durch α teilbar ist; setzt man $\mu = \alpha\beta$, so erkennt man leicht, daß die Quotienten β, welche allen Zahlen μ entsprechen, ein Ideal $\mathfrak{b} = \mathfrak{m}\alpha^{-1}$ bilden, mithin $\mathfrak{m} = \alpha\mathfrak{b}$ ist (vgl. den unten folgenden Satz VII). Nach diesen vorläufigen Bemerkungen wenden wir uns zu den folgenden Hauptsätzen über die Multiplikation der Ideale.

IV. **Das Produkt von zwei Idealen $\mathfrak{a}$, $\mathfrak{b}$ ist ein Ideal und zwar ein gemeinsames Vielfaches von $\mathfrak{a}$, $\mathfrak{b}$, mithin**

(2) $$\mathfrak{a}\mathfrak{b} > \mathfrak{a} - \mathfrak{b}.$$

Denn weil $\mathfrak{a}$ und $\mathfrak{b}$ von Null verschieden sind, so gilt dasselbe von $\mathfrak{a}\mathfrak{b}$; aus $\mathfrak{o}\mathfrak{a} = \mathfrak{a}$ folgt ferner $\mathfrak{o}(\mathfrak{a}\mathfrak{b}) = (\mathfrak{o}\mathfrak{a})\mathfrak{b} = \mathfrak{a}\mathfrak{b}$; da endlich $\mathfrak{a}$ und $\mathfrak{b}$ durch $\mathfrak{o}$ teilbar sind, so ist $\mathfrak{a}\mathfrak{b}$ (nach § 170, I) teilbar durch $\mathfrak{o}\mathfrak{b}$ und $\mathfrak{a}\mathfrak{o}$, d. h. durch $\mathfrak{b}$ und $\mathfrak{a}$, also auch durch $\mathfrak{o}$, w. z. b. w.

V. **Jedes Ideal $\mathfrak{m}$ ist ein eigentlicher Modul, dessen Ordnung $= \mathfrak{o}$, mithin**

(3) $$\mathfrak{m}\mathfrak{m}^{-1} = \mathfrak{o}.$$

Denn $\mathfrak{m}$ ist ein endlicher, von Null verschiedener Modul, der aus lauter algebraischen Zahlen besteht; mithin läßt sich $\mathfrak{m}$ (nach § 173, VI) durch Multiplikation mit einem Modul $\mathfrak{n}$, dessen Zahlen im Körper Ω enthalten sind, in einen Modul $\mathfrak{m}\mathfrak{n}$ verwandeln, welcher $< \mathfrak{z}$ ist und aus lauter ganzen Zahlen des Körpers Ω besteht, also $> \mathfrak{o}$ ist; da nun $\mathfrak{o}\mathfrak{z} = \mathfrak{o}\mathfrak{o} = \mathfrak{o}$, und $\mathfrak{o}(\mathfrak{m}\mathfrak{n}) = (\mathfrak{o}\mathfrak{m})\mathfrak{n} = \mathfrak{m}\mathfrak{n}$ ist, so folgt aus $\mathfrak{z} > \mathfrak{m}\mathfrak{n} > \mathfrak{o}$ durch Multiplikation mit $\mathfrak{o}$, daß $\mathfrak{m}\mathfrak{n} = \mathfrak{o}$ ist, woraus alles übrige sich leicht ergibt. Denn wenn man mit der Ordnung $\mathfrak{m}^0$ multipliziert und berücksichtigt, daß stets $\mathfrak{m}\mathfrak{m}^0 = \mathfrak{m}$ ist [§ 170; (23)], so erhält man zunächst $\mathfrak{o}\mathfrak{m}^0 = \mathfrak{o}$, also $\mathfrak{m}^0 > \mathfrak{o}$, und da andererseits aus $\mathfrak{o}\mathfrak{m} > \mathfrak{m}$ auch $\mathfrak{o} > \mathfrak{m}^0$ folgt, so ist $\mathfrak{m}^0 = \mathfrak{o}$*). Jedes Ideal $\mathfrak{m}$ ist also ein Faktor seiner Ordnung $\mathfrak{o} = \mathfrak{m}\mathfrak{n}$, und hieraus folgt (§ 170, V), daß $\mathfrak{m}$ ein eigentlicher Modul, daß $\mathfrak{m}^{-1} = \mathfrak{o}\mathfrak{n}$, und $\mathfrak{m}\mathfrak{m}^{-1} = \mathfrak{o}$ ist, w. z. b. w.

VI. **Sind $\mathfrak{a}$, $\mathfrak{b}$, $\mathfrak{b}'$ Ideale, und ist $\mathfrak{a}\mathfrak{b} > \mathfrak{a}\mathfrak{b}'$, so ist $\mathfrak{b} > \mathfrak{b}'$; aus $\mathfrak{a}\mathfrak{b} = \mathfrak{a}\mathfrak{b}'$ folgt $\mathfrak{b} = \mathfrak{b}'$, und wenn $\mathfrak{a} > \mathfrak{a}\mathfrak{b}$, so ist $\mathfrak{b} = \mathfrak{o}$.**

Dies ergibt sich unmittelbar durch Multiplikation mit $\mathfrak{a}^{-1}$ mit Rücksicht auf (3) und (1).

VII. **Ist das Ideal $\mathfrak{m}$ teilbar durch das Ideal $\mathfrak{a}$, so gibt es ein (und nur ein) Ideal $\mathfrak{b}$, welches der Bedingung $\mathfrak{a}\mathfrak{b} = \mathfrak{m}$ genügt, und zwar ist $\mathfrak{b} = \mathfrak{m} : \mathfrak{a} = \mathfrak{m}\mathfrak{a}^{-1}$.**

Denn der Modul $\mathfrak{b} = \mathfrak{m}\mathfrak{a}^{-1}$, welcher (nach § 170, VII) auch $= \mathfrak{m} : \mathfrak{a}$ ist, erfüllt zufolge (3) und (1) die Forderung $\mathfrak{a}\mathfrak{b} = \mathfrak{m}$ und

---

*) Dies würde sich auch ohne Zuziehung des Satzes VI in § 173 leicht beweisen lassen.

ist daher auch von Null verschieden; aus $\mathfrak{m} > \mathfrak{a}$ folgt durch Multiplikation mit $\mathfrak{a}^{-1}$, daß $\mathfrak{b} > \mathfrak{o}$ ist, und da $\mathfrak{o}\mathfrak{b} = (\mathfrak{o}\,\mathfrak{m})\mathfrak{a}^{-1} = \mathfrak{m}\,\mathfrak{a}^{-1} = \mathfrak{b}$ ist, so ist $\mathfrak{b}$ ein Ideal, w. z. b. w.

Durch diesen Satz, welcher als eine Umkehrung des Satzes IV angesehen werden kann, ist der wichtige Zusammenhang zwischen den Begriffen der **Teilbarkeit** der Ideale und ihrer **Multiplikation** aufgedeckt*). Der Kürze halber wollen wir in der Folge unter einem **Faktor eines Ideals** $\mathfrak{m}$ ausschließlich jeden Teiler $\mathfrak{a}$ von $\mathfrak{m}$ verstehen, der selbst ein Ideal ist. Dann besteht folgender Satz:

VIII. **Die Anzahl der Faktoren eines Ideals ist endlich.**

Denn wählt man aus dem Ideal $\mathfrak{m}$ nach Belieben eine von Null verschiedene Zahl μ, so ist (nach § 176, II) die Klassenanzahl $(\mathfrak{o}, \mathfrak{o}\mu)$ $= \pm N(\mu) > 0$, und folglich gibt es (nach § 171, II) nur eine endliche Anzahl von Moduln, welche $> \mathfrak{o}$ und zugleich $< \mathfrak{o}\mu$ sind; da aber $\mathfrak{o}\mu > \mathfrak{m}$, so ist jeder Faktor von $\mathfrak{m}$ ein solcher Modul, und folglich ist auch die Anzahl dieser Faktoren endlich, w. z. b. w.

IX. **Jedes Ideal $\mathfrak{m}$ kann durch Multiplikation mit einem Ideal $\mathfrak{n}$ in ein Hauptideal $\mathfrak{o}\mu = \mathfrak{m}\mathfrak{n}$ verwandelt werden**).

Denn wenn μ wieder irgendeine von Null verschiedene Zahl in $\mathfrak{m}$ bedeutet, so ist $\mathfrak{o}\mu > \mathfrak{m}$, woraus der Satz (nach VII) folgt. Da ferner $N(\mu)$ (nach § 176, IV) durch μ, also auch durch $\mathfrak{m}$ teilbar und von Null verschieden ist, so ergibt sich (aus § 172, I) noch der folgende Satz:

X. **In jedem Ideal $\mathfrak{m}$ gibt es unendlich viele rationale Zahlen, deren Inbegriff**

$$\mathfrak{m} - \mathfrak{z} = [m]$$

ist, wo $m = (\mathfrak{z}, \mathfrak{m})$ die kleinste durch $\mathfrak{m}$ teilbare natürliche Zahl bedeutet.

---

*) Hierin bestand die größte Schwierigkeit, welche bei der ersten Begründung der Ideal-Theorie zu überwinden war. Um dieselbe zu würdigen, vergleiche man die zweite und dritte Auflage dieses Werkes [vgl. XLVII und XLIX] und § 23 meiner Schrift **Sur la théorie des nombres entiers algébriques** (Paris 1877); denn wenn jetzt durch Zuziehung des Satzes VI in § 173 dieser Kardinalpunkt schon im Anfange der Theorie gewonnen wird, so lassen die früheren Darstellungen das Wesen desselben deutlicher erkennen, was für gewisse Verallgemeinerungen der Ideal-Theorie sehr wichtig ist.

**) Vgl. § 178, XI.

§ 178

Der größte gemeinsame Teiler $\mathfrak{a} + \mathfrak{b}$ und das kleinste gemeinsame Vielfache $\mathfrak{a} - \mathfrak{b}$ von zwei Idealen $\mathfrak{a}, \mathfrak{b}$ sind ebenfalls Ideale. Denn jedenfalls sind die Moduln $\mathfrak{a} + \mathfrak{b}$ und $\mathfrak{a} - \mathfrak{b}$ teilbar durch $\mathfrak{o}$, weil dasselbe von $\mathfrak{a}$ und $\mathfrak{b}$ gilt; da nun $\mathfrak{a} - \mathfrak{b}$ teilbar ist durch $\mathfrak{a}$ und $\mathfrak{b}$, so ist $\mathfrak{o}(\mathfrak{a} - \mathfrak{b})$ teilbar durch $\mathfrak{o}\mathfrak{a}$ und $\mathfrak{o}\mathfrak{b}$, d. h. durch $\mathfrak{a}$ und $\mathfrak{b}$, also auch durch $\mathfrak{a} - \mathfrak{b}$; und da das von Null verschiedene Produkt $\mathfrak{a}\mathfrak{b}$ (nach § 177, IV) durch $\mathfrak{a} - \mathfrak{b}$ teilbar ist, so ist $\mathfrak{a} - \mathfrak{b}$ auch von Null verschieden und folglich ein Ideal. Da ferner $\mathfrak{o}(\mathfrak{a} + \mathfrak{b}) = \mathfrak{o}\mathfrak{a} + \mathfrak{o}\mathfrak{b} = \mathfrak{a} + \mathfrak{b}$, und $\mathfrak{a} + \mathfrak{b}$ als Teiler des Ideals $\mathfrak{a}$ oder $\mathfrak{b}$ gewiß von Null verschieden ist, so ist $\mathfrak{a} + \mathfrak{b}$ ein Ideal. Dasselbe gilt offenbar von dem gemeinsamen größten Teiler und kleinsten Vielfachen von beliebig vielen Idealen, und es ergeben sich die folgenden Sätze:

I. **Sind $\mathfrak{a}, \mathfrak{b}, \mathfrak{c} \ldots$ beliebige Ideale, so ist deren kleinstes gemeinsames Vielfaches**

(1) $$\mathfrak{a} - \mathfrak{b} - \mathfrak{c} - \cdots = \mathfrak{a}\mathfrak{a}_1 = \mathfrak{b}\mathfrak{b}_1 = \mathfrak{c}\mathfrak{c}_1 = \cdots,$$

wo $\mathfrak{a}_1, \mathfrak{b}_1, \mathfrak{c}_1 \ldots$ Ideale bedeuten, deren größter gemeinsamer Teiler

(2) $$\mathfrak{a}_1 + \mathfrak{b}_1 + \mathfrak{c}_1 + \cdots = \mathfrak{o}$$

ist.

Denn wenn man der Kürze wegen $\mathfrak{m} = \mathfrak{a} - \mathfrak{b} - \mathfrak{c} - \cdots$ und $\mathfrak{n} = \mathfrak{a}_1 + \mathfrak{b}_1 + \mathfrak{c}_1 + \cdots$ setzt, so ist das Ideal $\mathfrak{m}$ teilbar durch $\mathfrak{a}, \mathfrak{b}, \mathfrak{c} \ldots$, und folglich genügen (nach § 177, VII) die Ideale $\mathfrak{a}_1 = \mathfrak{m}\mathfrak{a}^{-1}$, $\mathfrak{b}_1 = \mathfrak{m}\mathfrak{b}^{-1}$, $\mathfrak{c}_1 = \mathfrak{m}\mathfrak{c}^{-1} \ldots$ den Bedingungen (1); da sie ferner alle durch das Ideal $\mathfrak{n}$ teilbar sind, so sind auch die Produkte $\mathfrak{a}_1\mathfrak{n}^{-1}$, $\mathfrak{b}_1\mathfrak{n}^{-1}, \mathfrak{c}_1\mathfrak{n}^{-1} \ldots$ Ideale, und hieraus folgt nach (1), daß $\mathfrak{m}\mathfrak{n}^{-1}$ (zufolge § 177, IV) durch $\mathfrak{a}, \mathfrak{b}, \mathfrak{c} \ldots$ teilbar, also $\mathfrak{m}\mathfrak{n}^{-1} > \mathfrak{m}$, $\mathfrak{m} > \mathfrak{m}\mathfrak{n}$, mithin (nach § 177, VI) $\mathfrak{n} = \mathfrak{o}$ ist, w. z. b. w.

Aus dem Beweise folgt, daß der in (2) enthaltene Satz auch in der Form

(3) $$(\mathfrak{a} - \mathfrak{b} - \mathfrak{c} - \cdots)^{-1} = \mathfrak{a}^{-1} + \mathfrak{b}^{-1} + \mathfrak{c}^{-1} + \cdots$$

dargestellt werden kann; er bildet das dualistische Gegenstück zu dem Satze

(4) $$(\mathfrak{a} + \mathfrak{b} + \mathfrak{c} + \cdots)^{-1} = \mathfrak{a}^{-1} - \mathfrak{b}^{-1} - \mathfrak{c}^{-1} - \cdots,$$

welcher eine unmittelbare Folge des zweiten Modulsatzes (18) in § 170 ist.

II. Zu je zwei Idealen $\mathfrak{a}$, $\mathfrak{b}$ gehören zwei Ideale $\mathfrak{a}'$, $\mathfrak{b}'$, welche den Bedingungen

(5) $\quad\quad\quad\quad \mathfrak{a} - \mathfrak{b} = \mathfrak{a}\mathfrak{b}' = \mathfrak{b}\mathfrak{a}'$
(6) $\quad\quad\quad\quad \mathfrak{a}' + \mathfrak{b}' = \mathfrak{o},$
(7) $\quad\quad\quad\quad \mathfrak{a} = (\mathfrak{a} + \mathfrak{b})\mathfrak{a}', \ \mathfrak{b} = (\mathfrak{a} + \mathfrak{b})\mathfrak{b}'$

genügen; zugleich ist

(8) $\quad\quad\quad\quad (\mathfrak{a} + \mathfrak{b})(\mathfrak{a} - \mathfrak{b}) = \mathfrak{a}\mathfrak{b}.$

Die Gleichungen (5), (6) folgen als spezieller Fall aus (1), (2); multipliziert man (6) mit $\mathfrak{a}$ oder mit $\mathfrak{b}$, so folgt (7) aus (5), und wenn man (5) mit $\mathfrak{a} + \mathfrak{b}$ multipliziert, so folgt (8) aus (7), w. z. b. w.

Ersetzt man $\mathfrak{a}$ und $\mathfrak{b}$ in (8) durch $\mathfrak{a}\mathfrak{c}$ und $\mathfrak{b}\mathfrak{c}$, wo $\mathfrak{c}$ ein beliebiges Ideal bedeutet, und dividiert durch

(9) $\quad\quad\quad\quad \mathfrak{a}\mathfrak{c} + \mathfrak{b}\mathfrak{c} = (\mathfrak{a} + \mathfrak{b})\mathfrak{c},$

so folgt aus (8) auch der Satz*)

(10) $\quad\quad\quad\quad \mathfrak{a}\mathfrak{c} - \mathfrak{b}\mathfrak{c} = (\mathfrak{a} - \mathfrak{b})\mathfrak{c};$

derselbe ergibt sich auch aus (5), wenn man bedenkt, daß zufolge (7) und (9) die Ideale $\mathfrak{a}'$, $\mathfrak{b}'$ ungeändert bleiben, wenn man $\mathfrak{a}$, $\mathfrak{b}$ durch $\mathfrak{a}\mathfrak{c}$, $\mathfrak{b}\mathfrak{c}$ ersetzt.

Zwei Ideale $\mathfrak{a}$, $\mathfrak{b}$ heißen **relative Primideale**, wenn ihr größter gemeinsamer Teiler $\mathfrak{a} + \mathfrak{b} = \mathfrak{o}$ ist. In diesem Falle sind die eben mit $\mathfrak{a}'$, $\mathfrak{b}'$ bezeichneten Ideale [welche zufolge (6) **immer** relative Primideale sind] identisch mit $\mathfrak{a}$, $\mathfrak{b}$, und zufolge (8) oder (5) ist **das kleinste gemeinsame Vielfache zweier relativen Primideale zugleich ihr Produkt**; umgekehrt folgt aus $\mathfrak{a} - \mathfrak{b} = \mathfrak{a}\mathfrak{b}$, daß $\mathfrak{a} + \mathfrak{b} = \mathfrak{o}$, daß also $\mathfrak{a}$, $\mathfrak{b}$ relative Primideale sind. Offenbar ist $\mathfrak{o}$ relatives Primideal zu jedem Ideal, also auch zu sich selbst, und kein anderes Ideal hat diese Eigenschaft. Die zunächst folgenden Sätze stimmen vollständig mit denen der rationalen Zahlentheorie überein (§ 5), wobei wir ein für allemal bemerken, daß mehr als zwei Ideale dann und nur dann relative Primideale heißen sollen, wenn jedes von ihnen relatives Primideal zu jedem der übrigen ist.

---

*) Vgl. die Sätze (8), (9) in § 170. — Wir bemerken noch, daß die in der Anmerkung zu § 171 auf S. 77 erwähnte Gruppe von 28 Moduln, welche aus drei beliebigen Moduln $\mathfrak{a}$, $\mathfrak{b}$, $\mathfrak{c}$ entspringt, auf eine Gruppe von 18 Moduln einschrumpft, falls $\mathfrak{a}$, $\mathfrak{b}$, $\mathfrak{c}$ Ideale sind, weil gleichzeitig die dortige Klassenanzahl $d = 1$ wird.

III. Sind $\mathfrak{a}, \mathfrak{b}$ relative Primideale, und ist $\mathfrak{c}$ ein beliebiges Ideal, so ist der größte gemeinschaftliche Teiler der beiden Ideale $\mathfrak{a}, \mathfrak{b}\mathfrak{c}$ zugleich derjenige der beiden Ideale $\mathfrak{a}, \mathfrak{c}$, also $\mathfrak{a} + \mathfrak{b}\mathfrak{c} = \mathfrak{a} + \mathfrak{c}$.

Denn durch Multiplikation von $\mathfrak{a} + \mathfrak{b} = \mathfrak{o}$ mit $\mathfrak{c}$ folgt zunächst $\mathfrak{a}\mathfrak{c} + \mathfrak{b}\mathfrak{c} = \mathfrak{c}$; addiert man $\mathfrak{a}$ und bedenkt, daß $\mathfrak{a}\mathfrak{c} > \mathfrak{a}$, also $\mathfrak{a}\mathfrak{c} + \mathfrak{a} = \mathfrak{a}$ ist, so folgt $\mathfrak{a} + \mathfrak{b}\mathfrak{c} = \mathfrak{a} + \mathfrak{c}$, w. z. b. w.

IV. Ist $\mathfrak{a}$ relatives Primideal zu jedem der beiden Ideale $\mathfrak{b}, \mathfrak{c}$, so ist $\mathfrak{a}$ auch relatives Primideal zu deren Produkte $\mathfrak{b}\mathfrak{c}$.

Dies folgt unmittelbar aus dem vorhergehenden Satze, weil $\mathfrak{a} + \mathfrak{c} = \mathfrak{o}$ ist. Durch wiederholte Anwendung ergibt sich (wie in § 5) der Satz:

V. Ist jedes der Ideale $\mathfrak{a}, \mathfrak{a}_1, \mathfrak{a}_2, \mathfrak{a}_3 \ldots$ relatives Primideal zu jedem der Ideale $\mathfrak{b}, \mathfrak{b}_1, \mathfrak{b}_2 \ldots$, so sind auch die beiden Produkte $\mathfrak{a}\mathfrak{a}_1\mathfrak{a}_2\mathfrak{a}_3\ldots$ und $\mathfrak{b}\mathfrak{b}_1\mathfrak{b}_2\ldots$, und ebenso auch irgend zwei Potenzen $\mathfrak{a}^r, \mathfrak{b}^s$ relative Primideale.

VI. Sind $\mathfrak{a}, \mathfrak{b}$ relative Primideale, und ist $\mathfrak{b}\mathfrak{c} > \mathfrak{a}$, so ist auch $\mathfrak{c} > \mathfrak{a}$.

Dies folgt ebenfalls aus III, weil $\mathfrak{a} + \mathfrak{b}\mathfrak{c} = \mathfrak{a}$ ist.

VII. Sind $\mathfrak{a}, \mathfrak{b}$ relative Primideale, so ist jeder Faktor $\mathfrak{a}'$ von $\mathfrak{a}$ relatives Primideal zu jedem Faktor $\mathfrak{b}'$ von $\mathfrak{b}$.

Denn aus $\mathfrak{a} > \mathfrak{a}' > \mathfrak{o}$ und $\mathfrak{b} > \mathfrak{b}' > \mathfrak{o}$ folgt $\mathfrak{a} + \mathfrak{b} > \mathfrak{a}' + \mathfrak{b}' > \mathfrak{o}$, und da $\mathfrak{a} + \mathfrak{b} = \mathfrak{o}$ ist, so ist auch $\mathfrak{a}' + \mathfrak{b}' = \mathfrak{o}$, w. z. b. w.

VIII. Sind $\mathfrak{a}, \mathfrak{b}, \mathfrak{c}\ldots$ relative Primideale, so ist ihr kleinstes gemeinsames Vielfaches zugleich ihr Produkt, also

(11) $\qquad \mathfrak{a} - \mathfrak{b} - \mathfrak{c} - \cdots = \mathfrak{a}\mathfrak{b}\mathfrak{c}\ldots$

Für zwei relative Primideale $\mathfrak{a}, \mathfrak{b}$ ist dieser Satz schon oben aus II. abgeleitet. Nehmen wir an, er sei für r relative Primideale $\mathfrak{b}, \mathfrak{c}\ldots$ bewiesen, und $\mathfrak{a}$ sei relatives Primideal zu jedem von ihnen, also auch zu ihrem Produkte $\mathfrak{a}_1 = \mathfrak{b}\mathfrak{c}\cdots = \mathfrak{b} - \mathfrak{c} - \cdots$, so ist das kleinste gemeinsame Vielfache aller $(r+1)$ Ideale $= \mathfrak{a} - \mathfrak{a}_1 = \mathfrak{a}\mathfrak{a}_1$, mithin gilt der Satz allgemein, w. z. b. w.

Zugleich leuchtet ein, daß die im Satze I auftretenden $(r+1)$ Ideale $\mathfrak{a}_1, \mathfrak{b}_1, \mathfrak{c}_1\ldots$ in unserem Falle die aus je r von den Idealen

$\mathfrak{a}, \mathfrak{b}, \mathfrak{c}\ldots$ gebildeten Produkte sind. — Aus den vorhergehenden Sätzen ergibt sich nun der folgende wichtige Existenzsatz*):

IX. **Ist das Ideal $\mathfrak{a}$ durch keins der Ideale $\mathfrak{c}_1, \mathfrak{c}_2\ldots$ teilbar, so gibt es in $\mathfrak{a}$ auch eine Zahl α, welche in keinem der Ideale $\mathfrak{c}$ enthalten ist.**

Wenn nur ein einziges Ideal $\mathfrak{c}$ vorliegt (oder wenn $\mathfrak{a}$ ein Hauptideal ist), so versteht sich der Satz von selbst. Wir nehmen an, er sei schon für alle Fälle bewiesen, wo die Anzahl der Ideale $\mathfrak{c}$ kleiner als r ist, und zeigen, daß er dann auch für r Ideale $\mathfrak{c}_1, \mathfrak{c}_2\ldots \mathfrak{c}_r$, mithin allgemein gilt. Jedem dieser Ideale $\mathfrak{c}_s$ entspricht ein Ideal $\mathfrak{b}_s$, welches der Bedingung $\mathfrak{a}\mathfrak{b}_s = \mathfrak{a} - \mathfrak{c}_s$ genügt und folglich von $\mathfrak{o}$ verschieden ist; das Ideal $\mathfrak{a}$ ist durch keins der r Produkte $\mathfrak{a}\mathfrak{b}_s$ teilbar, und es genügt, die Existenz einer in $\mathfrak{a}$ enthaltenen Zahl α nachzuweisen, welche durch keins dieser Produkte und folglich auch durch keins der Ideale $\mathfrak{c}_s$ teilbar ist. Gibt es nun unter den r Idealen $\mathfrak{b}_s$ ein Paar, z. B. $\mathfrak{b}_1$ und $\mathfrak{b}_2$, deren größter gemeinschaftlicher Teiler von $\mathfrak{o}$ verschieden ist, so ist $\mathfrak{a}$ auch nicht teilbar durch $\mathfrak{a}(\mathfrak{b}_1 + \mathfrak{b}_2)$, und folglich gibt es (nach unserer Annahme) in $\mathfrak{a}$ eine Zahl α, welche durch keins der $(r-1)$ Ideale $\mathfrak{a}(\mathfrak{b}_1 + \mathfrak{b}_2)$, $\mathfrak{a}\mathfrak{b}_3 \ldots \mathfrak{a}\mathfrak{b}_r$ teilbar ist, mithin die geforderte Eigenschaft besitzt, weil $\mathfrak{a}\mathfrak{b}_1$ und $\mathfrak{a}\mathfrak{b}_2$ durch $\mathfrak{a}(\mathfrak{b}_1 + \mathfrak{b}_2)$ teilbar sind. Es bleibt daher nur noch der Fall übrig, wo die r Ideale $\mathfrak{b}_s$ relative Primideale sind. Dann ist jedes dieser Ideale $\mathfrak{b}_s$ relatives Primideal zu dem aus allen übrigen gebildeten Produkte $\mathfrak{b}'_s$, und da $\mathfrak{b}_s$ von $\mathfrak{o}$ verschieden ist, so ist $\mathfrak{b}'_s$ nicht teilbar durch $\mathfrak{b}_s$, also $\mathfrak{a}\mathfrak{b}'_s$ auch nicht teilbar durch $\mathfrak{a}\mathfrak{b}_s$, und es gibt folglich in $\mathfrak{a}\mathfrak{b}'_s$ eine Zahl α_s, welche nicht durch $\mathfrak{a}\mathfrak{b}_s$ teilbar ist. Setzt man nun $\alpha = \alpha_1 + \alpha_2 + \cdots + \alpha_r$, so ist die Zahl α wie jede der r Zahlen α_s in $\mathfrak{a}$ enthalten, aber sie kann durch keins der r Produkte $\mathfrak{a}\mathfrak{b}_s$ teilbar sein; denn weil die Ideale $\mathfrak{b}'_2, \mathfrak{b}'_3 \ldots \mathfrak{b}'_r$ alle durch $\mathfrak{b}_1$, also die Zahlen $\alpha_2, \alpha_3 \ldots \alpha_r$ alle durch $\mathfrak{a}\mathfrak{b}_1$ teilbar sind, während das Gegenteil

---

*) Auf den ersten Blick könnte es scheinen, als müßte derselbe auch für beliebige Moduln gelten. Dies ist wirklich noch wahr, wenn nur zwei Moduln $\mathfrak{c}_1, \mathfrak{c}_2$ vorliegen; denn wählt man aus $\mathfrak{a}$ zwei Zahlen α_1, α_2, von denen die erste nicht in $\mathfrak{c}_1$, die zweite nicht in $\mathfrak{c}_2$ enthalten ist, so hat mindestens eine der drei Zahlen $\alpha_1, \alpha_2, \alpha_1 + \alpha_2$ offenbar die geforderte Eigenschaft. Daß aber schon für drei Moduln $\mathfrak{c}_1, \mathfrak{c}_2, \mathfrak{c}_3$ der Satz nicht allgemein gilt, ergibt sich leicht aus der Betrachtung des Beispiels
$$\mathfrak{a} = [1, \omega], \; \mathfrak{c}_1 = [2, \omega], \; \mathfrak{c}_2 = [1, 2\omega], \; \mathfrak{c}_3 = [2, 1+\omega],$$
wo ω irgendeine irrationale Zahl bedeutet (vgl. § 171, IV).

für α_1 gilt, so kann auch α nicht durch $\mathfrak{a}\mathfrak{b}_1$, und ebensowenig kann α durch eins der übrigen Produkte $\mathfrak{a}\mathfrak{b}_s$ teilbar sein. Mithin hat die Zahl α die geforderte Eigenschaft, w. z. b. w.

X. Sind $\mathfrak{a}, \mathfrak{b}$ irgend zwei Ideale, so kann man eine von Null verschiedene Zahl α immer so wählen, daß $\mathfrak{a}\mathfrak{b} + \mathfrak{o}\alpha = \mathfrak{a}$, also $\mathfrak{a}\mathfrak{b} - \mathfrak{o}\alpha = \mathfrak{b}\alpha$ wird.

Denn wenn $\mathfrak{b} = \mathfrak{o}$ ist, so genügt offenbar jede Zahl α des Ideals $\mathfrak{a}$ dieser Forderung. Ist aber $\mathfrak{b}$ von $\mathfrak{o}$ verschieden, und bezeichnet man mit $\mathfrak{c}$ alle Ideale, welche $< \mathfrak{a}\mathfrak{b}$ und zugleich $> \mathfrak{a}$, aber verschieden von $\mathfrak{a}$ sind, so gibt es, weil deren Anzahl (nach § 177, VIII) endlich ist, in $\mathfrak{a}$ eine Zahl α, welche durch keins der Ideale $\mathfrak{c}$ teilbar ist; mithin ist auch das Ideal $\mathfrak{a}\mathfrak{b} + \mathfrak{o}\alpha$ verschieden von allen $\mathfrak{c}$, und da es ebenfalls $< \mathfrak{a}\mathfrak{b}$ und $> \mathfrak{a}$ ist, so muß $\mathfrak{a}\mathfrak{b} + \mathfrak{o}\alpha = \mathfrak{a}$, und nach (8) zugleich $\mathfrak{a}\mathfrak{b} - \mathfrak{o}\alpha = \mathfrak{b}\alpha$ sein, w. z. b. w.

XI. Sind $\mathfrak{a}, \mathfrak{b}$ Ideale, so läßt sich $\mathfrak{a}$ in ein Hauptideal $\mathfrak{o}\alpha$ verwandeln durch Multiplikation mit einem Ideal $\mathfrak{m}$, welches relatives Primideal zu $\mathfrak{b}$ ist.

Denn setzt man in dem vorigen Satze das durch $\mathfrak{a}$ teilbare Hauptideal $\mathfrak{o}\alpha = \mathfrak{a}\mathfrak{m}$, so ist $\mathfrak{a}\mathfrak{b} + \mathfrak{a}\mathfrak{m} = \mathfrak{a}(\mathfrak{b} + \mathfrak{m}) = \mathfrak{a}$, also $\mathfrak{b} + \mathfrak{m} = \mathfrak{o}$, w. z. b. w.

XII. Jedes Ideal $\mathfrak{a}$ ist darstellbar als größter gemeinsamer Teiler von zwei Hauptidealen.

Denn wählt man nach Belieben aus $\mathfrak{a}$ eine von Null verschiedene Zahl μ, so ist $\mathfrak{o}\mu = \mathfrak{a}\mathfrak{b}$, und man kann (nach X) die Zahl α so wählen, daß $\mathfrak{o}\mu + \mathfrak{o}\alpha = \mathfrak{a}$ wird, w. z. b. w.

XIII. Zwei von Null verschiedene Zahlen α, β in $\mathfrak{o}$ sind stets und nur dann relative Primzahlen, wenn die durch sie erzeugten Hauptideale $\mathfrak{o}\alpha, \mathfrak{o}\beta$ relative Primideale sind, und es gibt dann immer zwei Zahlen ξ, η in $\mathfrak{o}$, welche der Bedingung
$$(12) \qquad \alpha\xi + \beta\eta = 1$$
genügen.

Denn wenn $\mathfrak{o}\alpha + \mathfrak{o}\beta = \mathfrak{o}$ ist, so ist die in $\mathfrak{o}$ enthaltene Zahl 1 als Summe von zwei in $\mathfrak{o}\alpha, \mathfrak{o}\beta$ enthaltenen Zahlen, also in der Form (12) darstellbar, d. h. α, β sind relative Primzahlen (§ 174). Im entgegengesetzten Falle, wenn $\mathfrak{o}\alpha + \mathfrak{o}\beta$ verschieden von $\mathfrak{o}$, also $\mathfrak{o}\alpha - \mathfrak{o}\beta$

zufolge (8) ein echter Teiler von $\mathfrak{o}\alpha\beta$ ist, gibt es eine durch α und β teilbare, d. h. eine in $\mathfrak{o}\alpha - \mathfrak{o}\beta$ enthaltene Zahl ω, welche nicht durch $\alpha\beta$ teilbar ist, und folglich können α, β (nach § 174) nicht relative Primzahlen sein, w. z. b. w.

Der zweite Teil dieses Satzes ergibt sich auch unmittelbar aus der Anmerkung zu § 174; denn zufolge derselben gibt es, wenn α, β relative Primzahlen in $\mathfrak{o}$ sind, auch zwei in $\mathfrak{o}$ enthaltene Zahlen ξ, η, welche die Bedingung (12) erfüllen, und hieraus folgt offenbar $\mathfrak{o}\alpha + \mathfrak{o}\beta = \mathfrak{o}$. Aber beide Beweise fließen, wie man leicht sieht, aus derselben Quelle, nämlich aus dem Satze VI in § 173.

Wir bemerken noch, daß wir unter dem größten gemeinsamen Teiler eines Ideals $\mathfrak{m}$ und einer Zahl α (selbst wenn letztere $= 0$ sein sollte) immer das Ideal $\mathfrak{m} + \mathfrak{o}\alpha$ verstehen; und wir sagen, $\mathfrak{m}$ sei relatives Primideal zu α, oder α sei relative Primzahl zu $\mathfrak{m}$, wenn $\mathfrak{m} + \mathfrak{o}\alpha = \mathfrak{o}$ ist*). Dann besteht folgender Satz:

XIV. **Ist $\mathfrak{m}$ relatives Primideal zu der natürlichen Zahl k, so ist die kleinste durch $\mathfrak{m}$ teilbare natürliche Zahl $m = (\mathfrak{z}, \mathfrak{m})$ auch relative Primzahl zu k.**

Denn bedeutet e den größten gemeinsamen Teiler der Zahlen $m = em'$ und k, so ist ihr kleinstes gemeinsames Vielfaches km' teilbar durch $\mathfrak{m}$ und $\mathfrak{o}k$, also auch durch $\mathfrak{m} - \mathfrak{o}k = k\mathfrak{m}$; mithin ist m' teilbar durch $\mathfrak{m}$, folglich $m' = m$, $e = 1$, w. z. b. w.

§ 179

Das Ideal $\mathfrak{o}$ hat nur den einzigen Faktor $\mathfrak{o}$. Jedes von $\mathfrak{o}$ verschiedene Ideal $\mathfrak{p}$ besitzt gewiß zwei verschiedene Faktoren, nämlich $\mathfrak{o}$ und $\mathfrak{p}$, und es soll ein (absolutes) **Primideal** heißen, wenn es keine anderen Faktoren hat. Ein Ideal, welches mehr als zwei ver-

---

*) Endlich erwähnen wir, daß jeder **Idealbruch**, d. h. jeder Quotient von zwei Idealen, immer ein im Körper Ω enthaltener endlicher Modul $\mathfrak{i}$ von der Ordnung $\mathfrak{o}$ ist, und daß umgekehrt jeder solche Modul $\mathfrak{i}$ auf unendlich viele Arten als Idealbruch, und nur auf eine einzige Weise als ein solcher Idealbruch dargestellt werden kann, dessen Zähler und Nenner relative Primideale sind. Jedes Ideal ist ein Idealbruch mit dem Nenner $\mathfrak{o}$. Der größte gemeinsame Teiler, das kleinste gemeinsame Vielfache, das Produkt und der Quotient von irgend zwei Idealbrüchen sind ebenfalls Idealbrüche, und die Gesetze ihrer Bildung stimmen genau mit denen der rationalen Zahlentheorie überein. Die Beweise, welche hauptsächlich auf den in § 170 bewiesenen Sätzen über **eigentliche Moduln** beruhen wird der Leser leicht finden.

schiedene Faktoren besitzt, heißt zusammengesetzt (vgl. § 8). Aus dieser Erklärung ergeben sich die folgenden Sätze.

I. **Ist $\mathfrak{p}$ ein Primideal, und $\mathfrak{a}$ irgendein Ideal, so ist entweder $\mathfrak{a}$ teilbar durch $\mathfrak{p}$, oder $\mathfrak{a}$ und $\mathfrak{p}$ sind relative Primideale.**

Denn das Ideal $\mathfrak{a} + \mathfrak{p}$ ist als Faktor von $\mathfrak{p}$ entweder $= \mathfrak{p}$, oder $= \mathfrak{o}$, und im ersteren Falle ist $\mathfrak{a} > \mathfrak{p}$, w. z. b. w.

II. **Geht das Primideal $\mathfrak{p}$ in dem Produkte der Ideale $\mathfrak{a}, \mathfrak{b}, \mathfrak{c} \ldots$ auf, so ist mindestens eins derselben durch $\mathfrak{p}$ teilbar.**

Denn wenn $\mathfrak{p}$ in keinem der Ideale $\mathfrak{a}, \mathfrak{b}, \mathfrak{c} \ldots$ aufgeht, so ist $\mathfrak{p}$ (nach I) relatives Primideal zu jedem derselben, also (nach § 178, V) auch zu ihrem Produkte $\mathfrak{a}\mathfrak{b}\mathfrak{c}\ldots$, und folglich kann letzteres (nach I) auch nicht durch $\mathfrak{p}$ teilbar sein, w. z. b. w.

III. **Ist $\mathfrak{m}$ ein zusammengesetztes Ideal, so gibt es zwei durch $\mathfrak{m}$ nicht teilbare Zahlen α, β, deren Produkt $\alpha\beta$ durch $\mathfrak{m}$ teilbar ist.**

Denn $\mathfrak{m}$ besitzt einen von $\mathfrak{o}$ und $\mathfrak{m}$ verschiedenen Faktor $\mathfrak{a}$ und ist folglich $= \mathfrak{a}\mathfrak{b}$, wo $\mathfrak{b}$ ein von $\mathfrak{o}$ verschiedenes Ideal bedeutet; da nun (nach § 177, VI) weder $\mathfrak{a}$ noch $\mathfrak{b}$ durch $\mathfrak{m}$, d. h. durch $\mathfrak{a}\mathfrak{b}$ teilbar ist, so kann man aus $\mathfrak{a}, \mathfrak{b}$ Zahlen α, β wählen, die nicht in $\mathfrak{m}$, deren Produkt $\alpha\beta$ aber in $\mathfrak{a}\mathfrak{b}$, d. h. in $\mathfrak{m}$ enthalten ist, w. z. b. w.

Mithin ist eine Zahl μ dann und nur dann eine **Primzahl** (S. 110), wenn $\mathfrak{o}\mu$ ein Primideal ist.

IV. **Jedes von $\mathfrak{o}$ verschiedene Ideal $\mathfrak{a}$ ist durch mindestens ein Primideal teilbar.**

Der Satz ist richtig, wenn $\mathfrak{a}$ selbst ein Primideal ist. Im entgegengesetzten Falle besitzt $\mathfrak{a}$ einen von $\mathfrak{a}$ und $\mathfrak{o}$ verschiedenen Faktor $\mathfrak{b}$, und wenn dieser noch kein Primideal ist, so besitzt er einen von $\mathfrak{b}$ und $\mathfrak{o}$ verschiedenen Faktor $\mathfrak{c}$, und wenn dieser kein Primideal ist, so kann man in derselben Weise fortfahren. Da nun die in dieser Kette auftretenden Ideale $\mathfrak{a}, \mathfrak{b}, \mathfrak{c} \ldots$, deren jedes ein echtes Vielfaches des folgenden ist, alle voneinander verschieden und zugleich Faktoren des Ideals $\mathfrak{a}$ sind, welches (nach § 177, VIII) nur eine endliche Anzahl von Faktoren besitzt, so muß diese Kette notwendig eine endliche sein, sie muß ein letztes Glied $\mathfrak{p}$ enthalten, und dieses muß, weil sonst die Kette sich noch weiter fortsetzen ließe, ein Primideal sein, w. z. b. w.

V. Jedes von $\mathfrak{o}$ verschiedene Ideal $\mathfrak{a}$ ist entweder ein Primideal, oder es läßt sich, und zwar nur auf eine einzige Weise, als ein Produkt von Primidealen darstellen.

Denn $\mathfrak{a}$ ist durch ein Primideal $\mathfrak{p}_1$ teilbar, also von der Form $\mathfrak{p}_1 \mathfrak{a}_1$, wo $\mathfrak{a}_1$ ein Ideal; ist dasselbe $= \mathfrak{o}$, so ist $\mathfrak{a} = \mathfrak{p}_1$ ein Primideal. Ist aber $\mathfrak{a}_1$ verschieden von $\mathfrak{o}$, so ist wieder $\mathfrak{a}_1 = \mathfrak{p}_2 \mathfrak{a}_2$, wo das erste der beiden Ideale $\mathfrak{p}_2$, $\mathfrak{a}_2$ ein Primideal bedeutet, und wenn $\mathfrak{a}_2$ von $\mathfrak{o}$ verschieden ist, so kann man in derselben Weise fortfahren. Die Kette der Ideale $\mathfrak{a}$, $\mathfrak{a}_1$, $\mathfrak{a}_2$ ..., deren jedes ein echtes Vielfaches des folgenden ist, muß eine endliche sein, also ein letztes Glied $\mathfrak{a}_r$ enthalten, und dieses muß $= \mathfrak{o}$ sein, weil sonst die Kette sich noch fortsetzen ließe. Zugleich ergibt sich die gewünschte Darstellung

(1) $$\mathfrak{a} = \mathfrak{p}_1 \mathfrak{p}_2 \ldots \mathfrak{p}_r.$$

Um zu zeigen, daß es im wesentlichen, d. h. abgesehen von der Aufeinanderfolge der Faktoren, nur eine einzige solche Darstellung gibt, bemerken wir zunächst, daß jeder der r Primfaktoren $\mathfrak{p}_1$, $\mathfrak{p}_2$, ..., $\mathfrak{p}_r$ offenbar in $\mathfrak{a}$ aufgeht, und daß umgekehrt jedes in $\mathfrak{a}$ aufgehende Primideal $\mathfrak{p}$ notwendig mit einem dieser r Primfaktoren identisch sein muß; denn da $\mathfrak{p}$ in dem Produkte $\mathfrak{p}_1 \mathfrak{p}_2 \ldots \mathfrak{p}_r$ aufgeht, so muß (nach II) mindestens einer der Faktoren, z. B. $\mathfrak{p}_1$, durch $\mathfrak{p}$ teilbar sein, und da $\mathfrak{p}_1$ als Primideal nur die beiden Faktoren $\mathfrak{p}_1$ und $\mathfrak{o}$ besitzt, so muß das Primideal $\mathfrak{p}$, weil es von $\mathfrak{o}$ verschieden ist, notwendig $= \mathfrak{p}_1$ sein. Die in einer solchen Darstellung (1) auftretenden Faktoren sind also die sämtlichen in dem Ideal $\mathfrak{a}$ aufgehenden Primideale $\mathfrak{p}$ und keine anderen. Ist ferner e die genaue Anzahl derjenigen von diesen r Faktoren, welche mit einem bestimmten Primideal $\mathfrak{p}$ identisch sind, so kann man $\mathfrak{a} = \mathfrak{b} \mathfrak{p}^e$ setzen, wo $\mathfrak{b}$ entweder $= \mathfrak{o}$ oder, falls $e < r$ ist, das Produkt der übrigen $r - e$ Primfaktoren ist; da die letzteren alle von $\mathfrak{p}$ verschieden sind, so ist $\mathfrak{b}$ keinesfalls durch $\mathfrak{p}$ teilbar, und hieraus folgt (nach § 177, VI), daß $\mathfrak{a}$ zwar durch $\mathfrak{p}^e$, aber durch keine höhere Potenz von $\mathfrak{p}$ teilbar, daß also die **Anzahl e zugleich der Exponent der höchsten in dem Ideal $\mathfrak{a}$ aufgehenden Potenz des Primideals $\mathfrak{p}$ ist**. Mithin sind die in der Darstellung (1) des Ideals $\mathfrak{a}$ erscheinenden Primfaktoren $\mathfrak{p}$ nicht nur an sich, sondern auch nach der Häufigkeit ihres Auftretens vollständig bestimmt durch $\mathfrak{a}$ allein, w. z. b. w.

An den Beweis dieses Fundamentalsatzes knüpfen wir noch folgende Bemerkungen. Bezeichnet man jetzt mit $\mathfrak{p}_1, \mathfrak{p}_2, \mathfrak{p}_3 \ldots$ alle voneinander verschiedenen, in dem Ideal $\mathfrak{a}$ aufgehenden Primideale, so nimmt die Darstellung (1) die Form

(2) $\qquad \mathfrak{a} = \mathfrak{p}_1^{e_1} \mathfrak{p}_2^{e_2} \mathfrak{p}_3^{e_3} \ldots$

an, wo die natürlichen Zahlen $e_1, e_2, e_3 \ldots$ die Häufigkeit des Auftretens für die einzelnen Primfaktoren angeben. Es kann gelegentlich, bei der Vergleichung mehrerer Ideale, von Vorteil sein, auch den Exponenten Null zuzulassen, in welchem Falle (nach § 177, V) die Potenz $\mathfrak{p}^0 = \mathfrak{o}$ zu setzen ist; dies bedeutet natürlich, daß das Ideal $\mathfrak{a}$ durch das Primideal $\mathfrak{p}$ gar nicht teilbar ist. In jedem Falle erscheint das Ideal $\mathfrak{a}$ als das Produkt oder (nach § 178, VIII) auch als das kleinste gemeinschaftliche Vielfache aller in ihm aufgehenden höchsten Primideal-Potenzen $\mathfrak{p}_1^{e_1}, \mathfrak{p}_2^{e_2}, \mathfrak{p}_3^{e_3} \ldots$, welche ja zugleich auch relative Primideale sind, und es ergibt sich der Satz:

VI. **Ein Ideal $\mathfrak{a}$ ist dann (und nur dann) durch ein Ideal $\mathfrak{b}$ teilbar, wenn jede in $\mathfrak{b}$ aufgehende Primideal-Potenz auch in $\mathfrak{a}$ aufgeht.**

Denn wenn $\mathfrak{a}$ ein Vielfaches aller in $\mathfrak{b}$ aufgehenden Primideal-Potenzen ist, so ist $\mathfrak{a}$ auch teilbar durch deren kleinstes gemeinsames Vielfaches $\mathfrak{b}$, w. z. b. w.

Hieraus folgt zugleich, daß jeder Faktor $\mathfrak{b}$ des in (2) dargestellten Ideals $\mathfrak{a}$ gewiß in der Form

(3) $\qquad \mathfrak{b} = \mathfrak{p}_1^{r_1} \mathfrak{p}_2^{r_2} \mathfrak{p}_3^{r_3} \ldots$

darstellbar ist, wo z. B. r_1 eine der Zahlen $0, 1, 2, \ldots, e_1$ bedeutet; und da je zwei solche Ideale $\mathfrak{b}$ von der Form (3), die verschiedenen Systemen von Exponenten $r_1, r_2, r_3 \ldots$ entsprechen, auch verschieden sind (nach V), so ist das Produkt

(4) $\qquad (e_1 + 1)(e_2 + 1)(e_3 + 1)\ldots$

die Anzahl aller verschiedenen Faktoren $\mathfrak{b}$ des Ideals $\mathfrak{a}$. Zugleich leuchtet ein, daß die Regeln zur Bestimmung des größten gemeinsamen Teilers und des kleinsten gemeinsamen Vielfachen von beliebig vielen in der Form (2) dargestellten Idealen vollständig übereinstimmen mit denen der rationalen Zahlentheorie (§ 10).

VII. Die kleinste durch das Primideal $\mathfrak{p}$ teilbare natürliche Zahl $p = (\mathfrak{z}, \mathfrak{p})$ ist eine natürliche Primzahl, und zwar ist p die einzige durch $\mathfrak{p}$ teilbare natürliche Primzahl.

Denn jedenfalls ist $p > 1$, weil sonst $\mathfrak{p} = \mathfrak{o}$ wäre, und wenn p ein Produkt aus zwei kleineren natürlichen Zahlen r, s wäre, so müßte das in dem Produkte $\mathfrak{o}r \cdot \mathfrak{o}s$ aufgehende Primideal $\mathfrak{p}$ (zufolge II) auch in einem der Faktoren, also auch in einer der Zahlen r, s aufgehen, was der Definition von p widersprechen würde; mithin ist p eine Primzahl, und da $[p]$ der Inbegriff aller durch $\mathfrak{p}$ teilbaren rationalen Zahlen ist (§ 177, X), so kann keine andere natürliche Primzahl durch $\mathfrak{p}$ teilbar sein, w. z. b. w.

§ 180

Nachdem in den §§ 177 bis 179 die Theorie der Teilbarkeit der Ideale und also auch der Zahlen in $\mathfrak{o}$ vollständig erledigt ist (vgl. §§ 1 bis 10), wenden wir uns zur Betrachtung der auf Ideale bezüglichen **Zahlklassen** und **Kongruenzen** von Zahlen in $\mathfrak{o}$. Ist μ von Null verschieden, so ist $\mathfrak{o}\mu$ ein Hauptideal, und wir haben schon (in § 176, II) bewiesen, daß

(1) $$(\mathfrak{o}, \mathfrak{o}\mu) = \pm N(\mu),$$

also von Null verschieden ist. Wählt man nun aus irgendeinem Ideal $\mathfrak{m}$ eine solche Zahl μ, so folgt aus $\mathfrak{o} < \mathfrak{m} < \mathfrak{o}\mu$ [nach § 171, (5)], daß $(\mathfrak{o}, \mathfrak{m})(\mathfrak{m}, \mathfrak{o}\mu) = (\mathfrak{o}, \mathfrak{o}\mu)$, mithin auch $(\mathfrak{o}, \mathfrak{m})$ von Null verschieden ist; wir wollen in Rücksicht auf (1) diese Klassenanzahl

(2) $$(\mathfrak{o}, \mathfrak{m}) = N(\mathfrak{m})$$

setzen und die **Norm** des Ideals $\mathfrak{m}$ nennen; offenbar ist $\mathfrak{o}$ das einzige Ideal, dessen Norm $= 1$ ist. Dann geht die Gleichung (1) in

(3) $$N(\mathfrak{o}\mu) = \pm N(\mu)$$

über, und für beliebige Ideale $\mathfrak{a}$, $\mathfrak{b}$ gelten die Sätze

(4) $$(\mathfrak{a}, \mathfrak{a}\mathfrak{b}) = N(\mathfrak{b})$$

(5) $$N(\mathfrak{a}\mathfrak{b}) = N(\mathfrak{a})N(\mathfrak{b}).$$

Denn wählt man (nach § 178, X) eine von Null verschiedene Zahl α so, daß $\mathfrak{a}\mathfrak{b} + \mathfrak{o}\alpha = \mathfrak{a}$, $\mathfrak{a}\mathfrak{b} - \mathfrak{o}\alpha = \mathfrak{b}\alpha$ wird, so folgt (4) aus den in § 171 bewiesenen Sätzen (3), (2), (4), weil $(\mathfrak{o}\alpha, \mathfrak{a}\mathfrak{b}) = (\mathfrak{a}, \mathfrak{a}\mathfrak{b})$ $= (\mathfrak{o}\alpha, \mathfrak{b}\alpha) = (\mathfrak{o}, \mathfrak{b})$ wird, und hieraus folgt (5), weil $\mathfrak{o} < \mathfrak{a} < \mathfrak{a}\mathfrak{b}$, also $(\mathfrak{o}, \mathfrak{a}\mathfrak{b}) = (\mathfrak{o}, \mathfrak{a})(\mathfrak{a}, \mathfrak{a}\mathfrak{b}) = (\mathfrak{o}, \mathfrak{a})(\mathfrak{o}, \mathfrak{b})$ ist, was zu beweisen war. Setzt man ferner (wie in § 178, II):

$$(6) \qquad \frac{\mathfrak{b}}{\mathfrak{a}+\mathfrak{b}} = \frac{\mathfrak{a}-\mathfrak{b}}{\mathfrak{a}} = \mathfrak{b}',$$

so wird, wenn $\mathfrak{c}$ ein beliebiges Ideal bedeutet,

$$(7) \qquad (\mathfrak{a}\mathfrak{c}, \mathfrak{b}\mathfrak{c}) = (\mathfrak{a}, \mathfrak{b}) = N(\mathfrak{b}'),$$

weil $(\mathfrak{a}\mathfrak{c}, \mathfrak{b}\mathfrak{c}) = (\mathfrak{a}\mathfrak{c} + \mathfrak{b}\mathfrak{c}, \mathfrak{b}\mathfrak{c})$ und $\mathfrak{b}\mathfrak{c} = (\mathfrak{a}\mathfrak{c} + \mathfrak{b}\mathfrak{c})\mathfrak{b}'$ ist*).

Nach dem Satze I in § 171 ist $\mathfrak{o}(\mathfrak{o}, \mathfrak{m}) > \mathfrak{m}$, d. h. die Norm $N(\mathfrak{m})$ des Ideals $\mathfrak{m}$ ist teilbar durch $\mathfrak{m}$, und folglich kann man das Hauptideal

$$(8) \qquad \mathfrak{o}\,N(\mathfrak{m}) = \mathfrak{m}\mathfrak{n}$$

setzen, wo $\mathfrak{n}$ ein Ideal bedeutet; hierin liegt eine Verallgemeinerung des Satzes IV in § 176, und man kann das Ideal

$$(9) \qquad \mathfrak{n} = N(\mathfrak{m})\mathfrak{m}^{-1}$$

das Supplement von $\mathfrak{m}$ nennen; da die Norm der rationalen Zahl $N(\mathfrak{m})$ gleich $N(\mathfrak{m})^n$ ist, so folgt aus (8), (5) und (3), daß

$$(10) \qquad N(\mathfrak{n}) = N(\mathfrak{m})^{n-1},$$

mithin $\mathfrak{m}\,N(\mathfrak{m})^{n-2}$ das Supplement von $\mathfrak{n}$ ist.

Die kleinste durch $\mathfrak{m}$ teilbare natürliche Zahl $m = (\mathfrak{z}, \mathfrak{m})$ geht jedenfalls in $N(\mathfrak{m})$ auf, weil $[m]$ der Inbegriff aller in $\mathfrak{m}$ enthaltenen rationalen Zahlen ist (§ 177, X); da andererseits das Ideal $\mathfrak{o}\,m$ durch $\mathfrak{m}$ teilbar, also von der Form $\mathfrak{m}\mathfrak{q}$ ist, so folgt aus (5) und (3), daß $N(\mathfrak{m})$ in $N(\mathfrak{o}\,m)$, d. h. in m^n aufgeht, und hieraus ergibt sich (nach § 178, XIV) der Satz:

I. Ist $\mathfrak{m}$ relatives Primideal zu der natürlichen Zahl k, so ist $N(\mathfrak{m})$ auch relative Primzahl zu k.

---

*) Die vorstehenden Sätze gelten auch für die in der Anmerkung zu § 178, S. 126 besprochenen Idealbrüche $\mathfrak{i}$, wenn deren Norm durch

$$N(\mathfrak{i}) = \frac{(\mathfrak{o}, \mathfrak{i})}{(\mathfrak{i}, \mathfrak{o})}$$

erklärt wird. Wählt man die ganze Zahl α so, daß $\mathfrak{i}\alpha$ ein Ideal wird, so ergibt sich leicht aus $(\mathfrak{o}, \mathfrak{i}) = (\mathfrak{o}\alpha, \mathfrak{i}\alpha) = (\mathfrak{o}\alpha + \mathfrak{i}\alpha, \mathfrak{i}\alpha)$ und $(\mathfrak{i}, \mathfrak{o}) = (\mathfrak{i}\alpha, \mathfrak{o}\alpha) = (\mathfrak{o}\alpha + \mathfrak{i}\alpha, \mathfrak{o}\alpha)$, daß $N(\mathfrak{i})\,N(\mathfrak{o}\alpha) = N(\mathfrak{i}\alpha)$, und folglich allgemein

$$N(\mathfrak{i}) = \frac{N(\mathfrak{b})}{N(\mathfrak{a})} = \frac{(\mathfrak{a}, \mathfrak{b})}{(\mathfrak{b}, \mathfrak{a})}$$

ist, wo $\mathfrak{a}$, $\mathfrak{b}$ irgend zwei Ideale bedeuten, welche der Bedingung $\mathfrak{a}\mathfrak{i} = \mathfrak{b}$, d. h. $\mathfrak{b} : \mathfrak{a} = \mathfrak{i}$ genügen.

Da ferner die kleinste, durch ein **Primideal** $\mathfrak{p}$ teilbare natürliche Zahl

(11) $$p = (\mathfrak{z}, \mathfrak{p})$$

immer eine natürliche Primzahl ist (§ 179, VII), so ist $N(\mathfrak{p})$ als Divisor von p^n selbst eine Potenz von p; wir setzen

(12) $$N(\mathfrak{p}) = p^f$$

und nennen den Exponenten f, der stets > 0 und $\leq n$ ist, den **Grad des Primideals** $\mathfrak{p}$.

Allgemeiner verstehen wir unter dem **Grade eines beliebigen Ideals** $\mathfrak{m}$ die Anzahl der (gleichen oder verschiedenen) natürlichen Primzahlen, deren Produkt $= N(\mathfrak{m})$ ist; dann ist zufolge (5) der Grad eines Produktes gleich der Summe der Grade der Faktoren, und $\mathfrak{o}$ ist das einzige Ideal vom Grade Null.

Indem wir nun zu der Betrachtung der **Kongruenz der Zahlen** (in $\mathfrak{o}$) in bezug auf ein beliebiges **Ideal** $\mathfrak{m}$ übergehen, bemerken wir zunächst, daß zwei solche Kongruenzen

(13) $$\alpha \equiv \alpha', \quad \beta \equiv \beta' \pmod{\mathfrak{m}}$$

nicht nur (wie in § 171) addiert und subtrahiert, sondern auch multipliziert (mithin auch potenziert) werden dürfen; denn weil $\mathfrak{o}\,\mathfrak{m} > \mathfrak{m}$ ist, so ist jedes der Produkte $(\alpha - \alpha')\beta$, $\alpha'(\beta - \beta')$, mithin auch deren Summe $\alpha\beta - \alpha'\beta'$ durch $\mathfrak{m}$ teilbar, also

(14) $$\alpha\beta \equiv \alpha'\beta' \pmod{\mathfrak{m}}.$$

Setzt man ferner

(15) $$\mathfrak{a} = \mathfrak{m} + \mathfrak{o}\alpha, \quad \mathfrak{m} = \mathfrak{a}\mathfrak{b}, \quad \mathfrak{o}\alpha = \mathfrak{a}\mathfrak{a}',$$

so sind $\mathfrak{b}$ und $\mathfrak{a}'$ (nach § 178) relative Primideale, und aus einer Kongruenz von der Form

(16) $$\alpha\omega \equiv \alpha\omega' \pmod{\mathfrak{m}}$$

folgt stets die Kongruenz

(17) $$\omega \equiv \omega' \pmod{\mathfrak{b}};$$

denn weil $\alpha(\omega - \omega')$ in $\mathfrak{m}$ enthalten, also $\mathfrak{a}\mathfrak{a}'(\omega - \omega') > \mathfrak{a}\mathfrak{b}$ ist, so folgt $\mathfrak{a}'(\omega - \omega') > \mathfrak{b}$, also auch $\mathfrak{o}(\omega - \omega') > \mathfrak{b}$, was zu zeigen war. Daß umgekehrt aus (17) auch (16) folgt, leuchtet unmittelbar ein.

Ist α **relative Primzahl zu** $\mathfrak{m}$, also $\mathfrak{a} = \mathfrak{o}$, so ist $\mathfrak{b} = \mathfrak{m}$, mithin darf in diesem Falle die Kongruenz (16) ohne weiteres durch α dividiert werden. Dasselbe ergibt sich auch unmittelbar aus $\mathfrak{o} = \mathfrak{m} + \mathfrak{o}\alpha$;

denn da die in $\mathfrak{o}$ enthaltene Zahl $1 = \mu + \alpha\xi$ ist, wo μ in $\mathfrak{m}$ enthalten, so gibt es in diesem Falle eine Zahl ξ, welche der Kongruenz
(18) $$\alpha\xi \equiv 1 \pmod{\mathfrak{m}}$$
genügt (und umgekehrt folgt hieraus offenbar, daß $\mathfrak{m} + \mathfrak{o}\alpha = \mathfrak{o}$, also α relative Primzahl zu $\mathfrak{m}$ ist); multipliziert man nun (16) mit ξ, so folgt $\omega \equiv \omega' \pmod{\mathfrak{m}}$, was zu zeigen war.

Die Anzahl aller in $\mathfrak{o}$ enthaltenen, auf das Ideal $\mathfrak{m}$ bezüglichen Zahlklassen $\mathfrak{m} + \alpha$ ist $= (\mathfrak{o}, \mathfrak{m}) = N(\mathfrak{m})$. Man sieht leicht ein, daß zwei beliebige, nach $\mathfrak{m}$ kongruente Zahlen α, α' mit $\mathfrak{m}$ einen und denselben größten gemeinsamen Teiler haben, daß also aus $\mathfrak{m} + \alpha = \mathfrak{m} + \alpha'$ auch $\mathfrak{m} + \mathfrak{o}\alpha = \mathfrak{m} + \mathfrak{o}\alpha'$ folgt; da nämlich $\alpha - \alpha'$ durch $\mathfrak{m}$ teilbar ist, so muß jeder Faktor von $\mathfrak{m}$, der in der einen Zahl α' aufgeht, auch in der anderen aufgehen, weil $\alpha = (\alpha - \alpha') + \alpha'$ ist. Jede bestimmte Zahlklasse $\mathfrak{m} + \alpha$ erzeugt daher ein bestimmtes, von der Wahl ihres Repräsentanten α gänzlich unabhängiges, in $\mathfrak{m}$ aufgehendes Ideal $\mathfrak{m} + \mathfrak{o}\alpha$, und wir stellen uns, wenn $\mathfrak{a}$ ein gegebener Faktor von $\mathfrak{m} = \mathfrak{ab}$ ist, die Aufgabe, die Anzahl aller Klassen $\mathfrak{m} + \alpha$ zu bestimmen, welche diesen Faktor $\mathfrak{a}$ erzeugen, also der Bedingung $\mathfrak{m} + \mathfrak{o}\alpha = \mathfrak{a}$ genügen. Im Falle $\mathfrak{a} = \mathfrak{m}$, $\mathfrak{b} = \mathfrak{o}$ ist diese Anzahl offenbar $= 1$; ist aber $\mathfrak{a}$ ein echter Faktor von $\mathfrak{m}$, also $\mathfrak{b}$ von $\mathfrak{o}$ verschieden, so wird unsere Frage sofort durch den Satz IV in § 171 beantwortet, wenn man dort $\mathfrak{n} = \mathfrak{ap}$ und für $\mathfrak{p}$ alle in $\mathfrak{b}$ aufgehenden Primideale setzt. Wir ziehen es aber vor, uns auf die folgenden Betrachtungen zu stützen, die ohnehin aus anderen Gründen unentbehrlich sind.

Zunächst läßt sich die Aufgabe auf den besonders wichtigen speziellen Fall $\mathfrak{a} = \mathfrak{o}$, $\mathfrak{b} = \mathfrak{m}$ zurückführen; es handelt sich dann um diejenigen Klassen $\mathfrak{m} + \alpha$, deren Zahlen relative Primzahlen zu $\mathfrak{m}$ sind, und deren Anzahl wir immer mit $\varphi(\mathfrak{m})$ bezeichnen wollen; offenbar hat diese Funktion genau dieselbe Bedeutung für unser Gebiet $\mathfrak{o}$, wie die in § 11 betrachtete Funktion φ für das Gebiet $\mathfrak{z}$ der ganzen rationalen Zahlen, und sie geht im Falle $n = 1$ in die letztere über[*]. Bedeutet nun $\mathfrak{a}$ wieder einen beliebigen Faktor von $\mathfrak{m} = \mathfrak{ab}$, so ist (in § 178, X) schon die Existenz einer Zahl α bewiesen, welche

---

[*] Hieraus kann keine Zweideutigkeit entspringen, weil durch das Ideal $\mathfrak{m}$ auch der Körper Ω, also die Bedeutung von $\varphi(\mathfrak{m})$ vollständig bestimmt ist; aus diesem Grunde ersetze ich das in der dritten Auflage (§ 174)· gewählte Zeichen ψ jetzt durch φ.

der Bedingung $\mathfrak{m} + \mathfrak{o}\alpha = \mathfrak{a}$ genügt, und es kommt nur darauf an, aus α alle Zahlen α' zu finden, welche die Bedingung $\mathfrak{m} + \mathfrak{o}\alpha' = \mathfrak{m} + \mathfrak{o}\alpha$ erfüllen. Da nun eine Modulgleichung von der Form $\mathfrak{m} + \mathfrak{p} = \mathfrak{m} + \mathfrak{q}$ nur den Inhalt hat, daß jede Zahl in $\mathfrak{p}$ mit einer Zahl in $\mathfrak{q}$ kongruent ist (mod. $\mathfrak{m}$) und umgekehrt, so wird eine Zahl α' dann und nur dann unsere Forderung erfüllen, wenn es zwei Zahlen ω, ω' gibt, welche den Kongruenzen $\alpha' \equiv \alpha\omega, \alpha \equiv \alpha'\omega'$ (mod $\mathfrak{m}$) genügen. Hieraus folgt $\alpha\omega\omega' \equiv \alpha$ (mod $\mathfrak{m}$), also nach (16) und (17) auch $\omega\omega' \equiv 1$ (mod $\mathfrak{b}$), mithin ist ω zufolge (18) relative Primzahl zu $\mathfrak{b}$; umgekehrt, wenn letzteres der Fall ist, und $\alpha' \equiv \alpha\omega$ (mod $\mathfrak{m}$) gesetzt wird, so kann man nach (18) eine Zahl ω' so wählen, daß $\omega\omega' \equiv 1$ (mod $\mathfrak{b}$) wird, woraus durch Multiplikation mit α auch $\alpha \equiv \alpha'\omega'$ (mod $\mathfrak{m}$) folgt. Man erhält daher alle von uns gesuchten Zahlen α' und nur solche, wenn man $\alpha' \equiv \alpha\omega$ (mod $\mathfrak{m}$) setzt, und ω alle relativen Primzahlen zu $\mathfrak{b}$ durchlaufen läßt. Da nun zufolge (16) und (17) die durch zwei solche Zahlen ω erzeugten Produkte $\omega\alpha$ dann und nur dann nach $\mathfrak{m}$ kongruent sind, wenn diese Zahlen ω nach $\mathfrak{b}$ kongruent sind, so ergibt sich, daß die Anzahl der Klassen $\mathfrak{m} + \alpha'$, welche der Bedingung $\mathfrak{m} + \mathfrak{o}\alpha' = \mathfrak{a}$ genügen, $= \varphi(\mathfrak{b})$ ist, wo $\mathfrak{a}\mathfrak{b} = \mathfrak{m}$ (vgl. § 13).

Da die Anzahl aller auf $\mathfrak{m}$ bezüglichen Zahlklassen $= N(\mathfrak{m})$ ist, so folgt hieraus offenbar (wie in § 13) der Satz

(19) $$\Sigma\varphi(\mathfrak{b}) = N(\mathfrak{m}),$$

wo $\mathfrak{b}$ alle verschiedenen Faktoren von $\mathfrak{m}$ durchläuft. Überträgt man die in § 138 enthaltenen Betrachtungen auf unser Gebiet, was keine Schwierigkeit hat, so überzeugt man sich, daß die Funktion φ durch diesen Satz vollständig bestimmt ist, und ihr allgemeiner Ausdruck leicht gewonnen werden kann. Wir überlassen dies dem Leser und schlagen einen anderen Weg ein, welcher auf der Verallgemeinerung der in § 25 behandelten Aufgabe, nämlich auf dem folgenden, häufig anzuwendenden Satze beruht.

II. Ist $\mathfrak{m}$ das Produkt aus den relativen Primidealen $\mathfrak{a}, \mathfrak{b}, \mathfrak{c} \ldots$, und sind $\varrho, \sigma, \tau \ldots$ ebenso viele gegebene Zahlen, so gibt es immer Zahlen ω, welche den gleichzeitigen Kongruenzen

(20) $\omega \equiv \varrho$ (mod. $\mathfrak{a}$), $\omega \equiv \sigma$ (mod. $\mathfrak{b}$), $\omega \equiv \tau$ (mod. $\mathfrak{c}$) $\ldots$

genügen, und alle diese Zahlen ω bilden eine bestimmte Zahlklasse in bezug auf $\mathfrak{m}$.

Handelt es sich nur um zwei relative Primideale $\mathfrak{a}$, $\mathfrak{b}$, so folgt dies unmittelbar aus dem Satze III in § 171, weil $\mathfrak{a} + \mathfrak{b} = \mathfrak{o}$, $\mathfrak{a} - \mathfrak{b} = \mathfrak{a}\mathfrak{b}$ ist, und hieraus ergibt sich durch Wiederholung derselben Schlüsse, weil $\mathfrak{a}\mathfrak{b}$, $\mathfrak{c}$, $\mathfrak{b}$ ... relative Primideale sind, leicht unser allgemeiner Satz. Derselbe läßt sich aber auch unmittelbar auf folgende Art beweisen. Setzt man (wie in § 178, I und VIII) $\mathfrak{m} = \mathfrak{a}\mathfrak{a}_1 = \mathfrak{b}\mathfrak{b}_1 = \mathfrak{c}\mathfrak{c}_1 \ldots$, so ist $\mathfrak{a}_1 + \mathfrak{b}_1 + \mathfrak{c}_1 + \cdots = \mathfrak{o}$, und folglich gibt es in den Idealen $\mathfrak{a}_1, \mathfrak{b}_1, \mathfrak{c}_1 \ldots$ bzw. Zahlen $\alpha_1, \beta_1, \gamma_1 \ldots$, welche der Bedingung
(21) $$\alpha_1 + \beta_1 + \gamma_1 + \cdots = 1$$
genügen. Erfüllt nun eine Zahl ω die Kongruenzen (20), so folgen daraus durch Multiplikation mit $\alpha_1, \beta_1, \gamma_1 \ldots$ die auf $\mathfrak{m}$ bezüglichen Kongruenzen $\omega \alpha_1 \equiv \varrho \alpha_1$, $\omega \beta_1 \equiv \sigma \beta_1$, $\omega \gamma_1 \equiv \tau \gamma_1 \ldots$ und durch deren Addition zufolge (21) die Kongruenz
(22) $$\omega \equiv \varrho \alpha_1 + \sigma \beta_1 + \tau \gamma_1 + \cdots \pmod{\mathfrak{m}};$$
umgekehrt genügt jede in dieser Form (22) darstellbare Zahl ω allen Kongruenzen (20), z. B. der ersten von ihnen, weil die Zahlen $\beta_1, \gamma_1 \ldots$ alle durch $\mathfrak{a}$ teilbar, also zufolge (21) die Zahl $\alpha_1 \equiv 1 \pmod{\mathfrak{a}}$ ist, w. z. b. w.

Jeder Kombination von Klassen $\mathfrak{a} + \varrho$, $\mathfrak{b} + \sigma$, $\mathfrak{c} + \tau \ldots$ entspricht daher immer eine bestimmte Klasse $\mathfrak{m} + \omega$ als Inbegriff aller derjenigen Zahlen, welche jenen Klassen gemeinsam sind; umgekehrt leuchtet ein, daß jede Klasse $\mathfrak{m} + \omega$ immer aus einer und nur einer solchen Kombination entspringt. Da ferner zufolge (20) die Zahl ω dann und nur dann relative Primzahl zu $\mathfrak{m}$ wird, wenn die Zahlen $\varrho, \sigma, \tau \ldots$ bzw. relative Primzahlen zu $\mathfrak{a}, \mathfrak{b}, \mathfrak{c} \ldots$ sind, so ergibt sich der folgende Satz (vgl. § 12):

III. Sind $\mathfrak{a}$, $\mathfrak{b}$, $\mathfrak{c} \ldots$ relative Primideale, so ist
(23) $$\varphi(\mathfrak{a}\mathfrak{b}\mathfrak{c}\ldots) = \varphi(\mathfrak{a})\varphi(\mathfrak{b})\varphi(\mathfrak{c})\ldots$$

Da nun jedes von $\mathfrak{o}$ verschiedene Ideal entweder eine Potenz eines Primideals oder ein Produkt aus mehreren solchen Potenzen $\mathfrak{a}, \mathfrak{b}, \mathfrak{c} \ldots$ ist, die zugleich relative Primideale sind, während offenbar
(24) $$\varphi(\mathfrak{o}) = 1$$
ist, so kommt es nur noch darauf an, die Funktion $\varphi(\mathfrak{a})$ für den Fall zu bestimmen, daß $\mathfrak{a}$ durch ein und nur ein Primideal $\mathfrak{p}$ teilbar ist; da aber eine Zahl ϱ dann und nur dann relative Primzahl zu $\mathfrak{a}$ ist, wenn sie nicht durch $\mathfrak{p}$ teilbar ist, so hat man, um die Anzahl $\varphi(\mathfrak{a})$ aller dieser Klassen $\mathfrak{a} + \varrho$ zu erhalten, von der Anzahl $(\mathfrak{o}, \mathfrak{a})$ aller

Klassen die Anzahl $(\mathfrak{p}, \mathfrak{a})$ derjenigen Klassen abzuziehen, deren Zahlen durch $\mathfrak{p}$ teilbar sind, und da $(\mathfrak{o}, \mathfrak{p})(\mathfrak{p}, \mathfrak{a}) = (\mathfrak{o}, \mathfrak{a}) = N(\mathfrak{a})$ ist, so ergibt sich

(25) $$\varphi(\mathfrak{a}) = N(\mathfrak{a})\left(1 - \frac{1}{N(\mathfrak{p})}\right)$$

und hieraus der allgemeine Satz

(26) $$\varphi(\mathfrak{m}) = N(\mathfrak{m})\,\Pi\left(1 - \frac{1}{N(\mathfrak{p})}\right),$$

wo das Produktzeichen sich auf alle verschiedenen, in $\mathfrak{m}$ aufgehenden Primideale $\mathfrak{p}$ bezieht. Man erkennt leicht, wie hieraus rückwärts sich die Sätze (23) und (19) ableiten lassen (vgl. §§ 12, 14). Unsere Aufgabe ist hiermit gelöst. —

Bedeutet nun ϱ irgendeine bestimmte relative Primzahl zu $\mathfrak{m}$, während ϱ' ein System von $\varphi(\mathfrak{m})$ nach $\mathfrak{m}$ inkongruenten Zahlen durchläuft, die relative Primzahlen zu $\mathfrak{m}$ sind, so sind die Produkte $\varrho\varrho'$ inkongruent und ebenfalls relative Primzahlen zu $\mathfrak{m}$; jede dieser Zahlen $\varrho\varrho'$ ist daher mit einer der Zahlen ϱ', und jede der letzteren mit einer der ersteren kongruent; mithin ist auch das Produkt σ der Zahlen ϱ' kongruent dem Produkte $\sigma\varrho^{\varphi(\mathfrak{m})}$ der Zahlen $\varrho\varrho'$, und da σ ebenfalls relative Primzahl zu $\mathfrak{m}$ ist, so erhält man den Satz:

IV. **Ist $\mathfrak{m}$ ein Ideal, und ϱ relative Primzahl zu $\mathfrak{m}$, so ist**

(27) $$\varrho^{\varphi(\mathfrak{m})} \equiv 1 \pmod{\mathfrak{m}}.$$

Derselbe entspricht offenbar dem verallgemeinerten Fermatschen Satze der rationalen Zahlentheorie (§ 19), und aus ihm folgt unmittelbar der Satz:

V. **Ist $\mathfrak{p}$ ein Primideal, so genügt jede Zahl ω der Kongruenz**

(28) $$\omega^{N(\mathfrak{p})} \equiv \omega \pmod{\mathfrak{p}}.$$

Von der unerschöpflichen Reihe von Untersuchungen, welche von diesem Fundamentalsatze ausgehen, dürfen wir des Raumes wegen nur einige Andeutungen geben, die der Leser ohne Schwierigkeit ausführen kann[*]. Zunächst wird man alle in den §§ 26 bis 31

---

[*] Vgl. meine von der Gesellschaft der Wissenschaften zu Göttingen herausgegebenen Abhandlungen Über den Zusammenhang zwischen der Theorie der Ideale und der Theorie der höheren Kongruenzen (Bd. 23, 1878) und Über die Diskriminanten endlicher Körper (Bd. 29, 1882), ferner die Abhandlung von Stickelberger: Über eine Verallgemeinerung der Kreisteilung (Math. Annalen, Bd. 37).

enthaltenen Sätze über Kongruenzen, Potenzreste, primitive Wurzeln auf solche Kongruenzen übertragen, deren Koeffizienten irgendwelche Zahlen unseres Gebietes o, und deren Modul ein Primideal p ist. Behalten p und f die in (11) und (12) angegebene Bedeutung, so ergibt sich hieraus in Verbindung mit (28) die in bezug auf die Variable t identische Kongruenz

(29) $$t^{p^f} - t \equiv \Pi(t - \omega) \pmod{\mathfrak{p}},$$

wo das Produktzeichen Π sich auf alle inkongruenten Zahlen ω bezieht. Hierzu kommt eine Betrachtung, welche in der Theorie der rationalen Zahlen noch nicht auftreten konnte. Versteht man unter der Höhe einer Zahl α (in bezug auf $\mathfrak{p}$) die kleinste natürliche Zahl a, welche der Bedingung

(30) $$\alpha^{p^a} \equiv \alpha \pmod{\mathfrak{p}}$$

genügt, so sind die a Zahlen

(31) $$\alpha,\ \alpha^p,\ \alpha^{p^2},\ \ldots,\ \alpha^{p^{a-1}}$$

inkongruent, und die beiden Kongruenzen

(32) $$\alpha^{p^r} \equiv \alpha^{p^s} \pmod{\mathfrak{p}} \quad \text{und} \quad r \equiv s \pmod{a}$$

sind gleichbedeutend, woraus zugleich folgt, daß die Höhe a ein Divisor des Grades f ist. Das System aller Zahlen, deren Höhe $= 1$ ist, fällt zusammen mit dem Modul $\mathfrak{p} + \mathfrak{z}$, d. h. mit dem System aller derjenigen Zahlen, welche einer rationalen Zahl kongruent sind. Zu den Zahlen von der Höhe f gehören z. B. alle primitiven Wurzeln von $\mathfrak{p}$.

Die a Zahlen (31) oder irgendwelche ihnen kongruente Zahlen bilden die Periode der Zahl α; jede von ihnen hat dieselbe Höhe und erzeugt dieselbe Periode. Nun gilt zufolge der in § 20 erwähnten Eigenschaft der Binomialkoeffizienten für je zwei ganze Zahlen μ, ν die Kongruenz

(33) $$(\mu \pm \nu)^p \equiv \mu^p \pm \nu^p \pmod{p};$$

hieraus folgt, daß jede durch Addition und Multiplikation gebildete symmetrische Funktion der Zahlen (31) die Höhe 1 besitzt, und daß folglich eine identische Kongruenz von der Form

(34) $$(t - \alpha)(t - \alpha^p) \ldots (t - \alpha^{p^{a-1}}) \equiv P(t) \pmod{\mathfrak{p}}$$

besteht, wo $P(t)$ eine ganze Funktion von t mit ganzen rationalen Koeffizienten bedeutet. In der Theorie dieser auf den Modul p bezogenen Funktionen ist $P(t)$ eine sogenannte Primfunktion*), weil aus einer Kongruenz von der Form

(35) $$P(\alpha) \equiv 0 \ (\text{mod. } \mathfrak{p})$$

durch Potenzieren auch $P(\alpha') \equiv 0$ (mod. $\mathfrak{p}$) folgt, wo α' jede Zahl der Periode (31) bedeutet. Verbindet man nun in (29) immer diejenigen Faktoren $t - \omega$, welche den zu einer Periode gehörenden Zahlen ω entsprechen, zu einer Funktion $P(t)$ und bedenkt, daß jede auf $\mathfrak{p}$ bezügliche Kongruenz zwischen rationalen Zahlen auch in bezug auf den Modul p gilt, so erhält man eine von der Beschaffenheit des Körpers Ω gänzlich unabhängige identische Kongruenz von der Form

(36) $$t^{p^f} - t \equiv \Pi P(t) \ (\text{mod. } p);$$

die rechte Seite ist ein Produkt von lauter solchen Primfunktionen, deren Grade Divisoren von f sind, und in der Theorie dieser identischen Funktionen-Kongruenzen wird gezeigt**), daß in diesem Produkte auch jede solche Primfunktion einmal auftreten muß.

Bildet man aus einer Zahl α von der Höhe a und aus ganzen rationalen Koeffizienten x alle Zahlen ν von der Form

(37) $$\nu \equiv x_1 \alpha^{a-1} + x_2 \alpha^{a-2} + \cdots + x_a \ (\text{mod. } \mathfrak{p}),$$

so überzeugt man sich leicht, daß dieselben mit allen Wurzeln der Kongruenz

(38) $$\nu^{p^a} \equiv \nu \ (\text{mod. } \mathfrak{p}),$$

also mit allen denjenigen Zahlen zusammenfallen, deren Höhe ein Divisor von a ist. Der Inbegriff $\mathfrak{n}$ aller dieser Zahlen ν, welcher nach § 173 auch durch $\mathfrak{p} + (\alpha)_\mathfrak{o}$ bezeichnet werden kann, ist eine Ordnung (§ 170), und außer diesen, den sämtlichen Divisoren a von f entsprechenden Ordnungen gibt es in $\mathfrak{o}$ keine andere in $\mathfrak{p}$ aufgehende Ordnung. Der Führer der Ordnung $\mathfrak{n}$, worunter immer der Quotient $\mathfrak{n} : \mathfrak{o}$ zu verstehen ist***), ist $= \mathfrak{p}$ oder $= \mathfrak{o}$, je nachdem $a < f$ oder $a = f$ ist, weil im letzteren Falle offenbar $\mathfrak{n} = \mathfrak{o}$ ist. Daß es, wenn a irgendein Divisor von f ist, immer auch Zahlen α von der Höhe a gibt, folgt leicht aus den früheren Sätzen, und durch Anwendung

---

*) Vgl. meine auf S. 61 [von Dirichlets Vorlesungen über Zahlentheorie] zitierte Abhandlung art. 6 [V dieser Ausgabe].
**) A. a. O. art. 19.
***) Vgl. § 7 meiner Abhandlung Über die Diskriminanten endlicher Körper (Göttingen 1882).

der in § 138 enthaltenen Methode findet man auch den allgemeinen Ausdruck für die Anzahl aller inkongruenten solchen Zahlen.

Wir bemerken endlich, daß die obenerwähnte Theorie der identischen Kongruenzen, in welcher Funktionen einer Variablen mit rationalen Koeffizienten auf eine natürliche Primzahl p als Modulus bezogen werden, sich ebenfalls auf Funktionen übertragen läßt, deren Koeffizienten beliebige Zahlen unseres Gebietes $\mathfrak{o}$ sind, während als Modulus irgendein Primideal $\mathfrak{p}$ auftritt, und da diese Übertragung für manche tiefere Untersuchung erfordert wird, so empfehlen wir dem Leser, dieselbe durchzuführen.

§ 181

Wir haben gesehen, daß jedes Ideal $\mathfrak{a}$ durch Multiplikation mit einem geeigneten Ideal $\mathfrak{m}$ in ein Hauptideal $\mathfrak{a}\mathfrak{m}$ verwandelt werden kann (§ 177, IX), und wollen nun zwei Ideale $\mathfrak{a}$, $\mathfrak{a}'$ äquivalent nennen, wenn beide durch Multiplikation mit einem und demselben Faktor $\mathfrak{m}$ in Hauptideale $\mathfrak{a}\mathfrak{m} = \mathfrak{o}\mu$, $\mathfrak{a}'\mathfrak{m} = \mathfrak{o}\mu'$ übergehen; dann ist $\mathfrak{a}\mu' = \mathfrak{a}'\mu$, und wenn man die (ganze oder gebrochene) Zahl $\mu'\mu^{-1} = \eta$ setzt, so wird $\mathfrak{a}' = \mathfrak{a}\eta$. Umgekehrt, wenn es eine Zahl η gibt, welche dieser Bedingung genügt, so sind die Ideale $\mathfrak{a}$, $\mathfrak{a}'$ äquivalent, weil dann aus $\mathfrak{a}\mathfrak{m} = \mathfrak{o}\mu$ auch $\mathfrak{a}'\mathfrak{m} = \mathfrak{o}\mu'$ folgt, wo $\mu' = \mu\eta$ gewiß eine ganze Zahl ist. Zugleich ergibt sich hieraus, daß jeder Faktor $\mathfrak{m}$, welcher das eine von zwei äquivalenten Idealen $\mathfrak{a}$, $\mathfrak{a}'$ in ein Hauptideal verwandelt, gleiches auch für das andere Ideal leistet, und daß folglich je zwei Ideale $\mathfrak{a}'$, $\mathfrak{a}''$, die mit einem dritten Ideal $\mathfrak{a}$ äquivalent sind, stets auch miteinander äquivalent sein müssen. Auf diesem Satze beruht die Möglichkeit, alle Ideale in Idealklassen einzuteilen; ist $\mathfrak{a}$ ein bestimmtes Ideal, so hat der Inbegriff A aller mit $\mathfrak{a}$ äquivalenten Ideale $\mathfrak{a}$, $\mathfrak{a}'$, $\mathfrak{a}''$... die Eigenschaft, daß je zwei darin enthaltene Ideale $\mathfrak{a}'$, $\mathfrak{a}''$ einander äquivalent sind, und wenn $\mathfrak{a}'$ irgendein in A enthaltenes Ideal ist, so ist A zugleich der Inbegriff aller mit $\mathfrak{a}'$ äquivalenten Ideale. Ein solches System A von Idealen nennen wir eine Idealklasse oder auch kürzer eine Klasse, da eine Verwechslung mit Zahlklassen hier nicht zu befürchten ist; jede Klasse A ist durch ein beliebiges in ihr enthaltenes Ideal $\mathfrak{a}$ vollständig bestimmt, und letzteres kann daher immer als Repräsentant der ganzen Klasse A angesehen werden.

Die durch das Ideal $\mathfrak{o}$ repräsentierte Klasse wollen wir mit O bezeichnen und die **Hauptklasse** nennen, weil sie offenbar aus allen Hauptidealen $\mathfrak{o}\eta$ besteht.

Sind $\mathfrak{a}$, $\mathfrak{a}'$ äquivalent, so gilt dasselbe von $\mathfrak{a}\mathfrak{b}$, $\mathfrak{a}'\mathfrak{b}$, weil aus $\mathfrak{a}' = \mathfrak{a}\eta$ auch $\mathfrak{a}'\mathfrak{b} = (\mathfrak{a}\mathfrak{b})\eta$ folgt; sind außerdem $\mathfrak{b}$, $\mathfrak{b}'$ äquivalent, so folgt ebenso, daß $\mathfrak{a}'\mathfrak{b}$, $\mathfrak{a}'\mathfrak{b}'$, also auch $\mathfrak{a}\mathfrak{b}$, $\mathfrak{a}'\mathfrak{b}'$ äquivalent sind. Durchläuft daher $\mathfrak{a}$ alle Ideale der Klasse A, und ebenso $\mathfrak{b}$ alle Ideale der Klasse B, so gehören alle Produkte $\mathfrak{a}\mathfrak{b}$ einer und derselben Klasse K an, die aber noch unendlich viele andere Ideale enthalten kann; diese Klasse K wollen wir mit AB bezeichnen, und sie soll das **Produkt** aus A, B oder die aus A und B **zusammengesetzte Klasse** heißen. Offenbar ist $AB = BA$, wo das Gleichheitszeichen die Identität der beiden Klassen bedeutet, und aus $(\mathfrak{a}\mathfrak{b})\mathfrak{c} = \mathfrak{a}(\mathfrak{b}\mathfrak{c})$ folgt für drei beliebige Klassen der Satz $(AB)C = A(BC)$. Man kann daher dieselben Schlüsse anwenden wie bei der Multiplikation von Zahlen oder Idealen, und beweisen, daß bei der Zusammensetzung von beliebig vielen Klassen $A_1, A_2, \ldots, A_m$ die Anordnung der sukzessiven Multiplikationen, durch welche jedesmal zwei Klassen zu ihrem Produkte vereinigt werden, keinen Einfluß auf das Endresultat hat, welches kurz durch $A_1 A_2 \ldots A_m$ bezeichnet werden kann (vgl. § 2). Sind die Ideale $\mathfrak{a}_1, \mathfrak{a}_2, \ldots, \mathfrak{a}_m$ Repräsentanten der Klassen $A_1, A_2, \ldots, A_m$, so ist das Ideal $\mathfrak{a}_1 \mathfrak{a}_2 \ldots \mathfrak{a}_m$ ein Repräsentant des Produktes $A_1 A_2 \ldots A_m$. Sind alle m Faktoren $= A$, so heißt ihr Produkt die m^{te} **Potenz** von A und wird mit A^m bezeichnet; außerdem setzen wir $A^1 = A$ und $A^0 = O$. Von besonderer Wichtigkeit sind die beiden folgenden Fälle.

Aus $\mathfrak{o}\mathfrak{a} = \mathfrak{a}$ folgt der für jede Klasse A gültige Satz $OA = A$.

Da ferner jedes Ideal $\mathfrak{a}$ durch Multiplikation mit einem Ideal $\mathfrak{m}$ in ein Hauptideal $\mathfrak{a}\mathfrak{m}$ verwandelt werden kann, so gibt es für jede Klasse A eine zugehörige Klasse M, welche der Bedingung $AM = O$ genügt, und zwar nur eine einzige; denn wenn die Klasse M' ebenfalls die Bedingung $AM' = O$ erfüllt, so folgt

$$M' = OM' = (AM)M' = (AM')M = OM = M.$$

Diese Klasse M heißt die entgegengesetzte oder die **inverse Klasse** von A, und sie soll durch A^{-1} bezeichnet werden; offenbar ist umgekehrt A die inverse Klasse von A^{-1}. Definiert man ferner

A^{-m} als die inverse Klasse von A^m, so gelten für beliebige ganze rationale Exponenten r, s die Sätze:
$$A^r A^s = A^{r+s}, \quad (A^r)^s = A^{rs}, \quad (AB)^r = A^r B^r.$$
Endlich leuchtet ein, daß aus $AB = AC$ durch Multiplikation mit A^{-1} stets $B = C$ folgt.

Um nun tiefer in die Natur der Idealklassen einzudringen, wählen wir eine beliebige, aus n ganzen Zahlen $\omega_1, \omega_2, \ldots, \omega_n$ bestehende Basis von $\mathfrak{o}$; dann wird jede Zahl

(1) $\qquad \omega = h_1 \omega_1 + h_2 \omega_2 + \cdots + h_n \omega_n,$

welche ganze Koordinaten $h_1, h_2 \ldots h_n$ hat, ebenfalls eine ganze Zahl des Körpers. Legt man den Koordinaten alle ganzen Werte bei, welche, absolut genommen, einen bestimmten positiven Wert k nicht überschreiten, so werden offenbar die absoluten Werte der entsprechenden Zahlen ω, wenn sie reell sind, oder ihre analytischen Moduln, wenn sie imaginär sind, sämtlich $\leq rk$ sein, wo r die Summe der absoluten Werte oder der Moduln von $\omega_1, \omega_2, \ldots, \omega_n$ bedeutet und folglich eine von k gänzlich unabhängige Konstante ist. Da ferner die Norm $N(\omega)$ ein Produkt aus n konjugierten Zahlen ω von der obigen Form ist, so wird gleichzeitig

(2) $\qquad \pm N(\omega) \leq H k^n,$

wo H ebenfalls eine lediglich von der Basis abhängige Konstante bedeutet. Dann gilt der folgende Satz:

I. **Aus jedem endlichen Modul $\mathfrak{a}$, dessen Basis zugleich eine Basis des Körpers Ω ist, kann man eine ganze, von Null verschiedene Zahl α so auswählen, daß**

(3) $\qquad \pm N(\alpha) \leq H(\mathfrak{o}, \mathfrak{a})$

wird.

Denn bestimmt man, da $(\mathfrak{o}, \mathfrak{a}) > 0$ ist (§ 175), die natürliche Zahl k durch die Bedingungen

(4) $\qquad k^n \leq (\mathfrak{o}, \mathfrak{a}) < (k+1)^n$

und legt jeder der n Koordinaten in (1) die sämtlichen $(k+1)$ Werte $0, 1, 2, \ldots, k$ bei, so entstehen lauter verschiedene Zahlen ω, und da ihre Anzahl $= (k+1)^n$, also $> (\mathfrak{o}, \mathfrak{a})$ ist, so gibt es unter ihnen mindestens zwei verschiedene β, γ, welche nach $\mathfrak{a}$ kongruent sind; mithin wird ihre Differenz $\beta - \gamma$ eine von Null verschiedene, ganze Zahl α in $\mathfrak{a}$. Da nun die Koordinaten der Zahlen β, γ in der

Reihe $0, 1, 2, \ldots, k$ enthalten sind, so überschreiten die Koordinaten dieser Zahl α, absolut genommen, den Wert k nicht, und hieraus ergibt sich mit Rücksicht auf (2) und (4) die Gleichung (3), w. z. b. w.

Als eine unmittelbare Folgerung ergibt sich hieraus der Fundamentalsatz:

II. **In jeder Idealklasse M gibt es mindestens ein Ideal $\mathfrak{m}$, dessen Norm die Konstante H nicht überschreitet***), **und folglich ist die Anzahl der Idealklassen endlich.**

Denn wendet man den vorigen Satz auf ein Ideal $\mathfrak{a}$ an, welches nach Belieben aus der inversen Klasse M^{-1} gewählt ist, so wird $\mathfrak{o}\alpha > \mathfrak{a}$, also $\mathfrak{o}\alpha = \mathfrak{a}\mathfrak{m}$, wo $\mathfrak{m}$ ein Ideal der Klasse M bedeutet; zugleich wird $\pm N(\alpha) = N(\mathfrak{a}) N(\mathfrak{m}) = (\mathfrak{o}, \mathfrak{a}) N(\mathfrak{m})$, also $N(\mathfrak{m}) \leq H$. Bedenkt man aber, daß es nur eine endliche Anzahl von natürlichen Zahlen gibt, die den Wert H nicht überschreiten, und daß jedes Ideal $\mathfrak{m}$ [nach § 180, (8)] ein Faktor seiner Norm ist, so ergibt sich (nach § 177, VIII), daß die Anzahl der Ideale $\mathfrak{m}$, welche der Bedingung $N(\mathfrak{m}) \leq H$ genügen, und folglich auch die Anzahl der Idealklassen M endlich ist, w. z. b. w.

Es leuchtet nun unmittelbar ein, daß alles, was wir in der Theorie der quadratischen Formen über die Zusammensetzung der ursprünglichen Klassen erster Art gesagt haben (§ 149), sich Wort für Wort auf unsere Idealklassen übertragen läßt. Wir heben hier aber nur den einen Satz hervor, daß, wenn h die Anzahl aller Klassen bedeutet, jede Idealklasse A der Bedingung

$$A^h = O$$

genügt. Ist daher $\mathfrak{a}$ ein beliebiges Ideal, so ist $\mathfrak{a}^h$ immer ein **Hauptideal**; setzt man nun

$$\mathfrak{a}^h = \mathfrak{o}\mu$$

und

$$\alpha_0^h = \mu, \quad \alpha_0 = \sqrt[h]{\mu},$$

---

*) Vgl. H. Minkowski: Théorèmes arithmétiques (Compte rendu der Pariser Akademie vom 26 Januar 1891); Über die positiven quadratischen Formen und über kettenbruchähnliche Algorithmen (Crelles Journal, Bd. 107). Aus diesen wichtigen Untersuchungen, welche in weiterer Ausführung demnächst als besonderes Werk (Geometrie der Zahlen) erscheinen werden, geht unter anderem hervor, daß (wenn $n > 1$) die Konstante H kleiner angenommen werden darf als die Quadratwurzel aus dem absoluten Werte der Grundzahl D, woraus zugleich folgt, daß D absolut > 1 ist.

so ist α_0 eine ganze algebraische Zahl (§ 173, V); gehört dieselbe dem Körper Ω, also auch dem Gebiete $\mathfrak{o}$ an, so ist $\mathfrak{a}$ offenbar ein Hauptideal, nämlich $= \mathfrak{o}\,\alpha_0$, und es wird folglich, wenn $\mathfrak{a}$ kein Hauptideal ist, die Zahl α_0 dem Körper Ω gewiß nicht angehören. Nichtsdestoweniger findet auch im letzteren Falle zwischen dem Ideal $\mathfrak{a}$ und der Zahl α_0 der Zusammenhang statt, daß $\mathfrak{a}$ der Inbegriff aller derjenigen in $\mathfrak{o}$ enthaltenen Zahlen ist, welche durch α_0 teilbar sind (§ 174). Denn wenn α in $\mathfrak{a}$ enthalten, also α^h durch $\mathfrak{a}^h$, mithin auch durch μ teilbar ist, so ist α auch teilbar durch $\sqrt[h]{\mu} = \alpha_0$; und umgekehrt, ist α eine in $\mathfrak{o}$ enthaltene und durch α_0 teilbare Zahl, so ist α^h teilbar durch $\alpha_0^h = \mu$, also auch durch $\mathfrak{a}^h$, woraus (nach § 179) leicht folgt, daß α auch durch $\mathfrak{a}$ teilbar ist. Nennt man daher eine solche Zahl α_0 eine **ideale Zahl** des Körpers Ω im Gegensatze zu den in Ω enthaltenen **wirklichen** Zahlen, so kann jedes Ideal $\mathfrak{a}$ als der Inbegriff aller in $\mathfrak{o}$ enthaltenen, durch eine wirkliche oder ideale Zahl α_0 teilbaren Zahlen angesehen werden. Hieran knüpfen wir den Beweis des folgenden, schon früher (§ 174) angekündigten Satzes:

III. **Zwei beliebige ganze algebraische Zahlen α, β besitzen immer einen gemeinschaftlichen Teiler δ_0, welcher in der Form $\alpha\xi_0 + \beta\eta_0$ darstellbar ist, wo ξ_0, η_0 ebenfalls ganze algebraische Zahlen bedeuten.**

Wir nehmen an, daß beide Zahlen α, β von Null verschieden sind, weil im entgegengesetzten Falle der Satz evident ist. Es gibt nun (nach § 164) immer einen endlichen Körper Ω, welcher beide Zahlen α, β enthält, und es sei $\mathfrak{o}$ wieder das System aller ganzen Zahlen dieses Körpers, ferner h die Anzahl der Idealklassen. Ist $\mathfrak{d}$ der größte gemeinschaftliche Teiler der beiden Hauptideale

$$\mathfrak{o}\alpha = \mathfrak{a}\mathfrak{d}, \quad \mathfrak{o}\beta = \mathfrak{b}\mathfrak{d},$$

so sind $\mathfrak{a}, \mathfrak{b}$ relative Primideale, und dasselbe gilt folglich von ihren Potenzen $\mathfrak{a}^h, \mathfrak{b}^h$. Setzt man nun

$$\mathfrak{d}^h = \mathfrak{o}\gamma,$$

wo γ in $\mathfrak{o}$ enthalten, so wird, weil α^h und β^h durch $\mathfrak{d}^h$ teilbar sind,

$$\alpha^h = \mu\gamma, \quad \beta^h = \nu\gamma, \quad \mathfrak{o}\mu = \mathfrak{a}^h, \quad \mathfrak{o}\nu = \mathfrak{b}^h,$$

wo μ, ν ebenfalls in $\mathfrak{o}$ enthalten, und zwar relative Primzahlen sind (§ 178, XIII); es gibt daher in $\mathfrak{o}$ zwei Zahlen ϱ, σ, welche der Bedingung

$$\mu\varrho + \nu\sigma = 1$$

genügen. Man definiere jetzt die zu $\mathfrak{b}$ gehörige ideale Zahl δ_0 und ferner die Zahlen α_0, β_0 durch

so wird
$$\delta_0 = \sqrt[h]{\gamma}, \quad \alpha = \alpha_0 \delta_0, \quad \beta = \beta_0 \delta_0,$$
$$\gamma = \delta_0^h, \quad \mu = \alpha_0^h, \quad \nu = \beta_0^h,$$

mithin sind α_0, β_0 die zu $\mathfrak{a}$, $\mathfrak{b}$ gehörigen idealen ganzen Zahlen, und δ_0 ist ein **gemeinsamer Divisor** der beiden gegebenen Zahlen α, β. Setzt man endlich
$$\xi_0 = \alpha_0^{h-1} \varrho, \quad \eta_0 = \beta_0^{h-1} \sigma,$$
so sind ξ_0, η_0 ganze Zahlen, welche den Bedingungen
$$\alpha_0 \xi_0 + \beta_0 \eta_0 = 1, \quad \alpha \xi_0 + \beta \eta_0 = \delta_0$$
genügen, was zu beweisen war.

Diese Zahl δ_0, aber auch jede mit ihr assoziierte Zahl, verdient den Namen des **größten gemeinschaftlichen Teilers** von α, β, weil jeder gemeinschaftliche Teiler dieser beiden Zahlen in δ_0 aufgehen muß. Da ferner jedes Ideal $\mathfrak{b}$ als größter gemeinschaftlicher Teiler von zwei Hauptidealen $\mathfrak{o}\alpha$, $\mathfrak{o}\beta$ darstellbar ist (§ 178, XII), so kann unter einer **idealen Zahl** des Körpers Ω auch jede Zahl δ_0 verstanden werden, welche der größte gemeinschaftliche Teiler von zwei **wirklichen**, d. h. in $\mathfrak{o}$ enthaltenen Zahlen α, β ist.

Nach dieser Abschweifung kehren wir noch einmal zu der Einteilung aller Ideale in **Klassen** zurück; es gibt nämlich einen Fall, für welchen es zweckmäßig sein kann, an Stelle der oben beschriebenen Einteilung eine andere zu setzen, die noch etwas tiefer eingreift. Zwei Hauptideale $\mathfrak{o}\mu$, $\mathfrak{o}\nu$ sind offenbar stets und nur dann identisch, wenn die beiden Zahlen μ, ν assoziiert, d. h. wenn $\nu = \varepsilon\mu$ ist, wo ε eine Einheit bedeutet. Ist die Norm von μ positiv, so ist sie zugleich die Norm des Hauptideals $\mathfrak{o}\mu$. Es kann aber auch der Fall eintreten, daß die Normen aller mit einer bestimmten Zahl μ assoziierten Zahlen $\varepsilon\mu$ negativ sind; dies wird immer und nur dann geschehen, wenn es in dem Körper Ω Zahlen von negativer Norm, unter diesen aber keine Einheit gibt*). In diesem Falle ist es für manche Unter-

---

*) Der Grad n eines solchen Körpers Ω muß, wie leicht zu sehen, eine **gerade** Zahl, und unter den mit Ω konjugierten Körpern müssen auch solche sein, welche aus lauter **reellen** Zahlen bestehen. Ein solcher Körper ist z. B. der quadratische Körper, dessen Grundzahl $= +12$, während der von der Grundzahl $+8$ diese Eigenschaft nicht besitzt.

suchungen zweckmäßig, zwei Ideale $\mathfrak{a}$, $\mathfrak{a}'$ nur dann äquivalent zu nennen, wenn es eine Zahl η von positiver Norm gibt, welche der Bedingung $\mathfrak{a}\eta = \mathfrak{a}'$ genügt, und hierdurch verdoppelt sich offenbar die Anzahl der Idealklassen; die Hauptklasse O besteht nur noch aus denjenigen Hauptidealen $\mathfrak{o}\mu$, welche den Zahlen μ von positiver Norm entsprechen, während die übrigen Hauptideale eine besondere, sich selbst entgegengesetzte Klasse bilden*). Die allgemeinen Sätze über die Zusammensetzung der Klassen werden aber hierdurch nicht geändert. Man kann auch leicht beweisen, daß jedes Ideal $\mathfrak{a}$ in ein Ideal der jetzigen Hauptklasse O verwandelt werden kann durch Multiplikation mit einem Faktor $\mathfrak{m}$, welcher relatives Primideal zu einem beliebig gegebenen Ideal $\mathfrak{b}$ ist; denn hat man (nach § 178, X) aus $\mathfrak{a}$ eine Zahl α so ausgewählt, daß $\mathfrak{a}\mathfrak{b} + \mathfrak{o}\alpha = \mathfrak{a}$ wird, so hat (nach § 180) jede Zahl μ, welche $\equiv \alpha \pmod{\mathfrak{a}\mathfrak{b}}$ ist, dieselbe Eigenschaft, und es braucht nur noch gezeigt zu werden, daß es unter diesen Zahlen μ auch solche von positiver Norm gibt; dies erreicht man offenbar, wenn man $\mu = \alpha + m$ setzt und die durch $\mathfrak{a}\mathfrak{b}$ teilbare natürliche Zahl m so groß wählt, daß alle mit μ konjugierten reellen Zahlen positiv ausfallen; aus $\mathfrak{o}(\alpha + m) = \mathfrak{a}\mathfrak{m}$ ergibt sich dann der verlangte Faktor $\mathfrak{m}$. Den hiermit in erweitertem Umfange bewiesenen Satz kann man offenbar auch so aussprechen:

IV. **In jeder Idealklasse M gibt es Ideale $\mathfrak{m}$, die mit einem beliebig gegebenen Ideale keinen gemeinschaftlichen Teiler außer $\mathfrak{o}$ haben.**

Zum Schlusse bemerken wir, daß man die Einteilung der Ideale in Klassen auf alle Moduln von der Form (8) in § 175 übertragen kann, indem man zwei solche Moduln $\mathfrak{a}$, $\mathfrak{a}'$ äquivalent nennt und in dieselbe Modulklasse A aufnimmt, wenn es eine Zahl η gibt, welche der Bedingung $\mathfrak{a}\eta = \mathfrak{a}'$ genügt. Alle Moduln einer Klasse A haben dieselbe Ordnung $\mathfrak{n}$, und die Hauptklasse dieser Ordnung besteht aus allen Hauptmoduln $\mathfrak{n}\eta$, wo η jede von Null verschiedene Zahl des Körpers Ω bedeutet. Jede Klasse besteht aus unendlich vielen ganzen und gebrochenen Moduln; eine Klasse von der Ordnung $\mathfrak{o}$ besteht aus Idealen und Idealbrüchen (Anm. auf S. 126), und das System der ersteren ist eine Idealklasse im obigen Sinne. Durch-

---

*) Eine noch weitergehende Beschränkung erhält man durch die Forderung, daß jede mit der erzeugenden Zahl μ konjugierte reelle Zahl positiv sein soll.

laufen $\mathfrak{a}$, $\mathfrak{b}$ bzw. alle Moduln der Klassen A, B, so bilden die Produkte $\mathfrak{a}\mathfrak{b}$ eine Klasse AB, und die Quotienten $\mathfrak{b}:\mathfrak{a}$ eine Klasse $B:A$, woraus auch die Bedeutung der Zeichen A^0 und A^{-1} einleuchtet; ebenso bilden die Komplemente aller in einer Klasse enthaltenen Moduln eine Klasse (Anm. auf S. 103). Je nachdem eine Klasse aus lauter eigentlichen oder aus lauter uneigentlichen Moduln besteht (S. 73), heiße sie eine eigentliche oder uneigentliche Klasse. Durch das Auftreten der letzteren wird (schon bei Körpern dritten Grades) diese Theorie, welche für gewisse Untersuchungen (z. B. über höhere Reziprozitätsgesetze) doch unerläßlich scheint, nicht wenig erschwert*). Schon der Beweis, daß die Anzahl der zu einer bestimmten Ordnung $\mathfrak{n}$ gehörenden Klassen A endlich ist, muß etwas anders geführt werden, wie oben für die Ideale, etwa in folgender Weise. Greift man nach Belieben aus A einen durch die Ordnung $\mathfrak{n}$ teilbaren Modul $\mathfrak{a}$ heraus, und wendet auf ihn den Satz I an, so wird $\mathfrak{a}\alpha > \mathfrak{n}\alpha > \mathfrak{a} > \mathfrak{n} > \mathfrak{o}$, also $(\mathfrak{o}, \mathfrak{a}) = (\mathfrak{o}, \mathfrak{n})(\mathfrak{n}, \mathfrak{a})$, und da [nach § 175, (12)] zugleich $\pm N(\alpha) = (\mathfrak{a}, \mathfrak{a}\alpha) = (\mathfrak{a}, \mathfrak{n}\alpha)(\mathfrak{n}\alpha, \mathfrak{a}\alpha) = (\mathfrak{a}, \mathfrak{n}\alpha)(\mathfrak{n}, \mathfrak{a})$ ist, so folgt $(\mathfrak{a}, \mathfrak{n}\alpha) \leq H(\mathfrak{o}, \mathfrak{n})$; also gibt es in jeder Klasse A der Ordnung $\mathfrak{n}$ mindestens einen Modul $\mathfrak{a}' = \mathfrak{a}\alpha^{-1}$, welcher den Bedingungen $\mathfrak{n} > \mathfrak{a}'$ und $(\mathfrak{a}', \mathfrak{n}) \leq H(\mathfrak{o}, \mathfrak{n})$ genügt. Betrachtet man aber eine bestimmte der (in endlicher Anzahl vorhandenen) natürlichen Zahlen m, welche $\leq H(\mathfrak{o}, \mathfrak{n})$ sind, und bedenkt, daß $(\mathfrak{n}m^{-1}, \mathfrak{n}) = (\mathfrak{n}, \mathfrak{n}m) = m^n > 0$ ist, so folgt aus den Sätzen I und II in § 171, daß die Anzahl aller Moduln $\mathfrak{a}'$, welche den Bedingungen $\mathfrak{n} > \mathfrak{a}'$ und $(\mathfrak{a}', \mathfrak{n}) = m$, also auch $\mathfrak{a}' > \mathfrak{n}m^{-1}$ genügen, endlich ist. Mithin ist auch die Anzahl der Klassen A von der Ordnung $\mathfrak{n}$ endlich, was zu beweisen war.

§ 182

Die Theorie der Ideale eines Körpers Ω hängt unmittelbar zusammen mit der Theorie der zerlegbaren Formen, welche demselben Körper entsprechen**); wir beschränken uns hier darauf, diesen Zusammenhang in seinen Grundzügen anzudeuten.

---

*) In einem gewissen Umfange ist sie behandelt in meiner Schrift: Über die Anzahl der Ideal-Klassen in den verschiedenen Ordnungen eines endlichen Körpers (Braunschweig 1877). Vgl. § 187.
**) Solche Formen sind zuerst von Lagrange betrachtet in der Abhandlung: Sur la solution des problèmes indéterminés du second degré. § VI. Mém. de l'Ac. de Berlin. T. XXIII, 1769. (Œuvres de L. T. II, 1868, p. 375.) — Additions aux Élémens d'Algèbre par L. Euler. § IX.

Es sei X eine ganze homogene Funktion n^{ten} Grades von n unabhängigen Variablen $x_1, x_2, \ldots, x_n$, und wir wollen annehmen, dieselbe sei eine zerlegbare Form, d. h. sie lasse sich als Produkt von n linearen Funktionen $u_1, u_2, \ldots, u_n$ darstellen. Alsdann verstehen wir unter der Diskriminante der Form X das Quadrat

(1) $$\left(\sum \pm \frac{\partial u_1}{\partial x_1} \frac{\partial u_2}{\partial x_2} \cdots \frac{\partial u_n}{\partial x_n}\right)^2 = \varDelta(X)$$

der Funktional-Determinante, welche aus den in den Faktoren u auftretenden konstanten Koeffizienten gebildet ist*). Nun sind zwar, wenn

(2) $$X = u_1 u_2 \cdots u_n$$

eine solche gegebene zerlegbare Form ist, die Funktionen $u_1, u_2, \ldots, u_n$ nur bis auf konstante Faktoren bestimmt, und man könnte sie, ohne X zu ändern, durch $c_1 u_1, c_2 u_2, \ldots, c_n u_n$ ersetzen, wo $c_1, c_2, \ldots, c_n$ beliebige Konstanten bedeuten, die nur der Bedingung genügen müssen, daß ihr Produkt $= 1$ ist; hieraus ergibt sich aber, daß $\varDelta(X)$ von der Wahl dieser Konstanten unabhängig, also durch die Form X allein vollständig bestimmt ist. Dasselbe folgt auch aus dem Satze

(3) $$X^2 \sum \pm \frac{\partial^2 \log X}{\partial x_1 \partial x_1} \frac{\partial^2 \log X}{\partial x_2 \partial x_2} \cdots \frac{\partial^2 \log X}{\partial x_n \partial x_n} = (-1)^n \varDelta(X),$$

welcher aus

$$-\frac{\partial^2 \log X}{\partial x_r \partial x_s} = \frac{\partial \log u_1}{\partial x_r} \frac{\partial \log u_1}{\partial x_s} + \frac{\partial \log u_2}{\partial x_r} \frac{\partial \log u_2}{\partial x_s} + \cdots + \frac{\partial \log u_n}{\partial x_r} \frac{\partial \log u_n}{\partial x_s}$$

hervorgeht und leicht in verschiedene andere Formen, z. B.

(4) $$\begin{vmatrix} X & \frac{\partial X}{\partial x_1} & \cdots & \frac{\partial X}{\partial x_n} \\ \frac{\partial X}{\partial x_1} & \frac{\partial^2 X}{\partial x_1 \partial x_1} & \cdots & \frac{\partial^2 X}{\partial x_1 \partial x_n} \\ \cdots & \cdots & \cdots & \cdots \\ \frac{\partial X}{\partial x_n} & \frac{\partial^2 X}{\partial x_n \partial x_1} & \cdots & \frac{\partial^2 X}{\partial x_n \partial x_n} \end{vmatrix} = (-1)^n X^{n-1} \varDelta(X)$$

---

*) Hermite: Sur la théorie des formes quadratiques (Crelles Journal, Bd. 47, S. 331). — Die Diskriminante der binären quadratischen Form $ax^2 + bxy + cy^2$ ist $= b^2 - 4ac$.

umgewandelt werden kann. Besitzt X lauter ganze rationale Koeffizienten, so wollen wir deren größten gemeinschaftlichen Teiler t auch den **Teiler der Form** X nennen (vgl. § 61); da sich nun leicht allgemein zeigen läßt, daß der Teiler eines Produktes aus beliebigen Formen mit ganzen rationalen Koeffizienten gleich dem Produkte aus den Teilern der einzelnen Formen ist*), so folgt aus der vorstehenden Gleichung, daß $\varDelta(X)$ eine ganze rationale, durch t^2 teilbare Zahl ist. Wir bemerken ferner, daß $\varDelta(aX) = a^2 \varDelta(X)$ ist, wenn a irgendeinen konstanten Faktor bedeutet.

Wir beschränken uns nun auf die Betrachtung derjenigen zerlegbaren Formen X, welche den **Idealen** des Körpers Ω entsprechen und auf die folgende Weise entstehen. Zunächst wählen wir eine bestimmte Basis $\omega_1, \omega_2, \ldots, \omega_n$ für das aus allen ganzen Zahlen ω des Körpers bestehende Ideal

(5) $$\mathfrak{o} = [\omega_1, \omega_2, \ldots, \omega_n]$$

und setzen (wie in § 175) die Grundzahl des Körpers, d. h. die Diskriminante

(6) $$\varDelta(\mathfrak{o}) = \varDelta(\omega_1, \omega_2, \ldots, \omega_n) = D.$$

Nach § 177 (S. 118) ist jedes Ideal $\mathfrak{a}$ ein endlicher Modul von der Form

(7) $$\mathfrak{a} = [\alpha_1, \alpha_2, \ldots, \alpha_n],$$

wo die Zahlen α_r zugleich eine Basis des Körpers Ω bilden. Da dieselben ganze Zahlen sind, so gelten n Gleichungen von der Form**)

(8) $$\alpha_r = \sum a_{r,\iota}\, \omega_\iota,$$

wo die Koordinaten $a_{r,s}$ ganze rationale Zahlen sind, und zwar wollen wir die Basiszahlen stets, wie wir ein für allemal bemerken, so wählen, daß die aus diesen Koordinaten gebildete Determinante einen **positiven** Wert erhält, daß also

(9) $$\sum \pm a_{1,1}\, a_{2,2} \ldots a_{n,n} = (\mathfrak{o}, \mathfrak{a}) = N(\mathfrak{a})$$

---

*) Vgl. Gauß: D. A. art. 42 und meine Abhandlung: Über einen arithmetischen Satz von Gauß (Mitteilungen d. Deutschen math. Ges. in Prag. 1892).

**) Wir bezeichnen in der Folge mit $\iota, \iota', \iota'', \ldots$ ausschließlich Summationsbuchstaben, welche die n Werte $1, 2, \ldots, n$ durchlaufen sollen, und ein einfaches Summenzeichen Σ bezieht sich stets auf alle solche, hinter demselben auftretende $\iota, \iota', \iota'', \ldots$, während $r, s, \ldots$ konstante Indizes bedeuten.

wird (nach § 172, VII). Aus den vorstehenden Gleichungen folgt ferner [nach § 175, (7) oder (9)], daß die von der Wahl der Basis unabhängige Diskriminante

(10) $\quad \varDelta(\mathfrak{a}) = \varDelta(\alpha_1, \alpha_2, \ldots, \alpha_n) = D N(\mathfrak{a})^2$

ist.

Wir führen jetzt ein System von n unabhängigen Variablen $x_1, x_2, \ldots, x_n$ und die homogene lineare Funktion

(11) $\quad \alpha = \sum x_\iota \alpha_\iota$

ein; dann kann man, weil jedes Produkt $\alpha_r \omega_s$ in dem Ideal $\mathfrak{a}$ enthalten ist,

(12) $\quad \alpha \omega_r = \sum x_{r,\iota} \alpha_\iota = \sum x_{r,\iota} a_{\iota,\iota'} \omega_{\iota'}$

setzen, wo die n^2 Größen $x_{r,s}$ homogene lineare Funktionen der Veränderlichen $x_1, x_2, \ldots, x_n$ mit ganzen rationalen Koeffizienten bedeuten; setzt man daher die aus ihnen gebildete Determinante

(13) $\quad \sum \pm x_{1,1} x_{2,2} \ldots x_{n,n} = X,$

so ist X eine ganze homogene Funktion der n Variablen x_ι, deren Koeffizienten ganze rationale Zahlen sind, und wir wollen sagen, diese Form X entspreche der Basis $\alpha_1, \alpha_2, \ldots, \alpha_n$ des Ideals $\mathfrak{a}$. So oft nun die Variablen x_ι rationale Werte erhalten, wird α eine Zahl des Körpers $\varOmega$, und aus (12) folgt [nach § 167, (12)], daß die Norm von α durch Multiplikation der beiden aus den Größen $x_{\iota,\iota'}$ und $a_{\iota,\iota'}$ gebildeten Determinanten (9) und (13) entsteht, daß also

(14) $\quad N(\alpha) = N(\mathfrak{a}) X$

ist; da nun diese Norm das Produkt der n mit α konjugierten Zahlen, welche homogene lineare Funktionen der Variablen x_ι sind, und da zufolge (10) die Diskriminante dieses Produktes $= D N(\mathfrak{a})^2$ ist, so ergibt sich, daß X ebenfalls eine zerlegbare Form, und daß ihre Diskriminante

(15) $\quad \varDelta(X) = D$

ist.

Legt man den Variablen x_ι ganze rationale Werte bei, so wird α teilbar durch $\mathfrak{a}$, und umgekehrt wird jede Zahl des Ideals $\mathfrak{a}$ durch ein und nur ein solches System von Werten x_ι erzeugt; dann ist

$$\mathfrak{o}\alpha = \mathfrak{a}\mathfrak{m}, \quad N(\alpha) = N(\mathfrak{a})X = \pm N(\mathfrak{a})N(\mathfrak{m}),$$

mithin

(16) $\quad X = \pm N(\mathfrak{m}) = \pm (\mathfrak{a}, \mathfrak{o}\alpha).$

Ist nun k eine beliebig gegebene natürliche Zahl, so kann man (nach § 178, XI) die Zahl α aus dem Ideal $\mathfrak{a}$ so auswählen, daß $\mathfrak{m}$ relatives Primideal zu k, also (nach § 180, I) der zugehörige Wert der Form X relative Primzahl zu k wird, woraus unmittelbar folgt, daß X eine ursprüngliche, d. h. eine solche Form ist, deren Koeffizienten keinen gemeinschaftlichen Teiler haben.

Verfährt man bei der Einteilung der Ideale in Klassen nach der schärferen Regel, welche auf S. 145 beschrieben ist — und dies soll im folgenden immer geschehen —, so wird, wenn $\mathfrak{a}$ der Klasse A angehört, und $\mathfrak{m}$ jedes beliebige Ideal der inversen Klasse A^{-1} bedeutet, immer eine Zahl α von positiver Norm existieren, welche der Bedingung $\mathfrak{o}\alpha' = \mathfrak{a}\,\mathfrak{m}$ genügt, und gleichzeitig wird $X = + N(\mathfrak{m})$; mithin können durch die Form X die Normen aller in der Klasse A^{-1} enthaltenen Ideale $\mathfrak{m}$ dargestellt werden (vgl. § 60). Umgekehrt leuchtet ein, daß jeder durch die Form X darstellbare positive Wert, welcher ganzen rationalen Werten der Variablen x_ι entspricht, die Norm eines solchen Ideals $\mathfrak{m}$ ist.

Wählt man für dasselbe Ideal $\mathfrak{a}$ ein beliebiges anderes System von Basiszahlen $\beta_1, \beta_2, \ldots, \beta_n$, die aber ebenfalls der Bedingung genügen, daß die aus ihren Koordinaten gebildete Determinante positiv ist, so ist

(17) $\qquad \beta_r = \sum c_{r,\iota} \alpha_\iota; \quad \sum \pm c_{1,1} c_{2,2} \ldots c_{n,n} = + 1$

und die der Basis $\alpha_1, \alpha_2, \ldots, \alpha_n$ entsprechende Form X geht durch die Substitution

(18) $\qquad x_r = \sum c_{\iota,r} y_\iota,$

deren Koeffizienten $c_{\iota,\iota'}$ ganze rationale Zahlen sind, in eine äquivalente Form Y über, welche der neuen Basis entspricht und eine ganze homogene Funktion der neuen Variablen y_ι ist. Umgekehrt, wenn Y mit X äquivalent ist, d. h. wenn X durch eine Substitution von der Form (18) mit ganzen rationalen Koeffizienten $c_{\iota,\iota'}$, deren Determinante $= + 1$ ist, in Y übergeht, so gibt es offenbar eine Basis des Ideals $\mathfrak{a}$, welcher diese Form Y entspricht. Allen Basen desselben Ideals $\mathfrak{a}$ entspricht daher eine bestimmte Formenklasse, d. h. ein System von Formen $X, Y \ldots$ derart, daß je zwei von ihnen einander äquivalent sind, und wir wollen sagen, daß diese Formenklasse dem Ideale $\mathfrak{a}$ entspricht. Ist ferner $\mathfrak{a}'$ ein beliebiges mit $\mathfrak{a}$ äquivalentes Ideal, so gibt es eine Zahl η von positiver Norm, welche der Bedingung $\mathfrak{a}\eta = \mathfrak{a}'$ genügt; dann bilden die n Produkte $\eta\alpha_\iota$ eine Basis von $\mathfrak{a}'$, und aus (12) geht durch Multiplikation mit η hervor, daß die Form X auch dem Ideal $\mathfrak{a}'$, mithin die Formenklasse auch allen Idealen der Klasse A entspricht. Jeder Idealklasse entspricht daher eine bestimmte Formenklasse. Die schwierigere Frage aber, ob mehreren verschiedenen Idealklassen eine und dieselbe Formenklasse entsprechen kann, müssen wir der Kürze halber hier unerörtert lassen. Dasselbe gilt von der Aufgabe, alle Transformationen der Form X in sich selbst zu finden, und wir beschränken uns auf die einleuchtende Bemerkung, daß durch jede Einheit ε, deren Norm positiv, also $= +1$ ist, eine solche Transformation erzeugt wird, weil die n Zahlen $\varepsilon\alpha_\iota$ ebenfalls eine Basis des Ideals $\mathfrak{a}$ bilden (vgl. §§ 62, 83—85).

Die Komposition der Formen X entspricht der Multiplikation der Ideale. Es seien zwei beliebige Ideale
(19) $\qquad \mathfrak{a} = [\alpha_1, \alpha_2, \ldots, \alpha_n], \quad \mathfrak{b} = [\beta_1, \beta_2, \ldots, \beta_n]$
mit bestimmten Basen $\alpha_\iota, \beta_\iota$ gegeben, so kann man ihr Produkt
(20) $\qquad \mathfrak{a}\mathfrak{b} = \mathfrak{c} = [\gamma_1, \gamma_2, \ldots, \gamma_n]$
setzen; aus dem Begriffe der Multiplikation der Moduln (§ 170) folgt aber unmittelbar, daß $\mathfrak{a}\mathfrak{b}$ ein endlicher Modul ist, welcher die n^2 Produkte $\alpha_\iota\beta_{\iota'}$ zu Basiszahlen hat; zwischen diesen und den n Basiszahlen γ_ι desselben Moduls müssen daher [zufolge § 172, (25) bis (30)] Relationen von der Form
(21) $\qquad \alpha_r\beta_s = \sum p_\iota^{r,s}\gamma_\iota, \quad \gamma_r = \sum q_r^{\iota,\iota'}\alpha_\iota\beta_{\iota'}$
stattfinden, wo die Koeffizienten p, q ganze rationale Zahlen sind; die sämtlichen Determinanten P, welche sich aus je n der n^2 Zeilen
(22) $\qquad p_1^{r,s}, p_2^{r,s}, \ldots, p_{n-1}^{r,s}, p_n^{r,s}$
bilden lassen, sind Zahlen ohne gemeinschaftlichen Teiler. Man führe jetzt drei Systeme von je n Variablen $x_\iota, y_\iota, z_\iota$ ein und setze
(23) $\qquad \alpha = \sum x_\iota\alpha_\iota, \quad \beta = \sum y_\iota\beta_\iota, \quad \gamma = \sum z_\iota\gamma_\iota,$
so wird
(24) $\qquad N(\alpha) = N(\mathfrak{a})X, \quad N(\beta) = N(\mathfrak{b})Y, \quad N(\gamma) = N(\mathfrak{c})Z,$
wo X, Y, Z die den obigen Basen der Ideale $\mathfrak{a}, \mathfrak{b}, \mathfrak{c}$ entsprechenden Formen bedeuten. Macht man nun die Variablen z_ι durch die bilineare Substitution
(25) $\qquad z_r = \sum p_r^{\iota,\iota'} x_\iota y_{\iota'}$

zu Funktionen der Variablen x_ι, y_ι, so wird
(26) $\qquad \gamma = \alpha\beta$, also $N(\gamma) = N(\alpha)N(\beta)$,
und da außerdem $N(c) = N(\mathfrak{a})N(\mathfrak{b})$ ist, so folgt
(27) $\qquad\qquad Z = XY$,

d. h. die Form Z geht durch die Substitution (25) in das Produkt der beiden Formen X, Y über, und wir wollen deshalb sagen, die Form Z sei aus den beiden Formen X, Y zusammengesetzt.

Diese Formen sind durch die Substitution (25) vollständig bestimmt. Aus (26) folgt nämlich zunächst

(28) $\qquad\qquad \alpha\beta_r = \sum \dfrac{\partial z_\iota}{\partial y_r} \gamma_\iota;$

nun lassen sich die Zahlen γ_ι, weil sie in c und also auch in $\mathfrak{b}$ enthalten sind, in der Form

$$\gamma_\iota = \sum c_{\iota,\iota'} \beta_{\iota'}$$

darstellen, wo die Koeffizienten $c_{\iota,\iota'}$ ganze rationale Zahlen bedeuten, deren Determinante

$$\sum \pm c_{1,1} c_{2,2} \ldots c_{n,n} = (\mathfrak{b}, c) = N(\mathfrak{a})$$

ist; es wird mithin

$$\alpha \beta_r = \sum \dfrac{\partial z_\iota}{\partial y_r} c_{\iota,\iota'} \beta_{\iota'},$$

woraus

$$N(\alpha) = N(\mathfrak{a}) \sum \pm \dfrac{\partial z_1}{\partial y_1} \dfrac{\partial z_2}{\partial y_2} \ldots \dfrac{\partial z_n}{\partial y_n},$$

also

(29) $\qquad\qquad X = \sum \pm \dfrac{\partial z_1}{\partial y_1} \dfrac{\partial z_2}{\partial y_2} \ldots \dfrac{\partial z_n}{\partial y_n}$

folgt. Auf ganz ähnliche Weise ergibt sich natürlich aus den Gleichungen

(30) $\qquad\qquad \beta \alpha_r = \sum \dfrac{\partial z_\iota}{\partial x_r} \gamma_\iota$

die Form

(31) $\qquad\qquad Y = \sum \pm \dfrac{\partial z_1}{\partial x_1} \dfrac{\partial z_2}{\partial x_2} \ldots \dfrac{\partial z_n}{\partial x_n}.$

Unsere obigen Gleichungen (12) und (13) gehen offenbar durch die spezielle Annahme $\mathfrak{b} = \mathfrak{o}$ aus den allgemeinen Gleichungen (28) und (29) hervor. Die in den letzteren auftretenden n^2 Größen

(32) $\qquad\qquad \dfrac{\partial z_m}{\partial y_s} = \sum p_m^{\iota,s} x_\iota$

sind homogene lineare Funktionen der n Variablen x_ι mit ganzen rationalen Koeffizienten $p_m^{r,s}$, und zwar sind

(33) $\qquad p_m^{1,s},\ p_m^{2,s} \cdots p_m^{n-1,s},\ p_m^{n,s}$

die in einer und derselben Zeile enthaltenen Koeffizienten. Es ist nun von Wichtigkeit, daß umgekehrt die n Variablen x_ι sich (auf unendlich viele Arten) als homogene lineare Funktionen der n^2 Größen (32) mit ganzen rationalen Koeffizienten darstellen lassen, oder, was offenbar auf dasselbe hinauskommt, daß die sämtlichen Determinanten R, welche aus je n von den n^2 Zeilen (33) gebildet und von den oben mit P bezeichneten Determinanten wohl zu unterscheiden sind, ebenfalls keinen gemeinschaftlichen Teiler haben. Um dies letztere zu beweisen, bemerken wir zunächst, daß die Determinanten R gewiß nicht alle verschwinden; denn betrachtet man z. B. solche n Zeilen (33), in welchen der Index s ungeändert bleibt, so ist, wie sich durch Vertauschung der Horizontal- und Vertikalreihen unter Berücksichtigung von (21) leicht ergibt, die entsprechende Determinante

$$\begin{vmatrix} p_1^{1,s} \cdots p_1^{n,s} \\ \cdots \cdots \\ p_n^{1,s} \cdots p_n^{n,s} \end{vmatrix} = \begin{vmatrix} p_1^{1,s} \cdots p_n^{1,s} \\ \cdots \cdots \\ p_1^{n,s} \cdots p_n^{n,s} \end{vmatrix} = \frac{N(\beta_s)}{N(\mathfrak{b})},$$

also von Null verschieden. Bedeutet nun e den größten gemeinschaftlichen Teiler aller Determinanten R, so folgt aus unserer allgemeinen Untersuchung über die Reduktion eines endlichen Moduls auf eine irreduzible Basis (§ 172), daß sich zwei Systeme von ganzen rationalen Zahlen $h_m^{r,s}$ und $e_{r,s}$ aufstellen lassen, welche den Bedingungen

$$p_m^{r,s} = \sum h_m^{\iota,s} e_{r,\iota}, \quad \sum \pm e_{1,1} e_{2,2} \cdots e_{n,n} = e$$

genügen*). Hierauf definiere man n Zahlen μ_ι durch die Gleichungen

$$e\,\alpha_r = \sum e_{r,\iota}\,\mu_\iota,$$

---

*) Man braucht nur n beliebige, aber voneinander unabhängige Zahlen α'_ι zu wählen und den Modul, dessen Basis aus den n^2 Summen

$$\varepsilon_m^{(s)} = \sum p_m^{\iota,s}\,\alpha'_\iota$$

besteht, auf eine irreduzible, also aus n Zahlen

$$\varepsilon_r = \sum e_{\iota,r}\,\alpha'_\iota$$

bestehende Basis zu reduzieren, so wird

$$\varepsilon_m^{(s)} = \sum h_m^{\iota,s}\,\varepsilon_\iota,$$

und hieraus ergeben sich die obigen Beziehungen. — Bedeuten $\mathfrak{a}$, $\mathfrak{b}$ beliebige Moduln von der Form (8) in § 175, und wählt man für die n Zahlen α die

aus denen durch Umkehrung
$$\mu_r = \sum e'_{i,r} \alpha_i$$
folgt, wo die Koeffizienten $e'_{i,i'}$ ganze rationale Zahlen sind, deren Determinante
$$\sum \pm e'_{1,1} e'_{2,2} \ldots e'_{n,n} = e^{n-1}$$
ist, weil
$$\sum e'_{i,r} e_{i,s} = e \text{ oder } = 0$$
ist, je nachdem r, s gleich oder ungleich sind. Mit Rücksicht auf (21) folgt nun aus den vorstehenden Gleichungen
$$\mu_r \beta_s = \sum e'_{i',r} \alpha_{i'} \beta_s = \sum e'_{i',r} p_i^{i',s} \gamma_i$$
$$= \sum e'_{i',r} h_i^{i'',s} e_{i,i''} \gamma_i = e \sum h_i^{r,s} \gamma_i;$$
mithin ist $\mathfrak{b}\mu_r$ teilbar durch $e\mathfrak{c} = e\mathfrak{a}\mathfrak{b}$, also μ_r teilbar durch $e\mathfrak{a}$, und hieraus folgt, daß alle Koeffizienten $e'_{i,i'}$ durch e teilbar sind, mithin $e = 1$ ist, was zu beweisen war.

Derselbe Satz gilt selbstverständlich auch für die Determinanten S, welche aus je n Zeilen von der Form

(34) $\qquad p_m^{r,1}, p_m^{r,2} \ldots p_m^{r,n-1}, p_m^{r,n}$

gebildet sind; also lassen sich die n Variablen y_i auch als homogene lineare Funktionen der n^2 Größen

(35) $\qquad \dfrac{\partial z_m}{\partial x_r} = \sum p_m^{r,i} y_i,$

und zwar mit ganzen rationalen Koeffizienten darstellen.

Ganz ähnliche Eigenschaften, wie die linearen Funktionen (32) und (35), besitzen auch die aus ihnen gebildeten Determinanten $(n-1)^{\text{ten}}$ Grades, d. h. die Koeffizienten, mit welchen sie in den Determinanten (29) und (31) behaftet sind. Das Ideal $\mathfrak{a}$ besitzt (nach § 180) ein durch die Bedingung $\mathfrak{o} N(\mathfrak{a}) = \mathfrak{a}\mathfrak{a}'$ bestimmtes Supplement*)

(36) $\qquad \mathfrak{a}' = [\alpha'_1, \alpha'_2, \ldots, \alpha'_n],$

---

zu α_i komplementären Zahlen (§ 167 und § 175 Anm.), so wird $\varepsilon_m^{(s)} = \beta_s \gamma'_m$, wo die Zahlen γ'_i komplementär zu γ_i sind, und hieraus ergibt sich (nach § 172), daß der größte gemeinsame Teiler $e = (\mathfrak{a}', \mathfrak{b}\mathfrak{c}')$ ist, wo $\mathfrak{a}', \mathfrak{b}', \mathfrak{c}'$ die zu $\mathfrak{a}, \mathfrak{b}, \mathfrak{c}$ komplementären Moduln bedeuten; sind aber $\mathfrak{a}, \mathfrak{b}$ (also auch $\mathfrak{c}$) Idealbrüche (Anm. zu §§ 178, 180), so gilt dasselbe von $\mathfrak{a}', \mathfrak{b}', \mathfrak{c}'$, und aus § 170, VII folgt leicht, daß in diesem Falle $\mathfrak{a}' = \mathfrak{b}\mathfrak{c}'$, also $e = 1$ ist.

*) Dieses Ideal $\mathfrak{a}'$ und seine Basiszahlen α'_i dürfen natürlich nicht verwechselt werden mit dem in der vorigen Anmerkung erwähnten Komplement von $\mathfrak{a}$ und mit den zu α_i komplementären Zahlen.

dessen Basis wir beliebig wählen; bedeutet nun α wieder irgendeine Zahl des Ideals $\mathfrak{a}$, und setzt man, wie in (16), $\mathfrak{o}\alpha = \mathfrak{a}\mathfrak{m}$, so folgt, wenn man mit $\mathfrak{m}'$ das Supplement von $\mathfrak{m}$ bezeichnet,

$$\mathfrak{o}N(\alpha) = \mathfrak{o}N(\mathfrak{a})N(\mathfrak{m}) = \mathfrak{a}\mathfrak{a}'\mathfrak{m}\mathfrak{m}' = \alpha\alpha'\mathfrak{m}';$$

es ergibt sich daher von neuem, daß $N(\alpha)$ durch α teilbar ist (§ 176, IV), und wenn α' das durch die Gleichung

(37) $$N(\alpha) = \alpha\alpha'$$

definierte Supplement der Zahl α bedeutet, so folgt $\mathfrak{o}\alpha' = \mathfrak{a}'\mathfrak{m}'$, d. h. α' ist teilbar durch $\mathfrak{a}'$, also von der Form

(38) $$\alpha' = \sum x_i' \alpha_i',$$

wo die n Koeffizienten x_i' ganze rationale Zahlen sind, die in bestimmter Weise von den ganzen rationalen Zahlen x_i in (11) oder (23) abhängen. Setzt man nun wieder $\mathfrak{a}\mathfrak{b} = \mathfrak{c}$ und behält alle hierauf bezüglichen, im vorhergehenden gebrauchten Bezeichnungen bei, so folgt $\mathfrak{a}'\mathfrak{c} = \mathfrak{b}N(\mathfrak{a})$; man kann daher, wenn man die Größen x_i' in (38) als willkürliche Variable ansieht, n Gleichungen von der Form

(39) $$\alpha' \gamma_r = N(\mathfrak{a}) \sum x_{r,\iota}' \beta_\iota$$

aufstellen, welche den Gleichungen (28) entsprechen; die n^2 Größen $x_{\iota,\iota'}'$ sind homogene lineare Funktionen der n Variablen x_ι' mit ganzen rationalen Koeffizienten, und umgekehrt lassen sich, wie oben gezeigt ist, die Variablen x_ι' (auf unendlich viele Arten) als ebensolche Funktionen von den Größen $x_{\iota,\iota'}'$ darstellen. Multipliziert man aber (39) mit α unter Berücksichtigung von (37) und (24), so ergibt sich

(40) $$X \gamma_r = \alpha \sum x_{r,\iota}' \beta_\iota,$$

und hieraus geht mit Rücksicht auf (28) hervor, daß $x_{m,s}'$ der Koeffizient ist, mit welchem das Element (32) in der Determinante (29) multipliziert wird. Die sämtlichen Größen $x_{\iota,\iota'}'$ und folglich auch die Größen x_ι', welche letzteren offenbar von der Wahl der Basis des Ideals $\mathfrak{a}'$ abhängen, sind daher ganze homogene Funktionen $(n-1)^{\text{ten}}$ Grades von den Variablen x_ι mit ganzen rationalen Koeffizienten, und hiermit ist unsere obige Behauptung bewiesen. —

Auf diese kurze Darstellung der wichtigsten Eigenschaften der Formen X müssen wir uns hier beschränken; allein wir dürfen nicht unterlassen, darauf aufmerksam zu machen, daß diese Formen X, deren Diskriminante $= D$ ist, nur einen unendlich kleinen Teil aller zerlegbaren Formen bilden, welche dem Körper Ω entsprechen, und wir wollen hierüber wenigstens noch folgendes bemerken. Bedeutet $\mathfrak{a}$ in (7) einen beliebigen **Modul**, dessen Basis zugleich eine Basis des Körpers Ω ist, und verfährt man mit $\mathfrak{a}$ genau ebenso, wie oben in den Gleichungen (11) bis (16) mit dem Ideal $\mathfrak{a}$, indem man nur an Stelle von $\mathfrak{o}$ die **Ordnung** $\mathfrak{n}$ des Moduls $\mathfrak{a}$ eintreten läßt, so gelangt man zu einer entsprechenden zerlegbaren Form $X = \pm (\mathfrak{a}, \mathfrak{n}\alpha)$, deren Diskriminante $= D(\mathfrak{o}, \mathfrak{n})^2 = \Delta(\mathfrak{n})$ ist. Wir nennen die Zahl $(\mathfrak{o}, \mathfrak{n})$ den **Index** und den Quotient $\mathfrak{n}:\mathfrak{o}$ den **Führer der Ordnung** $\mathfrak{n}$; der letztere ist immer ein Ideal, und zwar der größte gemeinsame Teiler aller durch $\mathfrak{n}$ teilbaren Ideale, und der Index ist immer teilbar durch den Führer*).

§ 183

Von der größten Wichtigkeit für die Theorie der in einem endlichen Körper Ω enthaltenen ganzen Zahlen ist die Frage nach dem Inbegriff aller unter ihnen befindlichen **Einheiten** (§§ 174, 176). Im Körper R der rationalen Zahlen gibt es nur die beiden Einheiten ± 1, und dasselbe gilt für alle quadratischen Körper von **negativer** Grundzahl D, mit Ausnahme der beiden Fälle $D = -3$ und $D = -4$, in welchen sechs bzw. vier Einheiten vorhanden sind. Bei allen anderen Körpern ist aber die Anzahl der Einheiten stets unendlich groß, und es ist äußerst schwierig gewesen, den Zusammenhang zwischen allen diesen Einheiten genau zu ergründen und in der einfachsten Form darzustellen; für den Fall der quadratischen Körper von **positiver** Grundzahl D fällt diese Frage im wesentlichen zusammen mit der Auflösung der Pellschen Gleichung $t^2 - Du^2 = 4$, und wir haben schon früher bemerkt, daß die Existenz solcher Lösungen t, u, in welchen u nicht verschwindet, zuerst von Lagrange bewiesen ist. Die Prinzipien, welche diesem Beweise zugrunde liegen, sind endlich von Dirichlet zur höchsten Allgemeinheit erhoben, und ihm gebührt der Ruhm, zuerst eine strenge und vollständige, alle endlichen Körper umfassende Theorie der Einheiten aufgebaut zu haben (vgl. §§ 83, 141). Wir kleiden dieselbe in unsere Ausdrucksweise ein und heben die Hauptmomente im folgenden so kurz wie möglich hervor.

---

*) Vgl. meine auf S. 136 und 146 zitierten Schriften, wo das Wort **Index** in einer spezielleren Bedeutung gebraucht ist.

1. Wir bezeichnen, wie bisher, mit Ω einen Körper n^{ten} Grades und mit

(1) $$\mathfrak{o} = [\omega_1, \omega_2, \ldots, \omega_n]$$

den Inbegriff aller in Ω enthaltenen ganzen Zahlen

(2) $$\omega = h_1 \omega_1 + h_2 \omega_2 + \cdots + h_n \omega_n = \sum h_\iota \omega_\iota,$$

wo die n Koordinaten h_ι alle ganzen rationalen Zahlen durchlaufen. Durch die n Permutationen des Körpers, die wir wieder mit $\pi_1, \pi_2, \ldots, \pi_n$ bezeichnen, geht eine solche Zahl ω in die n konjugierten Zahlen

(3) $$\omega^{(r)} = \sum h_\iota \omega_\iota^{(r)}$$

über, welche homogene lineare Funktionen der variablen Koordinaten h_ι sind. Die Koeffizienten derselben sind die n^2 Konstanten $\omega_s^{(r)}$, welche durch die Wahl der Basis von $\mathfrak{o}$ ein für allemal bestimmt sind. Wir bilden nun, indem wir unter $M(z)$ stets den analytischen Modul (oder absoluten Betrag) der komplexen Zahl z verstehen, für jede Permutation π_r die Summe

$$M(\omega_1^{(r)}) + M(\omega_2^{(r)}) + \cdots + M(\omega_n^{(r)})$$

und bezeichnen mit c die größte von diesen n Summen; dann leuchtet ein, daß, wenn k eine positive Größe und ω eine Zahl ist, deren Koordinaten absolut genommen den Wert k nicht überschreiten, immer

(4) $$M(\omega^{(r)}) \leqq c k$$

sein wird.

2. Die aus den n^2 Koeffizienten $\omega_s^{(r)}$ gebildete Determinante

(5) $$\sum \pm \omega_1' \omega_2'' \ldots \omega_n^{(n)} = \sqrt{D}$$

ist von Null verschieden (§ 175), und wenn man mit $\varkappa_1, \varkappa_2, \ldots, \varkappa_n$ die zu $\omega_1, \omega_2, \ldots, \omega_n$ komplementären Zahlen bezeichnet (§ 167), so erhält man durch Umkehrung der Gleichungen (3) die n Koordinaten

(6) $$h_s = S(\omega \varkappa_s) = \varkappa_s' \omega' + \cdots + \varkappa_s^{(n)} \omega^{(n)}$$

als homogene lineare Funktionen der n Konjugierten $\omega^{(r)}$; da die Koeffizienten $\varkappa_s^{(r)}$ ebenfalls durch die Basis von $\mathfrak{o}$ vollständig bestimmt sind, so schließt man ebenso wie vorher, daß, wenn die n Moduln $M(\omega^{(r)})$ eine gegebene Konstante C nicht überschreiten, auch die absoluten Werte der Koordinaten h_s eine entsprechende Konstante nicht überschreiten können, und da sie ganze rationale Zahlen sind, so folgt hieraus offenbar der Satz:

I. Ist C eine positive Konstante, so gibt es in $\mathfrak{o}$ nur eine endliche Anzahl von solchen Zahlen ω, deren Konjugierte sämtlich der Bedingung $M(\omega^{(r)}) < C$ genügen.

3. Bedeutet θ eine Zahl n^{ten} Grades in Ω, so ist Ω der Inbegriff $R(\theta)$ aller durch θ rational darstellbaren Zahlen (§ 165, VI), und die n verschiedenen konjugierten Zahlen $\theta^{(r)}$ sind die Wurzeln einer irreduziblen Gleichung mit rationalen Koeffizienten. Durch die Permutation π_r geht der Körper Ω in den Körper $\Omega^{(r)} = R(\theta^{(r)})$ über, und wir nennen π_r eine reelle Permutation, wenn $\theta^{(r)}$ reell ist, also $\Omega^{(r)}$ aus lauter reellen Zahlen besteht; zugleich ist $\omega^{(r)}$ in (3) eine reelle, d. h. eine mit lauter reellen Koeffizienten $\omega_s^{(r)}$ behaftete, lineare Funktion der Koordinaten h_i. Ist aber z. B. θ' imaginär $= p + qi$, so nennen wir π_1 eine imaginäre Permutation, weil Ω' außer reellen auch imaginäre Zahlen enthält; die n Konstanten ω'_i können nicht alle reell sein, und es wird folglich die Funktion ω' die Form $u + vi$ annehmen, wo u, v reelle lineare Funktionen der Koordinaten h_i bedeuten. In diesem Falle gibt es bekanntlich*) unter den konjugierten Zahlen $\theta^{(r)}$ immer eine zweite $\theta'' = p - qi$, und durch die entsprechende Permutation π_2 geht ω in $\omega'' = u - vi$ über; wir wollen zwei solche Permutationen π_1, π_2 (sowie die Körper Ω', Ω'' und die Funktionen ω', ω'') immer ein imaginäres Paar, und u, v das zugehörige reelle Funktionen-Paar nennen. Bezeichnen wir die Anzahl dieser Paare mit $(n - \nu)$, so ist $2(n - \nu)$ die Anzahl der imaginären, und $(2\nu - n)$ diejenige der reellen Permutationen, und ν ist die Gesamtanzahl aller imaginären Paare und aller reellen Permutationen. Diese Zahl ν, welche von der größten Bedeutung für die Theorie der Einheiten ist, wird offenbar nur dann $= 1$, wenn Ω der Körper R der rationalen Zahlen oder ein quadratischer Körper von negativer Grundzahl ist; da es aber in diesen Fällen, wie oben bemerkt, nur zwei (oder vier oder sechs) Einheiten gibt, so bieten sie kein weiteres Interesse dar, und wir setzen daher im folgenden voraus, es sei $\nu \geqq 2$. Verbindet man je zwei, einem imaginären Paar entsprechende Zeilen der Determinante (5) durch Addition und Subtraktion, so ergibt sich, daß immer
(7) $$D = (-1)^{n-\nu}(D)$$
ist, wo (D) den absoluten Wert der Grundzahl bedeutet.

---
*) Dies beruht darauf, daß die Gleichung $i^2 + 1 = 0$ in bezug auf jeden reellen Körper irreduzibel ist.

4. Wir verteilen nun die n Permutationen π_r nach Belieben in zwei Klassen, doch so, daß jede dieser Klassen wenigstens eine Permutation enthält, und daß die beiden Permutationen eines imaginären Paares in dieselbe Klasse fallen*); dann gilt, wenn c die obige Bedeutung behält, und allgemein mit α die zur ersten, mit β die zur zweiten Klasse gehörenden Funktionen $\omega^{(r)}$ bezeichnet werden, der folgende Satz:

II. **Ist a ein beliebig kleiner, b ein beliebig großer positiver gegebener Wert, so kann man in $\mathfrak{o}$ eine Zahl ω so wählen, daß alle $M(\alpha) < a$, alle $M(\beta) > b$ ausfallen, und daß absolut $N(\omega) < (3c)^n$ wird.**

Um dies zu beweisen, betrachten wir zunächst nur die Funktionen α der ersten Klasse, deren Anzahl wir mit μ bezeichnen wollen; indem wir jedes unter ihnen befindliche imaginäre Paar durch das zugehörige reelle Paar ersetzen, jede reelle Funktion α aber beibehalten, gelangen wir offenbar zu μ reellen homogenen linearen Funktionen w, die wir in bestimmter Ordnung mit $w_1, w_2, \ldots, w_\mu$ bezeichnen wollen. Ist nun k eine bestimmte natürliche Zahl, und legt man den Koordinaten h_ι alle Werte aus der Reihe der $(k+1)$ Zahlen $0, 1, 2, \ldots, k$ bei, so erhält man $(k+1)^n$ verschiedene Zahlen ω in $\mathfrak{o}$, für welche alle $M(\alpha) \leq ck$ ausfallen, und folglich liegen alle zugehörigen Werte der μ Funktionen w zwischen $-ck$ und $+ck$. Das durch diese beiden Zahlen $\pm ck$ begrenzte reelle Zahlengebiet wollen wir auf folgende Weise in kleinere Intervalle einteilen. Da $n > \mu > 0$, und $k > 0$ ist, so ergibt sich leicht**), daß die Differenz
$$(k+1)^{\frac{n}{\mu}} - k^{\frac{n}{\mu}} > 1$$
ist, und daß folglich zwischen Minuend und Subtrahend mindestens eine natürliche Zahl m liegt, welche mithin den Bedingungen
(8) $\qquad (k+1)^n > m^\mu > k^n$
genügt; setzt man nun zur Abkürzung
(9) $\qquad d = \dfrac{2ck}{m} < 2ck^{1-\frac{n}{\mu}},$

---

*) Diese Bedingungen würden nur in dem ausgeschlossenen Falle $\nu = 1$ sich nicht vereinigen lassen.

**) Ist die Konstante $s > 1$, so hat die Funktion $\varphi(x) = (x+1)^s - x^s - 1$, welche zugleich mit x verschwindet, eine Derivierte $\varphi'(x)$, die für $x \geq 0$ stets positiv ist, und folglich ist $\varphi(x) > 0$ für $x > 0$.

so zerfällt das obige Zahlgebiet durch Einschaltung der $(m-1)$ Zahlen
$$-ck+d, \quad -ck+2d \ldots \quad -ck+(m-1)d$$
in m Intervalle von gleicher Breite d, wobei man diese $(m-1)$ Zahlen selbst nach Belieben dem einen oder anderen der beiden benachbarten Intervalle zurechnen kann. Schreiben wir ferner einem reellen Werte w die bestimmte Intervallzahl s zu, wenn w dem von den beiden Zahlen $-ck+(s-1)d$ und $-ck+sd$ begrenzten Intervall angehört, so besitzen die zu einer bestimmten Zahl ω gehörenden μ Werte $w_1(\omega), w_2(\omega), \ldots, w_\mu(\omega)$ ihre entsprechenden Intervallzahlen $s_1, s_2, \ldots, s_\mu$, und wir dürfen dies kurz so ausdrücken, daß der Zahl ω diese bestimmte Folge $s_1, s_2, \ldots, s_\mu$ entspricht. Da jede Intervallzahl s eine der m Zahlen $1, 2, \ldots, m$ ist, so ist m^μ die Anzahl aller überhaupt denkbaren Folgen, und da dieselbe zufolge (8) kleiner ist als die Anzahl $(k+1)^n$ aller voneinander verschiedenen Zahlen ω, welche auf die obige Weise gebildet werden können, so muß es unter den letzteren mindestens zwei verschiedene $\varkappa, \lambda$ geben, denen eine und dieselbe Folge von Intervallzahlen $s_1, s_2, \ldots, s_\mu$ entspricht; es werden daher, wenn man die von Null verschiedene, in o enthaltene Zahl $\varkappa - \lambda = \omega$ setzt, die absoluten Werte der μ Differenzen
$$w_1(\varkappa) - w_1(\lambda) = w_1(\omega) \ldots w_\mu(\varkappa) - w_\mu(\lambda) = w_\mu(\omega)$$
sämtlich $\leq d$ sein, weil jedesmal der Minuend und Subtrahend in dasselbe Intervall fallen. Hieraus folgt für die Werte der zur ersten Klasse gehörigen, mit dieser Zahl ω konjugierten Zahlen α, welche entweder mit einer Größe $w(\omega)$ übereinstimmen oder von der Form $w_1(\omega) \pm i w_2(\omega)$ sind, daß $M(\alpha) \leq d\sqrt{2}$, also zufolge (9) auch
$$(10) \qquad M(\alpha) < 3ck^{1-\frac{n}{\mu}}$$
ist. Bedeuten nun A, B bzw. die absoluten Werte der beiden Produkte aus den μ Konjugierten α und aus den $(n-\mu)$ Konjugierten β, welche zu der zweiten Klasse gehören, so ist $\pm N(\omega) = AB$, und $A < (3c)^\mu k^{\mu-n}$; da ferner die Koordinaten der Differenz $\omega = \varkappa - \lambda$ absolut genommen den Wert k nicht überschreiten, also $M(\beta) \leq ck$, $B \leq (ck)^{n-\mu}$ ist, so folgt
$$(11) \qquad \pm N(\omega) < (3c)^n.$$
Da endlich $N(\omega)$ eine von Null verschiedene ganze rationale Zahl ist, so wird $AB \geq 1$, also $B > (3c)^{-\mu} k^{n-\mu}$; greift man nun aus der

zweiten Klasse eine beliebige Zahl β heraus und setzt $B = B_1 M(\beta)$, so ist $B_1 \leq (ck)^{n-\mu-1}$, mithin

(12) $\qquad M(\beta) > (3c)^{1-n} k.$

Offenbar kann nun, wie klein auch a, und wie groß auch b gegeben sein mag, die Zahl k zufolge (10) und (12) stets so groß gewählt werden, daß alle $M(\alpha) < a$, alle $M(\beta) > b$ ausfallen, während zufolge (11) immer $N(\omega)$ absolut $< (3c)^n$ wird, w. z. b. w.

5. Aus dem soeben bewiesenen Satze II ergibt sich, indem man dieselbe Einteilung der Permutationen π_r in zwei Klassen beibehält, daß man eine nie abreißende Kette von aufeinanderfolgenden, von Null verschiedenen ganzen Zahlen

(13) $\qquad \omega = \eta_1, \eta_2, \eta_3, \ldots, \eta_s, \eta_{s+1}, \ldots$

bilden kann, deren Normen absolut $< (3c)^n$ sind, und welche außerdem noch die zweite Eigenschaft besitzen, daß, wenn mit a_s der kleinste, mit b_s der größte der n Moduln

(14) $\qquad M(\eta_s'), M(\eta_s'') \ldots M(\eta_s^{(n)})$

bezeichnet wird, die zunächst folgenden Moduln

$$M(\eta_{s+1}'), M(\eta_{s+1}'') \ldots M(\eta_{s+1}^{(n)})$$

stets $< a_s$ oder $> b_s$ ausfallen, je nachdem sie zu der ersten oder zweiten Klasse gehören; da hieraus $a_{s+1} < a_s$ und $b_{s+1} > b_s$ folgt, so leuchtet ein, daß bei einer so gebildeten Kette (13) die einem beliebigen Gliede η_s entsprechenden Moduln (14), je nachdem sie zu der ersten oder zweiten Klasse gehören, kleiner bzw. größer sind als alle Moduln aller vorausgehenden Glieder $\eta_1, \eta_2, \ldots, \eta_{s-1}$. Da ferner die Normen aller dieser Zahlen η ganze rationale Zahlen und absolut kleiner als die endliche Konstante $(3c)^n$ sind, so müssen unendlich viele solche Zahlen η eine und dieselbe, von Null verschiedene Norm m haben; da (nach § 176, II bis IV) zugleich m durch η teilbar, also $\mathfrak{o} m > \mathfrak{o} \eta > \mathfrak{o}$, und $(\mathfrak{o}, \mathfrak{o} m) = \pm m^n > 0$ ist, so ist (nach § 171, II) die Anzahl dieser Moduln $\mathfrak{o} \eta$ endlich, und folglich muß es in der Kette (13) auch unendlich viele solche Zahlen η geben, welche einen und denselben Modul $\mathfrak{o} \eta$ erzeugen; sind $\varkappa, \lambda$ irgend zwei solche Zahlen, von denen $\varkappa$ den früheren, λ den späteren Platz in der Kette (13) einnimmt, und setzt man $\varkappa = \lambda \varepsilon$, so folgt aus $\mathfrak{o} \varkappa = \mathfrak{o} \lambda$ auch $\mathfrak{o} \varepsilon = \mathfrak{o}$; mithin ist ε eine Einheit, und da zugleich $\varkappa^{(r)} = \lambda^{(r)} \varepsilon^{(r)}$, also auch $M(\varkappa^{(r)}) = M(\lambda^{(r)}) M(\varepsilon^{(r)})$ ist, so ergibt sich mit Rücksicht auf die obige Bemerkung über die konjugierten Moduln der in der Kette (13) enthaltenen Zahlen der folgende Satz:

III. Es gibt in o eine Einheit von der Art, daß die Moduln der mit ihr konjugierten Zahlen in der ersten Klasse >1, in der zweiten Klasse <1 ausfallen.

6. Von jetzt ab wollen wir, wenn unter den Permutationen π_r imaginäre Paare vorhanden sind, von jedem solchen Paar nur die eine beibehalten, die andere gänzlich fallen lassen; es bleiben dann ν Permutationen

(15) $$\pi_1, \pi_2, \ldots, \pi_\nu,$$

und je nachdem eine solche Permutation π_s reell oder imaginär ist, wollen wir

(16) $$c_s = 1 \quad \text{oder} \quad c_s = 2$$

setzen, so daß

(17) $$c_1 + c_2 + \cdots + c_\nu = n$$

wird. Bedeutet ferner α irgendeine von Null verschiedene Zahl des Körpers Ω, so soll, wenn π_s eine der Permutationen (15) ist, mit $l_s(\alpha)$ der reelle Bestandteil von $c_s \log \alpha^{(s)}$ bezeichnet werden, woraus offenbar

(18) $$l_1(\alpha) + l_2(\alpha) + \cdots + l_\nu(\alpha) = \log N((\alpha))$$

folgt, wo $N((\alpha))$ den absoluten Wert von $N(\alpha)$ bedeutet; zugleich ist allgemein

(19) $$l_s(\alpha\beta) = l_s(\alpha) + l_s(\beta).$$

Für jede Einheit ε ergibt sich aus (18) speziell

(20) $$l_1(\varepsilon) + l_2(\varepsilon) + \cdots + l_\nu(\varepsilon) = 0,$$

und der obige Satz III kann offenbar so ausgesprochen werden:

IV. Verteilt man die ν Permutationen (15) nach Belieben in zwei Klassen, doch so, daß jede von ihnen mindestens eine Permutation enthält, so gibt es in o immer eine Einheit ε von der Art, daß $l_s(\varepsilon)$ positiv oder negativ ausfällt, je nachdem π_s zu der ersten oder zweiten Klasse gehört.

Betrachtet man jetzt ein System S von $(\nu-1)$ Einheiten $\varepsilon_1, \varepsilon_2, \ldots, \varepsilon_{\nu-1}$ und setzt zur Abkürzung $l_s(\varepsilon_m) = l_{s,m}$, während $u_1, u_2, \ldots, u_\nu$ willkürliche Größen bedeuten, so ist die Determinante

(21) $$\begin{vmatrix} l_{1,1}, & \ldots, & l_{1,\nu-1}, & u_1 \\ \cdots & \cdots & \cdots & \cdots \\ l_{\nu,1}, & \ldots, & l_{\nu,\nu-1}, & u_\nu \end{vmatrix} = (u_1 + \cdots + u_\nu) S',$$

wo
(22) $$S' = \Sigma \pm l_{1,1} l_{2,2} \ldots l_{\nu-1,\nu-1};$$

denn wenn man zu der letzten Zeile alle vorhergehenden addiert, so verschwinden zufolge (20) alle ihre Elemente mit Ausnahme des letzten, welches gleich der Summe der Größen u_s wird. Die Determinante S' oder auch deren absoluter Wert, welcher durch das System S vollständig bestimmt ist, soll der **Regulator** dieses Systems heißen*). Fügt man zu S noch eine Einheit ε_ν hinzu und setzt $u_s = l_s(\varepsilon_\nu)$, so verschwindet zufolge (20) die aus ν Einheiten gebildete Determinante (21). Von der größten Wichtigkeit ist aber der folgende Satz:

V. **Es gibt ein aus $(\nu - 1)$ Einheiten $\varepsilon_1, \varepsilon_2, \ldots, \varepsilon_{\nu-1}$ bestehendes System S, dessen Regulator von Null verschieden ist.**

In der Tat, da $\nu \geqq 2$ ist, so folgt aus dem obigen Satze IV, wenn man π_1 in die erste, alle anderen Permutationen aber in die zweite Klasse aufnimmt, die Existenz einer Einheit ε_1, für welche $l_{1,1}$ positiv ausfällt, womit der Fall $\nu = 2$ erledigt ist. Wenn aber $\nu > 2$ ist, und m eine natürliche Zahl bedeutet, die $< \nu$, aber > 1 ist, so wollen wir annehmen, man habe schon $(m - 1)$ Einheiten $\varepsilon_1, \varepsilon_2, \ldots, \varepsilon_{m-1}$ gefunden, die eine positive Determinante
$$D_m = \Sigma \pm l_{1,1} l_{2,2} \ldots l_{m-1, m-1}$$
erzeugen, und wir wollen mit Hilfe desselben Satzes IV die Existenz einer Einheit ε_m beweisen, für welche auch die Determinante
$$E_{m+1} = \Sigma \pm l_{1,1} l_{2,2} \ldots l_{m-1, m-1} l_{m, m}$$
positiv ausfällt. Hierzu ordnen wir die letztere nach den aus ε_m entspringenden Elementen, wodurch sie die Form
$$E_{m+1} = D_1 l_{1, m} + \cdots + D_{m-1} l_{m-1, m} + D_m l_{m, m}$$
annimmt, wo D_m nach unserer Annahme positiv ist, während die übrigen aus $\varepsilon_1, \varepsilon_2, \ldots, \varepsilon_{m-1}$ gebildeten Determinanten $D_1, D_2, \ldots, D_{m-1}$ positiv, negativ oder auch $= 0$ sein können. Bildet man nun wieder zwei Klassen und nimmt von den m Permutationen $\pi_1, \pi_2, \ldots, \pi_m$ alle diejenigen in die erste Klasse auf, denen positive Werte D_1, D_2,

---

*) Dieser Ausdruck findet sich in verwandter, freilich etwas anderer Bedeutung in § 4 der Abhandlung von Eisenstein: Allgemeine Untersuchungen über die Formen dritten Grades mit drei Variabeln, welche der Kreisteilung ihre Entstehung verdanken (Crelles Journal, Bd. 28, 29).

..., D_m entsprechen, also jedenfalls die Permutation π_m, während die übrigen und die Permutationen $\pi_{m+1}, ..., \pi_\nu$, also jedenfalls π_s, in die zweite Klasse fallen, so gibt es nach dem obigen Satze IV eine Einheit ε_m, für welche $l_{s,m}$ positiv oder negativ ausfällt, je nachdem π_s zu der ersten oder zweiten Klasse gehört; mithin wird die Summe E_{m+1}, da sie mindestens ein positives Glied $D_m l_{m,m}$ und kein einziges negatives Glied enthält, gewiß positiv, was zu zeigen war. Auf diese Weise kann man offenbar von $m = 2$ bis $m = \nu - 1$ fortschließen, wodurch man zuletzt ein System S von $\nu - 1$ Einheiten erhält, dessen Regulator S' von Null verschieden ist, w. z. b. w.

7. Ein solches, aus $\nu - 1$ **unabhängigen Einheiten** $\varepsilon_1, \varepsilon_2, ..., \varepsilon_{\nu-1}$ bestehendes System S, dessen Regulator S' von Null verschieden ist, nennen wir ein **vollständiges System**, und wir bilden aus dieser Basis S, indem wir die Exponenten $m_1, m_2, ..., m_{\nu-1}$ alle ganzen rationalen Zahlen von $-\infty$ bis $+\infty$ durchlaufen lassen, eine zugehörige **Gruppe** (S) von unendlich vielen Einheiten

$$(23) \qquad \sigma = \varepsilon_1^{m_1} \varepsilon_2^{m_2} ... \varepsilon_{\nu-1}^{m_{\nu-1}},$$

welche sich durch Multiplikation und Division reproduzieren[*]); daß je zwei verschiedenen Systemen von Exponenten $m_1, m_2, ..., m_{\nu-1}$ auch zwei verschiedene Einheiten σ entsprechen, daß also nur dann $\sigma = 1$ wird, wenn alle diese Exponenten verschwinden, wird sich aus dem Folgenden beiläufig ergeben.

Ist α irgendeine von Null verschiedene Zahl des Körpers Ω, so bezeichnen wir mit $\alpha(S)$ den Komplex aller Produkte $\alpha\sigma$, welche den sämtlichen Einheiten σ der Gruppe (S) entsprechen, und es leuchtet ein, daß zwei solche Komplexe $\alpha(S)$, $\beta(S)$ entweder keine einzige gemeinsame Zahl besitzen oder vollständig identisch sind; jede in $\alpha(S)$ enthaltene Zahl kann an Stelle von α treten und als Repräsentant dieses Komplexes angesehen werden. Um nun von allen diesen Zahlen $\alpha\sigma$ eine einzige durch besondere Bedingungen herauszuheben, verfahren wir auf folgende Weise (vgl. § 87). Da die Determinante (21), wenn man die Größen u_s durch die in (16), (17) eingeführten Zahlen c_s ersetzt, den von Null verschiedenen Wert

---

[*]) Die jetzt folgenden Betrachtungen bieten eine vollständige und auf leicht ersichtlichen Gründen beruhende Analogie mit der Theorie der endlichen Moduln dar (§ 172).

nS' annimmt, so entspricht jeder von Null verschiedenen Zahl α des Körpers Ω ein vollständig bestimmtes System von ν reellen Größen $e_1(\alpha)$, $e_2(\alpha)$, ..., $e_{\nu-1}(\alpha)$ und $f(\alpha)$, welche den ν linearen Gleichungen

(24)
$$l_{1,1}e_1(\alpha) + \cdots + l_{1,\nu-1}e_{\nu-1}(\alpha) + c_1 f(\alpha) = l_1(\alpha)$$
$$\cdots\cdots\cdots\cdots\cdots\cdots\cdots\cdots\cdots\cdots\cdots$$
$$l_{\nu,1}e_1(\alpha) + \cdots + l_{\nu,\nu-1}e_{\nu-1}(\alpha) + c_\nu f(\alpha) = l_\nu(\alpha)$$

genügen und zufolge (19) die Eigenschaften

(25) $\quad e_s(\alpha\beta) = e_s(\alpha) + e_s(\beta)$, $f(\alpha\beta) = f(\alpha) + f(\beta)$

besitzen. Die $(\nu-1)$ Größen $e_s(\alpha)$ wollen wir die **Exponenten** der Zahl α in bezug auf die Basis S nennen, und α soll eine in bezug auf S **reduzierte Zahl** heißen, wenn ihre Exponenten sämtlich < 1 und nicht negativ sind. Die Bedeutung der Größe $f(\alpha)$ ergibt sich unmittelbar durch Addition der Gleichungen (24), woraus mit Rücksicht auf (17), (18), (20)

(26) $\qquad\qquad n f(\alpha) = \log N((\alpha))$

folgt; ist ε irgendeine Einheit, so ist $f(\varepsilon) = 0$. Da ferner zufolge (19) und (23)

$$l_s(\sigma) = l_{s,1}m_1 + l_{s,2}m_2 + \cdots + l_{s,\nu-1}m_{\nu-1}$$

und außerdem $f(\sigma) = 0$ ist, so lehrt die Vergleichung mit (24), daß die in (23) dargestellte Einheit σ der Gruppe (S) die ganzen rationalen Exponenten

(27) $\qquad\qquad e_s(\sigma) = m_s$

besitzt; hieraus folgt zugleich, daß σ wirklich nur auf eine einzige Weise in der Form (23) darstellbar ist, und daß die einzige in (S) enthaltene reduzierte Einheit $= 1$ ist, weil ihre Exponenten m_s sämtlich verschwinden müssen. Betrachtet man nun irgendeine in dem Komplex $\alpha(S)$ enthaltene Zahl $\alpha\sigma$, so sind zufolge (25) und (27) ihre Exponenten $e_s(\alpha\sigma) = e_s(\alpha) + m_s$, und da die ganzen rationalen Zahlen m_s immer und nur auf eine einzige Weise so gewählt werden können, daß die Exponenten $e_s(\alpha\sigma) < 1$ und nicht negativ werden, so ergibt sich der Satz:

VI. **In jedem Komplex $\alpha(S)$ gibt es eine und auch nur eine einzige reduzierte Zahl.**

Die wichtigste Grundlage für alles Folgende ergibt sich aber aus den Gleichungen (24), wenn man alle diejenigen reduzierten

Zahlen α betrachtet, deren absolute Norm einen gegebenen positiven Wert t nicht überschreitet; da nämlich die $\nu - 1$ Exponenten $e_s(\alpha)$ zwischen 0 und 1 liegen, und zufolge (26) im algebraischen Sinne $nf(\alpha) \leqq \log t$ ist, so sind die ν Größen $l_s(\alpha)$ algebraisch kleiner als eine endliche, nur von t und der Basis S abhängige Größe, und folglich sind auch die Moduln aller mit einer solchen Zahl α konjugierten Zahlen kleiner als eine endliche positive Größe C, welche ebenfalls nur von t und S abhängt. Fügt man jetzt noch die Bedingung hinzu, daß α eine **ganze** Zahl sein soll, so ergibt sich hieraus mit Rücksicht auf I. der Satz:

VII. **Ist t eine gegebene positive Größe, so gibt es nur eine endliche Anzahl solcher ganzen Zahlen, welche in bezug auf S reduziert, und deren absolute Normen $\leqq t$ sind.**

Mithin ist auch die Anzahl aller reduzierten Einheiten ϱ endlich, und das System aller Einheiten ε des Körpers besteht (zufolge VI) aus ebenso vielen verschiedenen Komplexen von der Form $\varrho(S)$. Hieraus folgt leicht der Satz:

VIII. **Bedeutet r die Anzahl aller in bezug auf S reduzierten Einheiten ϱ, und ε irgendeine Einheit, so ist ε^r in der Gruppe (S) enthalten.**

Denn wenn $\varrho_1, \varrho_2, \ldots, \varrho_r$ die r reduzierten Einheiten sind, so kann man die Einheiten

(28) $\qquad \varepsilon \varrho_1 = \eta_1 \sigma_1, \ \varepsilon \varrho_2 = \eta_2 \sigma_2, \ \ldots, \ \varepsilon \varrho_r = \eta_r \sigma_r$

setzen, wo $\sigma_1, \sigma_2, \ldots, \sigma_r$ der Gruppe (S) angehören, während $\eta_1, \eta_2, \ldots, \eta_r$ reduzierte Einheiten sind; wäre nun z. B. $\eta_1 = \eta_2$, also auch $\varrho_1 \sigma_2 = \varrho_2 \sigma_1$, so gehörten die beiden verschiedenen Einheiten ϱ_1, ϱ_2 einem und demselben Komplex $\varrho_1(S) = \varrho_2(S)$ an, was (nach VI) unmöglich ist; mithin sind die r reduzierten Einheiten η sämtlich voneinander verschieden, und sie fallen daher in ihrer Gesamtheit, wenn auch in anderer Ordnung, mit den r Einheiten ϱ zusammen; multipliziert man nun die obigen r Gleichungen (28) und dividiert durch das Produkt der reduzierten Einheiten ϱ oder η, so ergibt sich $\varepsilon^r = \sigma_1 \sigma_2 \ldots \sigma_r$, w. z. b. w.

8 Die Exponenten von ε^r sind daher zufolge (27) immer ganze rationale Zahlen, und da zufolge (25) diese Exponenten $e_s(\varepsilon^r) = r e_s(\varepsilon)$ sind, so ergibt sich, daß die Exponenten $e_s(\varepsilon)$ einer jeden Einheit ε rationale Zahlen mit dem gemeinsamen Nenner r sind. Ist nun

K irgendein System von $\nu - 1$ Einheiten $\varkappa$, und setzt man dieselben in (24) für α ein, so ergibt sich, weil $f(\varkappa) = 0$ ist, aus der Definition (22) der Regulator
(29) $$K' = k S',$$
wo k die aus den Exponenten der Einheiten $\varkappa$ gebildete Determinante, also eine rationale Zahl mit dem Nenner $r^{\nu-1}$ bedeutet; mithin ist K dann und nur dann ein vollständiges System, wenn k, also auch die ganze Zahl $k r^{\nu-1}$ von Null verschieden ist. Hieraus folgt zugleich, daß es unter allen vollständigen Systemen auch ein sogenanntes Fundamentalsystem, d. h. ein System von absolut kleinstem Regulator geben muß, und wir wollen jetzt annehmen, unser obiges System S sei selbst ein solches Fundamentalsystem. Dann folgt zunächst, daß die Exponenten einer jeden reduzierten Einheit ϱ sämtlich verschwinden; denn ersetzt man eine der in S enthaltenen Einheiten, z. B. ε_s durch ϱ, während man die übrigen beibehält, so entsteht aus S ein System K, welches zufolge (29) den Regulator $K' = e_s(\varrho) S'$ besitzt; wäre nun der Exponent $e_s(\varrho)$ von Null verschieden und folglich ein positiver echter Bruch, so wäre K ein vollständiges System, und sein Regulator K' absolut kleiner als S', was unmöglich ist; mithin ist $e_s(\varrho) = 0$. Aus dieser Eigenschaft, welche, wie man leicht zeigen könnte, für jedes Fundamentalsystem S auch charakteristisch ist, folgt zunächst, daß die Exponenten einer jeden Einheit ε, weil sie in einem Komplexe ϱ (S) enthalten ist, sämtlich ganze rationale Zahlen sind. Ferner folgt hieraus, daß jedes Produkt aus zwei reduzierten Einheiten ϱ, weil seine Exponenten zufolge (25) sämtlich verschwinden, ebenfalls eine reduzierte Einheit ist; behält daher r die obige Bedeutung, so ist ϱ^r eine reduzierte Einheit, welche (nach VIII) der Gruppe (S) angehört, und hieraus folgt nach einer früheren Bemerkung
(30) $$\varrho^r = 1.$$
Da umgekehrt jede in $\mathfrak{o}$ enthaltene Einheitswurzel $\varepsilon = \sqrt[m]{1}$ immer eine reduzierte Einheit ist, weil die Größen $l_s(\varepsilon)$ und $e_s(\varepsilon)$ sämtlich verschwinden, so fallen die r reduzierten Einheiten ϱ mit allen in $\mathfrak{o}$ enthaltenen Einheitswurzeln zusammen; unter diesen befinden sich immer die beiden Zahlen ± 1, und hieraus folgt offenbar, daß r stets eine gerade Zahl ist, die aber, wie man leicht erkennt, nur dann > 2 sein kann, wenn $n = 2\nu$ ist. Da endlich das System aller

Einheiten ε aus den r Komplexen $\varrho(S)$ besteht, so haben wir hiermit den folgenden großen Satz von Dirichlet*) bewiesen:

IX. **Bezeichnet ν die Gesamtanzahl der reellen, sowie der Paare von imaginären Permutationen des Körpers Ω, so gibt es in o immer $\nu-1$ Fundamentaleinheiten von solcher Beschaffenheit, daß, wenn man dieselben beliebig oft ineinander multipliziert und dividiert und dem so gebildeten allgemeinen Produkt die sämtlichen in o enthaltenen Einheitswurzeln ϱ, deren Anzahl r stets endlich ist, einzeln als Faktor zugesellt, alle Einheiten in o und zwar jede nur einmal dargestellt werden.**

Wir fügen diesem Resultate noch einige Bemerkungen hinzu. Es leuchtet ein, daß allen Fundamentalsystemen S nicht bloß derselbe absolute Minimal-Regulator S', sondern auch dieselbe Anzahl r der reduzierten Einheiten entspricht; bei den meisten Untersuchungen tritt der aus beiden gebildete Quotient

$$(31) \qquad E = \frac{S'}{r}$$

auf**), und diese Größe besitzt für den Körper Ω eine Bedeutung von ähnlicher Wichtigkeit wie seine Grundzahl D. Durch Betrachtungen, welche den in der Theorie der endlichen Moduln angewendeten analog sind (§ 172), kann man leicht beweisen, daß dieser Quotient auch denselben Wert E besitzt, wenn S ein beliebiges vollständiges System, und r die Anzahl der in bezug auf S reduzierten Einheiten bedeutet; dasselbe wird sich aber auch beiläufig aus der im folgenden Paragraphen enthaltenen Untersuchung ergeben.

Ganz ähnliche Resultate erhält man, wenn man nicht alle Einheiten betrachtet, sondern nur diejenigen, deren Norm positiv***) ist, oder gar nur diejenigen, welche durch alle reellen Permutationen in positive Werte übergehen; man kann dieselbe Untersuchung ent-

---

*) Monatsbericht der Berliner Akademie vom 30. März 1846, oder Dirichlets Werke, Bd. 1, S. 642.

**) Im Falle $\nu = 1$ ist $S' = 1$, und r gleich der Anzahl aller Einheiten in o zu setzen.

***) Vgl. die dritte Auflage S. 561; bei dem dortigen Ausspruche des Schlußsatzes (S. 567) hätte aber ausdrücklich bemerkt werden sollen, daß im Falle eines ungeraden n von den beiden einzigen reduzierten Einheiten $+1$ und -1 nur die erstere beizubehalten ist.

weder von vornherein mit Rücksicht auf solche Nebenbedingungen führen, oder man kann auch nachträglich die etwaigen Modifikationen des obigen Resultats leicht ableiten, wenn man bedenkt, daß jedes Quadrat einer Einheit diesen Bedingungen genügt.

Die obige Untersuchung ist ferner so dargestellt, daß sie auch dann gültig bleibt, wenn das Gebiet o aller in Ω enthaltenen ganzen Zahlen überall durch irgendeine endliche Ordnung n ersetzt wird, deren Basis zugleich eine Basis von Ω ist*); aber auch für diesen Fall kann man die eintretenden Modifikationen leicht nachträglich ableiten, wenn man den **Führer der Ordnung**, d. h. das Ideal $\mathfrak{f} = \mathfrak{n} : \mathfrak{o}$ betrachtet und bedenkt, daß jede Einheit durch Potenzierung mit dem Exponenten $\varphi(\mathfrak{f})$ in eine Einheit dieser Ordnung verwandelt wird (§ 180, IV).

§ 184

Der eben bewiesene Satz bildet neben der Theorie der Ideale die wichtigste Grundlage für das tiefere Studium der ganzen Zahlen des Körpers Ω, und er ist unentbehrlich für die wirkliche Bestimmung der **Anzahl der Idealklassen** nach Dirichlets Prinzipien. Die vollständige und allgemeine Lösung dieser großen Aufgabe, von welcher die Bestimmung der Klassenanzahl der binären quadratischen Formen nur den einfachsten Fall bildet, scheint nach dem heutigen Stande der Wissenschaft noch in weiter Ferne zu liegen, allein mit Hilfe des genannten Satzes gelingt es doch, einen wesentlichen Teil derselben allgemein zu erledigen und die Klassenanzahl als Grenzwert einer unendlichen Reihe darzustellen. Da die entsprechenden Sätze über die quadratischen Formen (§§ 95, 96, 98) hierdurch abermals in ein helleres Licht gesetzt werden, so wollen wir diese Untersuchung im folgenden ausführen; hierbei kommt es vorzüglich darauf an, den folgenden Hauptsatz zu beweisen, in welchem die Bezeichnungen des vorigen Paragraphen beibehalten sind:

I. Ist $\mathfrak{m}$ ein gegebenes Ideal, und bezeichnet man, wenn t ein beliebiger positiver Wert ist, mit T die zugehörige Anzahl aller derjenigen verschiedenen, durch $\mathfrak{m}$ teilbaren

---

*) Vgl. die **zweite Auflage** (§ 166) und meine auf S. 146 zitierte Festschrift: **Über die Anzahl der Ideal-Klassen in den verschiedenen Ordnungen eines endlichen Körpers** (1877).

Hauptideale, deren Normen nicht größer als t sind, so wird für unendlich große Werte von t

(1) $$\lim \frac{T}{t} = \frac{2^\nu \pi^{n-\nu} E}{N(\mathfrak{m}) \sqrt{(D)}}.$$

Wir bemerken zunächst, daß wir hier den Begriff des Hauptideals in seiner ursprünglichen Bedeutung nehmen (§ 177), also unter einem Hauptideal jeden Modul von der Form $\mathfrak{o}\alpha$ verstehen, wo α jede von Null verschiedene Zahl in $\mathfrak{o}$ bedeutet, mag ihre Norm positiv oder negativ sein. Um unseren Satz zu beweisen, wählen wir nach Belieben eine bestimmte Basis des Ideals

(2) $$\mathfrak{m} = [\mu_1, \mu_2, \ldots, \mu_n],$$

ebenso irgendein vollständiges System S von $\nu - 1$ Einheiten

(3) $$\varepsilon_1, \varepsilon_2, \ldots, \varepsilon_{\nu-1},$$

und behalten für dasselbe alle im vorigen Paragraphen benutzten Bezeichnungen bei. Wir erhalten nun gewiß alle durch $\mathfrak{m}$ teilbaren Hauptideale $\mathfrak{m}'$, deren Normen den Wert t nicht überschreiten, wenn wir $\mathfrak{m}' = \mathfrak{o}\alpha$ und

(4) $$\alpha = a_1 \mu_1 + a_2 \mu_2 + \cdots + a_n \mu_n$$

setzen, wo die n Koordinaten $a_1, a_2, \ldots, a_n$ alle diejenigen ganzen rationalen Zahlen durchlaufen, welche der Bedingung

(5) $$0 < N((\alpha)) \leq t$$

genügen. Auf diese Weise würde aber (abgesehen von dem Falle $\nu = 1$) jedes solche Ideal $\mathfrak{m}'$ durch unendlich viele verschiedene Zahlen $\alpha = \varepsilon \alpha_0$ (und nur durch diese) erzeugt werden, wo α_0 eine bestimmte solche Zahl ist, ε aber alle Einheiten durchläuft. Bedeutet nun r wieder die Anzahl der in bezug auf S reduzierten Einheiten ϱ, so besteht das System aller dieser Zahlen α aus r verschiedenen Komplexen $\varrho \alpha_0 (S)$, und da es in jedem solchen Komplex eine und nur eine reduzierte Zahl α gibt, so wird, wenn wir zu (4) und (5) noch die $\nu - 1$ Bedingungen

(6) $$0 \leq e_s(\alpha) < 1$$

hinzufügen, jedes Ideal $\mathfrak{m}'$ genau r-mal erzeugt werden; mithin ist die Anzahl aller derjenigen Zahlen α, welche diesen Bedingungen (4), (5), (6) genügen, $= rT$, wo T die im Satze angegebene Bedeutung hat.

Hierauf wenden wir uns zur Betrachtung des stetigen, n-fach ausgedehnten arithmetischen Raumes $\mathfrak{R}$; unter einem Punkte desselben verstehen wir jede Folge x von n reellen Werten $x_1, x_2, \ldots, x_n$, welche umgekehrt die Koordinaten des Punktes x heißen sollen*). Aus diesem unendlichen Raume $\mathfrak{R}$ wollen wir durch gewisse Bedingungen, welche den obigen nachgebildet sind, ein durch endliche Grenzen eingeschlossenes Gebiet $\mathfrak{A}$ ausscheiden. Zunächst bilden wir die allen n Permutationen entsprechenden Funktionen

(7)
$$\xi' = x_1 \mu_1' + x_2 \mu_2' + \cdots + x_n \mu_n'$$
$$\cdots\cdots\cdots\cdots\cdots\cdots\cdots\cdots$$
$$\xi^{(n)} = x_1 \mu_1^{(n)} + x_2 \mu_2^{(n)} + \cdots + x_n \mu_n^{(n)}$$

und unterwerfen den Punkt x, indem wir mit u den absoluten Wert des reellen Produktes

(8) $$\xi' \xi'' \ldots \xi^{(n)} = \pm u$$

bezeichnen, der ersten Bedingung

(9) $$0 < u \leqq 1.$$

Ist ferner π_s eine der ν Permutationen (15) in § 183, so bezeichnen wir mit y_s den reellen Teil von $c_s \log \xi^{(s)}$ und bestimmen aus $y_1, y_2, \ldots, y_\nu$ abermals ν reelle Größen $z_1, z_2, \ldots, z_{\nu-1}$ und v durch die ν linearen Gleichungen

(10)
$$l_{1,1} z_1 + \cdots + l_{1,\nu-1} z_{\nu-1} + c_1 v = y_1$$
$$\cdots\cdots\cdots\cdots\cdots\cdots\cdots\cdots$$
$$l_{\nu,1} z_1 + \cdots + l_{\nu,\nu-1} z_{\nu-1} + c_\nu v = y_\nu,$$

aus welchen durch Addition offenbar

(11) $$n v = y_1 + y_2 + \cdots + y_\nu = \log u$$

folgt. Hiernach verstehen wir unter dem Gebiete $\mathfrak{A}$ den Inbegriff aller derjenigen Punkte x, welche der Bedingung (9) und außerdem den $\nu - 1$ Bedingungen

(12) $$0 \leqq z_s < 1$$

genügen; mit Rücksicht auf (10) und (11) folgt hieraus, daß die ν Größen y_s algebraisch kleiner, also die Moduln der n Größen $\xi^{(s)}$ absolut kleiner als eine nur von S abhängige Konstante sind, und aus (7) ergibt sich weiter, daß auch die Koordinaten x_s aller in $\mathfrak{A}$ gelegenen

---

*) Nach der Ausdrucksweise meiner in § 161 zitierten Schrift ist jeder Punkt x eine bestimmte Abbildung des Systems Z_n der ersten n natürlichen Zahlen im Körper aller reellen Zahlen, und der Raum $\mathfrak{R}$ ist der Inbegriff aller dieser Abbildungen x.

Punkte x absolut kleiner sind, als eine Konstante, welche teils von S, teils von der obigen Basis des Ideals $\mathfrak{m}$ abhängt.

Zwischen diesem Gebiete $\mathfrak{A}$ und den vorher betrachteten Größen t und T besteht nun folgende Beziehung. Setzen wir zur Abkürzung die positive Größe

(13) $$t^{-\frac{1}{n}} = \delta,$$

so erzeugt jede Zahl α, welche den Bedingungen (4), (5), (6) genügt, einen Punkt x, dessen Koordinaten

(14) $$x_1 = \delta a_1, \ x_2 = \delta a_2, \ \ldots, \ x_n = \delta a_n$$

aus den ganzen Koordinaten $a_1, a_2, \ldots, a_n$ der Zahl α durch Multiplikation mit δ entstehen, also dem Modul $[\delta]$ angehören; da nun zufolge (7), (8), (10), (11) gleichzeitig mit (14) auch

(15) $$\begin{array}{l}\xi^{(s)} = \delta \alpha^{(s)}, \quad y_s = c_s \log \delta + l_s(\alpha), \\ u = \delta^n N((\alpha)), \quad v = \log \delta + f(\alpha), \quad z_s = e_s(\alpha)\end{array}$$

wird, so folgt aus (5) und (6) auch (9) und (12), mithin liegt der Punkt x im Gebiete $\mathfrak{A}$; und umgekehrt leuchtet ein, daß jeder Punkt x des Gebietes $\mathfrak{A}$, dessen Koordinaten in $[\delta]$ enthalten sind, auf diese Weise (14) durch eine und nur eine solche Zahl α erzeugt wird, welche den Bedingungen (4), (5), (6) genügt. Mithin ist die Anzahl rT dieser Zahlen α zugleich die Anzahl T' dieser Punkte x.

Um nun hieraus den gesuchten Grenzwert abzuleiten, berufen wir uns auf das folgende allgemeine Prinzip*), welches seinen unmittelbaren Grund in dem Begriffe eines vielfachen Integrals findet und deshalb keines besonderen Beweises bedarf:

Setzt man das über ein reelles, in endliche Grenzen eingeschlossenes Gebiet $\mathfrak{A}$ ausgedehnte, aus lauter positiven Elementen gebildete n-fache Integral

(16) $$\int \partial x_1 \, \partial x_2 \ldots \partial x_n = (\mathfrak{A}),$$

und bezeichnet man, wenn δ eine beliebig kleine positive Größe ist, mit T' die zugehörige Anzahl aller derjenigen verschiedenen in $\mathfrak{A}$ liegenden Punkte x, deren Koordinaten $x_1, x_2, \ldots, x_n$ ganze rationale Vielfache von δ sind, so wird für unendlich kleine Werte von δ

(17) $$\lim (T' \delta^n) = (\mathfrak{A}).$$

---

*) Für den Fall $n = 2$ fällt dasselbe mit dem in § 120 besprochenen geometrischen Satze zusammen.

Da in unserem Falle $T'' = rT$ und $\delta^n = t^{-1}$ ist, so erhalten wir

(18) $$\lim\left(\frac{T}{t}\right) = \frac{(\mathfrak{A})}{r},$$

und es kommt nur noch darauf an, den Wert des Integrals $(\mathfrak{A})$ zu ermitteln. Zu diesem Zweck führen wir an Stelle der Koordinaten $x_1, x_2, \ldots, x_n$ ein neues System von n unabhängigen reellen Variablen ein, und zwar erwählen wir als solche die schon oben definierten ν Größen $u, z_1, z_2, \ldots, z_{\nu-1}$ und außerdem noch $(n-\nu)$ Größen $\varphi_{\nu+1}, \varphi_{\nu+2}, \ldots, \varphi_n$, welche dadurch vollständig bestimmt sind, daß sie, mit i multipliziert, die imaginären Bestandteile der Logarithmen von $\xi^{(\nu+1)}, \xi^{(\nu+2)}, \ldots, \xi^{(n)}$ bilden und zugleich den Bedingungen

(19) $$0 \leqq \varphi_m < 2\pi$$

genügen, wo m jede der Zahlen $\nu+1, \nu+2, \ldots, n$ bedeutet.

Zu jedem Punkte x des Gebietes $\mathfrak{A}$ gehört offenbar ein einziges, den Bedingungen (9), (12), (19) genügendes System der neuen Variablen u, z_s, φ_m. Umgekehrt leuchtet ein, daß durch ein solches Wertsystem u, z_s, φ_m die unter den n Größen $\xi', \xi'', \ldots, \xi^{(n)}$ befindlichen imaginären Paare vollständig bestimmt sind, während für die übrigen $\xi^{(s)}$, welche den $(2\nu - n)$ reellen Permutationen π_s entsprechen, nur die absoluten Werte gegeben werden. Aus diesem Grunde zerfällt unser Gebiet $\mathfrak{A}$ offenbar in $2^{2\nu-n}$ Stücke $\mathfrak{B}$, deren jedes aus allen denjenigen Punkten x besteht, für welche jede der letztgenannten Größen $\xi^{(s)}$ ein unveränderliches Vorzeichen besitzt; betrachtet man daher ein bestimmtes solches Stück $\mathfrak{B}$, so entspricht zufolge (7) jedem Wertsystem u, z_s, φ_m ein und nur ein bestimmter Punkt x in $\mathfrak{B}$. Das Integral $(\mathfrak{A})$ ist die Summe aller, den einzelnen Stücken $\mathfrak{B}$ entsprechenden Integrale $(\mathfrak{B})$, und um für ein bestimmtes solches Stück $\mathfrak{B}$ die Transformation des Integrals $(\mathfrak{B})$ auszuführen, müssen wir bekanntlich den absoluten Wert der mit

$$\frac{d(x_1, \ldots, x_{\nu-1}, x_\nu, x_{\nu+1}, \ldots, x_n)}{d(z_1, \ldots, z_{\nu-1}, u, \varphi_{\nu+1}, \ldots, \varphi_n)}$$

zu bezeichnenden Funktional-Determinante der alten Variablen in bezug auf die neuen bestimmen. Dies führen wir nach bekannten Sätzen so aus, daß wir bei dem Übergange von jenen zu diesen noch andere Systeme von Variablen, und zwar zunächst das der n Größen $\xi', \xi'', \ldots, \xi^{(n)}$ einschalten; da zufolge (7) das Quadrat der Funktional-

Determinante der Größen ξ in bezug auf die Größen x die Diskriminante des Ideals $\mathfrak{m}$, also $= \varDelta(\mathfrak{m}) = DN(\mathfrak{m})^2$ ist, so folgt

$$\frac{d(x_1, \ldots, x_n)}{d(\xi', \ldots, \xi^{(n)})} = \frac{1}{N(\mathfrak{m})\sqrt{D}}.$$

Hierauf führen wir die ν Größen y_s und die $(n-\nu)$ Größen φ_m ein; ist π_s eine reelle Permutation, so ist $y_s = \log(\pm \xi^{(s)})$, wo $\pm$ das in diesem Stück $\mathfrak{B}$ herrschende Vorzeichen von $\xi^{(s)}$ bedeutet, mithin

$$d\xi^{(s)} = \xi^{(s)} dy_s;$$

bilden aber π_s und π_m ein imaginäres Paar, so ist

$$\log \xi^{(s)} = {}^1\!/_2 y_s - \varphi_m i, \quad \log \xi^{(m)} = {}^1\!/_2 y_s + \varphi_m i.$$

also

$$\frac{d(\xi^{(s)}, \xi^{(m)})}{d(y_s, \varphi_m)} = i\,\xi^{(s)} \xi^{(m)},$$

und hieraus folgt mit Rücksicht auf (8)

$$\frac{d(\xi', \ldots, \xi^{(\nu)}, \xi^{(\nu+1)}, \ldots, \xi^{(n)})}{d(y_1, \ldots, y_\nu, \varphi_{\nu+1}, \ldots, \varphi_n)} = \pm u\,i^{n-\nu}.$$

Führt man endlich statt der Größen y_s die Größen z_s und u ein, so folgt aus (10) und (11) mit Rücksicht auf die Gleichungen (17) und (21) des vorigen Paragraphen

$$\frac{d(y_1, \ldots, y_{\nu-1}, y_\nu)}{d(z_1, \ldots, z_{\nu-1}, u)} = \frac{S'}{u}.$$

Durch Verbindung dieser Übergänge erhält man

$$\frac{d(x_1, \ldots, x_{\nu-1}, x_\nu, x_{\nu+1}, \ldots, x_n)}{d(z_1, \ldots, z_{\nu-1}, u, \varphi_{\nu+1}, \ldots, \varphi_n)} = \frac{S'}{N(\mathfrak{m})\sqrt{(D)}},$$

mithin

$$(\mathfrak{B}) = \frac{S'}{N(\mathfrak{m})\sqrt{(D)}} \int \partial z_1 \ldots \partial z_{\nu-1} \partial u \partial \varphi_{\nu+1} \ldots \partial \varphi_n,$$

oder wenn man die Integrationen in den durch (9), (12), (19) angegebenen Grenzen ausführt,

$$(\mathfrak{B}) = \frac{(2\pi)^{n-\nu} S'}{N(\mathfrak{m})\sqrt{(D)}},$$

wo der Regulator S' und $\sqrt{(D)}$ absolut zu nehmen sind. Da jedem der $2^{2\nu-n}$ Stücke $\mathfrak{B}$, aus welchen $\mathfrak{A}$ besteht, ein und derselbe Integralwert $(\mathfrak{B})$ entspricht, so folgt

$$(\mathfrak{A}) = \frac{2^\nu \pi^{n-\nu} S'}{N(\mathfrak{m})\sqrt{(D)}},$$

und zufolge (18) ergibt sich hieraus der gesuchte Grenzwert
$$\lim \left(\frac{T}{t}\right) = \frac{2^\nu \pi^{n-\nu}}{N(\mathfrak{m})\sqrt{(D)}} \cdot \frac{S'}{r}.$$
Da dieser Grenzwert seiner Bedeutung nach von der Auswahl des bei unserem Beweise benutzten vollständigen Einheits-Systems S gänzlich unabhängig ist, so ergibt sich beiläufig der auch auf elementare Weise leicht zu beweisende Satz, daß der Quotient $S':r$ für alle vollständigen Systeme S einen und denselben absoluten Wert hat; bezeichnet man denselben mit E, so nimmt die letzte Gleichung die Form (1) an, w. z. b. w.

Mit Hilfe dieses Fundamentes lassen sich die nachfolgenden Sätze ohne jede Schwierigkeit ableiten; wir bemerken vorher, daß wir den Begriff der Idealklasse (§ 181) im ursprünglichen Sinne nehmen, also zwei Ideale $\mathfrak{a}$, $\mathfrak{a}'$ äquivalent nennen und derselben Klasse zuteilen, wenn es eine Zahl η (von positiver oder negativer Norm) gibt, welche der Bedingung $\mathfrak{a}\eta = \mathfrak{a}'$ genügt. Dann gilt folgender Satz:

II. Ist A irgendeine Idealklasse, und bezeichnet man, wenn t ein beliebiger positiver Wert ist, mit T die Anzahl aller derjenigen in A enthaltenen Ideale, deren Normen nicht größer als t sind, so wird für unendlich große Werte von t

(20) $$\lim \frac{T}{t} = \frac{2^\nu \pi^{n-\nu} E}{\sqrt{(D)}} = g.$$

Um dies zu beweisen, wählen wir aus der inversen Klasse A^{-1} nach Belieben ein bestimmtes Ideal $\mathfrak{m}$; ist nun $\mathfrak{a}$ ein beliebiges Ideal in A, so ist $\mathfrak{a}\mathfrak{m}$ ein durch $\mathfrak{m}$ teilbares Hauptideal $\mathfrak{m}'$, und umgekehrt ist jedes solches Hauptideal $\mathfrak{m}'$ von der Form $\mathfrak{a}\mathfrak{m}$, wo $\mathfrak{a}$ der Klasse A angehört; da ferner je zwei verschiedenen Idealen $\mathfrak{a}$ auch zwei verschiedene Ideale $\mathfrak{a}\mathfrak{m}$ entsprechen und umgekehrt, so folgt aus $N(\mathfrak{a}\mathfrak{m}) = N(\mathfrak{a})N(\mathfrak{m})$, daß T zugleich die Anzahl aller derjenigen verschiedenen, durch $\mathfrak{m}$ teilbaren Hauptideale $\mathfrak{a}\mathfrak{m}$ ist, deren Normen nicht größer als $tN(\mathfrak{m})$ sind; ersetzt man daher t in dem Satze I durch $tN(\mathfrak{m})$, so geht die Gleichung (1) in (20) über, w. z. b. w.

Da dieser Grenzwert von der Klasse A gänzlich unabhängig ist, und da jedes Ideal einer und nur einer Klasse angehört, so folgt hieraus ohne weiteres der nachstehende Satz:

III. **Bedeutet h die Anzahl aller Idealklassen, und bezeichnet man, wenn t ein beliebiger positiver Wert ist, mit T die Anzahl aller derjenigen verschiedenen Ideale, deren Normen nicht größer als t sind, so wird für unendlich große Werte von t**

$$(21) \qquad \lim \frac{T}{t} = \frac{2^r \pi^{n-r} E h}{\sqrt{(D)}} = gh.$$

Verbindet man hiermit das allgemeine, in § 118 aufgestellte Prinzip, so ergibt sich folgendes:

IV. **Bedeutet s eine Variable, und setzt man die über alle Ideale $\mathfrak{a}$ ausgedehnte unendliche Reihe**

$$(22) \qquad \sum \frac{1}{N(\mathfrak{a})^s} = \Omega(s),$$

so konvergiert dieselbe für alle Werte $s > 1$, und für unendlich kleine Werte von $(s-1)$ wird

$$(23) \qquad \lim (s-1)\Omega(s) = gh.$$

Hiermit ist, wenn die Werte von D und E schon gefunden sind, die Klassenanzahl h als Grenzwert einer unendlichen Reihe dargestellt. Gelingt es, denselben Grenzwert noch auf eine andere Weise, nämlich unmittelbar aus der Beschaffenheit der im Körper Ω auftretenden Ideale $\mathfrak{a}$ zu bestimmen, so ist damit auch die Klassenanzahl h gefunden; dies ist aber bis jetzt nur in sehr wenigen Fällen geglückt, von denen wir einige in den folgenden Paragraphen betrachten wollen, und vermutlich befinden wir uns noch sehr weit von einer allgemeinen Lösung dieses großen Problems. Hier wollen wir nur noch die folgenden Bemerkungen hinzufügen.

Aus den Gesetzen, nach welchen alle Ideale $\mathfrak{a}$ aus den sämtlichen Primidealen $\mathfrak{p}$ durch Multiplikation gebildet werden (§ 179), ergibt sich als unmittelbare Folgerung die Identität

$$(24) \qquad \sum \psi(\mathfrak{a}) = \prod \frac{1}{1 - \psi(\mathfrak{p})},$$

wenn die Funktion ψ die Eigenschaft

$$(25) \qquad \psi(\mathfrak{a}\mathfrak{b}) = \psi(\mathfrak{a})\psi(\mathfrak{b})$$

besitzt, und wenn außerdem die Summe linker Hand einen von der Anordnung ihrer Glieder unabhängigen endlichen Wert besitzt; der Beweis für diese Identität zwischen der Summe und dem unendlichen

Produkte stimmt vollständig mit demjenigen überein, welchen wir früher (§ 132) für den speziellen Fall $n = 1$ gegeben haben, und kann deshalb hier unterdrückt werden. Für unsere, in (22) definierte Funktion $\Omega(s)$ ergibt sich hieraus die folgende zweite Darstellung

$$(26) \quad \Omega(s) = \prod \frac{1}{1 - \dfrac{1}{N(\mathfrak{p})^s}};$$

bedeuten nun, wenn p eine beliebige natürliche Primzahl ist, $\mathfrak{p}_1, \mathfrak{p}_2, \ldots, \mathfrak{p}_e$ die voneinander verschiedenen, in p aufgehenden Primideale, und $n_1, n_2, \ldots, n_e$ deren Grade (§ 180), so nimmt diese Gleichung die folgende Gestalt an

$$(27) \quad \Omega(s) = \prod \left(\frac{1}{1 - p^{-sn_1}} \cdot \frac{1}{1 - p^{-sn_2}} \cdots \frac{1}{1 - p^{-sn_e}} \right),$$

wo das Produkt über alle Primzahlen p zu erstrecken ist. Bezeichnet man ferner, wenn m eine beliebige natürliche Zahl ist, mit $F(m)$ die Anzahl aller derjenigen verschiedenen Ideale, deren Norm $= m$ ist, so ist offenbar

$$(28) \quad \Omega(s) = \sum \frac{F(m)}{m^s},$$

und man erkennt leicht, daß für je zwei relative Primzahlen m', m'' stets

$$(29) \quad F(m'm'') = F(m')F(m'')$$

ist, während die unendliche Reihe

$$(30) \quad 1 + \frac{F(p)}{p^s} + \frac{F(p^2)}{p^{2s}} + \frac{F(p^3)}{p^{3s}} + \cdots$$

mit dem allgemeinen Faktor des Produktes (27) übereinstimmt. Außerdem geht aus (21) hervor, daß für unendlich große Werte von m

$$(31) \quad \lim \frac{F(1) + F(2) + \cdots + F(m)}{m} = gh$$

ist.

Tiefere Untersuchungen, zu denen z. B. die über die Geschlechter der quadratischen Formen (Supplement IV) und die über die Verteilung der Primideale auf die verschiedenen Idealklassen gehören[*],

---

[*] Vgl. die schon in § 137 zitierte Abhandlung von Dirichlet (Crelles Journal, Bd. 21, S. 98).

knüpfen sich an die Betrachtung allgemeinerer Reihen und Produkte, welche aus (24) hervorgehen, wenn man

$$\psi(\mathfrak{a}) = \frac{\chi(\mathfrak{a})}{N(\mathfrak{a})^s}$$

setzt, wo die Funktion $\chi(\mathfrak{a})$ außer der Eigenschaft (25) noch die andere besitzt, für alle derselben Klasse A angehörenden Ideale $\mathfrak{a}$ denselben Wert anzunehmen, welcher mithin zweckmäßig durch $\chi(A)$ bezeichnet wird und offenbar immer eine h^{te} Wurzel der Einheit ist. Solche Funktionen χ, die man im erweiterten Sinne Charaktere nennen kann, existieren immer, und zwar geht aus den am Schlusse des § 149 erwähnten Sätzen leicht hervor, daß die Klassenanzahl h zugleich die Anzahl aller verschiedenen Charaktere $\chi_1, \chi_2, \ldots, \chi_h$ ist, und daß jede Klasse A durch die ihr entsprechenden h Werte $\chi_1(A)$, $\chi_2(A), \ldots, \chi_h(A)$ vollständig charakterisiert, d. h. von allen anderen Klassen unterschieden wird. Setzt man noch die über alle Ideale $\mathfrak{a}$ der Klasse A ausgedehnte Summe

$$\sum \frac{1}{N(\mathfrak{a})^s} = A(s),$$

und bezeichnet mit $A_1, A_2, \ldots, A_h$ alle verschiedenen Klassen, so nimmt für den Charakter χ die Gleichung (24) die Form

$$\chi(A_1) A_1(s) + \cdots + \chi(A_h) A_h(s) = \prod \frac{1}{1 - \chi(\mathfrak{p}) N(\mathfrak{p})^{-s}}$$

an; auf die Folgerungen, welche sich aus der Betrachtung dieser h Ausdrücke und deren Logarithmen ergeben, können wir aber hier nicht mehr eingehen.

§ 185

Um den Nutzen und die Bedeutung unserer bisherigen Untersuchungen erkennen zu lassen, deren Resultate nur die ersten Elemente einer allgemeinen Zahlentheorie bilden, wollen wir dieselben auf zwei bestimmte Beispiele anwenden, die zugleich in unmittelbarem Zusammenhange mit dem Hauptgegenstande dieses Werkes stehen. Als erstes Beispiel wählen wir den klassischen Fall der Kreisteilung, an welchem Kummer zuerst seine Schöpfung der idealen Zahlen mit dem schönsten Erfolge durchgeführt hat*).

---

*) Die bezüglichen, zuerst in Crelles Journal (Bd. 35, 40) veröffentlichten Untersuchungen sind zusammengestellt in der Abhandlung: Sur la théorie des nombres complexes composés de racines de l'unité et de nombres

Es sei m eine natürliche ungerade Primzahl, θ eine primitive Wurzel der Gleichung
$$(1) \qquad \theta^m = 1,$$
und n der Grad des Körpers Ω, der aus allen durch θ rational darstellbaren Zahlen besteht. Setzen wir (nach § 139)
$$(2) \qquad f(t) = \frac{t^m - 1}{t - 1} = (t - \theta)(t - \theta^2) \ldots (t - \theta^{m-1}),$$
wo t eine Variable bedeutet, so ist $f(\theta) = 0$, und da die Koeffizienten dieser Gleichung rational sind, so ist $n \leq m - 1$. Um n genau zu bestimmen, setzen wir $t = 1$, wodurch wir
$$(3) \qquad m = (1 - \theta)(1 - \theta^2) \ldots (1 - \theta^{m-1})$$
erhalten; da θ eine ganze Zahl ist, so gilt dasselbe von den $(m-1)$ Faktoren $1 - \theta^r$, und man erkennt leicht, daß dieselben miteinander assoziiert sind; denn wählt man die positive ganze Zahl s so, daß $rs \equiv 1 \pmod{m}$, also $1 - \theta = 1 - \theta^{rs}$ wird, so ist gleichzeitig
$$\frac{1 - \theta^r}{1 - \theta} = 1 + \theta + \theta^2 + \cdots + \theta^{r-1}$$
und
$$\frac{1 - \theta}{1 - \theta^r} = 1 + \theta^r + \theta^{2r} + \cdots + \theta^{(s-1)r};$$
mithin ist jede der beiden Zahlen $1 - \theta$ und $1 - \theta^r$ durch die andere teilbar. Setzt man daher
$$(4) \qquad 1 - \theta = \mu,$$
so geht die Gleichung (3) in
$$(5) \qquad m = \varepsilon \mu^{m-1}$$
über, wo ε eine Einheit bedeutet, woraus zugleich hervorgeht, daß μ keine Einheit, und folglich jede durch μ teilbare rationale Zahl auch durch die Primzahl m teilbar ist. Da alle mit Ω konjugierten Körper zufolge (2) imaginär, und folglich alle Normen positiv sind, so folgt hieraus
$$m^n = N(\mu)^{m-1},$$

---

entiers (Liouvilles Journal, Bd. 16, 1851), und eine Ergänzung derselben findet sich in der Abhandlung: Über die den Gaußischen Perioden der Kreisteilung entsprechenden Kongruenzwurzeln (Crelles Journal, Bd. 53). — Vgl. Bachmann: Die Lehre von der Kreisteilung (Vorl. 17, 18) und meine Anzeige dieses Werkes in Schlömilchs Zeitschrift für Math. u. Phys., Jahrgang 18 (1873), Literaturzeitung S. 14 bis 24, 43.

mithin ist die natürliche Zahl $N(\mu)$ selbst eine Potenz der Primzahl m; setzt man nun $N(\mu) = m^a$, so folgt $n = a(m-1)$, und da, wie oben bemerkt, $n \leq m-1$ ist, so ergibt sich $a = 1$, mithin

(6) $\qquad n = m-1, \ N(\mu) = m.$

Die in (2) definierte Funktion $f(t)$ ist daher **irreduzibel***), also bilden die $m-1$ Potenzen $1, \theta, \theta^2, \ldots, \theta^{m-2}$ eine Basis des Körpers Ω, und wir wollen jetzt zeigen, daß

(7) $\qquad \mathfrak{o} = [1, \theta, \ldots, \theta^{m-2}] = [1, \mu, \ldots, \mu^{m-2}]$

ist, wo $\mathfrak{o}$ wieder das System aller ganzen Zahlen des Körpers Ω bedeutet. Zunächst leuchtet aus (4) ein, daß die Potenzen von θ und diejenigen der Zahl μ jedenfalls Basen eines und desselben ganzen Moduls bilden, den wir vorläufig mit $\mathfrak{a}$ bezeichnen wollen; um seine Diskriminante $\varDelta(\mathfrak{a})$ zu bestimmen, multiplizieren wir (2) mit $t-1$, differentiieren nach t und setzen $t = \theta$, $f'(\theta) = \theta^*$, wodurch wir $(\theta-1)\theta^* = m\theta^{m-1}$ erhalten; da $N(\theta-1) = m$, und θ zufolge (1) eine Einheit ist, so ergibt sich $N(\theta^*) = m^{m-2}$ und hieraus [nach § 167, (27)]

(8) $\qquad \varDelta(\mathfrak{a}) = (-1)^{\frac{m-1}{2}} m^{m-2}.$

Sodann bemerken wir, daß jede durch m teilbare Zahl des Moduls $\mathfrak{a}$ auch in $m\mathfrak{a}$ enthalten ist; denn wenn die in $\mathfrak{a}$ enthaltene Zahl

$$a_0 + a_1\mu + a_2\mu^2 + \cdots + a_{m-2}\mu^{m-2}$$

durch m, also durch $\mu, \mu^2, \ldots, \mu^{m-1}$ teilbar sein soll, so ergibt sich schrittweise, daß die ganzen rationalen Zahlen $a_0, a_1, a_2, \ldots, a_{m-2}$ durch μ, also auch durch m teilbar sein müssen. Hieraus folgt unmittelbar, daß der kleinste natürliche Faktor k, durch welchen irgendeine ganze Zahl ω in eine Zahl $k\omega$ des Moduls $\mathfrak{a}$ verwandelt wird, nicht durch m teilbar sein kann; denn wäre $k = mh$, so wäre die in $\mathfrak{a}$ enthaltene Zahl $k\omega = mh\omega$ zugleich teilbar durch m, also in $m\mathfrak{a}$ enthalten, mithin wäre das Produkt $h\omega$ in $\mathfrak{a}$ enthalten, was der Bedeutung von k widerspricht, weil $h < k$ wäre. Da nun andererseits k^2 (nach dem Satze I in § 175) in der Diskriminante $\varDelta(\mathfrak{a})$ aufgehen muß, so folgt aus (8), daß stets $k = 1$, also jede ganze Zahl ω in $\mathfrak{a}$ enthalten, mithin $\mathfrak{o} = \mathfrak{a}$ ist, w. z. b. w. Zugleich ergibt sich aus (8) die Grundzahl

(9) $\qquad D = \varDelta(\mathfrak{o}) = (-1)^{\frac{m-1}{2}} m^{m-2}.$

---

*) Gauß: D. A. art. 341.

Aus (6) folgt ferner, daß μ eine Primzahl, $\mathfrak{o}\mu$ ein Primideal ersten Grades ist; bedeutet nämlich $\mathfrak{a}$ irgendein in μ aufgehendes Primideal, so ist $\mathfrak{o}\mu = \mathfrak{a}\mathfrak{b}$, also $N(\mathfrak{a})N(\mathfrak{b}) = N(\mu) = m$; da aber m eine natürliche Primzahl und $N(\mathfrak{a}) > 1$ ist, so muß $N(\mathfrak{a}) = m$, $N(\mathfrak{b}) = 1$, mithin $\mathfrak{b} = \mathfrak{o}$ und $\mathfrak{a} = \mathfrak{o}\mu$ sein, wie behauptet war. Zufolge (5) ist ferner

(10) $\qquad \mathfrak{o}m = (\mathfrak{o}\mu)^{m-1}$,

und hiermit ist die Zerlegung von $\mathfrak{o}m$ in Primfaktoren gefunden.

Die mit θ konjugierten Zahlen sind zufolge (2) die $m-1$ Potenzen $\theta, \theta^2, \ldots, \theta^{m-1}$, d. h. alle primitiven Wurzeln der Gleichung (1); da dieselben ebenfalls dem Körper Ω angehören, so sind alle mit Ω konjugierten Körper identisch mit Ω, d. h. Ω ist ein Normalkörper (§ 166); seine Permutationen lassen sich miteinander zusammensetzen und bilden daher eine Gruppe; geht ferner θ durch die Permutationen ϱ, σ bzw. in θ^r, θ^s über, so geht θ sowohl durch $\varrho\sigma$ als auch durch $\sigma\varrho$ in θ^{rs} über, und folglich ist $\varrho\sigma = \sigma\varrho$; Normalkörper, deren Permutationen diese Eigenschaft besitzen, werden zweckmäßig **Abelsche Körper** genannt*). Um eine für das Folgende geeignete Bezeichnung dieser Permutationen zu gewinnen, wählen wir nach Belieben eine bestimmte **primitive Wurzel** c der Primzahl m als Basis eines Systems von **Indizes** (§ 30); ist r eine durch m nicht teilbare ganze rationale Zahl, so setzen wir der Kürze halber

(11) $\qquad$ Ind. $r = r'$, also $r \equiv c^{r'} \pmod{m}$

und bezeichnen mit $\pi_{r'}$ diejenige Permutation, durch welche θ in θ^r übergeht; hierbei darf der Index r', den wir auch den Index dieser Permutation nennen, durch jede beliebige Zahl ersetzt werden, welche $\equiv r' \pmod{m-1}$ ist. Gleichzeitig soll die Zahl, in welche eine beliebige Zahl ω des Körpers durch $\pi_{r'}$ übergeht, durch $\omega_{r'}$ bezeichnet werden; bedeutet daher $\varphi(t)$ irgendeine ganze Funktion von t mit rationalen Koeffizienten, so ist gleichzeitig

(12) $\qquad \omega = \varphi(\theta)$ und $\omega_{r'} = \varphi(\theta^r)$;

---

*) Mémoire sur une classe particulière d'équations résolubles algébriquement (Œuvres complètes de Abel, t. 1, oder Crelles Journal, Bd. 4). Der wichtige Satz von Kronecker (Monatsber. der Berliner Akademie 1853), daß jeder Abelsche Körper auf rationale Weise aus Einheitswurzeln entsteht, ist vollständig bewiesen von H. Weber (Theorie der Abelschen Zahlkörper, Acta Mathematica, Bd. 8 und 9).

offenbar ist π_0 die identische Permutation, also $\omega_0 = \omega$, und der obige Satz über die Zusammensetzung der Permutationen wird durch $\pi_{r'}\pi_{s'} = \pi_{s'}\pi_{r'} = \pi_{(r\,s)'} = \pi_{r'+s'}$, also durch die Gleichung

(13) $\qquad (\omega_{r'})_{s'} = (\omega_{s'})_{r'} = \omega_{(r\,s)'} = \omega_{r'+s'}$

ausgedrückt; zugleich leuchtet ein, daß alle Permutationen durch Wiederholung aus der einzigen Permutation $\pi_{c'} = \pi_1$ entstehen. Setzen wir ferner

(14) $\qquad n = m - 1 = 2\nu,$

so ist

(15) $\qquad (-1)' \equiv \nu,\ (-r)' \equiv r' + \nu \pmod{2\nu},$

und es bilden je zwei Permutationen $\pi_{r'}$ und $\pi_{r'+\nu}$, durch welche θ in θ^r und θ^{-r} übergeht, ein imaginäres Paar (§ 183, 3).

Wir gehen jetzt zur Bestimmung aller von $\mathfrak{o}\mu$ verschiedenen Primideale $\mathfrak{p}$ über und bemerken zunächst, daß aus

(16) $\qquad \theta^r \equiv \theta^s \pmod{\mathfrak{p}}$ stets $r \equiv s \pmod{m},$

also $\theta^r = \theta^s$ folgt, weil sonst die Zahl $\theta^r - \theta^s = \theta^r(1 - \theta^{s-r})$ assoziiert mit μ und folglich nicht teilbar durch $\mathfrak{p}$ wäre; es sind daher die m Potenzen

$$1,\ \theta,\ \theta^2, \ldots, \theta^{m-1},$$

oder, was dasselbe sagt, die Zahlen

$$1,\ \theta_1,\ \theta_2, \ldots, \theta_{m-1}$$

sämtlich inkongruent nach $\mathfrak{p}$. Bezeichnen wir nun mit p die durch $\mathfrak{p}$ teilbare natürliche Primzahl (§ 179, VII), so ist p verschieden von m, weil m nur durch das einzige Primideal $\mathfrak{o}\mu$ teilbar ist; es sei ferner f der Exponent, zu welchem p nach dem Modul m gehört (§ 28), d. h. es sei f die kleinste natürliche Zahl, welche der Kongruenz

(17) $\qquad p^f \equiv 1 \pmod{m},$

also auch der Kongruenz

(18) $\qquad f p' \equiv 0 \pmod{2\nu}$

genügt, so ist

(19) $\qquad 2\nu = m - 1 = ef,$

und e ist der größte gemeinschaftliche Teiler von p' und 2ν (§§ 29, 30).

Sind nun $\alpha, \beta, \gamma, \ldots$ beliebige ganze Zahlen, so folgt aus einer bekannten Eigenschaft der Binomialkoeffizienten (§ 20), daß immer

$$(\alpha + \beta + \gamma + \cdots)^p \equiv \alpha^p + \beta^p + \gamma^p + \cdots \pmod{p}$$

ist; bezeichnet man daher mit $\varphi(t)$ eine beliebige ganze Funktion der Variablen t mit ganzen rationalen Koeffizienten a und bedenkt, daß nach dem Fermatschen Satze (§ 19) immer $a^p \equiv a \pmod{p}$ ist, so erhält man den für jede ganze Zahl α gültigen Satz

(20) $$\varphi(\alpha)^p \equiv \varphi(\alpha^p) \pmod{p}.$$

Wenden wir denselben auf den Fall $\alpha = \theta$ an, so ergibt sich mit Rücksicht auf (7) und (12), daß für jede in unserem Gebiete o enthaltene Zahl ω die Kongruenz

(21) $$\omega^p \equiv \omega_{p'} \pmod{p}$$

gilt, aus welcher durch fortgesetzte Erhebung zur p^{ten} Potenz nach (13) die allgemeinere Kongruenz

(22) $$\omega^{p^r} \equiv \omega_{rp'} \pmod{p}$$

folgt; da nun fp' zufolge (18) durch 2ν teilbar, also $\omega_{fp'} = \omega$ ist, so erhält man das Resultat

(23) $$\omega^{p^f} \equiv \omega \pmod{p}.$$

Hieraus schließen wir zunächst, daß op entweder ein Primideal oder ein Produkt von lauter verschiedenen Primidealen ist; nehmen wir nämlich im Gegenteil an, es sei p durch das Quadrat eines Primideals $\mathfrak{p}$ teilbar, so ist o$p = \mathfrak{p}^2\mathfrak{q}$, und da $\mathfrak{p}\mathfrak{q}$ ein echter Teiler von op ist, so gibt es eine Zahl ω, welche durch $\mathfrak{p}\mathfrak{q}$, aber nicht durch p teilbar ist; dann ist ω^2 und folglich auch ω^{p^f} teilbar durch $\mathfrak{p}^2\mathfrak{q}^2 = p\mathfrak{q}$, also auch durch p; allein dies widerspricht der Kongruenz (23), weil ω nicht durch p teilbar ist. Unsere Annahme ist daher unzulässig.

Da ferner $\mathfrak{p}$ in p aufgeht, so genügt jede ganze Zahl ω auch der Kongruenz

(24) $$\omega^{p^f} \equiv \omega \pmod{\mathfrak{p}},$$

d. h. die Anzahl der inkongruenten Wurzeln ω dieser Kongruenz vom Grade p^f ist $= (\mathrm{o}, \mathfrak{p}) = N(\mathfrak{p})$, und folglich ist

(25) $$N(\mathfrak{p}) \leq p^f,$$

weil in bezug auf ein Primideal eine Kongruenz r^{ten} Grades niemals mehr als r inkongruente Wurzeln haben kann (vgl. §§ 26, 180). Nach dem verallgemeinerten Fermatschen Satze (§ 180, V) ist ferner

$$\theta^{N(\mathfrak{p})} \equiv \theta \pmod{\mathfrak{p}},$$

woraus wir nach (16) folgern, daß

(26) $$N(\mathfrak{p}) \equiv 1 \pmod{m}.$$

ist. Nun wissen wir [nach § 180, (12)], daß $N(\mathfrak{p})$ eine Potenz von p mit positivem Exponenten ist, und da unter allen solchen Potenzen, welche durch m dividiert den Rest 1 lassen, p^f die kleinste ist, so muß $N(\mathfrak{p}) \geq p^f$ sein, woraus mit Rücksicht auf (25) folgt, daß

(27) $$N(\mathfrak{p}) = p^f$$

ist. Mithin ist der Exponent f, zu welchem die Primzahl p nach dem Modul m gehört, zugleich der **Grad** eines jeden in p aufgehenden Primideals $\mathfrak{p}$; da ferner

$$N(p) = p^{m-1} = p^{ef}$$

ist, so erhalten wir die Zerlegung

(28) $$\mathfrak{o}\,p = \mathfrak{p}_1 \mathfrak{p}_2 \ldots \mathfrak{p}_e,$$

wo $\mathfrak{p}_1, \mathfrak{p}_2, \ldots, \mathfrak{p}_e$ voneinander verschiedene Primideale vom Grade f bedeuten[*]).

Hiermit ist die Natur aller in unserem Körper Ω auftretenden Primideale erkannt, und dies Resultat reicht aus für die Bestimmung der Anzahl der Idealklassen; bevor wir aber zu dieser Untersuchung übergehen, wollen wir im Anschluß an § 180 noch einige Bemerkungen

---

[*]) Ist m eine beliebige natürliche Zahl, so hat der aus einer primitiven Wurzel θ der Gleichung (1) entspringende Körper Ω den Grad $\varphi(m)$; ist p eine Primzahl, p' die höchste in $m = p'm'$ aufgehende Potenz von p, und gehört p zum Exponenten f (mod m'), so ist $\varphi(m') = ef$ (§ 28), und

$$\mathfrak{o}\,p = (\mathfrak{p}_1 \mathfrak{p}_2 \ldots \mathfrak{p}_e)^{\varphi(p')},$$

wo $\mathfrak{p}_1, \mathfrak{p}_2, \ldots, \mathfrak{p}_e$ voneinander verschiedene Primideale vom Grade f bedeuten; ist ferner $p' > 1$, so ist

$$\mathfrak{o}\,(1 - \theta^{m'}) = \mathfrak{p}_1 \mathfrak{p}_2 \ldots \mathfrak{p}_e.$$

Vgl. Kummer: Theorie der idealen Primfaktoren der komplexen Zahlen, welche aus den Wurzeln der Gleichung $\omega^n = 1$ gebildet sind, wenn n eine zusammengesetzte Zahl ist (Abh. d. Berliner Ak. 1856). — Für alle in einem solchen Körper Ω als Divisoren enthaltenen Körper, zu denen auch die quadratischen Körper gehören, habe ich die Bestimmung der Primideale als Resultat einer allgemeinen Untersuchung mitgeteilt, welche ich demnächst zu veröffentlichen gedenke (Sur la théorie des nombres entiers algébriques, § 27, und Compte rendu der Pariser Ak. vom 24. Mai 1880); über spezielle Fälle solcher Divisoren vgl. Eisenstein: Allgemeine Untersuchungen über die Formen dritten Grades mit drei Variabeln, welche der Kreisteilung ihre Entstehung verdanken (Crelles Journ., Bd. 28); Fuchs: Über die aus Einheitswurzeln gebildeten komplexen Zahlen von periodischem Verhalten, insbesondere die Bestimmung der Klassenanzahl derselben (Crelles Journ., Bd. 65); Bachmann: Die Theorie der komplexen Zahlen, welche aus zwei Quadratwurzeln zusammengesetzt sind (Berlin 1867).

über die Zerlegungen (10) und (28) hinzufügen, aus welchen sich die Zerlegung der Funktion (2) in rationale Primfunktionen nach den Moduln m und p ergibt.

Da die Zahl θ und alle ihre Potenzen $\equiv 1 \pmod{\mu}$ sind, und da jede auf μ bezügliche Kongruenz zwischen rationalen Zahlen auch für den Modul m gilt, so folgt aus (2) die ohnehin evidente identische Kongruenz
(29) $$f(t) \equiv (t-1)^{m-1} \pmod{m}.$$

Für jede andere natürliche Primzahl p und deren Primfaktoren $\mathfrak{p}$ folgt zunächst aus (16), daß der Grad f von $\mathfrak{p}$ zugleich die Höhe jeder mit θ konjugierten Zahl θ_r ist, und daß folglich die f Zahlen $\theta_{r+p'}, \theta_{r+2p'}, \ldots, \theta_{r+fp'}$, deren Komplex mit dem der Zahlen $\theta_{r+e}, \theta_{r+2e}, \ldots, \theta_{r+fe}$ zusammenfällt, eine Periode in bezug auf $\mathfrak{p}$ bilden (S. 137). Setzt man daher
(30) $$F_r(t) = F_{r+e}(t) = (t-\theta_{r+e})(t-\theta_{r+2e})\cdots(t-\theta_{r+fe}),$$
so wird
(31) $$F_r(t) \equiv P_r(t) \pmod{\mathfrak{p}},$$
wo $P_r(t)$ eine mit ganzen rationalen Koeffizienten behaftete Primfunktion in bezug auf den Modul p bedeutet. Zufolge (2) ist nun
(32) $$f(t) = F_1(t) F_2(t) \ldots F_e(t),$$
und da jede auf $\mathfrak{p}$ bezügliche Kongruenz zwischen rationalen Zahlen auch für den Modul p gilt, so ergibt sich die identische Kongruenz[*]
(33) $$f(t) \equiv P_1(t) P_2(t) \ldots P_e(t) \pmod{p};$$
zugleich folgt aus (16), daß diese e Primfunktionen wesentlich verschieden sind. Man findet auch leicht, daß $\mathfrak{p}$ der größte gemeinsame Teiler der durch die Zahlen p und $P_e(\theta)$ erzeugten Hauptideale ist.

Mit dieser Zerlegung hängt die folgende algebraische Betrachtung nahe zusammen. Die f Permutationen
(34) $$\pi_e, \pi_{2e}, \ldots, \pi_{fe},$$
deren Indizes durch e teilbar sind, und welche alle durch Wiederholung der einzigen Permutation π_e entstehen, bilden eine Gruppe (§ 166), und der zugehörige Körper H besteht aus allen denjenigen

---

[*] Schönemann: Grundzüge einer allgemeinen Theorie der höheren Kongruenzen, deren Modul eine reelle Primzahl ist. § 50. (Crelles Journal, Bd. 31). — Gauß: Disquisitiones generales de congruentiis, artt. 360—367 (Werke, Bd. II, 1863).

in Ω enthaltenen Zahlen ω, welche der Bedingung $\omega_e = \omega$ genügen; zugleich ist $(H, R) = e$, $(\Omega, H) = f$. Die Darstellung aller dieser Zahlen ω ergibt sich sehr leicht, wenn man bedenkt, daß auch die n Potenzen $\theta, \theta^2, \ldots, \theta^{m-1}$, d. h. alle mit θ konjugierten Zahlen $\theta_1, \theta_2, \ldots, \theta_n$ eine Basis von Ω, ja auch eine Basis von $\mathfrak{o}$ bilden, weil θ eine Einheit, also $\mathfrak{o}\theta = \mathfrak{o}$ ist. Jede Zahl ω des Körpers Ω ist daher von der Form
$$\omega = x^{(1)}\theta_1 + x^{(2)}\theta_2 + \cdots + x^{(n)}\theta_n,$$
wo die Koordinaten $x^{(r)}$ willkürliche rationale Zahlen bedeuten, deren Zeiger r auch durch jede nach n kongruente Zahl ersetzt werden darf. Soll nun ω dem Körper H angehören, also der Bedingung $\omega_e = \omega$ genügen, so folgt $x^{(r)} = x^{(r+e)}$, also
(35) $$\omega = x^{(1)}\eta_1 + x^{(2)}\eta_2 + \cdots + x^{(e)}\eta_e,$$
wo die e konjugierten Zahlen
(36) $$\eta_r = \eta_{r+e} = \theta_{r+e} + \theta_{r+2e} + \cdots + \theta_{r+fe}$$
die sogenannten f-gliedrigen Perioden bedeuten*). Zugleich ergibt sich, daß der Modul
(37) $$\mathfrak{e} = [\eta_1, \eta_2, \ldots, \eta_e]$$
der Inbegriff aller ganzen Zahlen des Körpers H ist, und hieraus folgt nach später zu erwähnenden Sätzen**), daß seine Grundzahl $\varDelta(\mathfrak{e}) = \pm m^{e-1}$ ist, wo das untere Zeichen gilt, wenn f ungerade und $e \equiv 2 \pmod{4}$ ist. Bedeutet y eine Variable, so ist
(38) $$G(y) = (y - \eta_1)(y - \eta_2)\cdots(y - \eta_e)$$
eine irreduzible Funktion mit ganzen rationalen Koeffizienten, und die Koeffizienten der in (30) definierten e Funktionen
(39) $$F_r(t) = t^f - \eta_r t^{f-1} + \cdots$$
sind ganze Zahlen des Körpers H, also in $\mathfrak{e}$ enthalten***).

Hieraus ergibt sich durch Vergleichung mit der Kongruenz (31), daß jede der e Perioden η_r und folglich jede in $\mathfrak{e}$ enthaltene Zahl in bezug auf $\mathfrak{p}$ einer rationalen Zahl kongruent ist; setzen wir die Primfunktion
(40) $$P_r(t) \equiv t^f - \eta_r^0 t^{f-1} + \cdots \pmod{p},$$
wo $\eta_r^0 = \eta_{r+e}^0$ rational, so wird
(41) $$\eta_r \equiv \eta_r^0 \pmod{\mathfrak{p}},$$

---
*) Gauß: D. A. artt. 343, 348.
**) Vgl. unten (59) und die Anmerkung auf S. 197.
***) Gauß: D. A. artt. 348, 351.

und da jede auf $\mathfrak{p}$ bezügliche Kongruenz zwischen rationalen Zahlen auch für den Modul p gilt, so ergibt sich aus (38) die identische Kongruenz

(42) $\qquad G(y) \equiv (y - \eta_1^0)(y - \eta_2^0) \cdots (y - \eta_e^0) \pmod{p}$,

auf welche Kummer seine Theorie der idealen Zahlen gegründet hat.

Um endlich noch den inneren Zusammenhang zwischen den e verschiedenen, in p aufgehenden Primidealen $\mathfrak{p}$ zu ergründen, schalten wir folgende allgemeine Bemerkungen ein. Ist Ω ein beliebiger endlicher Körper, welcher durch die Permutation π in Ω' übergeht, und ist $\mathfrak{a}$ ein beliebiges Ideal in Ω, so geht aus den Begriffen des Körpers und des Ideals unmittelbar hervor, daß das System $\mathfrak{a}'$ aller Zahlen, in welche die sämtlichen Zahlen des Ideals $\mathfrak{a}$ durch π übergehen, ein Ideal in Ω' ist, und daß $\mathfrak{a}'$ durch die inverse Permutation in $\mathfrak{a}$ übergeht; zwei solche Ideale $\mathfrak{a}, \mathfrak{a}'$ nennen wir **konjugierte Ideale**. Dann leuchtet ferner ein, daß $(\mathfrak{a}\mathfrak{b})' = \mathfrak{a}'\mathfrak{b}'$ ist, daß folglich ein Primideal $\mathfrak{p}$ in ein Primideal $\mathfrak{p}'$ übergeht, und daß, wenn p die durch $\mathfrak{p}$ teilbare natürliche Primzahl bedeutet, p auch durch $\mathfrak{p}'$ teilbar ist. Wenden wir dies auf unseren Kreiskörper Ω an, der durch alle seine Permutationen π_s in sich selbst übergeht, so folgt, daß jedes der e Primideale $\mathfrak{p}$ durch eine solche Permutation π_s immer wieder in eins von diesen Idealen übergehen muß. Nun ergibt sich zunächst aus (21), daß jede durch $\mathfrak{p}$ teilbare Zahl ω durch die Permutation $\pi_{p'}$ in eine ebenfalls durch $\mathfrak{p}$ teilbare Zahl $\omega_{p'}$ übergeht; mithin geht $\mathfrak{p}$ durch $\pi_{p'}$, und folglich durch jede der f Permutationen (34) in ein Primideal über, welches durch $\mathfrak{p}$ teilbar, also auch mit $\mathfrak{p}$ identisch ist. Umgekehrt, wenn $\mathfrak{p}$ durch die Permutation π_s in sich selbst übergeht, so muß, weil $P_e(\theta)$ durch $\mathfrak{p}$ teilbar ist, auch $P_e(\theta_s) \equiv 0$ (mod $\mathfrak{p}$) sein; da aber die Kongruenz $P_e(\alpha) \equiv 0$ (mod $\mathfrak{p}$) nur die Wurzeln $\theta_e, \theta_{2e}, \ldots, \theta_{fe}$ hat, so muß eine von ihnen mit θ_s kongruent, also zufolge (16) auch mit θ_s identisch sein, woraus sich ergibt, daß die oben genannten f Permutationen die einzigen sind, durch welche $\mathfrak{p}$ in sich selbst übergeht. Sodann leuchtet ein, daß $\mathfrak{p}$ durch je f Permutationen, deren Indizes nach e kongruent sind, in ein und dasselbe Primideal übergeht; umgekehrt, wenn $\mathfrak{p}$ durch π_r und π_s in dasselbe Primideal übergeht, so geht $\mathfrak{p}$ durch $\pi_r \pi_s^{-1} = \pi_{r-s}$ offenbar in sich selbst über, und folglich ist $r \equiv s$ (mod e). Hieraus folgt, daß die e Ideale $\mathfrak{p}$ sämtlich miteinander konjugiert sind, und daß jedes von ihnen in jedes durch f bestimmte Permutationen übergeht; durch die e Permutationen $\pi_1, \pi_2, \ldots, \pi_e$ geht jedes dieser Ideale in e verschiedene Ideale über, und wir werden daher am zweckmäßigsten mit $\mathfrak{p}_r$ dasjenige Ideal bezeichnen, in welches $\mathfrak{p}$ durch π_r übergeht; demgemäß ist $\mathfrak{p}_{r+e} = \mathfrak{p}_r$ zu setzen, und aus (31) und (41) folgen die Kongruenzen

(43) $$F_{r+s}(t) \equiv P_r(t) \pmod{\mathfrak{p}_s}$$
(44) $$\eta_{r+s} \equiv \eta_r^\mathfrak{o} \pmod{\mathfrak{p}_s}.$$

Es wird gut sein, die vorstehenden Sätze an einem bestimmten Zahlenbeispiele*) zu bestätigen; wählen wir zu diesem Zweck $m = 13$, $p = 3$, so ist $f = 3$, $e = 4$. Legen wir ferner die primitive Wurzel $c = 2$ zugrunde, so wird

$\theta_0 = \theta$, $\theta_1 = \theta^2$, $\theta_2 = \theta^4$, $\theta_3 = \theta^8$, $\theta_4 = \theta^3$, $\theta_5 = \theta^6$,
$\theta_6 = \theta^{12}$, $\theta_7 = \theta^{11}$, $\theta_8 = \theta^9$, $\theta_9 = \theta^5$, $\theta_{10} = \theta^{10}$, $\theta_{11} = \theta^7$,

also
$$\eta = \theta + \theta^3 + \theta^9, \quad \eta_1 = \theta^2 + \theta^6 + \theta^5,$$
$$\eta_2 = \theta^4 + \theta^{12} + \theta^{10}, \quad \eta_3 = \theta^8 + \theta^{11} + \theta^7,$$
und
$$F_r(t) = t^3 - \eta_r t^2 + \eta_{r+2} t - 1.$$

Man findet ferner leicht die Gleichungen**)

$$\eta\, \eta = \eta_1 + 2\,\eta_2$$
$$\eta\, \eta_1 = \eta + \eta_1 + \eta_3 = -1 - \eta_2$$
$$\eta\, \eta_2 = -3\,\eta - 2\,\eta_1 - 3\,\eta_2 - 2\,\eta_3 = 3 + \eta_1 + \eta_3$$
$$\eta\, \eta_3 = \eta + \eta_2 + \eta_3 = -1 - \eta_1$$

und hieraus
$$G(y) = y^4 + y^3 + 2\,y^2 - 4\,y + 3.$$

Die Wurzeln der Kongruenz $G(y) \equiv 0 \pmod{3}$ ergeben sich am kürzesten durch Versuche, und man findet auf diese Weise in Übereinstimmung mit (42) die identische Kongruenz

$$G(y) \equiv y\,(y-1)\,(y+1)^2 \pmod{3}.$$

---

*) Ein überaus reiches Material findet man in dem Werke von Reuschle: Tafeln komplexer Primzahlen, welche aus Wurzeln der Einheit gebildet sind. 1875.
**) Gauß: D. A. art. 345.

Da eine der Wurzeln $\equiv 0 \pmod{3}$ ist, so dürfen wir das in 3 aufgehende Primideal $\mathfrak{p}$ durch die Kongruenz $\eta \equiv 0 \pmod{\mathfrak{p}}$ definieren*), woraus durch Substitution in die vorstehenden Ausdrücke für η^2, $\eta\,\eta_1$, $\eta\,\eta_2$, $\eta\,\eta_3$ sich $\eta_1 \equiv -1$, $\eta_2 \equiv -1$, $\eta_3 \equiv 1 \pmod{\mathfrak{p}}$ ergibt; zufolge (41) wird daher

$$\eta_0^0 \equiv 0, \quad \eta_1^0 \equiv -1, \quad \eta_2^0 \equiv -1, \quad \eta_3^0 \equiv +1 \pmod{3}.$$

Ersetzt man ferner die in $F_r(t)$ auftretenden Koeffizienten η_r, η_{r+2} bzw. durch die nach $\mathfrak{p}$ kongruenten rationalen Zahlen η_r^0, η_{r+2}^0, so folgt aus (31)

$$P_r(t) \equiv t^3 - \eta_r^0 t^2 + \eta_{r+2}^0 t - 1 \pmod{3},$$

und durch wirkliche Ausführung der Multiplikation bestätigt sich die Kongruenz (33). Setzt man endlich

$$\varrho = \theta^3 - \theta - 1 \equiv P_0(\theta) \pmod{3},$$

so ist $\mathfrak{p}$ der größte gemeinschaftliche Teiler von 3 und $\mathfrak{o}\varrho$; allein in unserem Falle erkennt man leicht (nach § 180), daß $\mathfrak{p} = \mathfrak{o}\eta$, also auch $\mathfrak{p}_r = \mathfrak{o}\eta_r$ ist, weil η durch $\mathfrak{p}$ teilbar und außerdem $\eta\,\eta_1\,\eta_2\,\eta_3 = 3$, mithin $N(\eta) = 3^3 = N(\mathfrak{p})$ ist. Es muß folglich ϱ durch η teilbar sein; in der Tat findet man

$$\varrho = \eta\,\theta^2(\theta + 1)(\theta^4 + 1),$$

woraus sich sogar ergibt, daß zufällig ϱ mit η assoziiert, also auch $\mathfrak{o}\varrho = \mathfrak{p}$ ist. —

Nach dieser Abschweifung kehren wir zu unserem obigen, in den Gleichungen (6), (10), (27), (28) enthaltenen Hauptresultate zurück, welches ausreicht, um mit Hilfe der im vorigen Paragraphen entwickelten Prinzipien einen geschlossenen Ausdruck für die **Anzahl h der Idealklassen** zu gewinnen. Diese Untersuchung ist ebenfalls von **Kummer** zuerst durchgeführt**), und sie bietet die überraschendsten

---

*) Ebenso folgt aus der Annahme $\eta \equiv 1 \pmod{\mathfrak{p}}$ mit Bestimmtheit $\eta_1 \equiv 0$, $\eta_2 \equiv -1$, $\eta_3 \equiv -1 \pmod{\mathfrak{p}}$. Dagegen entsprechen der Annahme $\eta \equiv -1 \pmod{\mathfrak{p}}$ zwei verschiedene Systeme, wie aus $\eta_2\,\eta_3 \equiv -1 - \eta \equiv 0 \pmod{\mathfrak{p}}$ hervorgeht; entweder ist $\eta_1 \equiv 1$, $\eta_2 \equiv 0$, $\eta_3 \equiv -1$, oder es ist $\eta_1 \equiv -1$, $\eta_2 \equiv -1$, $\eta_3 \equiv 0 \pmod{\mathfrak{p}}$.

**) Daß auch Dirichlet dieselbe Aufgabe, aber in anderer Einkleidung gelöst hat, berichtet Kummer in seiner ausgezeichneten Gedächtnisrede auf Gustav Peter Lejeune-Dirichlet (1860, S. 21 bis 22) mit den Worten: „Für diejenigen zerlegbaren Formen höherer Grade, deren lineäre Faktoren keine anderen Irrationalitäten, als Einheitswurzeln für einen Primzahl-Exponenten, enthalten, hat Dirichlet während seines Aufenthalts in Italien die Klassenanzahl bestimmt, aber er hat von dieser Arbeit leider nichts veröffentlicht."

Beziehungen zu dem Satze über die arithmetische Progression dar (Supplement VI). Wir setzen, wie im vorigen Paragraphen,

(45) $$\Omega(s) = \Sigma N(\mathfrak{a})^{-s} = \Pi(1 - N(\mathfrak{p})^{-s})^{-1}$$

und untersuchen das Verhalten dieser Funktion für unendlich kleine positive Werte der Variablen $s-1$. Da m nur durch ein einziges Primideal ersten Grades, und jede andere Primzahl p, wenn sie zum Exponenten f gehört, durch e verschiedene Primideale vom Grade teilbar ist, wo $ef = m-1$, so erhalten wir

$$\Omega(s) = (1 - m^{-s})^{-1} \Pi(1 - p^{-sf})^{-e},$$

wo das Produkt auf alle von m verschiedenen Primzahlen p zu erstrecken ist. Der allgemeine Faktor dieses Produktes läßt sich in folgender Weise umformen. Bezeichnet man, wenn $m-1$ wieder $= 2\nu$ gesetzt wird, mit α alle Wurzeln der Gleichung

(46) $$\alpha^{2\nu} = 1,$$

ferner mit γ eine primitive Wurzel derselben Gleichung, so ist

$$\alpha = 1, \gamma, \gamma^2, \ldots, \gamma^{2\nu-1};$$

da nun der Index p' mit 2ν den größten gemeinschaftlichen Teiler e hat, so ist $\gamma^{p'}$ eine Wurzel δ der Gleichung $\delta^f = 1$, und zwar eine primitive; mithin tritt jede Wurzel δ dieser Gleichung unter den 2ν Zahlen

$$\alpha^{p'} = 1, \gamma^{p'}, \gamma^{2p'}, \ldots, \gamma^{(2\nu-1)p'}$$

genau $e$mal auf, und hieraus folgt unmittelbar, daß

$$(1 - p^{-sf})^e = \Pi(1 - \alpha^{p'} p^{-s})$$

ist, wo das Produktzeichen sich auf alle α bezieht. Man erhält daher

$$\Omega(s) = (1 - m^{-s})^{-1} \Pi(1 - \alpha^{p'} p^{-s})^{-1},$$

und dieses Produkt, in welchem α und p alle ihre Werte durchlaufen müssen, hat, solange $s > 1$ ist, einen von der Anordnung der Faktoren unabhängigen Wert. Bezeichnet man mit $L(\alpha)$ das Produkt aller derjenigen Faktoren, welche allen Werten von p, aber einem bestimmten Werte α entsprechen, so ist folglich

(47) $$\Omega(s) = (1 - m^{-s})^{-1} \Pi L(\alpha),$$

wo das Produktzeichen sich auf alle α bezieht, und hierin ist nach früheren Sätzen (§§ 132, 133)

(48) $$L(\alpha) = \Pi(1 - \alpha^{p'} p^{-s})^{-1} = \Sigma \alpha^{z'} z^{-s},$$

wo z alle natürlichen Zahlen durchläuft, die nicht durch m teilbar sind, und wo z' wieder den Index von z bedeutet.

Wenn nun die Variable s abnehmend sich dem Grenzwerte 1 nähert, so wächst die Funktion $L(1)$ über alle Grenzen, und zwar so, daß

(49) $$\lim (s-1)(1-m^{-s})^{-1} L(1) = 1$$

wird (§ 117). Ist aber α verschieden von 1, also eine Wurzel der Gleichung

(50) $$\frac{\alpha^{2\nu}-1}{\alpha-1} = 1 + \alpha + \alpha^2 + \cdots + \alpha^{2\nu-1} = 0,$$

so nähert sich, wie wir früher (§ 134) gesehen haben, die Funktion $L(\alpha)$ einem endlichen Grenzwert; da nämlich, wenn die Glieder der Reihe (48) nach wachsenden z geordnet werden, die Summe von je 2ν aufeinanderfolgenden Koeffizienten $\alpha^{z'}$ zufolge (50) verschwindet, so konvergiert (nach § 101) diese Reihe für alle positiven Werte von s, und sie ist zugleich eine stetige Funktion von s; setzt man daher bei dieser Anordnung der Glieder

(51) $$L^0(\alpha) = \Sigma \alpha^{z'} z^{-1},$$

so ist $L^0(\alpha)$ endlich und zugleich der Grenzwert von $L(\alpha)$. Bis zu diesem Punkte war es leicht, das Verhalten der Reihen $L(\alpha)$ an der Stelle $s = 1$ zu ergründen; bei dem Beweise des Satzes über die arithmetische Progression mußte aber außerdem gezeigt werden, daß der Grenzwert $L^0(\alpha)$ stets von Null verschieden ist, und dies verursachte damals erhebliche Schwierigkeiten. Es ist daher von hohem Interesse, daß dieselbe Tatsache jetzt als eine unmittelbare Folge unserer Untersuchung über die Anzahl h der Idealklassen erscheint[*]. In der Tat, da im vorigen Paragraphen allgemein gezeigt ist, daß

$$\lim (s-1) \Omega(s) = g h$$

ist, wo g einen bestimmten, von Null verschiedenen Wert bedeutet, so erhalten wir zufolge (47) und (49) für unseren Fall

(52) $$g h = \Pi L^0(\alpha),$$

und da h immer eine positive ganze Zahl, niemals $= 0$ ist, so kann auch keiner der endlichen Faktoren $L^0(\alpha)$ verschwinden, w. z. b. w.

---

[*] Genau dasselbe gilt auch, wenn die Differenz m der arithmetischen Progression eine zusammengesetzte Zahl ist.

Nachdem wir auf diesen Zusammenhang unserer Untersuchung mit dem Beweise des Satzes über die arithmetische Progression aufmerksam gemacht haben, wollen wir, was für den letzteren kein weiteres Interesse darbot, die Werte $L^0(\alpha)$ in geschlossener Form darstellen. Setzt man, wenn x eine Variable bedeutet, zur Abkürzung

(53) $$(\alpha, x) = \Sigma \alpha^{r'} x^r,$$

wo r die Werte 1, 2, 3 ... $m - 1$ durchlaufen soll, und verfährt man wie damals (§ 134 oder § 103), indem man in (51) die Größen z^{-1} durch bestimmte Integrale ersetzt und die mit (50) übereinstimmende Gleichung

(54) $$(\alpha, 1) = 0$$

berücksichtigt, so erhält man zunächst

(55) $$L^0(\alpha) = \int_0^1 \frac{(\alpha, x)}{1 - x^m} \frac{dx}{x}.$$

Da nun

$$x^m - 1 = (x - 1) \Pi(x - \theta_s)$$

ist, wo s ein vollständiges Restsystem nach dem Modul 2ν durchläuft, so ergibt sich mit Rücksicht auf (54) durch Zerlegung in Partialbrüche

$$\frac{(\alpha, x)}{x(1 - x^m)} = -\frac{1}{m} \Sigma \frac{(\alpha, \theta_s)}{x - \theta_s}.$$

Hierin lassen sich die Zähler sämtlich auf (α, θ) zurückführen; da nämlich $\theta_s^r = \theta_{s+r'}$ ist, so folgt

$$(\alpha, \theta_s) = \Sigma \alpha^{r'} \theta_{s+r'},$$

wo r' ein beliebiges Restsystem nach dem Modul 2ν zu durchlaufen hat; man darf daher r' durch $r' - s$ ersetzen, und erhält so die in der Theorie der Kreisteilung wohlbekannte Relation

(56) $$(\alpha, \theta_s) = \alpha^{-s} \Sigma \alpha^{r'} \theta_{r'} = \alpha^{-s} (\alpha, \theta).$$

Mithin ist

$$\frac{(\alpha, x)}{x(1 - x^m)} = -\frac{(\alpha, \theta)}{m} \Sigma \frac{\alpha^{-s}}{x - \theta_s},$$

und hierdurch geht die Gleichung (55) in die folgende über

$$L^0(\alpha) = -\frac{(\alpha, \theta)}{m} \Sigma \alpha^{-s} \int_0^1 \frac{dx}{x - \theta_s};$$

es ist ferner

$$\int_0^1 \frac{dx}{x - \theta_s} = \log\left(\frac{1 - \theta_s}{-\theta_s}\right) = \log(1 - \theta_s^{-1}) = \log \mu_{s+\nu},$$

und dieser Logarithme ist (nach § 103, S. 262 [von Dirichlet-Dedekind]) dadurch vollständig bestimmt, daß sein imaginärer Bestandteil zwischen den Grenzen $\pm \frac{1}{2}\pi i$ liegt. Setzen wir daher zur Abkürzung

(57) $$\psi(\alpha) = -\Sigma \alpha^{-s} \log \mu_{s+\nu},$$

wo s ein vollständiges Restsystem nach dem Modul 2ν durchläuft, so erhalten wir das Resultat

(58) $$L^0(\alpha) = \frac{1}{m}(\alpha, \theta)\psi(\alpha).$$

Um nun, wie es die Gleichung (52) verlangt, das Produkt der Größen $L^0(\alpha)$ für alle Wurzeln α der Gleichung (50) zu bilden, beginnen wir mit dem Faktor (α, θ) und benutzen hierbei den Hilfssatz

(59) $$(\alpha, \theta)(\alpha^{-1}, \theta) = m\alpha^\nu = \pm m;$$

derselbe ergibt sich leicht aus (56), wenn man mit θ_s multipliziert, s ein Restsystem nach dem Modul 2ν durchlaufen läßt und die Summe bildet; man erhält auf diese Weise zunächst

$$(\alpha, \theta)(\alpha^{-1}, \theta) = \Sigma(\alpha, \theta_s)\theta_s = \Sigma \alpha^u \theta_{s+u}\theta_s = \Sigma \alpha^u (\theta \theta_u)_s,$$

wo u ebenfalls ein solches Restsystem durchläuft; je nachdem nun u mit ν kongruent ist oder nicht, ist $\theta \theta_u = 1$ oder konjugiert mit θ, und folglich ist die nach s genommene Summe $\Sigma(\theta \theta_u)_s$ im ersten Falle $= 2\nu = m - 1$, in allen übrigen Fällen aber $= \Sigma \theta_s = -1$, woraus mit Rücksicht auf (50) der zu beweisende Satz (59) unmittelbar folgt. Für $\alpha = -1$ ergibt sich

$$(-1, \theta)^2 = m(-1)^\nu,$$

also

(60) $$(-1, \theta) = \Sigma(-1)^r \theta^r = \Sigma\left(\frac{r}{m}\right)\theta^r = i^{\nu^2}\sqrt{m},$$

und hierin ist (nach § 115) die Quadratwurzel positiv, wenn, was wir von jetzt ab festsetzen wollen,

(61) $$\theta = e^{\frac{2\pi i}{m}}$$

genommen wird. Da nun die Wurzeln α der Gleichung (50) aus der Zahl -1 und $(\nu-1)$ Paaren von der Form α, α^{-1} bestehen, so folgt aus (59) und (60) bei gehöriger Beachtung der Faktoren α^ν das Resultat

(62) $$\Pi(\alpha, \theta) = i^\nu m^{\nu-1} \sqrt{m}.$$

Wir wenden uns jetzt zu der näheren Betrachtung des in (58) ferner auftretenden Faktors $\psi(\alpha)$, welcher einen wesentlich verschiedenen Charakter besitzt, je nachdem $\alpha^\nu = +1$ oder $= -1$ ist; wir behandeln zuerst den Fall

(63) $$\alpha^\nu = -1.$$

Ersetzt man in (57) den Summations-Buchstaben s durch $s-\nu$ und nimmt das Mittel aus dem so entstehenden und dem ursprünglichen Ausdruck, so erhält man

$$\psi(\alpha) = \frac{1}{2} \Sigma \alpha^{-s} \log\left(\frac{\mu_s}{\mu_{s+\nu}}\right),$$

wo zufolge der obigen Bemerkung die Logarithmen so zu nehmen sind, daß ihr imaginärer Teil zwischen den Grenzen $\pm \pi i$ liegt; setzt man nun wieder $s = r'$ und unterwirft r der Bedingung $0 < r < m$, so ist

$$\frac{\mu_s}{\mu_{s+\nu}} = \frac{1-\theta^r}{1-\theta^{-r}} = -\theta^r = e^{\pi i \left(\frac{2r}{m}-1\right)},$$

mithin

$$\log\left(\frac{\mu_s}{\mu_{s+\nu}}\right) = \pi i \left(\frac{2r}{m} - 1\right).$$

Setzt man daher zur Abkürzung

(64) $$\varphi(\alpha) = -\Sigma r \alpha^{-r'},$$

wo r die Werte $1, 2, 3 \ldots (m-1)$ zu durchlaufen hat, so erhält man mit Rücksicht auf (50) das Resultat

(65) $$\psi(\alpha) = -\frac{\pi i}{m} \varphi(\alpha).$$

Offenbar ist $\varphi(\alpha)$ eine ganze algebraische Zahl; bezieht man daher das Produktzeichen Π' auf alle Wurzeln α der Gleichung (63), so ist $\Pi' \varphi(\alpha)$ als symmetrische Funktion dieser Wurzeln[*]) eine ganze rationale Zahl, und wir wollen zeigen, daß dieselbe positiv

---

[*]) Will man sich hierauf nicht berufen, so leuchtet doch ein, daß das fragliche Produkt rational ist, weil man es als eine Norm oder als ein Produkt mehrerer Normen in denjenigen Körpern ansehen kann, welche den Wurzeln der Gleichung (63) entsprechen.

und außerdem durch $(2m)^{\nu-1}$ teilbar ist. Das erstere leuchtet sofort ein, wenn ν gerade ist, weil in diesem Falle die Wurzeln der Gleichung (63) aus imaginären Paaren von der Form α, α^{-1} bestehen; ist ferner ν ungerade, also $m \equiv 3 \pmod{4}$, so tritt außer solchen Paaren noch die reelle Wurzel $\alpha = -1$ auf, also auch der reelle Faktor

$$\varphi(-1) = -\Sigma r(-1)^{-r'} = -\Sigma \left(\frac{r}{m}\right) r,$$

welcher aber nach einer früheren Untersuchung (§ 104, S. 264 [von Dirichlet-Dedekind]) einen positiven Wert hat. Um auch die zweite Behauptung zu erweisen, bilden wir das Produkt

$$c\,\varphi(\alpha) = -\alpha \Sigma (cr)\alpha^{-(cr)'},$$

wo c wieder die Basis unseres Index-Systems bedeutet; reduziert man hierin die Produkte cr auf ihre kleinsten positiven Reste nach m, so stimmen dieselben im Komplex wieder mit den Zahlen r überein, woraus offenbar folgt, daß $(c-\alpha)\varphi(\alpha)$ durch m teilbar, mithin

$$\Pi'(c-\alpha).\,\Pi'\varphi(\alpha) \equiv 0 \pmod{m^\nu}$$

ist; hierin ist der erste Faktor

$$\Pi'(c-\alpha) = c^\nu + 1 \equiv 0 \pmod{m};$$

wählt man aber die Zahl c so, daß sie eine primitive Wurzel auch von m^2 wird (§ 128), so ist $c^{2\nu} - 1$ und folglich auch $c^\nu + 1$ nicht durch m^2 teilbar, und hieraus folgt, daß $\Pi'\varphi(\alpha)$ durch $m^{\nu-1}$ teilbar ist*). Ganz ähnlich ergibt sich die Teilbarkeit durch $2^{\nu-1}$; durchläuft nämlich u diejenigen ν Werte r, deren Indizes $u' \equiv 0, -1, -2, \cdots, -(\nu-1) \pmod{2\nu}$ sind, so durchläuft die Zahl $(m-u)$, deren Index $\equiv u' + \nu \pmod{2\nu}$, die übrigen Werte r, und man erhält

$$\varphi(\alpha) = -\Sigma(2u - m)\alpha^{-u'};$$

da aber

$$\Sigma \alpha^{-u'} = 1 + \alpha + \cdots + \alpha^{\nu-1} = \frac{1-\alpha^\nu}{1-\alpha} = \frac{2}{1-\alpha},$$

also

$$\varphi(\alpha) = \frac{2m}{1-\alpha} - 2\Sigma u\,\alpha^{-u'}$$

ist, so folgt, daß $(1-\alpha)\varphi(\alpha)$ durch 2 teilbar ist, und hieraus ergibt sich, daß $\Pi'\varphi(\alpha)$ durch $2^{\nu-1}$ teilbar ist, weil $\Pi'(1-\alpha) = 1^\nu + 1 = 2$ ist. Nachdem hiermit unsere obigen Behauptungen bewiesen sind, können wir

(66) $$\Pi'\varphi(\alpha) = (2m)^{\nu-1} a$$

---

*) Natürlich ist dies Resultat von der bei dem Beweise gemachten speziellen Annahme über c gänzlich unabhängig.

setzen, wo a eine natürliche Zahl*) bedeutet, und hiermit ergibt sich zugleich

(67) $$\Pi' \psi(\alpha) = \frac{(-2\pi i)^\nu a}{2m}.$$

Wir haben jetzt den Ausdruck $\psi(\alpha)$ für den zweiten Fall zu untersuchen, in welchem $\alpha^\nu = +1$ oder vielmehr

(68) $$\frac{\alpha^\nu - 1}{\alpha - 1} = 1 + \alpha + \alpha^2 + \cdots + \alpha^{\nu-1} = 0$$

ist [im Falle $m = 3$, $\nu = 1$ gibt es keine solche Zahl α, also auch keinen solchen Faktor $\psi(\alpha)$]. Läßt man u ein vollständiges Restsystem nach dem Modul ν durchlaufen, so bilden diese Zahlen u in Verbindung mit den Zahlen $u + \nu$ ein vollständiges System von inkongruenten Zahlen s in bezug auf den Modul 2ν, und aus der Definition (57) folgt daher in unserem Falle

(69) $$\psi(\alpha) = -\Sigma \alpha^{-u} \log(\mu_u \mu_{u+\nu}),$$

wo die imaginären Teile der Logarithmen wieder zwischen den Grenzen $\pm \pi i$ liegen; da aber die Produkte $\mu_u \mu_{u+\nu}$ positiv sind, so folgt hieraus, daß die Logarithmen reell sind. Bezieht sich nun das Produktzeichen Π'' auf alle Wurzeln α der Gleichung (68), so ergibt sich zunächst, daß $\Pi'' \psi(\alpha)$ positiv ist; dies leuchtet sofort ein, wenn ν ungerade ist, weil in diesem Falle die genannten Wurzeln aus imaginären Paaren von der Form α, α^{-1} bestehen; ist ferner ν gerade, also $m \equiv 1 \pmod{4}$, so tritt außer solchen Paaren noch die reelle Wurzel $\alpha = -1$ auf, also auch der reelle Faktor

$$\psi(-1) = -\Sigma(-1)^{-s} \log \mu_{s+\nu} = -\Sigma\left(\frac{r}{m}\right) \log(1 - \theta^{-r}),$$

welcher aber nach einer früheren Untersuchung (§ 104, S. 267 [von Dirichlet-Dedekind]) einen positiven Wert hat. Setzt man nun nach Belieben

(70) $$\tau = \frac{\mu_1}{\mu} \quad \text{oder} \quad = \frac{(\mu \theta^\nu)_1}{\mu \theta^\nu},$$

welcher letztere Wert der Bedingung $\tau_\nu = \tau$ genügt, also reell ist, so ist τ eine Einheit in Ω, weil μ und μ_1 assoziiert sind, und wir wollen beweisen, daß das positive Produkt

(71) $$\Pi'' \psi(\alpha) = T'$$

---

*) Dieselbe ist von Kummer mit $P'(m)$ bezeichnet.

ist, wo T' den **Regulator** des aus den $\nu - 1$ konjugierten Einheiten
(72) $$\tau_0, \tau_1, \ldots, \tau_{\nu-2}$$
bestehenden Systems T bedeutet (S. 163).

Hierzu setzen wir im Anschluß an die in § 183 (S. 162) eingeführte Bezeichnung den reellen Logarithmus
(73) $$\log(\omega_u \omega_{u+v}) = l_u(\omega),$$
wo u auch durch jede nach ν kongruente Zahl ersetzt werden darf; dann ist allgemein
$$l_u(\omega_v) = l_{u+v}(\omega),$$
und wenn man zur Abkürzung
$$l_u(\mu) = \lambda_u$$
setzt, so folgt aus (70)
$$l_u(\tau_v) = l_{u+v}\left(\frac{\mu_1}{\mu}\right) = \lambda_{u+v+1} - \lambda_{u+v}.$$

Multipliziert man nun das Produkt der $\nu - 1$ Faktoren
$$\psi(\alpha) = -\Sigma \lambda_u \alpha^{-u}$$
noch mit dem von Null verschiedenen Faktor
$$\psi(1) = -(\lambda_0 + \lambda_1 + \cdots + \lambda_{\nu-1}) = -\log N(\mu) = -\log m,$$
so wird nach einem sehr bekannten Satze[*]) der Determinanten-Theorie das Produkt

$$\psi(1)\,\Pi''\psi(\alpha) = (-1)^\nu \begin{vmatrix} \lambda_0, & \lambda_1, \ldots, \lambda_{\nu-2}, & \lambda_{\nu-1} \\ \lambda_{\nu-1}, & \lambda_0, \ldots, \lambda_{\nu-3}, & \lambda_{\nu-2} \\ \cdots & \cdots & \cdots \\ \lambda_2, & \lambda_3, \ldots, \lambda_0, & \lambda_1 \\ \lambda_1, & \lambda_2, \ldots, \lambda_{\nu-1}, & \lambda_0 \end{vmatrix}$$

$$= \begin{vmatrix} \lambda_1 - \lambda_0, & \lambda_2 - \lambda_1, \ldots, \lambda_{\nu-1} - \lambda_{\nu-2}, & -\lambda_{\nu-1} \\ \lambda_0 - \lambda_{\nu-1}, & \lambda_1 - \lambda_0, \ldots, \lambda_{\nu-2} - \lambda_{\nu-3}, & -\lambda_{\nu-2} \\ \cdots & \cdots & \cdots \\ \lambda_3 - \lambda_2, & \lambda_4 - \lambda_3, \ldots, \lambda_1 - \lambda_0, & -\lambda_1 \\ \lambda_2 - \lambda_1, & \lambda_3 - \lambda_2, \ldots, \lambda_0 - \lambda_{\nu-1}, & -\lambda_0 \end{vmatrix}$$

$$= \begin{vmatrix} l_0(\tau_0), & l_0(\tau_1), & \ldots, l_0(\tau_{\nu-2}), & -\lambda_{\nu-1} \\ l_{\nu-1}(\tau_0), & l_{\nu-1}(\tau_1), & \ldots, l_{\nu-1}(\tau_{\nu-2}), & -\lambda_{\nu-2} \\ \cdots & \cdots & \cdots \\ l_2(\tau_0), & l_2(\tau_1), & \ldots, l_2(\tau_{\nu-2}), & -\lambda_1 \\ l_1(\tau_0), & l_1(\tau_1), & \ldots, l_1(\tau_{\nu-2}), & -\lambda_0 \end{vmatrix}$$

---

[*]) Vgl. **Baltzer**: Theorie und Anwendung der Determinanten, § 11, 2. (vierte Auflage, 1875).

und da diese Determinante (nach § 183, S. 162) gleich $\psi(1) T''$ ist, so ergibt sich hieraus die zu beweisende Gleichung (71).

Bezeichnet man nun wieder mit S ein System von $\nu - 1$ Fundamentaleinheiten, und mit σ die in der entsprechenden Gruppe (S) enthaltenen Einheiten, so läßt sich jede Einheit $\tau_0, \tau_1, \ldots, \tau_{\nu-2}$ in die Form $\varrho \sigma$ setzen, wo ϱ eine der r reduzierten Einheiten bedeutet und eine Wurzel der Gleichung $\varrho^r = 1$ ist; man kann folglich die positive Größe

$$(74) \qquad T' = b S'$$

setzen, wo S' den positiven Regulator des Systems S, und b eine natürliche Zahl*) bedeutet (§ 183, 8). Unter den r reduzierten Einheiten ϱ befinden sich jedenfalls die $2m$ Einheiten

$$\pm 1, \pm \theta, \pm \theta^2 \ldots \pm \theta^{m-1},$$

weil ihre in bezug auf S genommenen Exponenten sämtlich verschwinden, und da $(-\theta)^r = 1$ sein muß, so ist r jedenfalls teilbar durch $2m$. Wir wollen nun zeigen, daß $r = 2m$ ist, daß also außer den genannten keine andere Einheitswurzel ϱ in Ω existiert. Dies ist eigentlich eine unmittelbare Folge der allgemeinen Gesetze, welche die algebraische Verwandtschaft der Körper beherrschen, auf die wir uns hier jedoch nicht berufen wollen. Zu demselben Ziele gelangt man leicht, wenn man gemäß (7) die ganze Zahl $\varrho = F(\theta)$ setzt, woraus $\varrho^{-1} = F(\theta^{-1})$ folgt, und die Gleichung $F(\theta) F(\theta^{-1}) = 1$ nach Ausführung der Multiplikation näher untersucht. Wir ziehen hier aber folgenden Weg vor, bei welchem wir uns auf die Theorie der Ideale stützen. Ist p irgendeine in r aufgehende Primzahl, und pq die höchste Potenz von p, welche in r aufgeht, so befinden sich unter den Wurzeln ϱ der Gleichung $\varrho^r = 1$ auch die primitiven Wurzeln ϱ der Gleichung $\varrho^{pq} = 1$; bezeichnet man eine bestimmte von ihnen mit ϱ, so sind alle in der Form ϱ^s enthalten, wo s alle durch p nicht teilbaren Zahlen durchläuft, die nach dem Modul pq inkongruent sind, und wenn t eine Variable bedeutet, so ist (nach § 139)

$$\frac{t^{pq} - 1}{t^q - 1} = \Pi(t - \varrho^s).$$

---

*) Zur Bestimmung dieser Zahl nach (74) ist die Kenntnis eines Fundamentalsystems S erforderlich, welches aber bis jetzt, selbst in den einfachsten Fällen, nur durch äußerst beschwerliche Rechnungen zu erlangen ist.

Setzt man hierin $t = 1$, so ergibt sich, wie im Anfange dieses Paragraphen, daß
$$p = \delta(1-\varrho)^{(p-1)q}$$
ist, wo δ eine Einheit bedeutet; ist daher $\mathfrak{p}$ ein in p aufgehendes Primideal, so geht $\mathfrak{p}$ auch in $1-\varrho$ auf, und folglich ist p durch $\mathfrak{p}^{(p-1)q}$ teilbar. Wenn nun p von m verschieden ist, so ist p, wie wir oben gesehen haben, durch kein Quadrat eines Primideals teilbar, und folglich muß $(p-1)q = 1$, also $p = 2$, $q = 1$ sein; mithin ist r durch keine von m verschiedene ungerade Primzahl, und auch nicht durch 4 teilbar; und ebenso ergibt sich für den Fall $p = m$, daß $q = 1$ ist, also r nicht durch m^2 teilbar sein kann, weil $\mathfrak{o} m$ die $(m-1)^{\text{te}}$ Potenz eines Primideals ist. Da nun r, wie oben bemerkt, durch $2m$ teilbar ist, so folgt hieraus offenbar, daß
(75) $$r = 2m$$
ist, wie behauptet war. Behält daher E dieselbe Bedeutung, wie in den beiden vorhergehenden Paragraphen, so ist
(76) $$S' = 2mE,$$
und folglich*)
(77) $$\Pi'' \psi(\alpha) = 2mbE.$$

Durch Zusammensetzung der in (58), (62), (67) und (77) erhaltenen Resultate ergibt sich nun leicht der Wert des auf alle Wurzeln α der Gleichung (50) ausgedehnten Produktes
$$\Pi L^0(\alpha) = \frac{1}{m^{2\nu-1}} \Pi(\alpha,\theta) \Pi'\psi(\alpha) \Pi''\psi(\alpha),$$
und hierdurch nimmt die Gleichung (52) mit Rücksicht auf (9) folgende Form an
(78) $$gh = \frac{(2\pi)^\nu E a b}{m^{\nu-1}\sqrt{m}} = \frac{(2\pi)^\nu E a b}{\sqrt{(D)}};$$
da ferner (nach § 184, II)
(79) $$g = \frac{(2\pi)^\nu E}{\sqrt{(D)}}$$
ist, so erhalten wir das von Kummer gefundene Endresultat
(80) $$h = ab,$$
wo a, b natürliche Zahlen bedeuten, die durch die Gleichungen (66) und (74) definiert sind.

---
*) Offenbar ist $2mb$ die Anzahl der in bezug auf das System T reduzierten Einheiten.

§ 186

Als zweites und letztes Beispiel, auf welches wir unsere allgemeine Idealtheorie anwenden wollen, wählen wir das der **quadratischen Körper**, weil dasselbe mit dem Hauptgegenstande dieses Werkes, der Theorie der binären quadratischen Formen, im engsten Zusammenhange steht. Wir haben schon früher (§ 175) die Grundzahl D eines solchen Körpers Ω bestimmt und gezeigt, daß, wenn

(1) $$\theta = \frac{D + \sqrt{D}}{2}, \quad \mathfrak{o} = [1, \theta]$$

gesetzt wird, $\mathfrak{o}$ das System aller in Ω enthaltenen ganzen Zahlen ist. Um nun alle Primideale dieses Körpers zu finden, erinnern wir wieder daran, daß zu jedem solchen Ideal $\mathfrak{p}$ eine bestimmte, durch $\mathfrak{p}$ teilbare natürliche Primzahl p gehört, welche von allen durch $\mathfrak{p}$ teilbaren natürlichen Zahlen die kleinste ist, woraus unmittelbar folgt, daß die p Zahlen $0, 1, 2, \ldots, (p-1)$ jedenfalls inkongruent nach $\mathfrak{p}$ sind; da ferner $N(\mathfrak{p})$ ein Divisor von $p^2 = N(p)$, also entweder $= p$ oder $= p^2$ ist, so ist $\mathfrak{p}$ ein Ideal ersten oder zweiten Grades, und es leuchtet ein, daß im ersten Falle $\mathfrak{o} p = \mathfrak{p} \mathfrak{p}'$, also ein Produkt von zwei Primidealen ersten Grades, im zweiten Falle aber $\mathfrak{o} p = \mathfrak{p}$ ein Primideal zweiten Grades ist, also p auch im Körper Ω den Charakter einer Primzahl behält. Wir wollen nun beweisen, daß der erste oder zweite Fall eintritt, je nachdem D **quadratischer Rest oder Nichtrest von** $4p$ ist.

In der Tat, nehmen wir an, es finde der erste Fall $\mathfrak{o} p = \mathfrak{p} \mathfrak{p}'$ statt, so bilden, weil $(\mathfrak{o}, \mathfrak{p}) = N(\mathfrak{p}) = p$ ist, die Zahlen $0, 1, 2, \ldots, (p-1)$ ein vollständiges Restsystem nach $\mathfrak{p}$, und folglich gibt es eine **rationale** Zahl t, welche der Bedingung

(2) $$t \equiv \theta \pmod{\mathfrak{p}}$$

genügt; setzt man daher, indem man (wie in § 175) die zu einer Zahl ω konjugierte Zahl mit ω' bezeichnet,

(3) $$\pi = \theta - t = \frac{r + \sqrt{D}}{2}, \quad \pi' = \theta' - t = \frac{r - \sqrt{D}}{2},$$

(4) $$N(\pi) = \pi \pi' = \frac{r^2 - D}{4},$$

wo

(5) $$r = D - 2t$$

ebenfalls eine ganze rationale Zahl bedeutet, so ist π durch $\mathfrak{p}$, mithin $N(\pi)$ durch $N(\mathfrak{p})$, also durch p teilbar, und hieraus folgt, daß
(6) $$r^2 \equiv D \pmod{4p},$$
also D quadratischer Rest von $4p$ ist. Umgekehrt, wenn die vorstehende Kongruenz durch eine ganze rationale Zahl r befriedigt wird, so ist $r \equiv D \pmod 2$, und folglich sind die obigen, aus r oder t gebildeten Zahlen π, π' ganze Zahlen, deren Produkt durch p teilbar ist; da aber zufolge (1) keiner der beiden Faktoren π, π' durch p teilbar ist, so kann $\mathfrak{o}\, p$ kein Primideal sein, und folglich ist $\mathfrak{o}\, p$ gewiß ein Produkt von zwei Primidealen ersten Grades, womit unser Satz vollständig bewiesen ist.

Wir können noch hinzufügen, daß, wenn wir für den Fall $\mathfrak{o}\, p = \mathfrak{p}\mathfrak{p}'$ die vorstehenden Bezeichnungen beibehalten, die Zahl π' immer durch $\mathfrak{p}'$ teilbar ist. Da nämlich π durch $\mathfrak{p}$, aber nicht durch p teilbar ist, so kann man $\mathfrak{o}\, \pi = \mathfrak{p}\, \mathfrak{q}$ setzen, wo das Ideal $\mathfrak{q}$ nicht durch $\mathfrak{p}'$ teilbar ist; da ferner $\pi\pi'$ durch p, also $\mathfrak{p}\,\mathfrak{q}\,\pi'$ durch $\mathfrak{p}\,\mathfrak{p}'$, mithin $\mathfrak{q}\,\pi'$ durch $\mathfrak{p}'$ teilbar ist, so muß π' durch das Primideal $\mathfrak{p}'$ teilbar sein, wie behauptet war*).

Es ist nun noch von Wichtigkeit zu untersuchen, unter welcher Bedingung die in diesem Falle auftretenden Faktoren $\mathfrak{p}$, $\mathfrak{p}'$ miteinander identisch sind, also $\mathfrak{o}\, p = \mathfrak{p}^2$ wird; da unter dieser Annahme beide Zahlen π, π' durch $\mathfrak{p}$ teilbar sind, so gilt dasselbe von der Zahl $r = \pi + \pi'$, und da r rational ist, so muß r auch durch p teilbar sein, woraus mit Rücksicht auf (6) folgt, daß p in D aufgeht. Umgekehrt, wenn p eine in der Grundzahl D aufgehende Primzahl ist, so folgt zunächst, daß D auch quadratischer Rest von $4p$ ist; ist nämlich $p = 2$, so ist D (nach § 175) durch 4 teilbar, und folglich wird die Kongruenz (6) durch $r = 0$ oder durch $r = 2$ befriedigt; ist aber p ungerade, so geschieht dasselbe durch $r = 0$ oder $r = p$, je nachdem $D \equiv 0$ oder $\equiv 1 \pmod 4$ ist. Mithin ist $\mathfrak{o}\, p$ ein Produkt von zwei Primidealen ersten Grades $\mathfrak{p}$, $\mathfrak{p}'$; behält man die obigen Bezeichnungen bei und berücksichtigt, daß r jedenfalls durch p teilbar ist, so folgt, daß die durch $\mathfrak{p}$ teilbare Zahl $\pi = r - \pi'$ auch durch $\mathfrak{p}'$ teilbar ist; wäre nun $\mathfrak{p}'$ verschieden von

---
*) Man findet auch leicht, daß $\mathfrak{p} = [p, \pi]$, $\mathfrak{p}' = [p, \pi']$ ist, und wir empfehlen dem Leser, die Gleichung $\mathfrak{p}\,\mathfrak{p}' = \mathfrak{o}\, p$ durch wirkliche Ausführung der Multiplikation zu verifizieren, wobei es darauf ankommt, den viergliedrigen Modul $[p^2, p\,\pi, p\,\pi', \pi\,\pi']$ nach § 172 auf einen zweigliedrigen zu reduzieren (vgl. § 187).

𝔭, so müßte π durch 𝔭 𝔭', also auch durch p teilbar sein, was nicht der Fall ist; mithin ist 𝔭' = 𝔭, und folglich $\mathfrak{o}p = \mathfrak{p}^2$. Wir können daher das Resultat unserer bisherigen Untersuchung so aussprechen:

Bedeutet p eine natürliche Primzahl, so ist $\mathfrak{o}p$ stets und nur dann das Quadrat eines Primideals vom ersten Grade, wenn p in der Grundzahl D aufgeht; ist aber D nicht teilbar durch p, so ist $\mathfrak{o}p$ ein Produkt von zwei verschiedenen Primidealen ersten Grades, oder $\mathfrak{o}p$ ist selbst ein Primideal zweiten Grades, je nachdem D quadratischer Rest oder Nichtrest von $4p$ ist*).

Die Zahl $p = 2$ bietet den ersten, zweiten oder dritten Fall dar, je nachdem $D \equiv 0 \pmod 4$, $\equiv 1 \pmod 8$, oder $\equiv 5 \pmod 8$ ist, und hieraus erklärt sich das eigentümliche Verhalten der Zahl 2 in der Theorie der quadratischen Reste (§ 36). Ist p ungerade, so kommt, weil stets $D^2 \equiv D \pmod 4$ ist, die Bedingung (6) darauf hinaus, daß D quadratischer Rest von p ist, und folglich wird der erste, zweite oder dritte Fall eintreten, je nachdem

$$\left(\frac{D}{p}\right) = 0, = +1, \text{ oder } = -1$$

ist. Um aber alle Fälle zusammenzufassen, wollen wir ein anderes Symbol einführen und

(7) $\qquad (D, p) = 0, = +1, \text{ oder } = -1$

setzen, je nachdem die Primzahl p den ersten, zweiten oder dritten Fall darbietet; für jede ungerade Primzahl p ist daher

$$(D, p) = \left(\frac{D}{p}\right).$$

Wir definieren ferner
(8) $\qquad (D, 1) = 1,$
und wenn
$$m = p\,p'\,p'' \ldots$$

---

*) Hierzu bemerken wir folgendes. Sind die Primideale eines Normalkörpers bekannt, so gilt dasselbe, wie demnächst an einem anderen Orte [XXIV dieser Ausgabe] gezeigt werden soll, auch für jeden Divisor dieses Körpers. Nun ist, wie wir schon in der Schlußbemerkung zu § 175 gesagt haben, unser quadratischer Körper Ω ein Divisor desjenigen Normalkörpers, welcher aus einer primitiven D^{ten} Wurzel der Einheit entspringt, und da die Ideale dieses Kreisteilungs-Körpers nach den in § 185 (S. 184) angegebenen Sätzen bekannt sind, so folgt daraus auch die Bestimmung der Ideale des quadratischen Körpers Ω, aber in einer anderen

ein Produkt von beliebig vielen Primzahlen $p, p', p'' \ldots$ ist, so setzen wir entsprechend
(9) $\qquad (D, m) = (D, p)\,(D, p')\,(D, p'') \ldots,$
woraus der allgemeine Satz
(10) $\qquad (D, m'\,m'') = (D, m')\,(D, m'')$
folgt*).

Indem wir die bei der allgemeinen Untersuchung über die Anzahl h der Idealklassen benutzten Bezeichnungen beibehalten (§ 184), setzen wir
(11) $\qquad \Omega(s) = \Sigma N(\mathfrak{a})^{-s} = \Pi(1 - N(\mathfrak{p})^{-s})^{-1};$
fassen wir die Faktoren des Produktes zusammen, welche von den verschiedenen in einer und derselben natürlichen Primzahl p aufgehenden Primidealen $\mathfrak{p}$ herrühren, so ist dieser Beitrag gleich
$$(1 - p^{-s})^{-1},\ (1 - p^{-s})^{-2},\ (1 - p^{-2s})^{-1},$$
je nachdem der erste, zweite oder dritte der obigen Fälle eintritt; mit Benutzung des eben eingeführten Symbols (7) kann man aber diese drei Ausdrücke in der gemeinschaftlichen Form des Produktes
$$(1 - p^{-s})^{-1}\,(1 - (D, p)\,p^{-s})^{-1}$$
zusammenfassen, und hieraus folgt mit Rücksicht auf (10), daß
(12) $\qquad \begin{aligned}\Omega(s) &= \Pi(1 - p^{-s})^{-1}\,\Pi(1 - (D, p)\,p^{-s})^{-1} \\ &= \Sigma \frac{1}{m^s} \cdot \Sigma \frac{(D, m)}{m^s}\end{aligned}$

ist, wo m in jeder der beiden Summen alle natürlichen Zahlen durchlaufen muß. Multipliziert man mit der positiven Größe $s - 1$ und läßt dieselbe unendlich klein werden, so ergibt sich hieraus
(13) $\qquad g\,h = \lim \Sigma \frac{(D, m)}{m^s},$
wo g die frühere Bedeutung hat; ordnet man die Glieder der Reihe nach wachsenden m, so folgt aus dem Reziprozitätssatze (vgl. § 52),

---

als der obigen Form, nämlich so, daß die Zerlegung von $\mathfrak{o}\,p$ in Primideale sich unmittelbar aus der Zahlklasse ergibt, welcher die Zahl p nach dem Modul D angehört. Aus der Vergleichung beider Formen ergibt sich abermals ein Beweis des Reziprozitätssatzes.

*) Eine erfolgreiche Verallgemeinerung dieses Symbols findet sich in der Abhandlung von H. Weber: Zahlentheoretische Untersuchungen aus dem Gebiete der elliptischen Funktionen (Nachr. v. d. Göttinger Ges. d. W., 18. Januar 1893).

daß die Summe von je (D) aufeinanderfolgenden Koeffizienten (D, m) verschwindet; mithin konvergiert die Reihe für alle positiven Werte s, und da sie zugleich eine stetige Funktion von s ist (§ 101), so erhalten wir

(14) $$g h = \Sigma \frac{(D, m)}{m}.$$

Den Wert von g haben wir früher allgemein bestimmt (§ 184), aber er nimmt je nach dem Vorzeichen der Grundzahl D verschiedene Formen an. Ist D negativ, so ist $\nu = 1$, und E ist der umgekehrte Wert der Anzahl r aller in Ω enthaltenen Einheiten, welche $= 6$ für $D = -3$, $= 4$ für $D = -4$, und $= 2$ in allen anderen Fällen ist; es wird daher

$$g = \frac{2\pi}{r\sqrt{-D}},$$

mithin

(15) $$h = \frac{r\sqrt{-D}}{2\pi} \Sigma \frac{(D, m)}{m}.$$

Ist aber D positiv, so ist $\nu = 2$; die Anzahl r der reduzierten Einheiten ± 1 ist $= 2$, mithin

$$E = \frac{1}{2} \log \varepsilon = \frac{1}{2} \log \left(\frac{T + U\sqrt{D}}{2} \right),$$

wo ε die Fundamentaleinheit bedeutet, also T, U die kleinsten natürlichen Zahlen sind, welche der Pellschen Gleichung

$$T^2 - D U^2 = \pm 4$$

genügen; es wird daher

$$g = \frac{2 \log \varepsilon}{\sqrt{D}}$$

und folglich

(16) $$h = \frac{\sqrt{D}}{2 \log \varepsilon} \Sigma \frac{(D, m)}{m}.$$

Nimmt man aber für diesen Fall die auf S. 145 beschriebene feinere Einteilung in Idealklassen an, nach welcher zwei Ideale $\mathfrak{a}$, $\mathfrak{a}_1$ nur dann derselben Klasse zugeteilt werden, wenn es eine Zahl η von positiver Norm gibt, welche der Bedingung $\mathfrak{a}\eta = \mathfrak{a}_1$ genügt, so bestimmt sich die Anzahl h_1 dieser Idealklassen auf folgende Weise. Bedeuten T_1, U_1 die kleinsten natürlichen Zahlen, welche der Bedingung

$$T_1^2 - D U_1^2 = +4$$

genügen, so ist

$$\varepsilon_1 = \frac{T_1 + U_1 \sqrt{D}}{2}$$

die kleinste unter allen denjenigen Einheiten von positiver Norm, welche positiv und >1 sind. Ist nun $N(\varepsilon)=-1$, also $\varepsilon_1=\varepsilon^2$, so stimmt die jetzige Einteilung in Idealklassen mit der früheren völlig überein, also ist $h_1=h$; ist aber $N(\varepsilon)=+1$, also $\varepsilon_1=\varepsilon$, so gibt es gar keine Einheit von negativer Norm, und folglich ist $h_1=2h$, weil z. B. die Zahl $\sqrt{D}$ eine negative Norm besitzt. Für beide Fälle ergibt sich daher aus (16) die gemeinsame Bestimmung

$$(17) \qquad h_1 = \frac{\sqrt{D}}{\log \varepsilon_1} \Sigma \frac{(D, m)}{m}.$$

Vergleicht man die so gewonnenen Resultate (15) und (17) mit denen des fünften Abschnitts (§§ 97, 99), so wird man sich bei genauer Berücksichtigung der damals und jetzt angewendeten Bezeichnungen leicht überzeugen, daß, je nachdem die Grundzahl $D \equiv 0$ oder $\equiv 1 \pmod{4}$ ist, die Anzahl unserer Idealklassen vollständig übereinstimmt mit der Klassenanzahl der (positiven) ursprünglichen Formen erster Art für die Determinante $\frac{1}{4}D$, oder mit derjenigen der (positiven) ursprünglichen Formen zweiter Art für die Determinante D. Diese Übereinstimmung ist eine notwendige Folge des Umstandes, daß in unserem Falle der quadratischen Körper, wie man leicht finden wird, jede bestimmte Klasse von eigentlich äquivalenten Formen der Diskriminante D auch nur einer einzigen Idealklasse entspricht (vgl. § 182, S. 150 bis 151 und den Schluß von § 187).

Die Einteilung der binären quadratischen Formen in Geschlechter (Supplement IV) läßt sich ebenfalls leicht auf die Ideale übertragen, und sowohl diese Untersuchung wie der auf die Abzählung der zweiseitigen Klassen gestützte Beweis des Reziprozitätssatzes (§§ 152 bis 154) gewinnt in der neuen Einkleidung eine weit einfachere Gestalt, deren Herstellung wir jedoch dem Leser überlassen müssen. Dagegen wollen wir im folgenden noch die allgemeine Theorie der Moduln für quadratische Körper hinzufügen, weil dieselbe die Komposition der binären quadratischen Formen in sich schließt und für viele andere Untersuchungen, z. B. für die Theorie der komplexen Multiplikation der elliptischen Funktionen[*]) von großer Bedeutung ist.

---

[*]) Dieselbe ist im wesentlichen von Kronecker geschaffen und in zahlreichen Schriften behandelt, deren Sammlung bevorsteht. Vgl. die Abhandlung von Hermite: Sur la théorie des équations modulaires et la résolution de l'équation du cinquième degré (1859), ferner die Werke von H. Weber: Ellip-

§ 187

Jeder endliche Modul, dessen Zahlen sämtlich dem quadratischen Körper Ω angehören, läßt sich (nach § 172, VI) immer auf eine Basis zurückführen, welche aus höchstens zwei Zahlen besteht, und wir wollen im folgenden unter einem **Modul**, falls das Gegenteil nicht ausdrücklich bemerkt wird, immer einen solchen zweigliedrigen Modul

(1) $$\mathfrak{m} = [\alpha, \beta]$$

verstehen, dessen Basiszahlen α, β wirklich voneinander unabhängig sind und folglich zugleich eine Basis des Körpers Ω bilden. Es ist nun zweckmäßig, jede solche beliebig gegebene Basis so umzuformen, daß die eine der beiden Basiszahlen eine **positive rationale Zahl** m wird. Um die Möglichkeit dieser Umformung darzutun, bemerken wir, daß, weil die Zahl 1 in Ω enthalten ist, es immer zwei bestimmte rationale Zahlen x, y gibt, welche der Bedingung $x\alpha + y\beta = 1$ genügen; stellt man dieselben als Brüche mit demselben Nenner dar und sondert aus den Zählern den größten gemeinschaftlichen Teiler ab, so nimmt diese Gleichung die Form

$$m = p\alpha + q\beta$$

an, wo p, q relative Primzahlen bedeuten, und m eine positive, ganze oder gebrochene rationale Zahl ist; bestimmt man ferner zwei ganze rationale Zahlen r, s so, daß

$$ps - qr = \pm 1$$

wird, und setzt hierauf

$$m\omega = r\alpha + s\beta,$$

so leuchtet ein, daß die Zahlen m, $m\omega$ ebenfalls eine irreduzible Basis von $\mathfrak{m}$ bilden und daß folglich

(2) $$\mathfrak{m} = [m, m\omega] = m[1, \omega]$$

ist. Da ω gewiß irrational ist, so ist $[m]$ der Inbegriff aller in $\mathfrak{m}$ enthaltenen rationalen Zahlen, und m ist als die **kleinste positive** unter ihnen vollständig bestimmt.

Die Zahl ω ist die eine Wurzel einer irreduziblen quadratischen Gleichung

(3) $$a\omega^2 - b\omega + c = 0,$$

---

tische Funktionen und algebraische Zahlen (1890) und von F. Klein und R. Fricke: Vorlesungen über die Theorie der elliptischen Modulfunktionen (1890 bis 1892).

wo a, b, c ganze rationale Zahlen ohne gemeinschaftlichen Teiler bedeuten, und diese sind durch ω vollständig bestimmt, wenn wir festsetzen, daß a immer positiv sein soll. Bedeutet D wieder die Grundzahl des Körpers Ω, und setzen wir, wie im vorigen Paragraphen,

(4) $$\theta = \frac{D + \sqrt{D}}{2}, \mathfrak{o} = [1, \theta],$$

so ist $a\omega$ als ganze Zahl von der Form

(5) $$a\omega = h + k\theta = \frac{b + k\sqrt{D}}{2} = \frac{b + \sqrt{d}}{2},$$

wo h, k ganze rationale Zahlen bedeuten, und

(6) $$d = b^2 - 4ac = \varDelta(1, a\omega) = Dk^2$$

ist. Da ω ohne Änderung von $\mathfrak{m}$ durch $-\omega$ ersetzt werden kann, so wollen wir für die Folge immer festsetzen, daß k positiv sein soll. Man sieht leicht, daß hierdurch, wenn ein gegebener Modul $\mathfrak{m}$ vorliegt, die Zahl ω so weit und nur so weit bestimmt ist, daß sie durch $\omega_0 = \omega + z$ ersetzt werden kann, wo z jede beliebige ganze rationale Zahl bedeutet; dies hat aber keinen Einfluß auf die Zahlen a, k und d, die mithin vollständig bestimmt sind, während b in $b_0 = 2az + b$, und c in $c_0 = az^2 + bz + c$ übergeht; da mithin b_0 alle Individuen einer bestimmten rationalen Zahlklasse nach dem Modul $2a$ durchläuft, so kann man, wenn man will, ω_0 durch die Bedingung vollständig bestimmen, daß $0 \leq b_0 < 2a$ sein soll, was aber keinen wesentlichen Nutzen gewährt. Dagegen ist es bisweilen vorteilhaft, ω_0 so zu wählen, daß c_0 relative Primzahl zu a wird; um dies zu erreichen, kann man, wenn r das Produkt aller gleichzeitig in a und in c aufgehenden Primzahlen, und s das Produkt aller übrigen in a aufgehenden Primzahlen bedeutet, z so wählen, daß $z \equiv 1 \pmod{r}$ und zugleich $z \equiv 0 \pmod{s}$ wird, was (nach § 25) stets möglich ist.

Unter der Ordnung $\mathfrak{m}^0$ des Moduls $\mathfrak{m}$, die wir kürzer mit $\mathfrak{n}$ bezeichnen wollen, verstehen wir, wie früher (§ 170), den Inbegriff aller Zahlen ν, für welche $\mathfrak{m}\nu$ durch $\mathfrak{m}$ teilbar wird. Aus dieser Definition folgt offenbar, daß, wenn η eine beliebige von Null verschiedene Zahl bedeutet, $\mathfrak{n}$ zugleich die Ordnung des Moduls $\eta\mathfrak{m}$ ist; behalten wir daher die vorhergehenden Bezeichnungen bei, so sind die gesuchten Zahlen ν alle diejenigen, für welche $[\nu, \nu\omega]$ durch $[1, \omega]$ teilbar wird, und hierzu ist erforderlich und hinreichend, daß die beiden Zahlen ν und $\nu\omega$ in $[1, \omega]$ enthalten sind. Es muß daher zunächst $\nu = x + y\omega$ sein, wo x, y ganze rationale Zahlen bedeuten; dann ist $\nu\omega = x\omega + y\omega^2$, und da $x\omega$ in $[1, \omega]$ enthalten ist, so muß dasselbe auch von $y\omega^2$ gelten; zufolge (3) ist aber

$$y\omega^2 = \frac{y(b\omega - c)}{a},$$

mithin müssen die beiden Produkte by, cy durch a teilbar sein; da aber die Zahlen a, b, c keinen gemeinschaftlichen Teiler haben, so folgt hieraus, daß y durch a teilbar, also $y = az$, $\nu = x + za\omega$ sein muß, wo z ebenfalls eine ganze rationale Zahl bedeutet; und da umgekehrt jede solche Zahl $x + za\omega$ die geforderte Eigenschaft besitzt, so erhalten wir das Resultat

(7) $\qquad \mathfrak{n} = [1, a\omega] = [1, k\theta] = \mathfrak{o}k + [1].$

Jede Ordnung $\mathfrak{n}$ ist daher ein Modul, welcher nur ganze Zahlen und unter diesen auch die Zahl 1, mithin alle ganzen rationalen Zahlen enthält (vgl. § 173, III); umgekehrt leuchtet ein, daß ein jeder solche Modul $\mathfrak{n}$ (in unserem Falle der quadratischen Körper) auch gewiß eine Ordnung, nämlich die Ordnung von $\mathfrak{n}$ selbst ist. Für die Diskriminante, den Index und Führer der Ordnung $\mathfrak{n}$ (S. 156) ergeben sich ferner aus (4), (6) und (7) leicht die Ausdrücke

(8) $\qquad \varDelta(\mathfrak{n}) = d, \ (\mathfrak{o}, \mathfrak{n}) = k, \ \dfrac{\mathfrak{n}}{\mathfrak{o}} = \mathfrak{o}k,$

und es leuchtet ein, daß jede Ordnung $\mathfrak{n}$ durch ihren Index k vollständig bestimmt ist.

Offenbar ist der Modul $\mathfrak{m}$ stets und nur dann ein Ideal, wenn er durch $\mathfrak{o}$ teilbar, und $\mathfrak{n} = \mathfrak{o}$, also $k = 1$, und m eine ganze, durch a teilbare Zahl ist. Dies führt dazu, den Begriff der Norm auch auf beliebige Moduln $\mathfrak{m}$ zu übertragen, und zwar wollen wir hier*) darunter den Quotienten

(9) $\qquad N(\mathfrak{m}) = \dfrac{(\mathfrak{n}, \mathfrak{m})}{(\mathfrak{m}, \mathfrak{n})}$

verstehen, welcher sich in der Tat, wenn $\mathfrak{m}$ ein Ideal ist, auf den der früheren Definition entsprechenden Wert $(\mathfrak{o}, \mathfrak{m})$ reduziert (§ 180). Da die Basiszahlen von $\mathfrak{m}$ mit denen von $\mathfrak{n}$ durch die linearen Gleichungen

$$m = m.1 + 0.a\omega, \ m\omega = 0.1 + \frac{m}{a} \cdot a\omega$$

---

*) Vgl. die beiden folgenden Anmerkungen.

verbunden sind, so ergibt sich [nach § 175, (10)] das Resultat

(10) $$N(\mathfrak{m}) = \begin{vmatrix} m, 0 \\ 0, \dfrac{m}{a} \end{vmatrix} = \dfrac{m^2}{a}.$$

Bezeichnet man allgemein, wenn α eine beliebige Zahl des Körpers Ω ist, mit α' die konjugierte Zahl, in welche α durch die nicht identische Permutation des Körpers übergeht, so ist

(11) $$a(\omega + \omega') = b,\ a\omega\omega' = c;$$

durchläuft μ alle Zahlen des Moduls $\mathfrak{m}$, so bilden die Zahlen μ' einen mit $\mathfrak{m}$ konjugierten Modul $m[1, \omega']$, den wir mit $\mathfrak{m}'$ bezeichnen wollen; halten wir aber an der obigen Vorschrift für die Wahl der Basiszahlen fest, so haben wir

(12) $$\mathfrak{m}' = m[1, -\omega']$$

zu setzen, und da

$$a(-\omega')^2 - (-b)(-\omega') + c = 0$$

ist, so geschieht der Übergang von $\mathfrak{m}$ zu $\mathfrak{m}'$ lediglich dadurch, daß b durch $-b$ ersetzt wird, während m, a, c, k, d unverändert bleiben. Ebenso ist natürlich $\mathfrak{m}$ konjugiert mit $\mathfrak{m}'$, und beide Moduln haben dieselbe Ordnung $\mathfrak{n} = \mathfrak{n}'$ und dieselbe Norm; sie sind aber nur dann miteinander identisch, wenn b durch a teilbar, also $b \equiv 0$ oder $\equiv a$ (mod $2a$) ist, und in diesem Falle kann $\mathfrak{m}$ ein zweiseitiger Modul genannt werden (vgl. § 58).

Jede in dem Modul $\mathfrak{m}$ enthaltene Zahl μ ist von der Form

(13) $$\mu = m(x + y\omega),$$

wo x, y ganze rationale Zahlen bedeuten; hieraus folgt

$$N(\mu) = \mu\mu' = m^2(x + y\omega)(x + y\omega'),$$

und wenn man die Multiplikation ausführt, so ergibt sich

(14) $$N(\mu) = N(\mathfrak{m})(ax^2 + bxy + cy^2);$$

jedem Modul $\mathfrak{m}$ entspricht daher, wenn man die obigen Regeln für die Wahl der Basis festhält, eine ursprüngliche binäre quadratische Form $(a, \tfrac{1}{2}b, c)$ oder vielmehr eine bestimmte Schar von unendlich vielen solchen parallelen Formen, in welchen b alle Individuen einer bestimmten Zahlklasse nach dem positiven Modul $2a$ durchläuft, und deren Diskriminante $b^2 - 4ac$ zugleich die Diskriminante d der Ordnung $\mathfrak{n}$ ist; dem konjugierten Modul $\mathfrak{m}'$ entspricht die entgegengesetzte Schar $(a, -\tfrac{1}{2}b, c)$. Offenbar entspricht dieselbe Schar $(a, \tfrac{1}{2}b, c)$ allen und nur allen Moduln von der Form $\mathfrak{m}n$, wo n jede von Null verschiedene rationale Zahl bedeutet. Da ferner die Zahlen 1, $a\omega$ eine Basis der Ordnung $\mathfrak{n}$ bilden, und

$$a\omega\mu = m(-cy + (ax+by)\omega)$$

$$\begin{vmatrix} x, & y \\ -cy, & ax+by \end{vmatrix} = ax^2 + bxy + cy^2$$

ist, so stimmt diese Form $(a, \tfrac{1}{2}b, c)$ genau mit derjenigen überein, welche nach der auf S. 156 gegebenen Vorschrift dem Modul $\mathfrak{m}$ entspricht.

Indem wir uns jetzt zur Multiplikation der Moduln wenden, erinnern wir zunächst an die beiden allgemeinen, in § 170 (S. 72) bewiesenen Sätze

(15) $$\mathfrak{m}\mathfrak{n} = \mathfrak{m}, \quad \mathfrak{n}^2 = \mathfrak{n},$$

welche sich auch leicht durch die wirkliche Multiplikation aus (2) und (7) ergeben. Von besonderer Wichtigkeit ist die Bildung des Produktes $\mathfrak{m}\mathfrak{m}'$ aus zwei konjugierten Moduln; durch Multiplikation von (2) und (12) erhält man zunächst

$$\mathfrak{m}\mathfrak{m}' = m^2[1, \omega, \omega', \omega\omega'];$$

addiert man die zweite Basiszahl zur dritten, so folgt aus (11)

$$\mathfrak{m}\mathfrak{m}' = \frac{m^2}{a}[a, a\omega, b, c],$$

und da $[a, b, c] = [1]$ ist, so erhalten wir das Resultat*)

(16) $$\mathfrak{m}\mathfrak{m}' = \frac{m^2}{a}[1, a\omega] = \mathfrak{n}N(\mathfrak{m});$$

mithin ist $\mathfrak{m}$ (nach § 170, V) ein eigentlicher Modul, und zugleich ergibt sich

(17) $$\mathfrak{m}' = \mathfrak{m}^{-1} N(\mathfrak{m}).$$

Wir betrachten jetzt ein Produkt aus zwei beliebigen Moduln $\mathfrak{m}, \mathfrak{m}_1$ und setzen

(18) $$\mathfrak{m}\mathfrak{m}_1 = \mathfrak{m}_2;$$

---

*) Es ist wohl von Nutzen, hier zu bemerken, daß schon bei Körpern dritten Grades ein ähnlicher Satz nicht in voller Allgemeinheit gilt, und dasselbe ist von mehreren der nachfolgenden Sätze zu sagen.

da $\mathfrak{m}_2$ aus allen Zahlen μ_2 von der Form $\Sigma\mu\mu_1$ besteht, so besteht der konjugierte Modul $\mathfrak{m}'_2$ aus allen Zahlen μ'_2 von der Form $\Sigma\mu'\mu'_1$, und folglich ist

$$\mathfrak{m}'\mathfrak{m}'_1 = \mathfrak{m}'_2 = (\mathfrak{m}\mathfrak{m}_1)'.$$

Durch Multiplikation dieser beiden Gleichungen erhält man zufolge (16)

$$\mathfrak{n}\mathfrak{n}_1 N(\mathfrak{m}) N(\mathfrak{m}_1) = \mathfrak{n}_2 N(\mathfrak{m}_2),$$

wo $\mathfrak{n}_1$, $\mathfrak{n}_2$ die Ordnungen von $\mathfrak{m}_1$, $\mathfrak{m}_2$ bedeuten; da nun das Produkt $\mathfrak{n}\mathfrak{n}_1$ nur ganze Zahlen und offenbar auch die Zahl 1 enthält, so ist es nach dem Obigen wieder eine Ordnung; die vorstehende Gleichung liefert daher, wenn man auf die beiderseits auftretenden rationalen Zahlen achtet, zunächst den Satz*)

(19) $\qquad N(\mathfrak{m}) N(\mathfrak{m}_1) = N(\mathfrak{m}_2) = N(\mathfrak{m}\mathfrak{m}_1),$

mithin auch den folgenden

(20) $\qquad\qquad\qquad \mathfrak{n}\mathfrak{n}_1 = \mathfrak{n}_2;$

die Norm eines Produktes ist daher gleich dem Produkte aus den Normen der Faktoren, und ebenso ist die Ordnung eines Produktes gleich dem Produkte aus den Ordnungen der Faktoren (vgl. § 170, VIII).

Da die Zahl 1 in jeder Ordnung enthalten ist, so ist das Produkt $\mathfrak{n}\mathfrak{n}_1$ ein gemeinschaftlicher Teiler von $\mathfrak{n}$ und $\mathfrak{n}_1$, und zwar, wie

---

*) Will man auch bei Körpern höheren Grades den Begriff der Norm $N(\mathfrak{m})$ jedes endlichen Moduls $\mathfrak{m}$, dessen Basis zugleich eine Basis des Körpers ist, so fassen, daß der Satz (19) allgemein gilt, und daß, falls $\mathfrak{m}$ ein Ideal ist, $N(\mathfrak{m})$ die alte Bedeutung $(\mathfrak{o}, \mathfrak{m})$ behält, so muß man, weil $N(\mathfrak{o}) = 1$ und $\mathfrak{o}\mathfrak{m}$ ein Idealbruch ist, die obige Definition (9) durch

$$N(\mathfrak{m}) = N(\mathfrak{o}\mathfrak{m}) = \frac{(\mathfrak{o}, \mathfrak{o}\mathfrak{m})}{(\mathfrak{o}\mathfrak{m}, \mathfrak{o})}$$

ersetzen (vgl. die Anm. auf S. 131). Daß schon bei Körpern dritten Grades diese beiden Definitionen nicht übereinstimmen, lehrt folgendes einfache Beispiel. Ist $\alpha^3 = 2$, so ist $\mathfrak{o} = [1, \alpha, \alpha^2]$ der Inbegriff aller ganzen Zahlen des aus α gebildeten Körpers $R(\alpha)$; ist nun m eine ungerade Zahl und > 1, ferner $\mathfrak{m} = [m, \alpha, \alpha^2]$, so wird $\mathfrak{o}\mathfrak{m} = \mathfrak{o}$, also $(\mathfrak{o}, \mathfrak{o}\mathfrak{m}) = (\mathfrak{o}\mathfrak{m}, \mathfrak{o}) = 1$; anderseits ist die Ordnung $\mathfrak{m}^0 = [1, m\alpha, m\alpha^2]$, also $\mathfrak{m} + \mathfrak{m}^0 = \mathfrak{o}$, $(\mathfrak{m}^0, \mathfrak{m}) = (\mathfrak{o}, \mathfrak{m}) = m$, $(\mathfrak{m}, \mathfrak{m}^0) = (\mathfrak{o}, \mathfrak{m}^0) = m^2$, woraus unsere Behauptung einleuchtet; die dem Modul $\mathfrak{m}$ entsprechende zerlegbare Form (S. 156) ist auch nicht ursprünglich, sondern sie besitzt den Teiler m. Man findet ferner $\mathfrak{m}^{-1} = \mathfrak{m}\mathfrak{m}^{-1} = \mathfrak{m}^0 : \mathfrak{o} = \mathfrak{o}\mathfrak{m}$, also ist $\mathfrak{m}$ ein uneigentlicher Modul (S. 73). Da zugleich $\mathfrak{m}^2 = \mathfrak{o}$, also $(\mathfrak{m}\mathfrak{m})^0$ nicht $= \mathfrak{m}^0\mathfrak{m}^0 = \mathfrak{m}^0$, sondern $= \mathfrak{o}$ ist, so gilt auch der obige Satz (20) nicht allgemein für Körper höheren Grades.

wir jetzt zeigen wollen, ihr **größter gemeinschaftlicher Teiler**. Bedeuten k, k_1, k_2 die Indizes der Ordnungen $\mathfrak{n}$, $\mathfrak{n}_1$, $\mathfrak{n}_2$, so ist $\mathfrak{n} = [1, k\theta]$, $\mathfrak{n}_1 = [1, k_1\theta]$, und folglich

$$\mathfrak{n}\mathfrak{n}_1 = [1, k\theta, k_1\theta, kk_1\theta^2];$$

da aber $\theta^2 = D\theta - D_1$ ist, wo D_1 eine ganze rationale Zahl, so kann die letzte Basiszahl $kk_1\theta^2$, weil sie eine Summe von Vielfachen der beiden ersten ist, weggelassen werden, und man erhält

(21) $$\mathfrak{n}\mathfrak{n}_1 = [1, k\theta, k_1\theta] = \mathfrak{n} + \mathfrak{n}_1,$$

wie behauptet war. Da nun dasselbe Produkt zufolge (20) auch $= [1, k_2\theta]$ ist, so folgt, daß der Index k_2 des Produktes der größte gemeinschaftliche Teiler der Indizes k, k_1 der Faktoren ist. Bedeuten ferner d, d_1, d_2 die Diskriminanten von $\mathfrak{n}$, $\mathfrak{n}_1$, $\mathfrak{n}_2$, so ist $d = Dk^2$, $d_1 = Dk_1^2$, $d_2 = Dk_2^2$, und folglich ist die Diskriminante des Produktes auch der größte gemeinschaftliche Teiler von den Diskriminanten der Faktoren.

Die letzten Sätze ergeben sich auch auf folgende Weise, wobei wir den Buchstaben m_1, ω_1, a_1, b_1, c_1 und m_2, ω_2, a_2, b_2, c_2 dieselbe Bedeutung für die Moduln $\mathfrak{m}_1$ und $\mathfrak{m}_2$ beilegen, welche m, ω, a, b, c für $\mathfrak{m}$ haben. Dann ist zufolge (20)

$$[1, a_2\omega_2] = [1, a\omega][1, a_1\omega_1] = [1, a\omega, a_1\omega_1, aa_1\omega\omega_1],$$

und es gelten daher (nach § 172) vier Gleichungen von der Form

(22)
$$\begin{aligned}
1 &= 1 \cdot 1 + 0 \cdot a_2\omega_2 \\
a\omega &= f \cdot 1 + e \cdot a_2\omega_2 \\
a_1\omega_1 &= f_1 \cdot 1 + e_1 \cdot a_2\omega_2 \\
aa_1\omega\omega_1 &= f_2 \cdot 1 + e_2 \cdot a_2\omega_2,
\end{aligned}$$

wo die acht Koeffizienten rechts solche ganze rationale Zahlen sind, daß die sechs aus ihnen gebildeten Determinanten

$$e, e_1, e_2, fe_1 - ef_1, fe_2 - ef_2, f_1e_2 - e_1f_2$$

keinen gemeinschaftlichen Teiler haben; da aber jeder gemeinschaftliche Teiler der drei ersten auch in den folgenden aufgeht, so folgt, daß e, e_1, e_2 keinen gemeinschaftlichen Teiler haben. Zufolge (22) ist ferner

$$(f + ea_2\omega_2)(f_1 + e_1a_2\omega_2) = f_2 + e_2a_2\omega_2,$$

also

$$ee_1(a_2\omega_2)^2 - (e_2 - ef_1 - e_1f)(a_2\omega_2) + ff_1 - f_2 = 0;$$

vergleicht man dies mit der Gleichung
$$(a_2\omega_2)^2 - b_2(a_2\omega_2) + a_2 c_2 = 0,$$
so ergibt sich

(23) $\quad e_2 = ef_1 + e_1 f + ee_1 b_2, \quad f_2 = ff_1 - ee_1 a_2 c_2;$

aus der ersten dieser beiden Gleichungen folgt, daß jeder gemeinschaftliche Teiler von e, e_1 auch in e_2 aufgeht; da aber oben gezeigt ist, daß diese drei Zahlen keinen gemeinschaftlichen Teiler haben, so sind e, e_1 relative Primzahlen. Ersetzt man nun in (22) die Größen $a\omega, a_1\omega_1, a_2\omega_2$ gemäß (5) durch
$$\frac{b + k\sqrt{D}}{2}, \quad \frac{b_1 + k_1\sqrt{D}}{2}, \quad \frac{b_2 + k_2\sqrt{D}}{2},$$
so ergibt sich

(24) $\quad k = ek_2, \quad k_1 = e_1 k_2, \quad (\mathfrak{n}_1, \mathfrak{n}) = e, \quad (\mathfrak{n}, \mathfrak{n}_1) = e_1,$

also auch

(25) $\quad d = d_2 e^2, \quad d_1 = d_2 e_1^2,$

und außerdem

(26) $\quad f = \dfrac{b - b_2 e}{2}, \quad f_1 = \dfrac{b_1 - b_2 e_1}{2};$

ebenso erhält man aus der letzten der Gleichungen (22), oder indem man die vorstehenden Ausdrücke in (23) substituiert,

(27) $\quad e_2 = \dfrac{be_1 + b_1 e}{2}, \quad f_2 = \dfrac{bb_1 + d_2 ee_1 - 2b_2 e_2}{4}.$

Aus (24) und (25) folgt abermals, daß k_2 der größte gemeinschaftliche Teiler von k, k_1, und ebenso d_2 derjenige von d, d_1 ist.

Sind also die beiden Moduln $\mathfrak{m}, \mathfrak{m}_1$ gegeben, so findet man die Zahlen e, e_1, k_2, d_2 aus (24) und (25) durch die Bedingung, daß e, e_1 relative Primzahlen sein müssen, und hiermit ist auch e_2 zufolge (27) gefunden. Wir wollen nun dazu übergehen, den Modul $\mathfrak{m}_2$ vollständig zu bestimmen, indem wir auch die Zahlen m_2, a_2, b_2, c_2 aus den Daten ableiten. Da das Produkt mm_1 in $\mathfrak{m}_2$ und folglich auch in $[m_2]$ enthalten ist, so kann man zunächst

(28) $\quad mm_1 = pm_2, \quad m_2 = \dfrac{mm_1}{p}$

setzen, wo p eine natürliche Zahl bedeutet; ersetzt man nun die im Satze (19) auftretenden Normen durch ihre Ausdrücke gemäß (10), so erhält man

(29) $\quad aa_1 = p^2 a_2, \quad a_2 = \dfrac{aa_1}{p^2},$

mithin ist die Bestimmung von m_2 und a_2 auf diejenige von p zurückgeführt. Ersetzt man ferner die Moduln $\mathfrak{m}$, $\mathfrak{m}_1$, $\mathfrak{m}_2$ durch ihre Ausdrücke gemäß (2), so nimmt die Gleichung $\mathfrak{m}_2 = \mathfrak{m}\mathfrak{m}_1$ die Form

(30) $\quad [1, \omega_2] = p[1, \omega][1, \omega_1] = p[1, \omega_1, \omega, \omega\omega_1]$

an; man kann daher (nach § 172)

(31) $\quad \begin{aligned} p &= p \cdot 1 + 0 \cdot \omega_2 \\ p\omega_1 &= p' \cdot 1 + q' \cdot \omega_2 \\ p\omega &= p'' \cdot 1 + q'' \cdot \omega_2 \\ p\omega\omega_1 &= p''' \cdot 1 + q''' \cdot \omega_2 \end{aligned}$

setzen, wo die acht Koeffizienten rechter Hand solche ganze rationale Zahlen sind, daß die sechs aus ihnen gebildeten Determinanten

$$pq',\ pq'',\ pq''',\ p'q''-q'p'',\ p'q'''-q'p''',\ p''q'''-q''p''',$$

also jedenfalls auch die drei Zahlen q', q'', q''' keinen gemeinschaftlichen Teiler haben*). Substituiert man nun in (31) für ω, ω_1, $\omega\omega_1$ die aus (22) folgenden Ausdrücke, so erhält man die Gleichungen

$$p(f_1 + e_1 a_2 \omega_2) = a_1(p' + q'\omega_2)$$
$$p(f + e a_2 \omega_2) = a(p'' + q''\omega_2)$$
$$p(f_2 + e_2 a_2 \omega_2) = a a_1(p''' + q'''\omega_2),$$

welche, weil ω_2 irrational ist, in die folgenden zerfallen

(32) $\quad p e_1 a_2 = a_1 q', \quad p e a_2 = a q'', \quad p e_2 a_2 = a a_1 q'''$

(33) $\quad p f_1 = a_1 p', \quad p f = a p'', \quad p f_2 = a a_1 p'''.$

Substituiert man in (32) für a_2 den in (29) angegebenen Ausdruck, so erhält man

(34) $\quad a e_1 = p q', \quad a_1 e = p q'', \quad e_2 = p q''',$

und da q', q'', q''', wie oben bemerkt, keinen gemeinschaftlichen Teiler haben, so ist p offenbar als größter (positiver) gemeinschaftlicher Teiler der drei bekannten Zahlen $a e_1$, $a_1 e$, e_2 vollständig bestimmt, und dasselbe gilt mithin von den drei Zahlen q', q'', q''', sowie von den beiden Zahlen m_2, a_2, welche sich aus (28) und (29) ergeben. Multipliziert man ferner die Gleichungen (33) mit $2a$, $2a_1$, 2, und ersetzt $a a_1$ durch $p^2 a_2$, so erhält man mit Rücksicht auf (34), wenn

---

*) Hieraus folgt in Verbindung mit der aus (31) leicht abzuleitenden Gleichung $q'\omega + q''\omega'_1 = q''' = q'\omega' + q''\omega_1$ ein für die Theorie der komplexen Multiplikation der elliptischen Funktionen sehr wichtiger Satz (vgl. meinen Aufsatz (§ 7) über die Theorie der elliptischen Modul-Funktionen in Crelles Journal, Bd. 83 [XIV dieser Ausgabe]).

man für f_1, f, f_2 die in (26) und (27) angegebenen Ausdrücke substituiert, die Gleichungen

$$\frac{a b_1}{p} - q' b_2 = 2 a_2 p', \quad \frac{a_1 b}{p} - q'' b_2 = 2 a_2 p'',$$

$$\frac{b b_1 + d_2 e e_1}{2 p} - q''' b_2 = 2 a_2 p''',$$

also die Kongruenzen

(35) $$\left. \begin{aligned} q' b_2 &\equiv \frac{a b_1}{p} \\ q'' b_2 &\equiv \frac{a_1 b}{p} \\ q''' b_2 &\equiv \frac{b b_1 + d_2 e e_1}{2 p} \end{aligned} \right\} \pmod{2 a_2},$$

durch welche die Zahl b_2 nach dem Modul $2 a_2$ vollständig bestimmt ist, weil q', q'', q''' keinen gemeinschaftlichen Teiler haben (vgl. § 145); und hieraus ergibt sich endlich auch c_2 durch die Gleichung

(36) $$c_2 = \frac{b_2^2 - d_2}{4 a_2}.$$

Hiermit ist die Bestimmung des Produktes $\mathfrak{m}_2$ aus den beiden Faktoren $\mathfrak{m}$, $\mathfrak{m}_1$ vollendet, und wir haben nur noch die folgende Bemerkung hinzuzufügen. Da die Existenz des Moduls $\mathfrak{m}_2 = \mathfrak{m} \mathfrak{m}_1$ von vornherein gewiß ist, so müssen wir schließen, daß die in (26), (27), (29), (35) und (36) in Form von Brüchen auftretenden Zahlen in Wahrheit ganze Zahlen, daß ferner die drei Kongruenzen (35) wirklich miteinander vereinbar sind, und daß die so erhaltenen Zahlen a_2, b_2, c_2 keinen gemeinschaftlichen Teiler haben; dies alles würde sich auch auf direktem Wege leicht beweisen lassen, was wir jedoch dem Leser überlassen wollen[*].

Wir bezeichnen nun mit x, y und x_1, y_1 zwei Systeme von unabhängigen Variablen und bilden die bilinearen Funktionen

(37) $$\begin{aligned} x_2 &= p x x_1 + p' x y_1 + p'' y x_1 + p''' y y_1 \\ y_2 &= \phantom{p x x_1 +{}} q' x y_1 + q'' y x_1 + q''' y y_1; \end{aligned}$$

setzt man ferner

$$\mu = m(x + y \omega), \quad \mu_1 = m_1(x_1 + y_1 \omega_1), \quad \mu_2 = m_2(x_2 + y_2 \omega_2),$$

---

[*] Vgl. Arndt: Auflösung einer Aufgabe in der Komposition der quadratischen Formen (Crelles Journal, Bd. 56).

so folgt aus (28) und (31), daß $\mu_2 = \mu \mu_1$, also für rationale Werte der Variablen auch $N(\mu_2) = N(\mu) N(\mu_1)$ ist; ersetzt man diese Normen durch ihre Ausdrücke gemäß (14) und berücksichtigt (19), so ergibt sich

$$(38) \quad a_2 x_2^2 + b_2 x_2 y_2 + c_2 y_2^2 = (a x^2 + b x y + c y^2)(a_1 x_1^2 + b_1 x_1 y_1 + c_1 y_1^2);$$

man sagt daher, die Form $(a_2, \tfrac{1}{2} b_2, c_2)$ gehe durch die bilineare Substitution (37) in das Produkt der beiden Formen $(a, \tfrac{1}{2} b, c)$ und $(a_1, \tfrac{1}{2} b_1, c_1)$ über, und nennt die erste Form zusammengesetzt aus den beiden letzteren*); offenbar ist (38) infolge von (37) eine Identität, welche für beliebige Werte der unabhängigen Variablen gilt. —

Die vorstehende Darstellung der Multiplikation der Moduln bildet zugleich die Grundlage für die Behandlung der umgekehrten Aufgabe, alle Moduln $\mathfrak{m}$ zu finden, welche der Bedingung $\mathfrak{m} \mathfrak{m}_1 = \mathfrak{m}_2$ genügen, wo $\mathfrak{m}_1$ und $\mathfrak{m}_2$ gegebene Moduln bedeuten. Wir beschränken uns aber hier darauf, einige Hauptpunkte dieser äußerst wichtigen Untersuchung hervorzuheben, und überlassen die weitere Ausführung dem Leser. Aus (20) folgt, daß, wenn die Aufgabe lösbar sein soll, die Ordnung $\mathfrak{n}_1$ des Moduls $\mathfrak{m}_1$ durch die Ordnung $\mathfrak{n}_2$ des Moduls $\mathfrak{m}_2$ teilbar sein muß; diese erforderliche Bedingung, welche im folgenden stets als erfüllt vorausgesetzt wird und auch durch $\mathfrak{n}_1 \mathfrak{n}_2 = \mathfrak{n}_2$ oder $k_1 = e_1 k_2$ ausgedrückt werden kann, ist aber auch hinreichend, und es gibt dann immer unendlich viele Moduln $\mathfrak{m}$, welche die Bedingung $\mathfrak{m} \mathfrak{m}_1 = \mathfrak{m}_2$ erfüllen. Zunächst findet man nach (16) oder (17) durch Multiplikation mit $\mathfrak{m}_1'$ oder $\mathfrak{m}_1^{-1}$ leicht den Hauptsatz, daß es immer einen und nur einen solchen Modul $\mathfrak{m}$ gibt, dessen Ordnung $= \mathfrak{n}_2$ ist; bezeichnet man diesen gegebenen Modul $\mathfrak{m}_2 \mathfrak{m}_1^{-1}$ der Kürze halber wieder mit $\mathfrak{m}_2$, so wird zugleich die allgemeine Aufgabe auf den speziellen Fall zurückgeführt, in welchem $\mathfrak{m}_1 = \mathfrak{n}_1$ ist, und man braucht sich nur noch mit der Lösung der Gleichung $\mathfrak{m} \mathfrak{n}_1 = \mathfrak{m}_2$ zu beschäftigen. Die Ordnung $\mathfrak{n}$ des Moduls $\mathfrak{m}$ muß so

---

*) Vgl. § 146. Die allgemeinste Art der Komposition der binären quadratischen Formen, wie sie von Gauß dargestellt ist (D. A. artt. 235, 236), erhält man, wenn man statt der speziellen Darstellungsform (2) der Moduln die allgemeinere Form (1) zugrunde legt; dies ist in § 170 der zweiten Auflage dieses Werkes (1871) geschehen, wo ich auch für die quadratischen Formen schon den Ausdruck $(a, \tfrac{1}{2} b, c)$ statt (a, b, c) gewählt habe (vgl. die Anmerkung auf S. 388 [von Dirichlets Vorlesungen über Zahlentheorie] und eine Mitteilung von Kronecker im Sitzungsbericht der Berliner Akademie vom 30. Juli 1885).

beschaffen sein, daß $\mathfrak{n}_2 = \mathfrak{n}\mathfrak{n}_1$ der größte gemeinschaftliche Teiler von $\mathfrak{n}$ und $\mathfrak{n}_1$, also $k = e k_2$ wird, wo e relative Primzahl zu e_1 ist; nachdem man für den Modul $\mathfrak{m}$ eine solche Ordnung $\mathfrak{n}$, also auch eine solche Zahl e willkürlich gewählt hat, leuchtet ein, daß stets $\mathfrak{m}\mathfrak{n}_1 = \mathfrak{m}\mathfrak{n}_2$ ist, und es kommt daher nur darauf an, alle Moduln $\mathfrak{m}$ von dieser Ordnung $\mathfrak{n}$ zu finden, welche der Bedingung $\mathfrak{m}\mathfrak{n}_2 = \mathfrak{m}_2$ genügen. Um nachzuweisen, daß mindestens ein solcher Modul $\mathfrak{m}$ existiert, wähle man die in $\mathfrak{m}_2 = m_2 [1, \omega_2]$ auftretende Zahl ω_2 so, daß c_2 relative Primzahl zu a_2 wird, was nach einer früheren Bemerkung stets möglich ist; setzt man alsdann die vorher gewählte Zahl $e = pq''$, wo q'' den größten Divisor von e bedeutet, welcher relative Primzahl zu a_2 ist, so findet man leicht, daß der Modul $\mathfrak{m} = m_2 [p, q'' \omega_2]$ der Bedingung $\mathfrak{m}\mathfrak{n}_2 = \mathfrak{m}_2$ genügt, und daß $\mathfrak{n}$ seine Ordnung ist. Um aus diesem einen Modul $\mathfrak{m}$ alle anderen zu finden, benutze man den schon vorher bewiesenen Satz, daß, wenn $\mathfrak{b}$, $\mathfrak{c}$ zwei beliebige Moduln von gleicher Ordnung $\mathfrak{n}$ sind, es immer einen und nur einen Modul $\mathfrak{a} = \mathfrak{c}\mathfrak{b}^{-1}$ von derselben Ordnung $\mathfrak{n}$ gibt, welcher der Bedingung $\mathfrak{a}\mathfrak{b} = \mathfrak{c}$ genügt; hierdurch wird die vollständige Lösung unserer Gleichung $\mathfrak{m}\mathfrak{n}_2 = \mathfrak{m}_2$ auf den speziellen Fall $\mathfrak{m}_2 = \mathfrak{n}_2$, also auf die Aufgabe zurückgeführt, alle Moduln $\mathfrak{m}$ von der Ordnung $\mathfrak{n}$ zu finden, welche der Bedingung

(39) $$\mathfrak{m}\mathfrak{n}_2 = \mathfrak{n}_2$$

genügen. Da nun, wenn $\mathfrak{o}$ die frühere Bedeutung hat, immer $\mathfrak{o}\mathfrak{n}_2 = \mathfrak{o}$ ist, so genügt ein solcher Modul $\mathfrak{m}$ gewiß auch der Bedingung

(40) $$\mathfrak{m}\mathfrak{o} = \mathfrak{o};$$

diese Moduln, zu welchen offenbar $\mathfrak{n}$ selbst gehört, sind von besonderer Wichtigkeit, und wir wollen jeden Modul $\mathfrak{m}$ von der Ordnung $\mathfrak{n}$, welcher diese letzte Bedingung erfüllt, aus einem sogleich anzugebenden Grunde eine **Wurzel der Ordnung** $\mathfrak{n}$ nennen; es ist zweckmäßig, zunächst alle diese Wurzeln von $\mathfrak{n}$ zu bestimmen, worauf es keine Schwierigkeit haben wird, diejenigen von ihnen auszusondern, welche auch die Bedingung (39) erfüllen.

Da die Zahl 1 in $\mathfrak{o}$ enthalten, also immer $\mathfrak{m} > \mathfrak{m}\mathfrak{o}$ ist [§ 170, (22)], so folgt aus (40) zunächst

(41) $$\mathfrak{m} > \mathfrak{o},$$

also besteht jede Wurzel $\mathfrak{m}$ aus lauter ganzen Zahlen. Da ferner $\mathfrak{n} = \mathfrak{m}:\mathfrak{m}$, und allgemein $(\mathfrak{c}:\mathfrak{a}):\mathfrak{b} = \mathfrak{c}:\mathfrak{a}\mathfrak{b}$ ist [§ 170, (17)], so folgt aus (8) und (40) auch $\mathfrak{o}\,k = \mathfrak{n}:\mathfrak{o} = (\mathfrak{m}:\mathfrak{m}):\mathfrak{o} = \mathfrak{m}:\mathfrak{m}\mathfrak{o} = \mathfrak{m}:\mathfrak{o}$, also

(42) $$\frac{\mathfrak{m}}{\mathfrak{o}} = \mathfrak{o}\,k,$$

mithin [nach § 170, (14)] auch

(43) $$\mathfrak{o}\,k > \mathfrak{m}.$$

Da außerdem $(\mathfrak{o}, \mathfrak{o}\,k) = N(k) = k^2 > 0$ ist, so folgt aus (41) und (43), daß die Anzahl der Wurzeln $\mathfrak{m}$ der Ordnung $\mathfrak{n}$ endlich ist (§ 171, II); diese Anzahl wollen wir mit l bezeichnen. Aus der Definition (40) folgt ferner unmittelbar, daß diese l Wurzeln insofern eine Gruppe bilden, als jedes Produkt aus zwei solchen Wurzeln wieder eine Wurzel derselben Ordnung $\mathfrak{n}$ ist, und hieraus ergibt sich durch die schon oft angewendete Schlußweise (vgl. § 149), daß für jede Wurzel $\mathfrak{m}$ der Ordnung $\mathfrak{n}$ der Satz

(44) $$\mathfrak{m}^l = \mathfrak{n}$$

gilt. Umgekehrt, sobald unter den Potenzen $\mathfrak{m}, \mathfrak{m}^2, \mathfrak{m}^3 \ldots$ eines Moduls $\mathfrak{m}$ sich eine Ordnung $\mathfrak{n} = \mathfrak{m}^r$ vorfindet, so ist $\mathfrak{n}$ zufolge (20) auch die Ordnung von $\mathfrak{m}$; da ferner die r^{te} Potenz einer jeden in $\mathfrak{m}$ enthaltenen Zahl auch in $\mathfrak{n}$ enthalten, also eine ganze Zahl ist, so besteht $\mathfrak{m}$ (nach § 173, V) aus lauter ganzen Zahlen; mithin ist $\mathfrak{m}\mathfrak{o}$ ein Ideal, und da $(\mathfrak{m}\mathfrak{o})^r = \mathfrak{n}\,\mathfrak{o}^r = \mathfrak{o}$ ist, so folgt auch $\mathfrak{m}\mathfrak{o} = \mathfrak{o}$, also ist $\mathfrak{m}$ eine Wurzel der Ordnung $\mathfrak{n}$, womit zugleich die eingeführte Benennung gerechtfertigt ist.

Der oben aus der allgemeinen Modultheorie (§ 170) abgeleitete Satz (43) bestätigt sich auch durch die Rechnung, wenn man für $\mathfrak{m}$ die in (2), (3), (5) eingeführten Bezeichnungen beibehält. Setzt man noch $m\,\omega = \alpha$, so sind die Basiszahlen des Moduls

(45) $$\mathfrak{m} = [m, \alpha]$$

zufolge (41) ganze Zahlen, und aus (40), (19) und (10) ergibt sich $N(\mathfrak{m}) = 1$, also $a = m^2$; hieraus folgt weiter, daß b durch m teilbar, mithin c relative Primzahl zu m ist; da aber $c = aN(\omega) = N(\alpha) = \alpha\alpha'$ ist, so sind die Basiszahlen m, α ebenfalls relative Primzahlen, was auch unmittelbar aus (40), nämlich aus

(46) $$\mathfrak{o}\,m + \mathfrak{o}\,\alpha = \mathfrak{o}$$

folgt; da nach (7) außerdem
(47) $\mathfrak{n} = [1, m\alpha]$
ist, so geht m in dem Index k auf, und wenn
(48) $\alpha = t + u\theta$
gesetzt wird, so ist $k = um$, $k\theta = -tm + m\alpha$, woraus wirklich (43) und zugleich
(49) $(\mathfrak{o}, \mathfrak{m}) = (\mathfrak{m}, \mathfrak{o}k) = k$
folgt. Umgekehrt, wenn eine natürliche Zahl m relative Primzahl zu der irrationalen Zahl α (also auch zu deren Norm c) ist, so hat, wie man leicht findet, der Modul (45) die Ordnung (47), und aus (46) folgt (40), mithin ist $\mathfrak{m}$ eine Wurzel von $\mathfrak{n}$*).

Um nun die Anzahl l zu bestimmen, ist es zweckmäßig, die Darstellung (45) in eine andere Form zu bringen, aus welcher man die wahre Natur und die gegenseitigen Beziehungen der Wurzeln $\mathfrak{m}$ noch deutlicher erkennen wird. Hierzu bemerke man, daß unter den in $\mathfrak{m}$ enthaltenen Zahlen sich auch solche finden, die relative Primzahlen zu k sind; denn weil $\alpha = t + u\theta$ schon relative Primzahl zu m ist, und folglich m, t, u keinen gemeinschaftlichen Teiler haben, so kann man die ganze rationale Zahl z so wählen, daß $t + mz$ relative Primzahl zu u wird, und hieraus folgt, daß die Zahl $\alpha + mz$ (welche auch statt α als zweite Basiszahl von $\mathfrak{m}$ dienen könnte) relative Primzahl zu m und u, also auch zu $k = mu$ ist. Wählt man nun aus $\mathfrak{m}$ nach Belieben eine Zahl ϱ, welche relative Primzahl zu k ist, so sind auch die k Zahlen $\varrho, 2\varrho, 3\varrho \ldots k\varrho$ in $\mathfrak{m}$ enthalten, und da sie inkongruent nach k sind, so bilden sie zufolge (49) ein Restsystem von $\mathfrak{m}$ nach $\mathfrak{o}k$, und hieraus folgt mit Rücksicht auf (43) die neue Darstellung
(50) $\mathfrak{m} = [k, k\theta, \varrho] = \mathfrak{o}k + [\varrho]$.
Umgekehrt, wenn $\varrho = r + s\theta$ eine beliebige relative Primzahl zu k ist, so findet man durch Reduktion des vorstehenden Moduls $\mathfrak{m}$ auf eine zweigliedrige Basis m, α, daß $k = mu$, und $\alpha = t + u\theta$ relative Primzahl zu m ist, woraus nach dem Obigen folgt, daß $\mathfrak{m}$ eine Wurzel der Ordnung $\mathfrak{n} = [1, k\theta]$ ist. Jede Wurzel $\mathfrak{m}$ der Ordnung $\mathfrak{n}$ ist also durch eine beliebige in ihr enthaltene Zahl ϱ vollständig be-

---

*) Zugleich ist $\mathfrak{m}[1, \alpha] = [1, \alpha]$, und damit $\mathfrak{m}$ auch der Bedingung (39) genüge, ist erforderlich und hinreichend, daß die Ordnung $[1, \alpha]$ durch die Ordnung $\mathfrak{n}_2$ teilbar sei.

stimmt, welche relative Primzahl zum Index k ist, und man kann daher diese Wurzel $\mathfrak{m}$ zweckmäßig durch das Symbol $\mathfrak{n}_\varrho$ bezeichnen; ist σ ebenfalls relative Primzahl zu k, so gilt dasselbe von $\varrho\sigma$, und da dieses Produkt in dem Produkte $\mathfrak{n}_\varrho\,\mathfrak{n}_\sigma$ enthalten ist, so ergibt sich
(51) $$\mathfrak{n}_\varrho\,\mathfrak{n}_\sigma = \mathfrak{n}_{\varrho\sigma},$$
worin das Gesetz der Multiplikation der Wurzeln von $\mathfrak{n}$ seinen einfachsten Ausdruck findet. Sollen ferner die beiden Zahlen ϱ und σ eine und dieselbe Wurzel $\mathfrak{n}_\varrho = \mathfrak{n}_\sigma$ erzeugen, so ist erforderlich und hinreichend, daß $\sigma \equiv r\varrho$, $\varrho \equiv s\sigma$ (mod k) sei, wo r, s ganze rationale Zahlen bedeuten; hieraus folgt aber $rs \equiv 1$ (mod k), also muß r relative Primzahl zu k sein; und umgekehrt, wenn $\sigma \equiv r\varrho$ (mod k) ist, wo r eine ganze rationale Zahl bedeutet, welche relative Primzahl zu k ist, so ist gewiß $\mathfrak{n}_\sigma = \mathfrak{n}_\varrho$. Es gibt mithin (nach § 18) in bezug auf k immer genau $\varphi(k)$ verschiedene Zahlklassen, welche aus lauter Zahlen ϱ bestehen, die relative Primzahlen zu k sind und alle eine und dieselbe Wurzel $\mathfrak{n}_\varrho$ der Ordnung $\mathfrak{n}$ erzeugen; bezeichnet man daher (nach § 180) mit $\varphi(\mathfrak{o}\,k)$ die Anzahl aller nach k inkongruenten Zahlen ϱ in $\mathfrak{o}$, welche relative Primzahlen zu k sind, so ergibt sich für die Anzahl l aller verschiedenen Wurzeln $\mathfrak{n}_\varrho$ der Ordnung $\mathfrak{n}$ der Ausdruck

(52) $$l = \frac{\varphi(\mathfrak{o}\,k)}{\varphi(k)}.$$

Hierin ist nun
$$\varphi(k) = k\,\Pi\Big(1 - \frac{1}{p}\Big),$$
wo das Produkt über alle verschiedenen, in k aufgehenden rationalen Primzahlen p auszudehnen ist; andererseits ist [nach § 180, (26)]
$$\varphi(\mathfrak{o}\,k) = k^2\,\Pi\Big(1 - \frac{1}{N(\mathfrak{p})}\Big),$$
wo das Produktzeichen sich auf alle verschiedenen, in k aufgehenden Primideale $\mathfrak{p}$ bezieht; ordnet man die Faktoren nach den rationalen Primzahlen p, in denen diese Primideale aufgehen, und legt dem Symbol (D, p) die im vorigen Paragraphen festgesetzte Bedeutung bei, so erhält man
$$\varphi(\mathfrak{o}\,k) = k^2\,\Pi\Big(1 - \frac{1}{p}\Big)\Big(1 - \frac{(D, p)}{p}\Big)$$
und folglich
(53) $$l = k\,\Pi\Big(1 - \frac{(D, p)}{p}\Big).$$

Nachdem hiermit die Anzahl aller Wurzeln $\mathfrak{m}$ der Ordnung $\mathfrak{n}$ bestimmt ist, findet man leicht die Anzahl aller derjenigen unter ihnen, welche der obigen Bedingung (39) genügen, wo $\mathfrak{n}_2$ eine gegebene, in $\mathfrak{n}$ aufgehende Ordnung bedeutet; multipliziert man nämlich alle l Wurzeln der Ordnung $\mathfrak{n}$ mit $\mathfrak{n}_2$, so werden alle l_2 Wurzeln von $\mathfrak{n}_2$, und zwar jede gleich oft erzeugt; mithin ist die gesuchte Anzahl $= l : l_2$, und nach der obigen Untersuchung ist dies zugleich die Anzahl aller verschiedenen Moduln $\mathfrak{m}$ von der Ordnung $\mathfrak{n}$, welche der ursprünglich vorgelegten Bedingung $\mathfrak{m} \mathfrak{m}_1 = \mathfrak{m}_2$ genügen.

Die binären Formen $(a, \frac{1}{2} b, c) = (m^2, \frac{1}{2} m b_0, c)$, welche nach (14) den Wurzeln $\mathfrak{m} = [m, \alpha]$ der Ordnung $\mathfrak{n}$ entsprechen, stimmen offenbar mit denjenigen überein, auf welche wir früher (§§ 150, 151) bei der Bestimmung der Anzahl der Formenklassen von beliebiger Ordnung geführt sind. Den Grund dieser Übereinstimmung erkennt man leicht, wenn man nach § 181 (S. 145) die Moduln, ebenso wie die Ideale, in Klassen einteilt und die feinere Bestimmung hinzufügt, daß zwei Moduln $\mathfrak{m}$, $\mathfrak{m}_1$ nur dann äquivalent heißen und in dieselbe Klasse aufgenommen werden sollen, wenn es eine Zahl η von positiver Norm gibt, welche der Bedingung $\mathfrak{m} \eta = \mathfrak{m}_1$ genügt. Denn wenn man die oben festgesetzten Bezeichnungen und Regeln für die Wahl der Basis eines Moduls $\mathfrak{m} = m[1, \omega]$, sowie für die Bildung der zugehörigen Form $(a, \frac{1}{2} b, c)$ beibehält, so entsprechen je zwei äquivalenten Moduln auch zwei eigentlich äquivalente Formen (§ 56), und umgekehrt; beides ergibt sich leicht daraus, daß die Äquivalenz der Moduln $\mathfrak{m} = m[1, \omega]$, $\mathfrak{m}_1 = m_1[1, \omega_1]$ in der Existenz einer Zahl η von positiver Norm besteht, welche der Bedingung $[\eta, \eta \omega] = [1, \omega_1]$ genügt, und daß sowohl diese Bedingung wie die eigentliche Äquivalenz der zugehörigen Formen $(a, \frac{1}{2} b, c)$, $(a_1, \frac{1}{2} b_1, c_1)$ mit der Existenz von vier ganzen rationalen Zahlen p, q, r, s zusammenfällt, welche die Gleichungen

(54) $\quad \eta = p + q \omega_1, \quad \eta \omega = r + s \omega_1, \quad \omega = \dfrac{r + s \omega_1}{p + q \omega_1},$
$$p s - q r = +1$$

befriedigen*). Mithin entsprechen die Modul- und Formenklassen sich gegenseitig und eindeutig. Bezeichnet man nun, wie früher, mit O die Hauptklasse der Ideale, so erzeugt jede Modulklasse M eine Idealklasse MO; umgekehrt, wenn A eine beliebige Idealklasse,

---

*) Vgl. meine auf S. 214 zitierte Schrift (§ 1).

und n eine beliebige Ordnung ist, so folgt aus unserer obigen Untersuchung über die umgekehrte Aufgabe der Multiplikation der Moduln, daß es immer mindestens eine Klasse M von der Ordnung n gibt, welche diese Idealklasse A erzeugt, und zwar findet man leicht, daß jede Idealklasse A durch gleich viele Modulklassen M von der Ordnung n erzeugt wird. Bezeichnet man daher mit h' die Anzahl der verschiedenen Modulklassen M für die Ordnung n, mit h die Anzahl der Idealklassen, so ist $h' = rh$, wo r die Anzahl derjenigen Klassen M bedeutet, welche der Bedingung $MO = O$ genügen und folglich durch Wurzeln der Ordnung n repräsentiert werden. Bezeichnet man nun mit λ die Anzahl aller derjenigen von diesen l Wurzeln, welche der Hauptklasse der Ordnung n angehören, also mit n äquivalent sind, so findet man ebenso leicht, daß jede solche Klasse M durch λ verschiedene Wurzeln repräsentiert wird, daß also $l = r\lambda$, mithin

(55) $$\frac{h'}{h} = \frac{l}{\lambda} = \frac{k}{\lambda} \Pi\Big(1 - \frac{(D, p)}{p}\Big)$$

ist (vgl. § 151). Bedeutet aber $\mathfrak{m} = [m, \alpha]$ eine solche mit n äquivalente Wurzel von n, so ist $\mathfrak{m} = \mathfrak{n}\eta$, woraus folgt, daß η in $\mathfrak{m}$ enthalten, also eine ganze Zahl, und zwar eine Einheit (von positiver Norm) ist, weil sie in den beiden relativen Primzahlen m, α aufgehen muß; und da umgekehrt einleuchtet, daß jeder Einheit η ein mit n äquivalenter Modul $\mathfrak{n}\eta$ entspricht, welcher eine Wurzel von n ist, so ist λ die Anzahl aller derjenigen Einheiten η, denen verschiedene Moduln $\mathfrak{n}\eta$ entsprechen. Da nun alle Einheiten η, mag ihre Anzahl endlich oder unendlich, also die Grundzahl D negativ oder positiv sein, in der Form $\pm \varepsilon^s$ enthalten sind, wo ε eine bestimmte Einheit, und s jede ganze rationale Zahl bedeutet, so ergibt sich leicht, daß λ der kleinste positive Exponent ist, welcher bewirkt, daß die Potenz ε^λ eine in der Ordnung n enthaltene Zahl wird. Hiermit ist vermöge (55) für jede Ordnung n das Verhältnis der Klassenanzahl h' zu der Anzahl h der Idealklassen gefunden, und man überzeugt sich leicht, daß die früher (in §§ 97, 99, 100, 151) gewonnenen Resultate mit dem jetzigen vollständig übereinstimmen*).

---

*) Dieselbe Aufgabe habe ich für beliebige Körper in der auf S. 146 zitierten Festschrift behandelt.

[Erläuterungen gemeinsam mit denen zu XLVII, XLVIII, XLIX am Schluß von XLIX.]

XLVII
Über die Komposition der binären quadratischen Formen

§ 159

Die Theorie der binären quadratischen Formen, ihrer Äquivalenz und Komposition bildet nur einen speziellen Fall von der Theorie derjenigen homogenen Formen $n$ten Grades mit n Veränderlichen, welche sich in lineare Faktoren mit algebraischen Koeffizienten zerlegen lassen. Diese Formen sind zuerst von Lagrange*) betrachtet; später hat Dirichlet**) sich vielfach mit diesem Gegenstande beschäftigt, aber er hat von seinen weitgehenden Untersuchungen nur diejenige veröffentlicht, welche die Transformationen solcher Formen in sich selbst (vgl. §§ 61, 62) oder, was dasselbe ist, die Theorie der Einheiten für die entsprechenden algebraischen Zahlen behandelt; endlich hat Kummer***) durch die Schöpfung der idealen Zahlen einen neuen Weg betreten, welcher nicht nur zu einer sehr bequemen Ausdrucksweise, sondern auch zu einer tieferen Einsicht in die wahre Natur der algebraischen Zahlen führt. Indem wir versuchen, den

---

*) Sur la solution des problèmes indéterminés du second degré. § VI. Mém. de l'Ac. de Berlin. T. XXIII, 1769. (Œuvres de L. T. II, 1868, p. 375.)
— Additions aux Eléments d'Algèbre par L. Euler. § IX.
**) Vgl. Anm. zu § 141.
***) Vgl. Anm. zu § 16.

Leser in diese neuen Ideen einzuführen, stellen wir uns auf einen etwas höheren Standpunkt und beginnen damit, einen Begriff einzuführen, welcher wohl geeignet scheint, als Grundlage für die höhere Algebra und die mit ihr zusammenhängenden Teile der Zahlentheorie zu dienen.

I. Unter einem **Körper** wollen wir jedes System von unendlich vielen reellen oder komplexen Zahlen verstehen, welches in sich so abgeschlossen und vollständig ist, daß die Addition, Subtraktion, Multiplikation und Division von je zwei dieser Zahlen immer wieder eine Zahl desselben Systems hervorbringt. Der einfachste Körper wird durch alle rationalen, der größte Körper durch alle Zahlen gebildet. Wir nennen einen Körper A einen **Divisor** des Körpers M, diesen ein **Multiplum** von jenem, wenn alle in A enthaltenen Zahlen sich auch in M vorfinden; man findet leicht, daß der Körper der rationalen Zahlen ein Divisor von jedem andern Körper ist. Der Inbegriff aller Zahlen, welche gleichzeitig in zwei Körpern A, B enthalten sind, bildet wieder einen Körper D, welcher der **größte gemeinschaftliche Divisor** der beiden Körper A, B genannt werden kann, weil offenbar jeder gemeinschaftliche Divisor von A und B notwendig ein Divisor von D ist; ebenso existiert immer ein Körper M, welcher das **kleinste gemeinschaftliche Multiplum** von A und B heißen soll, weil er ein Divisor von jedem andern gemeinschaftlichen Multiplum der beiden Körper ist. Entspricht ferner einer jeden Zahl a des Körpers A eine Zahl $b = \varphi(a)$ in der Weise, daß $\varphi(a + a') = \varphi(a) + \varphi(a')$, und $\varphi(aa') = \varphi(a)\varphi(a')$ ist, so bilden die Zahlen b (falls sie nicht sämtlich verschwinden) ebenfalls einen Körper $B = \varphi(A)$, welcher **mit A konjugiert** ist und durch die **Substitution** φ aus A hervorgeht; dann ist rückwärts auch $A = \psi(B)$ mit B konjugiert. Zwei mit einem dritten konjugierte Körper sind auch miteinander konjugiert, und jeder Körper ist mit sich selbst konjugiert. Korrespondierende Zahlen in zwei konjugierten Körpern A und B, wie a und $b = \varphi(a)$, sollen **konjugierte Zahlen** heißen.

Die einfachsten Körper sind diejenigen, welche nur eine **endliche** Anzahl von Divisoren besitzen. Nennt man m bestimmte Zahlen α_1, α_2, ..., α_m voneinander **abhängig** oder **unabhängig**, je nachdem die Gleichung $x_1\alpha_1 + x_2\alpha_2 + \cdots + x_m\alpha_m = 0$ in rationalen Zahlen x_1, x_2, ..., x_m, die nicht sämtlich verschwinden, lösbar ist oder nicht, so findet man durch sehr einfache Betrachtungen, auf die wir aber hier nicht eingehen wollen, daß aus einem Körper Ω von der angegebenen Art*) nur eine endliche Anzahl n von unabhängigen Zahlen $\omega_1, \omega_2, \ldots, \omega_n$ sich auswählen läßt, daß also jede Zahl ω des Körpers stets und nur auf eine einzige Art durch die Form

(1) $$\omega = h_1 \omega_1 + h_2 \omega_2 + \cdots + h_n \omega_n = \Sigma h_\iota \omega_\iota$$

darstellbar ist, wo $h_1, h_2, \ldots, h_n$ rationale Zahlen bedeuten. Wir wollen die Zahl n den Grad, ferner den Komplex der n unabhängigen Zahlen ω_ι eine Basis des Körpers Ω, und die n Zahlen h_ι die dieser Basis entsprechenden Koordinaten der Zahl ω nennen; offenbar bilden je n Zahlen von der Form (1) wieder eine solche Basis, wenn die aus den entsprechenden n^2 Koordinaten gebildete Determinante von Null verschieden ist; einer solchen Transformation der Basis durch eine lineare Substitution entspricht eine Transformation der Koordinaten durch die sogenannte transponierte Substitution.

Die Forderung, daß die Zahlen ω des Körpers Ω durch Addition und Subtraktion sich reproduzieren sollen, wird durch ihre gemeinsame Form (1) schon erfüllt; für die Reproduktion durch Multiplikation ist ferner erforderlich und hinreichend, daß jedes Produkt $\omega_\iota \omega_{\iota'}$ wieder in der Form (1) enthalten ist; diese Bedingungen, deren Anzahl gleich $\frac{1}{2} n(n+1)$ ist, lassen sich am einfachsten zusammenfassen, indem man die Koordinaten h_ι als veränderlich ansieht und

(2) $$\omega^2 = 2 \Sigma H_\iota \omega_\iota$$

setzt, wo nun $H_1, H_2, \ldots, H_n$ bestimmte, mit rationalen Koeffizienten behaftete, ganze homogene quadratische Funktionen der Koordinaten bedeuten. Durch diese n Funktionen H_ι, auf deren analytische Eigenschaften wir unten zurückkommen werden, ist die Konstitution des Körpers Ω vollständig bestimmt, und es läßt sich zunächst zeigen, daß die Zahlen von der Form (1) auch durch Division sich wieder erzeugen. Durch totale Differentiation von (2) erhält man

(3) $$\omega \, d\omega = \Sigma \, dH_\iota \, \omega_\iota;$$

legt man den Koordinaten h_ι und ihren Differentialen dh_ι beliebige rationale Werte bei, so ist durch die vorstehende Gleichung das

---

*) Ersetzt man die rationalen Zahlen überall durch Zahlen eines Körpers R, so gelten die nachfolgenden Betrachtungen auch für einen Körper Ω, welcher nur eine endliche Anzahl solcher Divisoren besitzt, die zugleich Multipla von R sind.

Produkt aus zwei beliebigen Zahlen ω und $d\omega$ des Körpers Ω auf die Form (1) zurückgeführt. Speziell ergibt sich aus (3)

$$(4) \qquad \omega \omega_r = \sum \frac{\partial H_\iota}{\partial h_r} \omega_\iota;$$

legt man nun den Koordinaten h_ι beliebige rationale Werte bei, welche aber nicht sämtlich verschwinden, so kann auch der entsprechende Wert der Funktional-Determinante

$$(5) \qquad H = \sum \pm \frac{\partial H_1}{\partial h_1} \frac{\partial H_2}{\partial h_2} \cdots \frac{\partial H_n}{\partial h_n}$$

nicht verschwinden; denn sonst ließen sich bekanntlich n rationale Zahlen dh_ι, die nicht sämtlich verschwinden, so bestimmen, daß für jeden Index r

$$dH_r = \sum \frac{\partial H_r}{\partial h_\iota} dh_\iota = 0,$$

und folglich auch $\omega\, d\omega = 0$ würde, während doch keine der beiden Zahlen ω und $d\omega$ verschwindet. Hieraus folgt weiter durch Umkehrung der n Gleichungen (4), daß die n Quotienten $\omega_\iota : \omega$ wieder Zahlen von der Form (1) sind; dasselbe gilt daher auch von jedem Quotienten $\alpha : \omega$, wo α irgendeine Zahl von der Form (1) bedeutet. Mithin bilden alle Zahlen von der Form (1) wirklich einen Körper.

Durch Elimination der n Zahlen ω_ι aus den n Gleichungen (4) ergibt sich die Gleichung

$$(6) \qquad \begin{vmatrix} \frac{\partial H_1}{\partial h_1} - \omega, & \frac{\partial H_2}{\partial h_1} & \cdots \frac{\partial H_n}{\partial h_1} \\ \frac{\partial H_1}{\partial h_2}, & \frac{\partial H_2}{\partial h_2} - \omega & \cdots \frac{\partial H_n}{\partial h_2} \\ \cdots & \cdots & \cdots \\ \frac{\partial H_1}{\partial h_n}, & \frac{\partial H_2}{\partial h_n} & \cdots \frac{\partial H_n}{\partial h_n} - \omega \end{vmatrix} = 0$$

mithin ist jede Zahl ω des Körpers Ω die Wurzel einer (von der Wahl der Basis unabhängigen) Gleichung $n$ten Grades mit rationalen Koeffizienten, also eine **algebraische Zahl**, und es läßt sich leicht zeigen, daß in dem Körper Ω auch Zahlen existieren, welche keiner Gleichung mit rationalen Koeffizienten von niedrigerem als dem $n$ten Grade genügen, für welche also die vorstehende Gleichung **irreduktibel** ist*). Bedeutet θ eine solche Zahl, so bilden offenbar die Potenzen 1, θ, θ^2, ..., θ^{n-1} ebenfalls eine Basis des Körpers Ω, und Ω ist das System aller Zahlen, welche sich durch beliebige Wiederholung der vier arithmetischen Grundoperationen aus θ ableiten lassen. Substituiert man nun für θ der Reihe nach alle Wurzeln derselben irreduktiblen Gleichung, so entstehen ebensoviele entsprechende Körper, welche offenbar mit Ω und folglich auch miteinander konjugiert sind, und es ließe sich leicht zeigen, daß außer diesen Körpern kein anderer

---

*) Der Beweis dieser Behauptung kann z. B. auf das folgende Lemma gestützt werden:

Genügt eine homogene lineare Funktion $\omega = \Sigma h_\iota \omega_\iota$ der n Variablen h_ι einer Identität von der Form

(1) $$A \omega^m + A_1 \omega^{m-1} + \cdots + A_m = 0,$$

wo $A, A_1, \ldots, A_m$ ganze Funktionen der Variablen h_ι mit **rationalen** Koeffizienten bedeuten, die nicht sämtlich identisch verschwinden, und ist der Grad m **kleiner** als die Anzahl n der Variablen, so sind die n Größen ω_ι voneinander **abhängig**.

Durch totale Differentiation der Identität (1) ergibt sich zunächst

(2) $$M d\omega + \omega^m dA + \omega^{m-1} dA_1 + \cdots + dA_m = 0,$$

wo zur Abkürzung

$$M = m A \omega^{m-1} + (m-1) A_1 \omega^{m-2} + \cdots + A_{m-1}$$

gesetzt ist. Man kann nun offenbar annehmen, daß keine solche Identität (1) von noch niedrigerem Grade als m existiert, daß also das Produkt AM nicht identisch verschwindet; nun lege man, was stets möglich ist, den Variablen h_ι solche rationale Werte bei, für welche AM einen von Null verschiedenen Wert erhält; hierauf kann man, weil $m < n$ ist, den n Differentialen dh_ι solche rationale Werte beilegen, welche den m homogenen linearen Gleichungen

$$A dA_1 = A_1 dA, \; A dA_2 = A_2 dA \ldots A dA_m = A_m dA$$

genügen und nicht sämtlich verschwinden; multipliziert man nun (1) mit dA, (2) mit A, und subtrahiert, so folgt $AM d\omega = 0$, also auch $d\omega = \Sigma dh_\iota \omega_\iota = 0$, was zu beweisen war.

Hieraus folgt zunächst, daß, wenn die Größen ω und ω wieder ihre alte Bedeutung erhalten, die aus den Koordinaten der n Größen 1, ω, ω^2, ..., ω^{n-1} gebildete Determinante D, welche eine homogene Funktion der Variablen h_ι vom Grade $\frac{1}{2} n (n-1)$ ist, nicht identisch verschwinden kann, weil sonst ω einer Identität von der obigen Form (1) und von niedrigerem Grade als n genügte, und folglich die Größen ω_ι voneinander abhängig wären. Gibt man nun den Koordinaten h_ι solche rationale Werte, für welche D einen von Null verschiedenen Wert erhält, so folgt unmittelbar, daß die entsprechende Zahl ω des Körpers Ω die Wurzel einer irreduktiblen Gleichung $n$ten Grades ist.

Jeder Lösung der Gleichung $D = 0$ in rationalen Zahlen h_ι entspricht eine Zahl ω, welche einem Divisor des Körpers Ω von niedrigerem als dem $n$ten Grade angehört; der Grad eines solchen Divisors ist immer ein Divisor von n.

mit Ω konjugiert ist. Dabei bemerken wir aber, um Mißverständnissen vorzubeugen, daß diese n Körper, was ihren gesamten Zahleninhalt anbetrifft, sehr wohl teilweise oder auch sämtlich identisch sein können, obgleich sie durch n verschiedene Substitutionen aus einem von ihnen hervorgehen*).

Da nun vermöge des Begriffes konjugierter Körper die Gleichungen (4) gültig bleiben, wenn die Zahlen des Körpers Ω durch die entsprechenden Zahlen eines konjugierten Körpers ersetzt werden, so folgt leicht, daß die sämtlichen Wurzeln der Gleichung (6) die mit ω konjugierten Zahlen sind. Bezeichnet man daher mit $N(\omega)$ die sogenannte Norm der Zahl ω, d. h. das Produkt aus allen n konjugierten Wurzeln, die auch gruppenweise einander gleich sein können, so ist zufolge (6)

(7) $$N(\omega) = H,$$

d. h. die homogene Funktion H ist das Produkt aus n konjugierten Faktoren ersten Grades mit algebraischen Koeffizienten. Aus dieser Definition geht unmittelbar der Satz hervor: **die Norm eines Produktes ist immer gleich dem Produkt aus den Normen der Faktoren.** Setzt man ferner

(8) $$N(\omega) = \omega \omega',$$

so ist ω', weil $N(\omega)$ als rationale Zahl in Ω enthalten ist, ebenfalls eine Zahl des Körpers Ω, was auch aus (6) hervorgeht, und zwar ist

(9) $$N(\omega') = N(\omega)^{n-1};$$

nennen wir ω' die zu ω adjungierte Zahl**), so ist die zu ω' adjungierte Zahl $= \omega N(\omega)^{n-2}$.

Sind $\alpha_1, \alpha_2, \ldots, \alpha_n$ beliebige Zahlen des Körpers Ω, und bedeuten $\beta_\iota, \gamma_\iota, \ldots, \lambda_\iota$ die übrigen $(n-1)$ mit α_ι konjugierten Zahlen, so setzen wir zur Abkürzung

(10) $$(\Sigma \pm \alpha_1 \beta_2 \ldots \lambda_n)^2 = \Delta(\alpha_1, \alpha_2, \ldots, \alpha_n)$$

---

*) Durch die weitere Verfolgung dieses Gegenstandes gelangt man unmittelbar zu den von Galois in die Algebra eingeführten Prinzipien (Sur les conditions de résolubilité des équations par radicaux; Journ. de Math. p. p. Liouville. T. XI. 1846); hierbei ist es zweckmäßig, zunächst die einfachen Reziprozitätsgesetze aufzusuchen, welche zwischen irgend zwei solchen Körpern wie Ω, ihrem größten gemeinschaftlichen Divisor und ihrem kleinsten gemeinschaftlichen Multiplum herrschen.

**) Dieser Ausdruck wird hier in ganz anderer Bedeutung gebraucht wie von Galois.

und nennen dieses Determinantenquadrat die **Diskriminante** der n Zahlen $\alpha_1, \alpha_2, \ldots, \alpha_n$; sie ist eine symmetrische Funktion der n mit θ konjugierten Zahlen und folglich eine rationale Zahl, und zwar ist

(11) $\qquad \varDelta(\alpha_1, \alpha_2, \ldots, \alpha_n) = m^2 \varDelta(\omega_1, \omega_2, \ldots, \omega_n),$

wo m die aus den Koordinaten der Zahlen $\alpha_1, \alpha_2, \ldots, \alpha_n$ gebildete Determinante bedeutet; da die Diskriminante $\varDelta(1, \theta, \theta^2, \ldots, \theta^{n-1})$ bekanntlich das Produkt aller Differenzen zwischen den mit θ konjugierten Zahlen und folglich von Null verschieden ist (weil eine irreduktible Gleichung nur ungleiche Wurzeln haben kann), so ist $\varDelta(\alpha_1 \ldots \alpha_n)$ stets und nur dann $= 0$, wenn die Zahlen $\alpha_1, \alpha_2, \ldots, \alpha_n$ voneinander abhängig sind. Endlich ist allgemein

(12) $\qquad \varDelta(\omega\alpha_1, \omega\alpha_2, \ldots, \omega\alpha_n) = N(\omega)^2 \varDelta(\alpha_1, \alpha_2, \ldots, \alpha_n).$

II. Im vorhergehenden sind die Begriffe und Sätze entwickelt, deren wir in der Folge bedürfen; zur Erläuterung mögen aber hier noch die wichtigsten und nächstliegenden Resultate aus dem großen Reichtume analytischer Entwicklungen mitgeteilt werden, welche sich an die Betrachtung der Funktionen H_ι anknüpfen. Zwischen diesen n Funktionen bestehen fundamentale Relationen, welche man erhält, wenn man das Produkt aus drei beliebigen Zahlen des Körpers Ω auf alle möglichen Arten bildet (vgl. §§ 1, 2). Bedeutet d' wieder eine beliebige Variation, so ist zufolge (4)

$$d'\omega\,\omega_r = \sum d'\left(\frac{\partial H_\iota}{\partial h_r}\right)\omega_\iota;$$

multipliziert man nun (3) mit $d'\omega$, und ersetzt die Produkte $d'\omega\,\omega_\iota$ der vorstehenden Gleichung gemäß durch Summen, so folgt

$$\omega\,d\omega\,d'\omega = \sum d H_\iota\, d'\left(\frac{\partial H_{\iota'}}{\partial h_\iota}\right)\omega_{\iota'};$$

da die linke Seite symmetrisch in bezug auf d und d' ist, und da die n Zahlen $\omega_{\iota'}$ unabhängig sind, so ergibt sich, daß die Funktionen H_ι den n Differentialgleichungen

(13) $\qquad \sum d H_\iota\, d'\left(\dfrac{\partial H_r}{\partial h_\iota}\right) = \sum d' H_\iota\, d\left(\dfrac{\partial H_r}{\partial h_\iota}\right)$

genügen, wo r irgendeinen der Indizes $1, 2, \ldots, n$ bedeutet. Um die Bedeutung dieser Relationen mehr hervortreten zu lassen, wollen wir sie den folgenden Entwicklungen zugrunde legen, ohne den Zusammenhang der Funktionen H_ι mit dem Körper Ω zu benutzen.

Zunächst wollen wir zeigen, daß die Funktionaldeterminante H, welche zufolge ihrer Definition (5) eine ganze homogene Funktion $n$ten Grades mit rationalen Koeffizienten ist, sich durch Multiplikation reproduziert; gehen die Formen K und L dadurch aus H hervor, daß die Koordinaten h_ι bzw. durch dh_ι und durch dH_ι ersetzt werden, so ist

(14) $$L = HK;$$

denn wenn man die Koordinaten h_ι durch dh_ι ersetzt, so geht jede homogene lineare Funktion

$$\frac{\partial H_r}{\partial H_s} \text{ in } d\left(\frac{\partial H_r}{\partial h_s}\right),$$

und folglich H in

$$K = \sum \pm d\left(\frac{\partial H_1}{\partial h_1}\right) d\left(\frac{\partial H_2}{\partial h_2}\right) \cdots d\left(\frac{\partial H_n}{\partial h_n}\right)$$

über; werden aber die Koordinaten h_ι durch die bilinearen Funktionen dH_ι ersetzt, so geht zufolge (13)

$$\frac{\partial H_r}{\partial h_s} \text{ in } \sum \frac{\partial}{\partial h_s}\left(\frac{\partial H_r}{\partial h_\iota}\right) dH_\iota = \sum \frac{\partial H_\iota}{\partial h_s} d\left(\frac{\partial H_r}{\partial h_\iota}\right),$$

und folglich H in $L = HK$ über, was zu beweisen war. Dies ist der schon oben angeführte Satz über die Norm eines Produktes.

Bedeutet φ eine willkürliche Funktion der Koordinaten h_ι, und definiert man die Variation δ dadurch, daß

(15) $$\delta \varphi = \sum \frac{\partial \varphi}{\partial H_\iota} h_\iota, \text{ also } \delta H_\iota = h_\iota$$

wird, so ergibt sich aus (13), wenn man d' durch δ ersetzt,

$$\sum dH_\iota \delta\left(\frac{\partial H_r}{\partial h_\iota}\right) = \sum h_\iota d\left(\frac{\partial H_r}{\partial h_\iota}\right) = dH_r,$$

weil H_r eine homogene Funktion zweiten Grades ist, mithin

(16) $$\delta\left(\frac{\partial H_r}{\partial h_s}\right) = 1 \text{ oder } = 0,$$

je nachdem r und s gleich oder ungleich sind; hieraus folgt, daß die n Variationen δh_ι konstante, rationale Zahlen sind. Wird ferner die Variation δ' durch

(17) $$\delta' \varphi = H \sum \frac{\partial \varphi}{\partial H_\iota} \delta h_\iota, \text{ also } \delta' H_\iota = H \delta h_\iota$$

definiert, so ergibt sich, wenn man in (13) d' durch δ' ersetzt,

$$\sum d H_\iota \delta'\left(\frac{\partial H_r}{\partial h_\iota}\right) = H \sum \delta h_\iota d\left(\frac{\partial H_r}{\partial h_\iota}\right) = H d \sum \frac{\partial H_r}{\partial h_\iota} \delta h_\iota$$

$$= H d \delta H_r = H d h_r,$$

folglich

(18) $$\delta'\left(\frac{\partial H_r}{\partial h_s}\right) = H \frac{\partial h_r}{\partial H_s};$$

da nun der Ausdruck rechter Hand der Koeffizient des Elementes

$$\frac{\partial H_s}{\partial h_r}$$

in der Determinante H, also eine **ganze homogene Funktion** $(n-1)$**ten Grades** der Koordinaten h_ι mit rationalen Koeffizienten ist, so gilt dasselbe von den Größen

(19) $$h'_r = \delta' h_r = H \sum \frac{\partial h_r}{\partial H_\iota} \delta h_\iota,$$

und umgekehrt geht aus (18) hervor, daß die Koeffizienten der einzelnen n^2 Elemente in der Determinante H sich als homogene lineare Funktionen der soeben definierten n Größen h'_ι darstellen lassen. Wir wollen, wenn φ eine beliebige Funktion der Koordinaten h_ι bedeutet, mit φ' dieselbe Funktion der Größen h'_ι bezeichnen; dann lautet die Gleichung (18)

(20) $$\frac{\partial H'_r}{\partial h'_s} = H \frac{\partial h_r}{\partial H_s},$$

und hieraus folgt zugleich

(21) $$H' = H^{n-1}; \quad H \frac{\partial h'_s}{\partial H'_r} = \frac{\partial H_s}{\partial h_r}.$$

Da H eine Funktionaldeterminante ist, so ist bekanntlich[*)]

$$d \log H = \sum \frac{\partial d H_\iota}{\partial H_\iota} - \sum \frac{\partial d h_\iota}{\partial h_\iota},$$

[*)] Jacobi: De determinantibus functionalibus § 9 (Crelles Journal XXII); in der obigen Form ist auch der Fall berücksichtigt, daß die Differentiale $d h_\iota$ Funktionen von den Veränderlichen h_ι sind. Ersetzt man d durch δ', so folgt aus (17) und (19) unmittelbar

$$\sum \frac{\partial h'_\iota}{\partial h_\iota} = 0.$$

und folglich ergibt sich unter Berücksichtigung von (13)

$$\sum \frac{\partial \log H}{\partial h_\iota} dH_\iota = \sum \frac{\partial}{\partial H_{\iota'}} \left(\frac{\partial H_{\iota'}}{\partial h_\iota}\right) dH_\iota$$
$$= \sum d\left(\frac{\partial H_{\iota'}}{\partial h_\iota}\right) \frac{\partial H_\iota}{\partial H_{\iota'}} = d\sum \frac{\partial H_\iota}{\partial h_\iota};$$

führt man daher die homogene lineare Funktion

(22) $$S = \sum \frac{\partial H_\iota}{\partial h_\iota}$$

ein, so ist

(23) $$\sum \frac{\partial \log H}{\partial h_\iota} dH_\iota = dS; \quad \frac{\partial \log H}{\partial h_r} = \frac{\partial S}{\partial H_r},$$

also mit Rücksicht auf (20)

$$\frac{\partial H}{\partial h_r} = H \sum \frac{\partial S}{\partial h_\iota} \frac{\partial h_\iota}{\partial H_r} = \sum \frac{\partial S}{\partial h_\iota} \frac{\partial H_\iota'}{\partial h_r'};$$

man führe daher die ganze homogene Funktion zweiten Grades

(24) $$T = \sum \frac{\partial S}{\partial h_\iota} H_\iota$$

ein, so wird

(25) $$\frac{\partial H}{\partial h_r} = \frac{\partial T'}{\partial h_r'}; \quad dH = \sum \frac{\partial T'}{\partial h_\iota'} dh_\iota,$$

mithin sind auch die Derivierten der Form H darstellbar als homogene lineare Funktionen der in (19) definierten Größen h_ι', und rückwärts diese durch jene. Da ferner zufolge (20)

$$\sum \frac{\partial H_\iota'}{\partial h_s'} \frac{\partial H_r}{\partial h_\iota} = H \quad \text{oder} \quad = 0$$

ist, je nachdem r und s gleich oder ungleich sind, so folgt durch Multiplikation mit h_s' oder dh_s' und Summation in bezug auf s

$$2\sum H_\iota' \frac{\partial H_r}{\partial h_\iota} = Hh_r'; \quad \sum dH_\iota' \frac{\partial H_r}{\partial h_\iota} = H dh_r'$$

und hieraus durch Differentiation

(26) $$h_r' dH - H dh_r' = 2\sum H_\iota' d\left(\frac{\partial H_r}{\partial h_\iota}\right).$$

Mit Hilfe von (25) und (26) ist man imstande, auch die Differentiale höherer Ordnung von H zu bilden; auf diese Weise findet man

(27) $$H dd'H - dH d'H = 2H \sum \frac{\partial H}{\partial h_\iota} dd'h_\iota - 2\sum \frac{\partial^2 T}{\partial h_\iota \partial h_{\iota'}} H_\iota' dd' H_{\iota'};$$

außerdem ergibt sich aus Gleichung (26), welcher man mit Hilfe von (13) auch die Form
$$h'_r \, dH - H \, dh'_r = \sum \frac{\partial H'_i}{\partial h'_{i'}} \frac{\partial H'_r}{\partial h_i} \, dh_{i'}$$
geben kann, die Funktionaldeterminante
$$(28) \quad \sum \pm \frac{\partial h'_1}{\partial h_1} \frac{\partial h'_2}{\partial h_2} \cdots \frac{\partial h'_n}{\partial h_n} = (-1)^{n-1}(n-1) H^{n-2}$$
und folglich aus (25) die Hessesche Determinante der Form H, nämlich
$$(29) \quad \sum \pm \frac{\partial^2 H}{\partial h_1^2} \cdots \frac{\partial^2 H}{\partial h_n^2} = (-1)^{n-1}(n-1) H^{n-2} \sum \pm \frac{\partial^2 T}{\partial h_1^2} \cdots \frac{\partial^2 T}{\partial h_n^2}.$$

Aus den Gleichungen (16), (22), (24), (25), (26), (27) ergeben sich unmittelbar folgende auf die Variation δ bezüglichen Resultate:
$$(30) \quad \begin{array}{l} \delta S = n; \quad \delta T = S; \quad h'_r \delta H - H \delta h'_r = 2 H'_r; \\ \delta H = S'; \quad \delta' H = \delta H^2 - H \delta^2 H = 2 T'. \end{array}$$

III. Alle diese Sätze sind abgeleitet aus der Voraussetzung, daß das System der n ganzen homogenen Funktionen H_i vom zweiten Grade den Bedingungen (13) genügt, und daß ihre Funktionaldeterminante H nicht identisch verschwindet; fügt man noch die Voraussetzung hinzu, daß die Koeffizienten dieser Funktionen rationale Zahlen sind, und daß die Form H irreduktibel, d. h. nicht zerlegbar ist in Faktoren niedrigeren Grades, deren Koeffizienten ebenfalls rationale Zahlen sind, so läßt sich umgekehrt beweisen, daß zu diesem Funktionensystem ein algebraischer Zahlkörper Ω von der oben betrachteten Art gehört. Der Kürze halber führen wir eine Charakteristik ε ein, welche folgenden Sinn hat: ist φ irgendeine Funktion der Koordinaten h_i, und ersetzt man die letzteren durch $h_i - \omega \delta h_i$, wo ω vorläufig eine willkürliche Funktion bedeutet, so geht φ in eine neue Funktion über, welche mit $\varepsilon(\varphi)$ bezeichnet werden soll. Aus dieser Definition folgt sofort
$$(31) \quad d\varepsilon(\varphi) = \varepsilon(d\varphi) - \varepsilon(\delta\varphi) d\omega;$$
unter der Voraussetzung, daß die Differentiale dh_i konstant sind. Hierauf definiere man die Funktion ω als Wurzel der Gleichung $n$ten Grades
$$(32) \quad \varepsilon(H) = 0,$$
welche zufolge (16) vollständig mit der Gleichung (6) übereinstimmt, so läßt sich beweisen, daß ω eine ganze (homogene) Funktion ersten

Grades, d. h. daß $dd'\omega = 0$ ist, wenn die Differentiale dh_ι, $d'h_\iota$ als konstant vorausgesetzt werden. In der Tat ergibt sich durch sukzessive Differentiation der Identität (32) nach der in (31) ausgesprochenen Regel

(33) $$\varepsilon(\delta H) d\omega = \varepsilon(dH)$$

und

(34) $$\varepsilon(\delta H)^3 dd'\omega = \varepsilon(R),$$

wo zur Abkürzung die homogene Funktion $(3n-4)$ten Grades

$$\left\{ \begin{array}{c} \delta H^2 dd'H + \delta^2 H dH d'H \\ -\delta H d H d'\delta H - \delta H d' H d \delta H \end{array} \right\} = R$$

gesetzt ist. Daß diese Funktion R durch H teilbar, in Zeichen, daß $R \equiv 0$ ist*), ergibt sich auf folgende Weise.

Aus (30) folgt

$$h'_r \delta H = 2 H'_r + H \delta h'_r \equiv 2 H'_r$$

ferner

$$h'_r \delta^2 H = 2 \delta H'_r + H \delta^2 h'_r \equiv 2 \delta H'_r$$

und hieraus durch Elimination von h'_r

$$\delta^2 H H'_r - \delta H \delta H'_r \equiv 0;$$

da nun zufolge (27) $dH d'H - H dd'H$ eine homogene lineare Funktion der n Größen H'_ι ist, so folgt auch, daß

$$\delta^2 H (dH d'H - H dd'H) - \delta H \delta (dH d'H - H dd'H) \equiv 0$$

ist; die linke Seite unterscheidet sich aber von R nur um Bestandteile, welche durch H teilbar sind. Mithin ist $R = PH$, wo P eine ganze Funktion bedeutet, und folglich $\varepsilon(R) = \varepsilon(P)\varepsilon(H) = 0$. Da sich nun aus den Voraussetzungen über H beweisen läßt, daß $\varepsilon(\delta H)$ nicht identisch verschwindet, so folgt aus (34) $dd'\omega = 0$, d. h. die Wurzel ω der Gleichung (32) ist eine ganze Funktion ersten Grades; daß sie zugleich homogen ist, versteht sich von selbst, weil H, $\delta H, \ldots, \delta^{n-1}H$ und folglich auch ω gleichzeitig mit den Koordinaten h_ι verschwinden. Setzt man nun

(1) $$\frac{\partial \omega}{\partial h_\iota} = \omega_\iota, \quad \omega = \sum h_\iota \omega_\iota,$$

---

*) Dies gilt allgemein von dem Ausdruck
$d'H d''' H d d'' H + d H d'' H d' d''' H - d''' H d H d' d'' H - d' H d d''' H$.

so ergibt sich aus (33), daß
(35) $$\Sigma \delta h_\iota \omega_\iota = \delta \omega = 1$$
und
(36) $$\varepsilon\left(\frac{\partial H}{\partial h_\iota}\right) = \varepsilon(\delta H)\omega_\iota$$
ist. Da ferner zufolge (23)
$$\Sigma \frac{\partial H}{\partial h_\iota} dH_\iota = H dS \equiv 0$$
und
$$\varepsilon(dH_\iota) = dH_\iota - \omega d\delta H_\iota = dH_\iota - \omega dh_\iota.$$
ist, so folgt
$$0 = \varepsilon(H) dS = \Sigma \varepsilon\left(\frac{\partial H}{\partial h_\iota}\right) \varepsilon(dH_\iota)$$
$$= \varepsilon(\delta H) \Sigma \omega_\iota (dH_\iota - \omega dh_\iota),$$
mithin
(3) $$\omega d\omega = \Sigma dH_\iota \omega_\iota,$$
also auch
(2) $$\omega^2 = 2 \Sigma H_\iota \omega_\iota,$$
wodurch wir rückwärts zu unseren ursprünglichen Annahmen zurückgekehrt sind; und man kann auch beweisen — worauf wir hier nicht eingehen wollen —, daß aus den Voraussetzungen über H die Unabhängigkeit der n Zahlen ω_ι folgt.

Wir fügen diesen Entwicklungen endlich noch folgende leicht zu beweisende Bemerkungen hinzu. Die ausgeführte Form der Gleichung (32) oder (6) ist folgende
(37) $$0 = H - \delta H \frac{\omega}{1} + \delta^2 H \frac{\omega^2}{1 \cdot 2} - \delta^3 H \frac{\omega^3}{1 \cdot 2 \cdot 3} + \cdots;$$
es ist ferner
(7) $$H = \Pi \omega = N(\omega),$$
wo das Produktzeichen Π sich auf alle n Wurzeln ω bezieht; ebenso findet man [wenn man in (3) d durch δ' ersetzt]
(8) $$H = \omega \omega',$$
wo
(38) $$\omega' = \delta'\omega = \Sigma h'_\iota \omega_\iota$$
zu ω adjungiert ist, und
(39) $$S = \Sigma \omega, \quad 2T = \Sigma \omega^2,$$

wo die Summenzeichen sich ebenfalls auf alle n Wurzeln beziehen. Die quadratische Form T ist charakteristisch für die Anzahl der reellen Wurzeln; bildet man ferner die Hessesche Determinante des Produktes $H = \Pi \omega$, so ergibt sich durch Vergleichung mit (29) die Diskriminante

$$(40) \qquad \varDelta(\omega_1, \omega_2, \ldots, \omega_n) = \sum \pm \frac{\partial^2 T}{\partial h_1^2} \cdots \frac{\partial^2 T}{\partial h_n^2},$$

was auch unmittelbar aus (39) folgt.

§ 160

Der Inbegriff aller algebraischen Zahlen bildet offenbar ebenfalls einen Körper*). Wir wollen nun, indem wir unserem eigentlichen Gegenstande näher treten, eine Zahl α eine ganze algebraische Zahl nennen, wenn sie die Wurzel einer Gleichung ist, deren Koeffizienten rationale ganze Zahlen sind, wobei wir ein für allemal bemerken, daß wir unter den Koeffizienten einer Funktion $m$ten Grades

$$F(x) = c\,x^m + c_1 x^{m-1} + c_2 x^{m-2} + \cdots + c_m$$

oder der Gleichung $F(x) = 0$ stets die m Quotienten

$$-\frac{c_1}{c},\ +\frac{c_2}{c} \cdots (-1)^m \frac{c_m}{c}$$

verstehen. Aus dieser Erklärung folgt zunächst, daß eine rationale Zahl stets und nur dann eine ganze algebraische Zahl ist, wenn sie eine ganze Zahl im gewöhnlichen Sinne des Wortes ist (vgl. § 5, 4.); diese Zahlen wollen wir von jetzt ab rationale ganze Zahlen, alle algebraischen ganzen Zahlen aber kurz ganze Zahlen nennen. Dieses vorausgeschickt, schreiten wir zum Beweise der folgenden Fundamentalsätze.

1. Die Summe, die Differenz und das Produkt zweier ganzen Zahlen α, β sind wieder ganze Zahlen.

---

*) Daß es außer den algebraischen noch andere, sogenannte transzendente Zahlen gibt, ist meines Wissens zuerst von Liouville bewiesen (Sur des classes très-étendues de quantités dont la valeur n'est ni algébrique, ni même réductible à des irrationnelles algébriques; Journ. de Math. T. XVI, 1851). Man vermutet, daß die Ludolphsche Zahl π eine solche transzendente Zahl ist; allein selbst die als spezieller Fall hierin enthaltene Behauptung, daß die Quadratur des Zirkels unmöglich sei, ist bis auf den heutigen Tag noch nicht erwiesen. (Vgl. Euler: De relatione inter ternas plauresve quantitates instituenda. § 10. Opusc. anal. T. II, 1785.)

Sind a, b bzw. die Grade der Gleichungen $\varphi(\alpha) = 0$, $\psi(\beta) = 0$, deren Koeffizienten rationale ganze Zahlen sind, und bezeichnet man mit ω_1, ω_2, ..., ω_n die sämtlichen ab Produkte von der Form $\alpha^{a'}\beta^{b'}$, wo a' irgendeine der Zahlen 0, 1, 2, ..., $(a-1)$, und b' irgendeine der Zahlen 0, 1, 2, ..., $(b-1)$ bedeutet, so wird, wenn $\omega = \alpha + \beta$, oder $= \alpha - \beta$, oder $= \alpha\beta$ ist, jedes der n Produkte $\omega\omega_1$, $\omega\omega_2$, ..., $\omega\omega_n$ mit Zuziehung der Gleichungen $\varphi(\alpha) = 0$, $\psi(\beta) = 0$ auf die Form $r_1\omega_1 + r_2\omega_2 + \cdots + r_n\omega_n$ gebracht werden können, wo r_1, r_2, ..., r_n rationale ganze Zahlen sind. Eliminiert man die n Größen ω_1, ω_2, ..., ω_n aus diesen n Gleichungen, so ergibt sich für ω eine Gleichung vom $n$ten Grade [wie (6) in § 159], deren Koeffizienten rationale ganze Zahlen sind, was zu beweisen war (vgl. § 139).

2. Die ganze Zahl α heißt **teilbar** durch die ganze Zahl β, oder ein **Multiplum** von β, wenn der Quotient $\alpha:\beta$ ebenfalls eine ganze Zahl ist; umgekehrt heißt β ein **Divisor** oder **Teiler** von α (vgl. § 3). Ebenso setzen wir $\alpha \equiv \beta \pmod{\gamma}$, wenn $\alpha - \beta$ durch γ teilbar ist, und nennen α, β **kongruent nach dem Modul** γ (vgl. § 17). Man erkennt sofort (zufolge 1.), daß die Sätze des § 3 und auch die des § 17 (mit vorläufiger Ausnahme von 6. und 8.; vgl. § 164, 3.) ihre Gültigkeit behalten.

3. **Jede Wurzel ω einer Gleichung, deren Koeffizienten ganze Zahlen sind, ist ebenfalls eine ganze Zahl.**

Ist ω die Wurzel einer Gleichung $m$ten Grades $F(\omega) = 0$, deren Koeffizienten α, β ... ganze Zahlen sind, sind ferner a, b ... bzw. die Grade der mit rationalen ganzen Koeffizienten behafteten Gleichungen $\varphi(\alpha) = 0$, $\psi(\beta) = 0 \ldots$, so führe man die sämtlichen $mab\ldots$ Produkte ω_1, ω_2, ..., ω_n von der Form $\omega^{m'}\alpha^{a'}\beta^{b'}\ldots$ ein, wo die ganzen rationalen Exponenten den Bedingungen $0 \leq m' < m$, $0 \leq a' < a$, $0 \leq b' < b \ldots$ genügen; dann läßt sich vermöge der Gleichungen $F(\omega) = 0$, $\varphi(\alpha) = 0$, $\psi(\beta) = 0 \ldots$ jedes der n Produkte $\omega\omega_1$, $\omega\omega_2$, ..., $\omega\omega_n$ wieder in die Form $r_1\omega_1 + r_2\omega_2 + \cdots + r_n\omega_n$ bringen, wo r_1, r_2, ..., r_n rationale ganze Zahlen bedeuten, und hieraus folgt unmittelbar die Richtigkeit des Satzes.

Ist daher z. B. α eine ganze Zahl, und r eine beliebige (ganze oder gebrochene) positive rationale Zahl, so ist auch α^r eine ganze Zahl (vgl. § 5, 4.).

4. Bekanntlich lassen sich die Begriffe der Teilbarkeit und des Vielfachen von den ganzen rationalen Zahlen unmittelbar auf die ganzen rationalen Funktionen übertragen, und es gibt einen Algorithmus zur Auffindung des größten gemeinschaftlichen Divisors $\varphi(x)$ zweier gegebenen Funktionen $F(x)$, $f(x)$, welcher demjenigen der Zahlentheorie (§ 4) vollständig analog ist. Sind die Koeffizienten von $F(x)$ und $f(x)$ sämtlich in einem Körper K enthalten, so werden auch die Koeffizienten von $\varphi(x)$ Zahlen des Körpers K sein, weil sie durch Addition, Multiplikation, Subtraktion und Division aus den Koeffizienten von $F(x)$ und $f(x)$ entstehen. Hieraus folgt leicht, daß, wenn α die Wurzel einer solchen Gleichung $F(\alpha) = 0$ ist, deren Koeffizienten Zahlen des Körpers K sind, notwendig auch eine solche Gleichung $\varphi(\alpha) = 0$ von niedrigstem Grade existieren muß, welche irreduktibel in K heißen soll und welche offenbar keine anderen Wurzeln besitzen kann als die Gleichung $F(\alpha) = 0$. Hieraus folgt der Satz:

Ist α eine ganze Zahl, und K ein bestimmter Körper, so sind alle Koeffizienten der in K irreduktiblen Gleichung $\varphi(\alpha) = 0$ ganze Zahlen.

Denn weil α eine ganze Zahl, also die Wurzel einer Gleichung $F(\alpha) = 0$ ist, deren Koeffizienten rationale ganze Zahlen und folglich auch Zahlen des Körpers K sind (§ 159), so kann die in K irreduktible Gleichung $\varphi(\alpha) = 0$, welcher α genügt, nur ganze Zahlen zu Wurzeln haben; da aber die Koeffizienten einer Gleichung durch Addition und Multiplikation aus ihren Wurzeln entstehen, so sind (zufolge 1.) auch die Koeffizienten der Gleichung $\varphi(\alpha) = 0$ ganze Zahlen, was zu beweisen war.

Der einfachste Fall, in welchem K der Körper der rationalen Zahlen ist, findet sich bei Gauß*).

5. Ist ϱ irgendeine algebraische Zahl, so gibt es immer unendlich viele (von Null verschiedene) rationale ganze Zahlen h von der Beschaffenheit, daß $h\varrho$ eine ganze Zahl wird, und zwar stimmen diese sämtlichen Zahlen h mit den sämtlichen rationalen Vielfachen der kleinsten unter ihnen überein.

---

*) D. A. art. 42.

Da ϱ eine algebraische Zahl, also die Wurzel einer Gleichung von der Form
$$c\varrho^m + c_1\varrho^{m-1} + c_2\varrho^{m-2} + \cdots + c_m = 0$$
ist, wo $c, c_1, c_2, \ldots, c_m$ rationale ganze Zahlen bedeuten, so ergibt sich durch Multiplikation mit c^{m-1}, daß $c\varrho$ eine ganze Zahl ist. Sind ferner $a\varrho$, $b\varrho$ ganze Zahlen, wo a, b rationale ganze Zahlen bedeuten, deren größter gemeinschaftlicher Teiler $= h$ ist, so folgt leicht (aus 1. und § 4), daß auch $h\varrho$ eine ganze Zahl ist. Hieraus ergibt sich unmittelbar der zu beweisende Satz.

6. Versteht man unter einer **Einheit** eine ganze Zahl ε, welche in allen ganzen Zahlen aufgeht, so ist zunächst erforderlich, daß sie auch in 1 aufgeht, daß also $1 = \varepsilon\varepsilon'$, und ε' eine ganze Zahl ist; wenn nun
$$\varepsilon^m + c_1\varepsilon^{m-1} + \cdots + c_m = 0$$
die im Körper der rationalen Zahlen irreduktible Gleichung ist, welcher ε genügt, so muß (zufolge 4.) $c_m = \pm 1$ sein, weil ε' der ebenfalls irreduktiblen Gleichung
$$c_m\varepsilon'^m + c_{m-1}\varepsilon'^{m-1} + \cdots + c_1\varepsilon' + 1 = 0$$
genügt; umgekehrt, ist dies der Fall, so geht ε in 1 und folglich in allen ganzen Zahlen auf, ist also eine Einheit. Die Anzahl der Einheiten ist offenbar unbegrenzt.

Ist α teilbar durch α', und sind ε, ε' irgendwelche Einheiten, so ist offenbar auch $\varepsilon\alpha$ durch $\varepsilon'\alpha'$ teilbar; hinsichtlich der Teilbarkeit verhalten sich daher alle Zahlen $\varepsilon\alpha$, welche den sämtlichen Einheiten ε entsprechen, genau wie α. Zwei ganze Zahlen, deren Quotient keine Einheit ist, wollen wir **wesentlich verschieden** nennen.

7. Will man nun den Begriff der **Primzahl** so fassen, daß sie außer sich selbst und den Einheiten keine wesentlich verschiedenen Teiler besitzt und auch selbst keine Einheit ist, so erkennt man sofort, daß gar keine solche Zahl existiert; ist nämlich α eine ganze Zahl, aber keine Einheit, so besitzt sie immer unendlich viele wesentlich verschiedene Divisoren, z. B. die Zahlen $\sqrt{\alpha}, \sqrt[3]{\alpha}, \sqrt[4]{\alpha}$ usf., welche (zufolge 3.) ganze Zahlen sind.

Dagegen läßt sich der Begriff von **relativen Primzahlen** vollständig definieren, und diese Frage wird uns überhaupt auf den richtigen Weg leiten, welcher bei den ferneren Untersuchungen einzuschlagen ist. Da von einem größten gemeinschaftlichen Teiler zweier ganzen Zahlen **vorläufig** (vgl. § 164, 3.) nicht gesprochen werden kann, so ist es auch unmöglich, die Definition von relativen Primzahlen so zu fassen, wie sie in der Theorie der rationalen Zahlen aufgestellt wird (§ 5); aber aus dieser Definition ergaben sich mehrere Sätze, deren jeder umgekehrt das Verhalten zweier relativen Primzahlen vollständig charakterisiert, ohne die Kenntnis ihrer sämtlichen Divisoren vorauszusetzen. Ein solcher Satz ist z. B. der folgende (§ 7): Sind a, b relative Primzahlen, so ist jede durch a und b teilbare Zahl auch durch ab teilbar. Dieser Satz läßt sich in der Tat umkehren: Ist jede durch a und b teilbare Zahl auch durch ab teilbar, so sind a, b relative Primzahlen. Hätten nämlich die beiden Zahlen $a = ha'$, $b = hb'$ einen gemeinschaftlichen Teiler $h > 1$, so wäre $ha'b'$ eine durch a und b, aber nicht durch ab teilbare Zahl.

Diese Betrachtung veranlaßt uns, folgende für das Gebiet aller ganzen algebraischen Zahlen gültige Erklärung aufzustellen:

Zwei von Null verschiedene ganze Zahlen α, β heißen relative Primzahlen, wenn jede durch α und β teilbare Zahl auch durch $\alpha\beta$ teilbar ist.

Vor allem bemerken wir, daß zwei relative Primzahlen im alten Sinne des Wortes, d. h. zwei rationale ganze Zahlen a, b, deren größter gemeinschaftlicher Divisor $= 1$ ist, auch im neuen Sinne relative Primzahlen bleiben; ist nämlich eine ganze algebraische Zahl γ teilbar durch a und b, so ist der Quotient $\varrho = \gamma : ab$ eine algebraische Zahl der Art, daß $a\varrho$ und $b\varrho$ ganze Zahlen sind; mithin muß (zufolge 5.) auch ϱ eine ganze Zahl, also γ teilbar durch ab sein, was zu beweisen war. Daß ferner umgekehrt zwei relative Primzahlen im neuen Sinne des Wortes, welche zugleich rational sind, auch relative Primzahlen im alten Sinne sind, versteht sich zufolge der der neuen Erklärung vorausgeschickten Erörterung von selbst.

Wir nennen ferner die ganzen Zahlen $\alpha, \beta, \gamma, \delta \ldots$ kurz relative Primzahlen, wenn jede von ihnen relative Primzahl zu jeder der anderen ist (vgl. § 6); ist dann eine ganze Zahl ω durch jede von ihnen teilbar, so ist sie auch durch ihr Produkt teilbar (vgl. § 7), weil, wie man leicht findet, auch der folgende Satz (§ 5, 3.) seine Gültigkeit behält: Ist jede der Zahlen $\alpha', \beta', \gamma' \ldots$ relative Primzahl zu jeder der Zahlen $\alpha'', \beta'', \gamma'', \delta'' \ldots$, so sind auch die Produkte $\alpha'\beta'\gamma' \ldots$ und $\alpha''\beta''\gamma''\delta'' \ldots$ relative Primzahlen und umgekehrt.

Aber wie soll man definitiv entscheiden, ob zwei gegebene ganze Zahlen α, β relative Primzahlen sind? Man könnte versuchen, folgenden Weg einzuschlagen. Da α^{-1} und β^{-1} algebraische Zahlen sind, so gibt es (zufolge 5.) immer zwei kleinste positive ganze rationale Zahlen a, b von der Art, daß $a\alpha^{-1}$ und $b\beta^{-1}$ ganze Zahlen, d. h. daß a, b bzw. durch α, β teilbar werden; zeigt sich nun, daß a, b relative Primzahlen sind, so sind auch α, β gewiß relative Primzahlen. Aber man muß sich hüten zu glauben, daß auch das Umgekehrte stattfindet, daß also die kleinsten rationalen Multipla a, b von zwei relativen Primzahlen α, β notwendig selbst relative Primzahlen sein müssen. So z. B. sind in der Tat die beiden konjugierten Zahlen $\alpha = 2 + i$ und $\beta = 2 - i$ relative Primzahlen, und doch ist $a = b = 5$. Eine wesentliche Reduktion unserer Aufgabe wird aber durch den folgenden Satz bewirkt:

Wenn zwei ganze Zahlen α, β sich in einem Körper K, dem sie selbst angehören, als relative Primzahlen bewähren, d. h. wenn jede durch α und β teilbare Zahl des Körpers K auch durch $\alpha\beta$ teilbar ist, so sind α, β wirklich relative Primzahlen.

Ist nämlich ω irgendeine durch α und durch β teilbare ganze Zahl, und ist
$$\omega^m + \gamma_1 \omega^{m-1} + \gamma_2 \omega^{m-2} + \cdots + \gamma_m = 0$$
die in K irreduktible Gleichung, welcher ω genügt, so sind (zufolge 4.) die Zahlen $\gamma_1, \gamma_2, \ldots, \gamma_m$ ganze Zahlen des Körpers K; da ferner die ganzen Zahlen $\alpha' = \omega:\alpha$ und $\beta' = \omega:\beta$ bzw. den in K irreduktiblen Gleichungen
$$(\alpha\alpha')^m + \gamma_1 (\alpha\alpha')^{m-1} + \cdots + \gamma_m = 0$$
$$(\beta\beta')^m + \gamma_1 (\beta\beta')^{m-1} + \cdots + \gamma_m = 0$$
genügen, so sind (zufolge 4.) auch die Quotienten $\gamma_n : \alpha^n$ und $\gamma_n : \beta^n$ ganze Zahlen des Körpers K; da ferner nach Voraussetzung jede durch α und β teilbare Zahl des Körpers K auch durch $\alpha\beta$ teilbar ist, so ergibt sich leicht, daß auch jede durch α^n und β^n teilbare Zahl γ_n des Körpers K durch $\alpha^n \beta^n$ teilbar, also von der Form $\alpha^n \beta^n \gamma'_n$ ist, wo γ'_n eine ganze Zahl bedeutet; setzt man nun $\omega = \alpha\beta\omega'$, so genügt ω' der Gleichung
$$\omega'^m + \gamma'_1 \omega'^{m-1} + \cdots + \gamma'_m = 0,$$
deren Koeffizienten ganze Zahlen sind; mithin ist ω' (zufolge 3.) eine ganze Zahl, d. h. ω ist auch teilbar durch $\alpha\beta$, was zu beweisen war.

Hieraus geht hervor, daß man, um das gegenseitige Verhalten zweier ganzen Zahlen α, β zu untersuchen, nur den kleinsten Körper K zu bilden braucht, welchem sie beide angehören; und dieser Körper ist, wie man leicht erkennt, immer von der im vorigen Paragraphen betrachteten Beschaffenheit.

§ 161

Um den späteren Verlauf der Darstellung nicht zu unterbrechen, schalten wir hier eine sehr allgemeine Betrachtung ein, welche für die nachfolgenden, sowie für viele andere, unserem Gegenstande fremde Untersuchungen von großem Nutzen ist.

1. Ein System $\mathfrak{a}$ von reellen oder komplexen Zahlen α, deren **Summen** und **Differenzen** demselben System $\mathfrak{a}$ angehören, soll ein **Modul** heißen; wenn die Differenz zweier Zahlen ω, ω' in $\mathfrak{a}$ enthalten ist, so wollen wir sie **kongruent nach** $\mathfrak{a}$ nennen und dies durch die Kongruenz

$$\omega \equiv \omega' \pmod{\mathfrak{a}}$$

andeuten. Solche Kongruenzen können addiert, subtrahiert und folglich auch mit beliebigen ganzen rationalen Zahlen multipliziert werden, wie Gleichungen. Da je zwei einer dritten kongruente Zahlen auch einander kongruent sind, so kann man alle existierenden Zahlen in **Klassen** $(\mod \mathfrak{a})$ einteilen, indem man je zwei kongruente Zahlen in dieselbe Klasse, je zwei inkongruente in zwei verschiedene Klassen aufnimmt.

2. Wenn alle Zahlen eines Moduls $\mathfrak{a}$ auch Zahlen eines Moduls $\mathfrak{b}$ sind, so heiße $\mathfrak{a}$ ein **Vielfaches** von $\mathfrak{b}$, und $\mathfrak{b}$ ein **Teiler** von $\mathfrak{a}$; oder wir sagen auch, $\mathfrak{b}$ gehe in $\mathfrak{a}$ auf, $\mathfrak{a}$ sei teilbar durch $\mathfrak{b}$. Aus jeder Kongruenz $\omega \equiv \omega' \pmod{\mathfrak{a}}$ folgt auch $\omega \equiv \omega' \pmod{\mathfrak{b}}$. Offenbar besteht $\mathfrak{b}$ aus einer endlichen oder unendlichen Anzahl von Klassen $(\mod \mathfrak{a})$.

Sind $\mathfrak{a}$, $\mathfrak{b}$ irgend zwei Moduln, so bilden alle die Zahlen, welche gleichzeitig in $\mathfrak{a}$ und in $\mathfrak{b}$ enthalten sind, das **kleinste gemeinschaftliche Vielfache** $\mathfrak{m}$ von $\mathfrak{a}$ und $\mathfrak{b}$, weil jedes gemeinschaftliche Vielfache von $\mathfrak{a}$ und $\mathfrak{b}$ auch durch den Modul $\mathfrak{m}$ teilbar ist. Durchläuft α alle Zahlen des Moduls $\mathfrak{a}$, β alle Zahlen des Moduls $\mathfrak{b}$, so bilden die Zahlen $\alpha + \beta$ den **größten gemeinschaftlichen Teiler** von $\mathfrak{a}$ und $\mathfrak{b}$, weil jeder gemeinschaftliche Teiler von $\mathfrak{a}$ und $\mathfrak{b}$ auch in dem Modul $\mathfrak{b}$ aufgeht.

3. Sind $\omega_1, \omega_2, \ldots, \omega_n$ gegebene Zahlen, so bilden alle Zahlen von der Form
(1) $$\omega = h_1\omega_1 + h_2\omega_2 + \cdots + h_n\omega_n,$$
wo $h_1, h_2, \ldots, h_n$ alle ganzen rationalen Zahlen durchlaufen, einen endlichen Modul o, und wir wollen den Komplex der n Zahlen $\omega_1, \omega_2, \ldots, \omega_n$, mögen sie abhängig oder unabhängig voneinander sein, eine Basis des Moduls o nennen. Dann besteht folgender Satz:

Wenn alle Zahlen ω eines endlichen Moduls o durch Multiplikation mit rationalen, von Null verschiedenen Zahlen in Zahlen eines Moduls m verwandelt werden können, so enthält o nur eine endliche Anzahl inkongruenter Zahlen (mod m).

Da es nämlich n rationale, von Null verschiedene Zahlen $r_1, r_2, \ldots, r_n$ der Art gibt, daß die Produkte $r_1\omega_1, r_2\omega_2, \ldots, r_n\omega_n$ in m enthalten sind, so gibt es auch eine ganze rationale, von Null verschiedene Zahl s der Art, daß alle Produkte $s\omega \equiv 0$ (mod m) sind. Läßt man daher jede der n ganzen rationalen Zahlen $h_1, h_2, \ldots, h_n$ ein vollständiges Restsystem (mod s) durchlaufen, so entstehen s^n Zahlen ω von der Form (1), und jede Zahl des Moduls o ist wenigstens einer derselben kongruent (mod m); mithin ist die Anzahl der in o enthaltenen, nach m inkongruenten Zahlen höchstens $= s^n$, was zu beweisen war.

Allein es ist wichtig, die Anzahl dieser inkongruenten Zahlen genau zu bestimmen. Zu diesem Zwecke betrachten wir das kleinste gemeinschaftliche Vielfache a der beiden Moduln o und m; da je zwei nach m kongruente Zahlen ω, ω' des Moduls o auch nach a kongruent sind, und umgekehrt, so ist unsere Aufgabe die, die Anzahl der Klassen (mod a) zu bestimmen, aus welchen o besteht. Wir suchen daher zunächst die allgemeine Form aller in a enthaltenen Zahlen
(2) $$\alpha = k_1\omega_1 + k_2\omega_2 + \cdots + k_n\omega_n$$
aufzustellen, wo $k_1, k_2, \ldots, k_n$ jedenfalls ganze rationale Zahlen bedeuten. Ist nun r ein bestimmter Index aus der Reihe $1, 2, \ldots, n$, so gibt es unter allen den Zahlen $\alpha = \theta_r$, in welchen $k_{r+1} = 0, k_{r+2} = 0, \ldots, k_n = 0$ ist, auch solche, in denen k_r von Null verschieden ist (z. B. $s\omega_r$), und unter diesen sei
(3) $$\alpha_r = a_1^{(r)}\omega_1 + a_2^{(r)}\omega_2 + \cdots + a_r^{(r)}\omega_r$$
eine solche, in welcher k_r den kleinsten positiven Wert $a_r^{(r)}$ besitzt. Dann leuchtet ein, daß der Wert von k_r in jeder Zahl θ_r durch $a_r^{(r)}$

16*

teilbar, also von der Form $a_r^{(r)} x_r$ ist, wo x_r eine ganze rationale Zahl bedeutet, und daß folglich $\theta_r - x_r \alpha_r = \theta_{r-1}$ eine Zahl α ist, in welcher $k_r, k_{r+1}, \ldots, k_n$ verschwinden. Hieraus folgt sofort, daß, nachdem man für jeden Index r eine solche partikuläre Zahl α_r des Moduls $\mathfrak{a}$ aufgestellt hat*), jede Zahl α gewiß in die Form

(4) $$\alpha = x_1 \alpha_1 + x_2 \alpha_2 + \cdots + x_n \alpha_n$$

gebracht werden kann, wo $x_1, x_2, \ldots, x_n$ ganze rationale Zahlen bedeuten, aus welchen die in der Form (2) vorkommenden Zahlen $k_1, k_2, \ldots, k_n$ durch die Gleichungen

(5) $$k_r = a_r^{(r)} x_r + a_r^{(r+1)} x_{r+1} + \cdots + a_r^{(n)} x_n$$

abgeleitet werden; und umgekehrt sind alle Zahlen α von der Form (4) in $\mathfrak{a}$ enthalten.

Ist nun eine Zahl ω von der Form (1) gegeben, sind also $h_1, h_2, \ldots, h_n$ gegebene rationale ganze Zahlen, so sind alle Zahlen ω' des Moduls $\mathfrak{o}$, welche ihr nach $\mathfrak{m}$ kongruent sind, welche also eine Klasse (mod $\mathfrak{a}$) bilden, von der Form

(6) $$\omega' = \omega + \alpha = h_1' \omega_1 + h_2' \omega_2 + \cdots + h_n' \omega_n,$$

wo zufolge (5)

$$h_r' = h_r + a_r^{(r)} x_r + a_r^{(r+1)} x_{r+1} + \cdots + a_r^{(n)} x_n$$

ist, und hieraus folgt, daß man sukzessive die willkürlichen rationalen ganzen Zahlen $x_n, x_{n-1}, \ldots, x_2, x_1$ stets und nur auf eine einzige Art so bestimmen kann, daß die n Zahlen h_r' den Bedingungen

(7) $$0 \leq h_r' < a_r^{(r)}$$

genügen. In jeder Klasse existiert daher ein und nur ein Repräsentant ω' von der Form (6), welcher diesen Bedingungen (7) genügt; mithin ist die Anzahl der verschiedenen Klassen (mod $\mathfrak{a}$), aus welchen der Modul $\mathfrak{o}$ besteht, gleich dem Produkte $a_1' a_2'' \ldots a_n^{(n)}$, d. h. gleich der Determinante des Koeffizientensystems in den n partikulären Zahlen α_r von der Form (3), welche eine Basis von $\mathfrak{a}$ bilden**).

---

*) Das System dieser n partikulären Zahlen wird ein vollständig bestimmtes, wenn man die Bedingung hinzufügt, daß $0 \leq a_r^{(r')} < a_r^{(r)}$ sein soll, wenn $r' > r$ ist.

**) Die weitere Entwicklung der allgemeinen Theorie der Moduln würde uns hier zu weit führen (vgl. § 163); wir erwähnen nur noch folgenden Satz: Sind die Basiszahlen eines endlichen Moduls voneinander abhängig, so gibt es immer eine aus unabhängigen Zahlen bestehende Basis desselben Moduls. Die eleganteste Methode, die neue Basis aufzufinden, besteht in einer Verallgemeinerung der von Gauß angewandten Behandlung der partialen Determinanten (D. A. artt. 234, 236, 279).

§ 162

Wir beschränken uns von jetzt an auf die Untersuchung der ganzen Zahlen, welche in einem endlichen Körper Ω (§ 159) enthalten sind.

1. Da jede algebraische Zahl (zufolge § 160, 5.) durch Multiplikation mit einer rationalen ganzen von Null verschiedenen Zahl in eine ganze Zahl verwandelt werden kann, so dürfen wir annehmen, daß die Zahlen $\omega_1, \omega_2, \ldots, \omega_n$, welche eine Basis des Körpers Ω bilden, sämtlich ganze Zahlen sind, und es wird dann (zufolge § 160, 1.) jede Zahl

$$(1) \qquad \omega = \Sigma\, h_\iota\, \omega_\iota$$

gewiß eine ganze Zahl sein, wenn ihre Koordinaten h_ι rationale ganze Zahlen sind; aber dies läßt sich im allgemeinen nicht umkehren, d. h. es kann ω sehr wohl eine ganze Zahl sein, auch wenn ihre Koordinaten teilweise oder sämtlich gebrochene Zahlen sind. Dies ist einer der wichtigsten Punkte der Theorie und muß deshalb vor allem aufgeklärt werden.

Wir schicken zunächst die einleuchtende Bemerkung voraus, daß die Diskriminante [§ 159, (10)] eines jeden Systems von n unabhängigen ganzen Zahlen gewiß eine von Null verschiedene rationale, und zwar ganze Zahl ist, weil sie durch Addition, Subtraktion und Multiplikation aus lauter ganzen Zahlen gebildet ist. Gibt es nun wirklich in Ω eine ganze Zahl

$$(2) \qquad \beta = \frac{\Sigma\, k_\iota\, \omega_\iota}{s},$$

wo $s, k_1, k_2, \ldots, k_n$ ganze rationale Zahlen ohne gemeinschaftlichen Teiler bedeuten, deren erste $s > 1$ ist, so behaupten wir, daß s^2 in der Diskriminante $\varDelta(\omega_1, \omega_2, \ldots, \omega_n)$ aufgeht, und daß man eine neue Basis von ganzen Zahlen $\beta_1, \beta_2, \ldots, \beta_n$ aufstellen kann, deren Diskriminante absolut genommen $< \varDelta(\omega_1, \omega_2, \ldots, \omega_n)$ ist.

Um dies zu beweisen, bezeichnen wir mit $\mathfrak{m}$ den aus allen durch s teilbaren ganzen Zahlen bestehenden Modul, ebenso mit $\mathfrak{o}$ das System aller Zahlen ω von der Form (1), deren Koordinaten h_ι ganze Zahlen sind; da jedes Produkt $s\omega$ eine Zahl des Moduls $\mathfrak{m}$ ist, so können wir die allgemeine Untersuchung des vorigen Paragraphen auf unsern

Fall anwenden. Alle durch s teilbaren Zahlen α des Systems $\mathfrak{o}$ sind daher von der Form

$$\alpha = \Sigma x_\iota \alpha_\iota = s \Sigma x_\iota \beta_\iota,$$

wo die n Zahlen $\alpha_\iota = s\beta_\iota$ partikuläre Zahlen α, also die β_ι ganze Zahlen des Körpers Ω, und die x_ι willkürliche rationale ganze Zahlen bedeuten.

Da nun alle Zahlen $s\omega$ auch solche Zahlen α sind, so kann man

$$\omega_r = \Sigma b_\iota^{(r)} \beta_\iota, \quad \Delta(\omega_1, \omega_2, \ldots, \omega_n) = b^2 \Delta(\beta_1, \beta_2, \ldots, \beta_n)$$

setzen, wo die Koeffizienten $b_\iota^{(r)}$ rationale ganze Zahlen sind und b die aus ihnen gebildete Determinante bedeutet; durch Umkehrung ergibt sich, daß die n Produkte $b\beta_\iota$, mithin auch alle Quotienten $b\alpha:s$ Zahlen des Systems $\mathfrak{o}$ sind.

Wenden wir dies Resultat auf die obige Voraussetzung (2) an, daß die Zahl β eine ganze Zahl, ihr Zähler $\Sigma k_\iota \omega_\iota$ also eine Zahl α ist, obgleich die Zahlen $s, k_1, k_2, \ldots, k_n$ keinen gemeinschaftlichen Teiler haben, so folgt unmittelbar, daß b durch s teilbar ist, wodurch zugleich die obigen Behauptungen erwiesen sind.

Da nun die Diskriminante eines jeden Systems von n unabhängigen ganzen Zahlen des Körpers Ω eine von Null verschiedene ganze rationale Zahl ist, so gibt es unter allen diesen Diskriminanten eine solche, deren Wert — abgesehen vom Vorzeichen — ein Minimum ist, und aus der vorstehenden Untersuchung folgt unmittelbar, daß, wenn eine Basis aus solchen ganzen Zahlen $\omega_1, \omega_2, \ldots, \omega_n$ besteht, deren Diskriminante diesen Minimumwert besitzt, die entsprechenden Koordinaten h_ι einer jeden ganzen Zahl ω des Körpers notwendig ganze rationale Zahlen sein müssen. Eine solche Basis $\omega_1, \omega_2, \ldots, \omega_n$ wollen wir eine **Grundreihe** des Körpers Ω nennen; aus ihr ergeben sich alle anderen Grundreihen desselben Körpers, wenn man n ganze Zahlen ω von der Form (1) so wählt, daß die aus den n^2 zugehörigen Koordinaten gebildete Determinante $= \pm 1$ wird.

Die wichtigste Rolle spielt aber die Minimaldiskriminante selbst, sowohl hinsichtlich der inneren[*] Konstitution des Körpers Ω, als

---

[*] Vgl. Kronecker: Über die algebraisch auflösbaren Gleichungen (Monatsbericht der Berliner Ak. 14. April 1856).

auch hinsichtlich seiner Verwandtschaft mit anderen Körpern*); wir wollen daher diese positive oder negative ganze rationale Zahl die **Grundzahl** oder die **Diskriminante des Körpers** Ω nennen und mit $\varDelta(\Omega)$ bezeichnen; sie ist offenbar zugleich die Grundzahl eines jeden mit Ω konjugierten Körpers.

Die Zahlen eines quadratischen Körpers sind z. B. von der Form $t + u\sqrt{D}$, wo t, u alle rationalen Zahlen durchlaufen und D eine ganze rationale Zahl bedeutet, welche kein Quadrat und auch durch kein Quadrat außer 1 teilbar ist. Ist $D \equiv 1 \pmod 4$, so bilden die Zahlen 1 und $\frac{1}{2}(1 + \sqrt{D})$ eine Grundreihe des Körpers, und seine Grundzahl ist $= D$; ist dagegen $D \equiv 2$ oder $\equiv 3 \pmod 4$, so bilden die Zahlen 1 und $\sqrt{D}$ eine Grundreihe des Körpers, und seine Grundzahl ist $= 4D$.

Ist ferner θ eine primitive Wurzel der Gleichung $\theta^m = 1$ (§ 139), wo $m > 2$, so bilden die Zahlen 1, θ, θ^2, ..., θ^{n-1} die Grundreihe eines Körpers vom Grade $n = \varphi(m)$, dessen Grundzahl

$$\left(\frac{m\sqrt{-1}}{\sqrt[a-1]{a}\,\sqrt[b-1]{b}\,\sqrt[c-1]{c}\ldots} \right)^n$$

ist, wo $a, b, c \ldots$ alle verschiedenen in m aufgehenden Primzahlen bedeuten. Ist $m = 3$ (oder $= 6$), so ist dieser Körper ein quadratischer, seine Grundzahl $= -3$; ist $m = 4$, so ist die Grundzahl des quadratischen Körpers $= -4$.

2. Aus den vorstehenden Prinzipien ergibt sich leicht der folgende Fundamentalsatz:

Ist μ eine von Null verschiedene ganze Zahl des Körpers Ω, so ist die Anzahl der nach dem Modul μ inkongruenten ganzen Zahlen des Körpers gleich dem absoluten Wert der Norm des Moduls μ.

Es sei m das System aller durch μ teilbaren ganzen Zahlen (welche sich durch Addition und Subtraktion reproduzieren) und o

---

*), Die erste Spur dieser Beziehungen hat sich bei einer schönen Untersuchung von Kronecker gezeigt (Mémoire sur les facteurs irréductibles de l'expression $x^n - 1$; Journ. de Math., p. p. Liouville; T. XIX, 1854). Um den Charakter dieser Gesetze, deren Entwicklung ich mir auf eine andere Gelegenheit erspare, näher anzudeuten, führe ich nur das einfachste Beispiel an: das kleinste gemeinschaftliche Multiplum zweier voneinander verschiedenen quadratischen Körper A, B ist ein biquadratischer Körper K, der noch einen dritten quadratischen Körper C zum Divisor hat; die Grundzahl von K ist gleich dem Produkt aus den Grundzahlen von A, B, C, und zwar eine Quadratzahl.

das System aller ganzen Zahlen des Körpers Ω, d. h. aller Zahlen ω von der Form (1), wo die Zahlen ω_ι eine Grundreihe des Körpers bilden und die Koordinaten h_ι beliebige ganze rationale Zahlen bedeuten; da jeder Quotient $\omega:\mu$ (zufolge § 160, 5.) durch Multiplikation mit einer von Null verschiedenen ganzen rationalen Zahl in eine ganze Zahl verwandelt werden kann, so ist die Untersuchung des vorigen Paragraphen auf unseren Fall anwendbar. Mithin sind alle durch μ teilbaren Zahlen α des Systems $\mathfrak{o}$ von der Form

$$\alpha = \Sigma x_\iota \alpha_\iota = \mu \Sigma x_\iota \beta_\iota,$$

wo die n Zahlen $\alpha_\iota = \mu \beta_\iota$ partikuläre Zahlen α bedeuten, also die Zahlen β in $\mathfrak{o}$ enthalten sind, und die Größen x_ι alle rationalen ganzen Zahlwerte annehmen dürfen; die Anzahl der Klassen, in welche das System $\mathfrak{o}$ in bezug auf den Modul μ zerfällt, ist ferner gleich der aus den Koordinaten der n Zahlen $\alpha_1, \alpha_2, \ldots, \alpha_n$ gebildeten Determinante a. Zugleich ist [nach § 159, (11), (12)]

$$\varDelta(\alpha_1 \ldots \alpha_n) = a^2 \varDelta(\Omega) = N(\mu)^2 \varDelta(\beta_1 \ldots \beta_n);$$

da nun jede durch μ teilbare Zahl $\alpha = \mu \omega$ des Systems $\mathfrak{o}$ die Form $\mu \Sigma x_\iota \beta_\iota$ besitzt, so ist jede Zahl ω des Systems $\mathfrak{o}$ auch von der Form $\Sigma x_\iota \beta_\iota$; mithin bilden die Zahlen β_ι ebenfalls eine Grundreihe des Körpers, und folglich ist $\varDelta(\beta_1 \ldots \beta_n) = \varDelta(\Omega)$, also $a = \pm N(\mu)$, was zu beweisen war.

Zugleich leuchtet ein, daß nach der Methode des vorigen Paragraphen ein System von a inkongruenten Repräsentanten der verschiedenen Klassen, also ein **vollständiges Restsystem für den Modul μ** aufgestellt werden kann[*].

3. Will man jetzt zwei gegebene ganze Zahlen θ, μ darauf prüfen, ob sie relative Primzahlen sind, so braucht man offenbar ω nur ein vollständiges Restsystem (mod μ) durchlaufen zu lassen und nachzusehen, wie oft $\theta \omega \equiv 0 \pmod{\mu}$ wird; zeigt sich, daß dies nur dann eintritt, wenn $\omega \equiv 0 \pmod{\mu}$ ist, so ist also jede durch θ und

---

[*] Bilden die n Zahlen ω_ι irgendeine Basis des Körpers Ω, und ist $\mathfrak{o}$ das System aller der Zahlen ω von der Form (1), deren Koordinaten ganze Zahlen sind, so reproduzieren sich die Zahlen des Systems $\mathfrak{o}$ durch Addition und Subtraktion; nimmt man ferner an, daß sie sich auch durch Multiplikation reproduzieren, woraus zugleich folgt, daß sie ganze Zahlen sind, und nennt man zwei solche Zahlen ω, ω' stets und nur dann kongruent in bezug auf eine dritte solche Zahl μ, wenn der Quotient $(\omega - \omega'):\mu$ wieder eine Zahl des Systems $\mathfrak{o}$ ist, so ist die Anzahl der in $\mathfrak{o}$ enthaltenen, nach μ inkongruenten Zahlen ebenfalls $= \pm N(\mu)$. Vgl. § 165, 4.

μ teilbare ganze Zahl $\theta\omega$ auch teilbar durch $\theta\mu$, mithin sind θ, μ relative Primzahlen; besitzt aber die Kongruenz $\theta\omega \equiv 0 \pmod{\mu}$ auch eine Wurzel ω, welche nicht $\equiv 0 \pmod{\mu}$ ist, so ist die entsprechende Zahl $\theta\omega$ durch θ und μ, aber nicht durch $\theta\mu$ teilbar, mithin sind θ, μ keine relative Primzahlen.

Ist θ relative Primzahl zu μ (z. B. $\theta = 1$), so durchläuft $\theta\omega$ gleichzeitig mit ω ein vollständiges Restsystem $\pmod{\mu}$; folglich hat jede Kongruenz $\theta\omega \equiv \theta' \pmod{\mu}$ immer eine und nur eine Wurzel ω (vgl. § 22); ist ferner $\psi(\mu)$ die Anzahl aller Klassen, deren Zahlen relative Primzahlen zum Modul μ sind, so durchläuft $\theta\omega$ gleichzeitig mit ω die Repräsentanten aller dieser Klassen, und da das Produkt dieser Zahlen ω auch relative Primzahl zu μ ist, so ergibt sich der Satz
$$\theta^{\psi(\mu)} \equiv 1 \pmod{\mu},$$
welcher dem Fermatschen Satze (§ 19) entspricht.

4. Verfolgt man diese Analogie mit der rationalen Zahlentheorie weiter, so drängt sich immer wieder die Frage nach der Zusammensetzung der Zahlen des Systems o (d. h. der ganzen Zahlen des Körpers Ω) aus Faktoren auf, welche demselben System o angehören, und es zeigt sich zunächst, daß die unbegrenzte Zerlegbarkeit der ganzen Zahlen, wie sie in dem unendlichen Körper aller algebraischen Zahlen auftrat (§ 160, 7.), in einem endlichen Körper Ω wieder verschwindet. Dafür tritt aber bei unendlich vielen solchen Körpern Ω ein höchst eigentümliches Phänomen auf, das schon früher (§ 16) gelegentlich erwähnt ist*). Nennt man eine Zahl in o zerlegbar, wenn sie das Produkt aus zwei Zahlen in o ist, welche beide keine Einheiten sind, dagegen unzerlegbar, wenn dies nicht der Fall ist, so ist offenbar jede zerlegbare Zahl μ darstellbar als Produkt aus einer endlichen Anzahl von unzerlegbaren Zahlen (vgl. § 8), weil die Norm von μ gleich dem Produkte aus den Normen der einzelnen Faktoren ist (§ 159); aber es zeigt sich häufig, daß diese Zerlegung nicht

---

*) Das dortige Beispiel paßt freilich nicht ganz hierher, insofern die ganzen Zahlen des der Gleichung $\varrho^2 = -11$ entsprechenden quadratischen Körpers nicht durch die Form $t + u\varrho$, wohl aber durch die Form $t + u\theta$ erschöpft werden, wo $2\theta = 1 + \varrho$ ist; die Zahlen 3, 5, $2 + \varrho$, $2 - \varrho$ sind in der Tat zerlegbar: $3 = \theta(1-\theta)$, $5 = (1+\theta)(2-\theta)$, $2-\varrho = -\theta(1+\theta)$, $2+\varrho = -(1-\theta)(2-\theta)$; die vier Zahlen θ, $1-\theta$, $1+\theta$, $2-\theta$ sind Primzahlen in diesem Körper. Die in Rede stehende Erscheinung tritt aber in dem der Gleichung $\varkappa^2 = -5$ entsprechenden quadratischen Körper an dem Beispiel $3 \cdot 7 = (1+2\varkappa)(1-2\varkappa)$ wirklich auf (vgl. § 71; die beiden Zahlen 3, 7 sind durch die Hauptform der Determinante -5 nicht darstellbar).

eine vollkommen bestimmte ist, sondern daß mehrere **wesentlich verschiedene** Zerlegungen derselben Zahl in unzerlegbare Faktoren existieren (§ 160, 6.). Dies widerspricht so sehr dem in der rationalen Zahlentheorie herrschenden Begriffe des Primzahlcharakters (§ 8), daß wir deshalb eine unzerlegbare Zahl als solche noch nicht als Primzahl anerkennen wollen; wir suchen daher für den wahren Primzahlcharakter ein kräftigeres Kriterium als diese unzulängliche Unzerlegbarkeit aufzustellen, ähnlich wie früher bei dem Begriffe der relativen Primzahl (§ 160, 7.), indem wir die zu untersuchende Zahl μ nicht zerlegen, sondern ihr Verhalten als **Modul** betrachten:

Eine ganze Zahl μ, welche keine Einheit ist, soll eine Primzahl heißen, wenn jedes durch μ teilbare Produkt $\eta\varrho$ wenigstens einen durch μ teilbaren Faktor η oder ϱ besitzt.

Es ergibt sich dann sofort, daß die höchste in einem Produkte aufgehende Potenz einer Primzahl μ das Produkt aus den höchsten in den einzelnen Faktoren aufgehenden Potenzen von μ, und daß jede durch μ nicht teilbare Zahl relative Primzahl zu μ ist. Man erkennt ferner leicht, daß die kleinste durch μ teilbare rationale ganze Zahl p notwendig eine Primzahl (im Körper der rationalen Zahlen), und folglich die Norm von μ eine Potenz von p, nämlich ein rationaler Divisor von $N(p) = p^n$ sein muß. Es werden daher gewiß alle Primzahlen μ des Körpers Ω entdeckt, wenn die Divisoren aller rationalen Primzahlen p aufgesucht werden.

5. Ist aber μ keine Primzahl (und auch keine Einheit), existieren also zwei durch μ nicht teilbare Zahlen η, ϱ, deren Produkt $\eta\varrho$ durch μ teilbar ist, so schreiten wir zu einer Zerlegung von μ in wirkliche oder **ideale**, d. h. fingierte Faktoren. Gibt es nämlich in o einen größten gemeinschaftlichen Teiler ν der beiden Zahlen η und $\mu = \nu\mu'$, der Art, daß die Quotienten $\eta:\nu$ und $\mu:\nu$ relative Primzahlen sind, so ist μ in die beiden Faktoren ν und μ' zerlegt, von denen keiner eine Einheit ist, weil weder ϱ noch η durch μ teilbar ist. Der Faktor μ' ist wesentlich dadurch bestimmt, daß alle Wurzeln α' der Kongruenz $\eta\alpha' \equiv 0 \pmod{\mu}$ durch μ' teilbar sind (z. B. auch $\alpha' = \varrho$), und daß ebenso jede durch μ' teilbare Zahl α' auch der vorstehenden Kongruenz genügt. Umgekehrt, gibt es in o eine Zahl μ', welche in allen Wurzeln α' der Kongruenz $\eta\alpha \equiv 0 \pmod{\mu}$ und nur in diesen aufgeht, so ist auch μ teilbar durch μ', und der Quotient $\nu = \mu:\mu'$ ist der größte gemeinschaftliche Teiler der beiden Zahlen η und μ.

Aber es kann sehr wohl der Fall eintreten, daß in o keine solche Zahl μ' zu finden ist; als nun diese Erscheinung (bei den aus Einheitswurzeln gebildeten Zahlen) Kummer entgegentrat, so kam er auf den glücklichen Gedanken, trotzdem eine solche Zahl μ' zu fingieren und dieselbe als ideale Zahl einzuführen; die Teilbarkeit einer Zahl α durch diese ideale Zahl μ' besteht lediglich darin, daß α' eine Wurzel der Kongruenz $\eta\alpha' \equiv 0 \pmod{\mu}$ ist, und da diese idealen Zahlen in der Folge immer nur als Teiler oder Moduln auftreten, so hat diese Art ihrer Einführung durchaus keine Bedenken. Allein die Befürchtung, daß die unmittelbare Übertragung der bei den wirklichen Zahlen üblichen Benennungen auf die idealen Zahlen im Anfang leicht Mißtrauen gegen die Sicherheit der Beweisführung einflößen könnte, veranlaßt uns, die Untersuchung dadurch in ein anderes Gewand einzukleiden, daß wir immer ganze Systeme von wirklichen Zahlen betrachten.

§ 163

Wir gründen die Theorie der in o enthaltenen Zahlen, d. h. aller ganzen Zahlen des Körpers Ω, auf den folgenden neuen Begriff.

1. Ein System a von unendlich vielen in o enthaltenen Zahlen soll ein Ideal heißen, wenn es den beiden Bedingungen genügt:

I. Die Summe und die Differenz je zweier Zahlen in a sind wieder Zahlen in a.

II. Jedes Produkt aus einer Zahl in a und einer Zahl in o ist wieder eine Zahl in a.

Ist α in a enthalten, so sagen wir, α sei teilbar durch a, a gehe in α auf, weil die Ausdrucksweise hierdurch an Leichtigkeit gewinnt. Wir nennen ferner zwei in o enthaltene Zahlen ω, ω', deren Differenz durch a teilbar ist, kongruent nach a (vgl. § 161), und bezeichnen dies durch die Kongruenz $\omega \equiv \omega' \pmod{a}$; solche Kongruenzen dürfen (zufolge I.) addiert, subtrahiert und (zufolge II.) multipliziert werden, wie Gleichungen. Da je zwei einer dritten kongruente Zahlen auch einander kongruent sind, so kann man alle Zahlen in Klassen (mod a) einteilen, indem man je zwei kongruente Zahlen in dieselbe, je zwei inkongruente Zahlen in zwei verschiedene Klassen wirft; da nun, wenn μ eine von Null verschiedene Zahl in a bedeutet, je zwei nach μ kongruente Zahlen (zufolge II.) auch nach a kongruent sind — woraus zugleich folgt, daß a aus einer oder mehreren Klassen (mod μ) besteht —, so ist (zufolge § 162, 2.) die Anzahl der Klassen (mod $\mathfrak{a}$), in welche $\mathfrak{o}$ zerfällt, endlich*). Wählt man aus jeder Klasse ein Individuum als Repräsentanten, so bilden dieselben ein **vollständiges Restsystem** (mod $\mathfrak{a}$); die Anzahl dieser Klassen oder inkongruenten Zahlen soll die **Norm** von $\mathfrak{a}$ heißen und mit $N(\mathfrak{a})$ bezeichnet werden.

Ist η eine von Null verschiedene Zahl in $\mathfrak{o}$, so bilden alle durch η teilbaren Zahlen in $\mathfrak{o}$ ein Ideal, welches mit $\mathfrak{i}(\eta)$ bezeichnet werden soll; solche Ideale sind besonders ausgezeichnet und sollen **Hauptideale** heißen; die Norm von $\mathfrak{i}(\eta)$ ist $= \pm N(\eta)$; ist η eine Einheit, so ist $\mathfrak{i}(\eta) = \mathfrak{o}$, und umgekehrt.

2. Wenn alle Zahlen eines Ideals $\mathfrak{a}$ auch in einem Ideal $\mathfrak{b}$ enthalten sind, so besteht offenbar $\mathfrak{b}$ aus einer oder mehreren Klassen (mod $\mathfrak{a}$), und wir wollen sagen, $\mathfrak{a}$ sei ein **Multiplum von $\mathfrak{b}$** oder **teilbar durch $\mathfrak{b}$**, $\mathfrak{b}$ sei ein **Teiler von $\mathfrak{a}$** oder **gehe in $\mathfrak{a}$ auf**.

Besteht $\mathfrak{b}$ aus r Klassen (mod $\mathfrak{a}$), so ist $N(\mathfrak{a}) = r N(\mathfrak{b})$. Durchläuft nämlich δ die Repräsentanten dieser r Klassen und γ ein vollständiges Restsystem (mod $\mathfrak{b}$), so bilden die $r N(\mathfrak{b})$ Zahlen $\gamma + \delta$ ein vollständiges Restsystem (mod $\mathfrak{a}$); denn erstens ist jede Zahl in $\mathfrak{o}$ kongruent einer Zahl γ (mod $\mathfrak{b}$), also $\equiv \gamma + \delta$ (mod $\mathfrak{a}$), und zweitens folgt aus $\gamma + \delta \equiv \gamma' + \delta'$ (mod $\mathfrak{a}$), wo γ', δ' ähnliche Bedeutung haben wie γ, δ, sukzessive $\gamma + \delta \equiv \gamma' + \delta'$ (mod $\mathfrak{b}$), $\gamma \equiv \gamma'$ (mod $\mathfrak{b}$), $\gamma = \gamma'$, also $\delta \equiv \delta'$ (mod $\mathfrak{a}$), $\delta = \delta'$, d. h. die sämtlichen Zahlen $\gamma + \delta$ sind inkongruent (mod $\mathfrak{a}$).

Ein Ideal besitzt folglich nur eine **endliche Anzahl** von Teilern. Ist $\mathfrak{m}$ teilbar durch $\mathfrak{a}$, $\mathfrak{a}$ durch $\mathfrak{b}$, so ist auch $\mathfrak{m}$ durch $\mathfrak{b}$ teilbar. Das Hauptideal $\mathfrak{o}$ selbst geht in jedem Ideal auf und ist zugleich das einzige Ideal, welches die Zahl 1 oder überhaupt Einheiten enthält, und dessen Norm $= 1$ ist.

Das System aller derjenigen Zahlen, welche gleichzeitig in zwei Idealen $\mathfrak{a}$, $\mathfrak{b}$ enthalten sind, ist das **kleinste gemeinschaftliche Multiplum $\mathfrak{m}$ von $\mathfrak{a}$, $\mathfrak{b}$**, insofern jedes gemeinschaftliche Multiplum von $\mathfrak{a}$, $\mathfrak{b}$ durch das Ideal $\mathfrak{m}$ teilbar ist. Durchläuft α alle Zahlen in $\mathfrak{a}$, β alle Zahlen in $\mathfrak{b}$, so ist das System aller Zahlen $\alpha + \beta$ der

---

*) Dasselbe ergibt sich unmittelbar aus § 161; ist nämlich ω irgendeine Zahl in $\mathfrak{o}$, so kann durch Multiplikation mit einer von Null verschiedenen ganzen rationalen Zahl der Quotient $\omega : \mu$ in eine ganze Zahl, also ω (zufolge II.) in eine Zahl des Ideals $\mathfrak{a}$ verwandelt werden.

größte gemeinschaftliche Teiler $\mathfrak{d}$ der Ideale $\mathfrak{a}, \mathfrak{b}$, weil jeder gemeinschaftliche Teiler von $\mathfrak{a}, \mathfrak{b}$ in dem Ideale $\mathfrak{d}$ aufgeht*).

Ist r die Anzahl der in $\mathfrak{b}$ enthaltenen Zahlen, welche (mod $\mathfrak{a}$) inkongruent sind, so besteht $\mathfrak{b}$ aus r Klassen (mod $\mathfrak{m}$), und $\mathfrak{d}$ aus r Klassen (mod $\mathfrak{a}$); also ist $N(\mathfrak{m}) = rN(\mathfrak{b})$, $N(\mathfrak{a}) = rN(\mathfrak{d})$ und $N(\mathfrak{m})N(\mathfrak{d}) = N(\mathfrak{a})N(\mathfrak{b})$.

Ist $\mathfrak{b}$ ein Hauptideal $= \mathfrak{i}(\eta)$, so ist die Anzahl r der in $\mathfrak{b}$ enthaltenen Zahlen $\beta = \eta\omega$, welche (mod $\mathfrak{a}$) inkongruent sind, zugleich die Norm des aus allen Wurzeln ϱ der Kongruenz $\eta\varrho \equiv 0$ (mod $\mathfrak{a}$) bestehenden Ideals $\mathfrak{r}$, weil zwei Zahlen ω, ω' stets und nur dann kongruent (mod $\mathfrak{r}$) sind, wenn $\eta\omega \equiv \eta\omega'$ (mod $\mathfrak{a}$) ist. Mithin ist in diesem Falle $N(\mathfrak{a}) = N(\mathfrak{r})N(\mathfrak{b})$.

3. Ein von $\mathfrak{o}$ verschiedenes Ideal $\mathfrak{p}$, welches keinen von $\mathfrak{o}$ und $\mathfrak{p}$ verschiedenen Teiler besitzt, soll ein Primideal heißen. Dann gilt folgender Satz:

Ist $\eta\varrho \equiv 0$ (mod $\mathfrak{p}$), so ist wenigstens eine der beiden Zahlen η, ϱ durch $\mathfrak{p}$ teilbar. Ist nämlich η nicht $\equiv 0$ (mod $\mathfrak{p}$), so bilden die sämtlichen Wurzeln ϱ der Kongruenz $\eta\varrho \equiv 0$ (mod $\mathfrak{p}$) offenbar ein in $\mathfrak{p}$ aufgehendes Ideal, welches, da es die Zahl 1 nicht enthält, von $\mathfrak{o}$ verschieden und folglich mit $\mathfrak{p}$ identisch ist, was zu beweisen war.

Dieser Satz ist charakteristisch für ein Primideal, da er sich folgendermaßen umkehren läßt: Enthält jedes durch ein (von $\mathfrak{o}$ verschiedenes) Ideal $\mathfrak{p}$ teilbare Produkt mindestens einen durch $\mathfrak{p}$ teilbaren Faktor, so ist $\mathfrak{p}$ ein Primideal. Ist nämlich $\mathfrak{q}$ ein Teiler des Ideals $\mathfrak{p}$, aber verschieden von $\mathfrak{p}$, so gibt es in $\mathfrak{q}$ eine nicht in $\mathfrak{p}$ enthaltene Zahl ω; dann ist (zufolge der Annahme) auch keine der Potenzen $\omega^2, \omega^3 \ldots$ durch $\mathfrak{p}$ teilbar; da aber nur eine endliche Anzahl von inkongruenten Zahlen (mod $\mathfrak{p}$) existiert, so muß einmal für zwei verschiedene Exponenten m und $m+s > m$ notwendig $\omega^{m+s} \equiv \omega^m$ (mod $\mathfrak{p}$), also das Produkt $\omega^m(\omega^s - 1)$ durch $\mathfrak{p}$ teilbar sein; da nun ω^m nicht durch $\mathfrak{p}$ teilbar ist, so muß (zufolge der Annahme) der andere Faktor $\omega^s - 1$ durch $\mathfrak{p}$, und folglich auch durch $\mathfrak{q}$ teilbar sein; nun ist ω und, weil $s > 0$ ist, auch $\omega^s \equiv 0$ (mod $\mathfrak{q}$), mithin ist auch die Zahl 1 in $\mathfrak{q}$ enthalten, also $\mathfrak{q} = \mathfrak{o}$, was zu beweisen war.

---

*) Die Erweiterung dieser Definitionen von $\mathfrak{m}$ und $\mathfrak{d}$ für mehr als zwei Ideale $\mathfrak{a}, \mathfrak{b} \ldots$ liegt auf der Hand.

Nennt man ein von o verschiedenes Ideal zusammengesetzt, wenn es kein Primideal ist, so läßt sich dieser Satz auch so aussprechen: Ist $\mathfrak{a}$ ein zusammengesetztes Ideal, so gibt es zwei durch $\mathfrak{a}$ nicht teilbare Zahlen η, ϱ, deren Produkt $\eta\varrho$ durch $\mathfrak{a}$ teilbar ist. Wir beweisen ihn zum zweiten Male auf folgende Art. Es sei $\mathfrak{e}$ ein von $\mathfrak{a}$ und $\mathfrak{o}$ verschiedener Teiler von $\mathfrak{a}$, so gibt es in $\mathfrak{e}$ eine durch $\mathfrak{a}$ nicht teilbare Zahl η, und der größte gemeinschaftliche Teiler $\mathfrak{b}$ von $\mathfrak{a}$ und $\mathfrak{i}(\eta)$ ist teilbar durch $\mathfrak{e}$, also von $\mathfrak{o}$ verschieden, mithin ist $N(\mathfrak{b}) > 1$. Das aus allen Wurzeln ϱ der Kongruenz $\eta\varrho \equiv 0 \pmod{\mathfrak{a}}$ bestehende Ideal $\mathfrak{r}$ ist ein Teiler von $\mathfrak{a}$, und da (zufolge 2.) $N(\mathfrak{a}) = N(\mathfrak{r})N(\mathfrak{b}) > N(\mathfrak{r})$ ist, so ist $\mathfrak{r}$ verschieden von $\mathfrak{a}$ und enthält folglich eine durch $\mathfrak{a}$ nicht teilbare Zahl ϱ, was zu beweisen war.

Es leuchtet nun ein, daß die kleinste (von Null verschiedene) rationale Zahl p, welche in einem Primideale $\mathfrak{p}$ enthalten ist, notwendig eine **Primzahl** (im rationalen Zahlkörper) sein muß; da ferner $\mathfrak{p}$ in $\mathfrak{i}(p)$ aufgeht, so ist $N(\mathfrak{p})$ ein Teiler von $N(p) = p^n$, also ebenfalls eine Potenz p^f der rationalen Primzahl p, und man findet leicht (vgl. § 162, 3.), daß jede in $\mathfrak{o}$ enthaltene Zahl ω der Kongruenz

$$\omega^{p^f} \equiv \omega \pmod{\mathfrak{p}}$$

genügt*). Auch hat es keine Schwierigkeit, die allgemeinen Sätze der §§ 26, 27, 29, 30, 31 auf Kongruenzen in bezug auf den Modul $\mathfrak{p}$ zu übertragen.

---

*) Hierauf beruht das Eingreifen der **Theorie der höheren Kongruenzen** (vgl. § 26), welche zur Bestimmung der Primideale dient. Für die Körper vom Grade $n = \varphi(m)$, welche aus den primitiven Wurzeln θ der Gleichung $\theta^m = 1$ entspringen, ist dieselbe zuerst ausgeführt, und zwar von **Kummer**, dem Schöpfer der Theorie der idealen Zahlen; den hierauf bezüglichen Teil seiner Untersuchungen findet man am vollständigsten zusammengestellt in den Abhandlungen: Mémoire sur la théorie des nombres complexes composés de racines de l'unité et de nombres entiers (Journ. de Math. p. p. Liouville, T. XVI, 1851). — Theorie der idealen Primfaktoren der komplexen Zahlen, welche aus den Wurzeln der Gleichung $\omega^n = 1$ gebildet sind, wenn n eine zusammengesetzte Zahl ist (Abh. der Berliner Ak. 1856). Das Hauptresultat ergibt sich mit größter Leichtigkeit aus unserer Theorie und lautet in unserer Ausdrucksweise folgendermaßen: Ist p eine rationale Primzahl und m' der größte dur h p nicht teilbare Divisor von $m = p'm'$, gehört ferner p zum Exponenten f (mod m'), wo $\varphi(m') = ef$ (§ 28), so ist $\mathfrak{i}(p) = (\mathfrak{p}_1\mathfrak{p}_2\ldots\mathfrak{p}_e)^{\varphi(p')}$, wo $\mathfrak{p}_1, \mathfrak{p}_2, \ldots, \mathfrak{p}_e$ voneinander verschiedene Primideale bedeuten, deren Normen $= p^f$ sind; wenn $p' > 1$, so ist $\mathfrak{i}(1 - \theta^{m'}) = \mathfrak{p}_1\mathfrak{p}_2\ldots\mathfrak{p}_e$. — Für komplexe Zahlen einer höheren Stufe vgl. **Kummer**: Über die allgemeinen Reziprozitätsgesetze unter den Resten und Nichtresten der Potenzen, deren Grad eine

Ist das kleinste gemeinschaftliche Multiplum m der Ideale $\mathfrak{a}, \mathfrak{b}, \mathfrak{c}, \ldots$ durch das Primideal $\mathfrak{p}$ teilbar, so geht $\mathfrak{p}$ wenigstens in einem der Ideale $\mathfrak{a}, \mathfrak{b}, \mathfrak{c}, \ldots$ auf. Ist nämlich keins dieser Ideale durch $\mathfrak{p}$ teilbar, gibt es also in $\mathfrak{a}, \mathfrak{b}, \mathfrak{c}, \ldots$ bzw. Zahlen $\alpha, \beta, \gamma, \ldots$, die nicht durch $\mathfrak{p}$ teilbar sind, so ist das in $\mathfrak{a}, \mathfrak{b}, \mathfrak{c}, \ldots$, also auch in $\mathfrak{m}$ enthaltene Produkt $\alpha\beta\gamma\ldots$ nicht teilbar durch das Primideal $\mathfrak{p}$, und folglich geht $\mathfrak{p}$ nicht in $\mathfrak{m}$ auf, was zu beweisen war.

Ist die Zahl η nicht teilbar durch das Ideal $\mathfrak{a}$, so gibt es immer eine durch η teilbare Zahl ν der Art, daß alle Wurzeln π der Kongruenz $\nu\pi \equiv 0 \pmod{\mathfrak{a}}$ ein Primideal bilden. Alle Wurzeln β der Kongruenz $\eta\beta \equiv 0 \pmod{\mathfrak{a}}$ bilden ein in $\mathfrak{a}$ aufgehendes Ideal $\mathfrak{b}$, welches von $\mathfrak{o}$ verschieden ist, weil es die Zahl 1 nicht enthält; ist $\mathfrak{b}$ ein Primideal, so ist der Satz bewiesen. Ist $\mathfrak{b}$ kein Primideal, gibt es also zwei durch $\mathfrak{b}$ nicht teilbare Zahlen η', ϱ', deren Produkt $\eta'\varrho' \equiv 0 \pmod{\mathfrak{b}}$ ist, so bilden alle Wurzeln γ der Kongruenz $\eta'\gamma \equiv 0 \pmod{\mathfrak{b}}$, d. h. der Kongruenz $\eta\eta'\gamma \equiv 0 \pmod{\mathfrak{a}}$, ein in $\mathfrak{b}$ aufgehendes Ideal $\mathfrak{c}$, und zwar ist (zufolge 2.) $N(\mathfrak{c}) < N(\mathfrak{b})$, weil ϱ' in $\mathfrak{c}$, aber nicht in $\mathfrak{b}$ enthalten ist; außerdem ist $\mathfrak{c}$ von $\mathfrak{o}$ verschieden, weil η' nicht in $\mathfrak{b}$ und folglich die Zahl 1 nicht in $\mathfrak{c}$ enthalten ist; ist $\mathfrak{c}$ ein Primideal, so ist der Satz bewiesen. Ist aber $\mathfrak{c}$ kein Primideal, so kann man in derselben Weise fortfahren; endlich muß in der Reihe der Ideale $\mathfrak{b}, \mathfrak{c}, \mathfrak{d}, \ldots$, deren Normen immer kleiner werden, aber stets > 1 bleiben, ein Primideal $\mathfrak{p}$ auftreten, welches aus allen Wurzeln π der Kongruenz $\nu\pi \equiv 0 \pmod{\mathfrak{a}}$ besteht, wo $\nu = \eta\eta'\eta''\ldots$ durch η teilbar ist.

4. Ist μ eine von Null verschiedene Zahl in $\mathfrak{o}$ und keine Einheit, so existiert zufolge des zuletzt bewiesenen Satzes (in welchem man

---

Primzahl ist (Abh. der Berliner Ak. 1859). — Für diejenigen Körper Ω, deren konjugierte Körper mit Ω identisch sind, und welche ich Galoissche Körper nennen möchte, vgl. Selling: Über die idealen Primfaktoren der komplexen Zahlen, welche aus den Wurzeln einer beliebigen irreduktibelen Gleichung rational gebildet sind (Schlömilchs Zeitschr. für Math. u. Phys. Bd. 10. 1865). — Ein spezieller Fall biquadratischer Körper ist vollständig durchgeführt von Bachmann: Die Theorie der komplexen Zahlen, welche aus zwei Quadratwurzeln zusammengesetzt sind. 1867. — Für eine gewisse Klasse kubischer Körper vgl. Eisenstein: Allgemeine Untersuchungen über die Formen dritten Grades mit drei Variabeln, welche der Kreisteilung ihre Entstehung verdanken (Crelles Journ. XXVIII).

$\eta = 1$ nehmen kann) jedenfalls eine Zahl ν der Art, daß alle Wurzeln π der Kongruenz $\nu\pi \equiv 0 \pmod{\mu}$ ein Primideal $\mathfrak{p}$ bilden; Primideale, welche aus den sämtlichen Wurzeln einer solchen Kongruenz bestehen, wollen wir vorläufig einfache Ideale nennen. Ist nun r irgendein ganzer rationaler, nicht negativer Exponent, so bilden alle Wurzeln ϱ der Kongruenz $\varrho\nu^r \equiv 0 \pmod{\mu^r}$ ein Ideal, welches die $r$te Potenz von $\mathfrak{p}$ heißen und mit $\mathfrak{p}^r$ bezeichnet werden soll. Diese Definition ist unabhängig von dem zur Definition von $\mathfrak{p}$ benutzten Zahlenpaar μ, ν; ist nämlich μ' irgendeine von Null verschiedene, durch $\mathfrak{p}$ teilbare Zahl, also $\nu\mu' = \mu\nu'$, so folgt aus $\varrho\nu^r \equiv 0 \pmod{\mu^r}$ durch Multiplikation mit μ'^r und Division durch μ^r auch $\varrho\nu'^r \equiv 0 \pmod{\mu'^r}$, und umgekehrt. Von der größten Wichtigkeit sind aber die folgenden Sätze über einfache Ideale $\mathfrak{p}$:

Ist $s \geq r$, so ist $\mathfrak{p}^s$ teilbar durch $\mathfrak{p}^r$. Ist nämlich σ in $\mathfrak{p}^s$ enthalten, also $\sigma\nu^s = \tau\mu^s$, so folgt, daß

$$\left(\frac{\sigma\nu^r}{\mu^r}\right)^s = \tau^r \sigma^{s-r}$$

eine ganze Zahl ist; mithin ist (nach § 160, 3.) der jedenfalls dem Körper Ω angehörige Quotient $\sigma\nu^r : \mu^r$ ebenfalls eine ganze Zahl, also in $\mathfrak{o}$ enthalten, weil $\mathfrak{o}$ alle ganzen Zahlen des Körpers Ω umfaßt*); also ist jede Zahl σ des Ideals $\mathfrak{p}^s$ auch in $\mathfrak{p}^r$ enthalten.

Ist ϱ eine von Null verschiedene Zahl in $\mathfrak{o}$, so gibt es immer eine höchste in ϱ aufgehende Potenz von $\mathfrak{p}$. Wäre nämlich für unendlich viele Exponenten r das Produkt $\varrho\nu^r$ teilbar durch μ^r, so müßte, da nur eine endliche Anzahl inkongruenter Zahlen $\pmod{\varrho}$ existiert, für zwei verschiedene solche Exponenten r s notwendig einmal

$$\frac{\varrho\nu^r}{\mu^r} \equiv \frac{\varrho\nu^s}{\mu^s} \pmod{\varrho}, \quad \left(\frac{\nu}{\mu}\right)^r = \left(\frac{\nu}{\mu}\right)^s + \omega$$

werden, wo ω eine ganze Zahl; hieraus würde aber (nach § 160, 3.) folgen, daß ν durch μ teilbar wäre, was nicht der Fall ist, weil sonst $\mathfrak{p} = \mathfrak{o}$ wäre.

Sind $\mathfrak{p}^r, \mathfrak{p}^s$ bzw. die höchsten in ϱ, σ aufgehenden Potenzen, so ist $\mathfrak{p}^{r+s}$ die höchste in $\varrho\sigma$ aufgehende Potenz von $\mathfrak{p}$.

---

*) Sobald diese Bedingung nicht erfüllt ist, verlieren auch die obigen Sätze ihre allgemeine Gültigkeit; dies ist von Wichtigkeit für die Erweiterung der Definition der Ideale (vgl. § 165, 4.).

Denn da $\varrho \nu^r = \varrho' \mu^r$, $\sigma \nu^s = \sigma' \mu^s$ und keins der Produkte $\nu \varrho'$, $\nu \sigma'$ durch μ teilbar ist, so folgt $\varrho \sigma \nu^{r+s} = \varrho' \sigma' \mu^{r+s}$, und $\nu \varrho' \sigma'$ kann nicht durch μ teilbar sein, weil $\mathfrak{p}$ ein Primideal ist.

Ist $e \geq 1$ der Exponent der höchsten in μ selbst aufgehenden Potenz von $\mathfrak{p}$, also $\mu \nu^e = \varkappa \mu^e$, wo $\nu \varkappa$ nicht teilbar durch μ, so folgt $\nu^e = \varkappa \mu^{e-1}$, d. h. der Exponent der höchsten in ν aufgehenden Potenz von $\mathfrak{p}$ ist $= e-1$. Das Ideal $\mathfrak{p}^e$ besteht aus den sämtlichen Wurzeln θ der Kongruenz $\varkappa \theta \equiv 0 \pmod{\mu}$. Die ganze Zahl $\lambda = \varkappa \mu : \nu = \sqrt[e]{\mu \varkappa^{e-1}}$ ist durch $\mathfrak{p}$, aber nicht durch $\mathfrak{p}^2$ teilbar; mithin ist λ^r durch $\mathfrak{p}^r$, aber nicht durch $\mathfrak{p}^{r+1}$ teilbar, woraus beiläufig folgt, daß die Ideale $\mathfrak{p}^r$ und $\mathfrak{p}^{r+1}$ wirklich verschieden sind. Endlich leuchtet folgender Satz ein:

Jede Potenz $\mathfrak{p}^r$ eines einfachen Ideals $\mathfrak{p}$ ist durch kein von $\mathfrak{p}$ verschiedenes Primideal teilbar. Ist nämlich π irgendeine Zahl in $\mathfrak{p}$, so muß ein in $\mathfrak{p}^r$ aufgehendes Primideal in π^r, also (zufolge 3.) in π selbst, d. h. in $\mathfrak{p}$ aufgehen und folglich mit $\mathfrak{p}$ identisch sein.

5. Die Wichtigkeit der einfachen Ideale und ihre Analogie mit den rationalen Primzahlen tritt unmittelbar hervor in dem folgenden Hauptsatz:

Wenn alle in einer von Null verschiedenen Zahl μ aufgehenden Potenzen einfacher Ideale auch in einer Zahl η aufgehen, so ist η durch μ teilbar. Ist η nicht teilbar durch μ, so gibt es (zufolge 3.) eine durch η teilbare Zahl ν der Art, daß alle Wurzeln π der Kongruenz $\nu \pi \equiv 0 \pmod{\mu}$ ein in μ aufgehendes einfaches Ideal $\mathfrak{p}$ bilden; ist $\mathfrak{p}^e$ die höchste in μ aufgehende Potenz, so ist (nach 4.) $\mathfrak{p}^{e-1}$ die höchste in ν aufgehende Potenz, und da ν durch η teilbar ist, so kann η nicht durch $\mathfrak{p}^e$ teilbar sein, was zu beweisen war. Derselbe Satz läßt sich offenbar auch so aussprechen: Jedes Hauptideal $\mathfrak{i}(\mu)$ ist das kleinste gemeinschaftliche Multiplum aller in μ aufgehenden Potenzen von einfachen Idealen. Es folgt zunächst:

Jedes Primideal $\mathfrak{p}$ ist ein einfaches Ideal. Es sei μ irgendeine von Null verschiedene Zahl in $\mathfrak{p}$, so muß $\mathfrak{p}$ (zufolge 3.) in einer der Potenzen einfacher Ideale aufgehen, deren kleinstes gemeinschaftliches Multiplum $\mathfrak{i}(\mu)$ ist; mithin ist $\mathfrak{p}$ selbst (zufolge 4.) ein einfaches Ideal. — Wir sprechen daher künftig nur noch von Primidealen, nicht mehr von einfachen Idealen.

Wenn alle in einem Ideal m aufgehenden Potenzen von Primidealen auch in einer Zahl η aufgehen, so ist η teilbar durch m. Ist η nicht teilbar durch m, so gibt es (nach 3.) eine durch η teilbare Zahl ν der Art, daß alle Wurzeln π der Kongruenz $\nu\pi \equiv 0 \pmod{\mathfrak{m}}$ ein Primideal $\mathfrak{p}$ bilden; ist $\mathfrak{p}^e$ die höchste in m aufgehende Potenz von $\mathfrak{p}$, so gibt es in m eine nicht durch $\mathfrak{p}^{e+1}$ teilbare Zahl μ, und das aus allen Wurzeln ϱ der Kongruenz $\nu\varrho \equiv 0 \pmod{\mu}$ bestehende Ideal $\mathfrak{r}$ ist teilbar durch $\mathfrak{p}$, weil $\nu\varrho \equiv 0 \pmod{\mathfrak{m}}$ ist. Sind nun $\mathfrak{p}^e$, $\mathfrak{p}'^{e'}$, $\mathfrak{p}''^{e''}$, ... die sämtlichen höchsten in μ aufgehenden Potenzen verschiedener Primideale $\mathfrak{p}$, $\mathfrak{p}'$, $\mathfrak{p}''$, ..., so besteht $\mathfrak{r}$ zufolge des obigen Hauptsatzes aus allen gemeinschaftlichen Wurzeln ϱ der Kongruenzen $\nu\varrho \equiv 0 \pmod{\mathfrak{p}^e}$, $\nu\varrho \equiv 0 \pmod{\mathfrak{p}'^{e'}}$, $\nu\varrho \equiv 0 \pmod{\mathfrak{p}''^{e''}}$ usw., d. h. $\mathfrak{r}$ ist das kleinste gemeinschaftliche Multiplum der Ideale $\mathfrak{q}$, $\mathfrak{q}'$, $\mathfrak{q}''$, ..., welche bzw. aus den Wurzeln jeder einzelnen dieser Kongruenzen bestehen; da nun die Ideale $\mathfrak{q}'$, $\mathfrak{q}''$, ... als Teiler von $\mathfrak{p}'^{e'}$, $\mathfrak{p}''^{e''}$, ... nicht durch $\mathfrak{p}$ teilbar sind, so muß, weil $\mathfrak{r}$ durch $\mathfrak{p}$ teilbar ist, auch $\mathfrak{q}$ (zufolge 3.) durch $\mathfrak{p}$ teilbar sein; es kann folglich $\mathfrak{p}^e$ nicht in ν aufgehen (weil sonst $\mathfrak{q} = \mathfrak{o}$, also nicht durch $\mathfrak{p}$ teilbar wäre), und da ν durch η teilbar ist, so kann $\mathfrak{p}^e$ auch nicht in η aufgehen, was zu beweisen war.

Dieser Fundamentalsatz läßt sich offenbar auch so aussprechen: **Jedes Ideal ist das kleinste gemeinschaftliche Multiplum aller in ihm aufgehenden Potenzen von Primidealen.** Er entspricht durchaus dem Fundamentalsatze der rationalen Zahlentheorie über die Zusammensetzung der Zahlen aus Primzahlen (§ 8); denn ihm zufolge ist jedes Ideal m vollständig bestimmt, sobald die höchsten in m aufgehenden Potenzen $\mathfrak{p}^e$, $\mathfrak{p}'^{e'}$, $\mathfrak{p}''^{e''}$, ... von Primidealen gegeben sind; aus ihm ergibt sich auch ohne weiteres der folgende Satz: **Ein Ideal m ist stets und nur dann durch ein Ideal $\mathfrak{b}$ teilbar, wenn alle in $\mathfrak{b}$ aufgehenden Potenzen von Primidealen auch in m aufgehen.** Dies folgt unmittelbar aus dem Begriffe des kleinsten gemeinschaftlichen Multiplums.

Ist m das kleinste gemeinschaftliche Multiplum von $\mathfrak{p}^e$, $\mathfrak{p}'^{e'}$, $\mathfrak{p}''^{e''}$, ..., wo $\mathfrak{p}$, $\mathfrak{p}'$, $\mathfrak{p}''$, ... voneinander verschiedene Primideale bedeuten, so ist $N(\mathfrak{m}) = N(\mathfrak{p})^e N(\mathfrak{p}')^{e'} N(\mathfrak{p}'')^{e''} \ldots$ Es gibt immer (zufolge 4.) eine durch $\mathfrak{p}^{e-1}$, aber nicht durch $\mathfrak{a} = \mathfrak{p}^e$ teilbare Zahl η; das aus allen Wurzeln ϱ der Kongruenz $\eta \varrho \equiv 0$ (mod $\mathfrak{a}$) bestehende Ideal $\mathfrak{r}$ ist verschieden von $\mathfrak{o}$ (weil es die Zahl 1 nicht enthält) und ein Teiler von $\mathfrak{p}$ (zufolge 4.), folglich identisch mit $\mathfrak{p}$; da ferner der größte gemeinschaftliche Teiler $\mathfrak{b}$ der Ideale $\mathfrak{a} = \mathfrak{p}^e$ und $\mathfrak{i}(\eta)$ zufolge des eben bewiesenen Fundamentalsatzes $= \mathfrak{p}^{e-1}$ ist, so folgt (aus 2.) $N(\mathfrak{a}) = N(\mathfrak{r})N(\mathfrak{b})$, d. h. $N(\mathfrak{p}^e) = N(\mathfrak{p})N(\mathfrak{p}^{e-1})$, und hieraus allgemein $N(\mathfrak{p}^e) = N(\mathfrak{p})^e$. — Nun ist (zufolge der Definition 2.) das kleinste gemeinschaftliche Multiplum $\mathfrak{m}$ der Ideale $\mathfrak{p}^e$, $\mathfrak{p}'^{e'}$, $\mathfrak{p}''^{e''}$, ... zugleich auch das der Ideale $\mathfrak{a} = \mathfrak{p}^e$ und $\mathfrak{b}$, wo $\mathfrak{b}$ das kleinste gemeinschaftliche Multiplum der Ideale $\mathfrak{p}'^{e'}$, $\mathfrak{p}''^{e''}$, ... bedeutet; da ferner (zufolge des Fundamentalsatzes) $\mathfrak{o}$ der größte gemeinschaftliche Teiler von $\mathfrak{a}$ und $\mathfrak{b}$ ist, so folgt (aus 2.) $N(\mathfrak{m}) = N(\mathfrak{a})N(\mathfrak{b})$, d. h. $N(\mathfrak{m}) = N(\mathfrak{p})^e N(\mathfrak{b})$, und hieraus ergibt sich offenbar der zu beweisende Satz.

6. Multipliziert man alle Zahlen eines Ideals $\mathfrak{a}$ mit allen Zahlen eines Ideals $\mathfrak{b}$, so bilden diese Produkte und deren Summen ein durch $\mathfrak{a}$ und $\mathfrak{b}$ teilbares Ideal, welches das **Produkt aus den Faktoren** $\mathfrak{a}$ **und** $\mathfrak{b}$ heißen und mit $\mathfrak{a}\mathfrak{b}$ bezeichnet werden soll. Aus dieser Erklärung leuchtet sofort ein, daß $\mathfrak{a}\mathfrak{o} = \mathfrak{a}$, $\mathfrak{a}\mathfrak{b} = \mathfrak{b}\mathfrak{a}$, ferner $(\mathfrak{a}\mathfrak{b})\mathfrak{c} = \mathfrak{a}(\mathfrak{b}\mathfrak{c})$ ist (vgl. §§ 1, 2, 147). Zugleich gilt folgender Satz:

Sind $\mathfrak{p}^a$, $\mathfrak{p}^b$ bzw. die höchsten in $\mathfrak{a}$, $\mathfrak{b}$ aufgehenden Potenzen des Primideals $\mathfrak{p}$, so ist $\mathfrak{p}^{a+b}$ die höchste in $\mathfrak{a}\mathfrak{b}$ aufgehende Potenz von $\mathfrak{p}$; und es ist $N(\mathfrak{a}\mathfrak{b}) = N(\mathfrak{a})N(\mathfrak{b})$.

Aus der Erklärung folgt nämlich unmittelbar (mit Rücksicht auf 4.), daß $\mathfrak{a}\mathfrak{b}$ durch $\mathfrak{p}^{a+b}$ teilbar ist; da ferner in $\mathfrak{a}$ eine durch $\mathfrak{p}^{a+1}$ nicht teilbare Zahl α, in $\mathfrak{b}$ eine durch $\mathfrak{p}^{b+1}$ nicht teilbare Zahl β existiert, so gibt es in $\mathfrak{a}\mathfrak{b}$ eine durch $\mathfrak{p}^{a+b+1}$ nicht teilbare Zahl $\alpha\beta$, womit der erste Teil des Satzes bewiesen ist. Ist also $\mathfrak{a}$ das kleinste gemeinschaftliche Multiplum der Potenzen $\mathfrak{p}^a$, $\mathfrak{p}'^{a'}$, $\mathfrak{p}''^{a''}$, ... der voneinander verschiedenen Primideale $\mathfrak{p}$, $\mathfrak{p}'$, $\mathfrak{p}''$, ..., und $\mathfrak{b}$ das kleinste gemeinschaftliche Multiplum der Potenzen $\mathfrak{p}^b$, $\mathfrak{p}'^{b'}$, $\mathfrak{p}''^{b''}$, ..., so ist $\mathfrak{a}\mathfrak{b}$ dasjenige der Potenzen $\mathfrak{p}^{a+b}$, $\mathfrak{p}'^{a'+b'}$, $\mathfrak{p}''^{a''+b''}$, ..., woraus (mit Rücksicht auf 5.) auch der zweite Teil des Satzes folgt.

Da aus diesem Satze auch $\mathfrak{p}^a \mathfrak{p}^b = \mathfrak{p}^{a+b}$ folgt, so ist die oben (in 4.) gewählte Ausdrucks- und Bezeichnungsweise gerechtfertigt. Sind ferner $\mathfrak{p}$, $\mathfrak{p}'$, $\mathfrak{p}''$, ... voneinander verschiedene Primideale, so ist $\mathfrak{p}^a \mathfrak{p}'^{a'} \mathfrak{p}''^{a''} \ldots$ das kleinste gemeinschaftliche Multiplum der Potenzen

$\mathfrak{p}^a$, $\mathfrak{p}'^{a'}$, $\mathfrak{p}''^{a''}$, ... Auch leuchtet ein, daß der Begriff der Potenz durch die Definition $\mathfrak{a}^{r+1} = \mathfrak{a} \mathfrak{a}^r$ auf jedes Ideal $\mathfrak{a}$ ausgedehnt werden kann. Ist endlich $\mathfrak{a}$ teilbar durch $\mathfrak{b}$, so gibt es immer ein und nur ein Ideal $\mathfrak{r}$ der Art, daß $\mathfrak{a} = \mathfrak{r}\mathfrak{b}$ wird; sind nämlich $\mathfrak{p}^a$, $\mathfrak{p}^d$ die höchsten bzw. in $\mathfrak{a}$, $\mathfrak{b}$ aufgehenden Potenzen eines Primideals $\mathfrak{p}$, so ist $d \leq a$, und $\mathfrak{r}$ ist das Produkt aus allen Potenzen $\mathfrak{p}^{a-d}$. Mit Rücksicht hierauf erkennt man leicht, daß die früheren Sätze (in 2.) sich jetzt einfacher aussprechen lassen.

7. Wir nennen nun $\mathfrak{a}$ und $\mathfrak{b}$ **relative Primideale**, wenn ihr größter gemeinschaftlicher Teiler $= \mathfrak{o}$ ist; ebenso soll η **relative Primzahl zum Ideal** $\mathfrak{a}$ heißen, wenn $\mathfrak{a}$ und $\mathfrak{i}(\eta)$ relative Primideale sind. Es leuchtet dann ein, daß die Sätze der rationalen Zahlentheorie über relative Primzahlen sich leicht auf die Theorie der Ideale übertragen lassen; wir begnügen uns aber hier, folgenden wichtigen Satz zu beweisen (vgl. § 25):

Sind $\mathfrak{a}$, $\mathfrak{b}$ relative Primideale, und μ, ν zwei gegebene Zahlen, so gibt es immer eine und nur eine Klasse von Zahlen η (mod $\mathfrak{a}\mathfrak{b}$), welche den Bedingungen $\eta \equiv \mu$ (mod $\mathfrak{a}$), $\eta \equiv \nu$ (mod $\mathfrak{b}$) genügen. Durchlaufen nämlich μ, ν, η vollständige Restsysteme bzw. für die drei Moduln $\mathfrak{a}$, $\mathfrak{b}$, $\mathfrak{a}\mathfrak{b}$, so entspricht jeder Zahl η eine und nur eine Kombination μ, ν der Art, daß $\mu \equiv \eta$ (mod $\mathfrak{a}$), $\nu \equiv \eta$ (mod $\mathfrak{b}$) ist; entspräche ferner zwei verschiedenen Zahlen η, η' des Restsystems für den Modul $\mathfrak{a}\mathfrak{b}$ eine und dieselbe Kombination μ, ν, so wäre $\eta - \eta'$ teilbar sowohl durch $\mathfrak{a}$ als durch $\mathfrak{b}$, also auch durch $\mathfrak{a}\mathfrak{b}$ (weil $\mathfrak{a}$, $\mathfrak{b}$ relative Primideale sind), mithin wäre $\eta \equiv \eta'$ (mod $\mathfrak{a}\mathfrak{b}$), was gegen die Voraussetzung streitet. Durchläuft daher η alle seine Werte, deren Anzahl $= N(\mathfrak{a}\mathfrak{b}) = N(\mathfrak{a}) N(\mathfrak{b})$ ist, so entstehen ebensoviele **verschiedene** Kombinationen μ, ν; und da genau ebensoviele verschiedene Kombinationen μ, ν wirklich existieren, so muß auch umgekehrt jede Kombination μ, ν einer Zahl η entsprechen, was zu beweisen war.

Bedeutet $\psi(\mathfrak{a})$ die Anzahl der (mod $\mathfrak{a}$) inkongruenten relativen Primzahlen zu $\mathfrak{a}$, so ist $\psi(\mathfrak{a}\mathfrak{b}) = \psi(\mathfrak{a})\psi(\mathfrak{b})$, wenn $\mathfrak{a}$, $\mathfrak{b}$ relative Primideale bedeuten. Ist ferner $\mathfrak{p}$ ein Primideal, und $e \geq 1$, so ist $\psi(\mathfrak{p}^e) = N(\mathfrak{p}^e) - N(\mathfrak{p}^{e-1}) = N(\mathfrak{p})^{e-1}(N(\mathfrak{p}) - 1)$; denn, wenn δ alle r durch $\mathfrak{p}$ teilbaren und nach dem Modul $\mathfrak{p}^e$ inkongruenten Zahlen, wenn ferner γ ein vollständiges Restsystem (mod $\mathfrak{p}$) durchläuft, so bilden die Zahlen $\gamma + \delta$ (zufolge 2.) ein vollständiges Restsystem (mod $\mathfrak{p}^e$), und es ist $N(\mathfrak{p}^e) = r N(\mathfrak{p})$, also $r = N(\mathfrak{p}^{e-1})$; nun ist aber eine solche Zahl $\gamma + \delta$ stets und nur dann relative Primzahl zu $\mathfrak{p}^e$, wenn γ nicht $\equiv 0 \pmod{\mathfrak{p}}$ ist, und folglich ist die Anzahl der Zahlen $\gamma + \delta$, welche relative Primzahlen zu $\mathfrak{p}^e$ sind, gleich $r(N(\mathfrak{p}) - 1)$, was zu beweisen war.

Bedeutet $\mathfrak{p}$ ein Primideal, so gibt es (zufolge 4.) immer eine Zahl λ, welche durch $\mathfrak{p}$, aber nicht durch $\mathfrak{p}^2$ teilbar ist, mithin auch eine Zahl λ^e, welche durch $\mathfrak{p}^e$, aber nicht durch $\mathfrak{p}^{e+1}$ teilbar ist. Sind nun $\mathfrak{p}, \mathfrak{p}', \mathfrak{p}'', \ldots$ voneinander verschiedene Primideale, und haben $\lambda', \lambda'', \ldots$ ähnliche Bedeutung für $\mathfrak{p}', \mathfrak{p}'', \ldots$, wie λ für $\mathfrak{p}$, so existiert immer, wenn $e, e', e'', \ldots$ gegebene Exponenten bedeuten, eine Zahl η, welche den gleichzeitigen Kongruenzen

$$\eta \equiv \lambda^e \pmod{\mathfrak{p}^{e+1}}, \quad \eta \equiv \lambda'^{e'} \pmod{\mathfrak{p}'^{e'+1}},$$
$$\eta \equiv \lambda''^{e''} \pmod{\mathfrak{p}''^{e''+1}} \ldots$$

genügt, weil die Moduln relative Primideale sind. Dann ist offenbar $\mathfrak{i}(\eta) = \mathfrak{m}\,\mathfrak{p}^e \mathfrak{p}'^{e'} \mathfrak{p}''^{e''} \ldots$, und das Ideal $\mathfrak{m}$ ist durch keines der Primideale $\mathfrak{p}, \mathfrak{p}', \mathfrak{p}'', \ldots$ teilbar. Hieraus folgt unmittelbar der Satz:

Sind $\mathfrak{a}, \mathfrak{b}$ zwei beliebige Ideale, so gibt es immer ein solches relatives Primideal $\mathfrak{m}$ zu $\mathfrak{b}$, daß $\mathfrak{a}\mathfrak{m}$ ein Hauptideal wird. Sind nämlich $\mathfrak{p}, \mathfrak{p}', \mathfrak{p}'', \ldots$ alle voneinander verschiedenen in $\mathfrak{a}\mathfrak{b}$ aufgehenden Primideale, und ist $\mathfrak{a} = \mathfrak{p}^e \mathfrak{p}'^{e'} \mathfrak{p}''^{e''} \ldots$ (wo die Exponenten $e, e', e'', \ldots$ auch $= 0$ sein können), so gibt es, wie eben gezeigt ist, ein durch $\mathfrak{a}$ teilbares Hauptideal $\mathfrak{i}(\eta) = \mathfrak{a}\mathfrak{m}$ der Art, daß $\mathfrak{b}$ und $\mathfrak{m}$ relative Primideale sind.

Hieraus folgt auch, daß jedes Ideal $\mathfrak{a}$, welches kein Hauptideal ist, immer als der größte gemeinschaftliche Teiler von zwei Hauptidealen angesehen werden kann; hat man nämlich nach Belieben ein durch $\mathfrak{a}$ teilbares Hauptideal $\mathfrak{i}(\eta') = \mathfrak{a}\mathfrak{b}$ gewählt, so kann man immer ein zweites $\mathfrak{i}(\eta) = \mathfrak{a}\mathfrak{m}$ so wählen, daß $\mathfrak{b}$ und $\mathfrak{m}$ relative Primideale werden; die sämtlichen Zahlen des Ideals $\mathfrak{a}$ sind dann von der Form $\eta\omega + \eta'\omega'$, wo ω, ω' alle Zahlen in $\mathfrak{o}$ durchlaufen.

[Erläuterungen gemeinsam mit denen zu XLVI, XLVIII, XLIX am Schluß von XLIX.]

XLVIII
Sur la Théorie des Nombres entiers algébriques
Introduction

En réponse à l'invitation que l'on m'a fait l'honneur de m'adresser, je me propose, dans le présent Mémoire, de développer les **principes fondamentaux** de la théorie générale, échappant à toute exception des nombres entiers algébriques, principes que j'ai publiés dans la seconde édition des **Leçons sur la Théorie des nombres de Dirichlet**. Mais, à cause de l'étendue extraordinaire de ce champ de recherches mathématiques, je me bornerai ici à poursuivre un but unique, que je vais essayer de définir clairement par les remarques suivantes.

La théorie de la divisibilité des nombres, qui sert de fondement à l'arithmologie, a déjà été établie par Euclide dans ce qu'elle a d'essentiel; du moins, le théorème capital que tout nombre entier composé peut toujours se mettre, et cela d'une seule manière, sous la forme d'un produit de nombres tous premiers, est une conséquence immédiate de ce théorème démontré par Euclide*), qu'un produit de deux nombres ne peut être divisible par un nombre premier que si celui-ci divise au moins l'un des facteurs.

Deux mille ans plus tard, Gauss donna, pour la première fois, une extension à la notion du nombre entier; tandis que, jusqu'à lui, on ne désignait sous ce nom que les nombres $0, \pm 1, \pm 2, \ldots$, que j'appellerai dans tout ce qui va suivre **nombres entiers rationnels**, Gauss introduisit**) les **nombres entiers complexes**, de la forme $a + b\sqrt{-1}$, a et b désignant des nombres entiers rationnels quelconques, et il démontra que les lois générales de la divisibilité de ces nombres sont identiques avec celles qui régissent le domaine des nombres entiers rationnels.

La plus haute généralisation de la notion du nombre entier consiste dans ce qui suit. Un nombre θ est dit un **nombre algébrique**, lorsqu'il satisfait à une équation

$$\theta^n + a_1 \theta^{n-1} + a_2 \theta^{n-2} + \cdots + a_{n-1} \theta + a_n = 0,$$

de degré fini n et à coefficients rationnels $a_1, a_2, \ldots, a_{n-1}, a_n$; il est dit un **nombre entier algébrique**, ou plus brièvement un **nombre entier**, lorsqu'il satisfait à une équation de la forme cidessus, dans laquelle les coefficients $a_1, a_2, \ldots, a_{n-1}, a_n$ sont tous des nombres entiers rationnels. De cette définition il résulte immé-

---
*) Éléments, VII, 32.
**) Theoria residuorum biquadraticorum, II; 1832.

diatement que les sommes, les différences et les produits de nombres entiers sont tous aussi des nombres entiers; par suite, un nombre entier α sera dit divisible par un nombre entier β, si l'on a $\alpha = \beta\gamma$, γ étant également un nombre entier. Un nombre entier ε s'appellera une unité, lorsque tout nombre entier quelconque sera divisible par ε. Par analogie, on devrait entendre par nombre premier un nombre entier α qui ne serait pas une unité, et qui n'aurait pour diviseurs que les unités ε et les produits de la forme $\varepsilon\alpha$; mais il est facile de reconnaître que, dans le domaine de tous les nombres entiers que nous considérons ici, il n'existe' pas de tels nombres premiers, puisque tout nombre entier qui n'est pas une unité peut toujours être mis sous la forme d'un produit de deux facteurs ou plutôt d'un nombre quelconque de facteurs, qui sont tous des nombres entiers, mais non des unités.

Toutefois, l'existence des nombres premiers et l'analogie avec les domaines des nombres entiers rationnels ou complexes commence à se montrer de nouveau, lorsque du domaine de tous les nombres entiers on sépare une partie infiniment petite, de la manière suivante. Si θ est un nombre algébrique déterminé, parmi les équations à coefficients rationnels, en nombre infini dont θ est racine, il y en a une et une seule,
$$\theta^n + a_1 \theta^{n-1} + \cdots + a_{n-1}\theta + a_n = 0,$$
qui est de degré moins élevé que toutes les autres, et que l'on nomme à cause de cela irréductible. Si $x_0, x_1, x_2, \ldots, x_{n-1}$ désignent des nombres rationnels pris à volonté, tous les nombres de la forme
$$\varphi(\theta) = x_0 + x_1 \theta + x_2 \theta^2 + \cdots + x_{n-1}\theta^{n-1},$$
dont nous représenterons le complexe par Ω, seront aussi des nombres algébriques, et ils jouiront de la propriété fondamentale que leurs sommes, leurs différences, leurs produits et leurs quotients appartiendront tous aussi au même complexe Ω; j'appellerai un tel complexe Ω un corps fini du degré n. Tous les nombres $\varphi(\theta)$ appartenant au corps Ω se partagent maintenant, conformément à la définition ci-dessus, en deux grandes classes, savoir, en nombres entiers dont nous désignerons le complexe par $\mathfrak{o}$, et en nombres non entiers ou nombres fractionnaires. Le problème que nous nous proposons consiste à établir les lois générales de la divisibilité qui régissent un tel système $\mathfrak{o}$.

Le système o est évidemment identique avec le système de tous les nombres entiers rationnels, lorsqu'on a $n=1$, ou avec celui des nombres entiers complexes, lorsqu'on a $n=2$ et $\theta=\sqrt{-1}$. Certains phénomènes qui se présentent dans ces deux domaines o spéciaux se reproduisent encore dans tout domaine o de cette nature; il faut observer avant tout que la décomposition illimitée dont il a été question plus haut, et qui règne dans le domaine qui comprend tous les nombres algébriques entiers, ne se rencontre jamais dans un domaine o de l'espèce indiquée, comme on peut aisément s'en assurer par la considération des normes. Si l'on entend, en effet, par norme d'un nombre quelconque $\mu=\varphi(\theta)$, appartenant au corps Ω, le produit

$$N(\mu) = \mu\,\mu_1\,\mu_2 \cdots \mu_{n-1},$$

dont les facteurs sont les nombres conjugués

$$\mu=\varphi(\theta), \quad \mu_1=\varphi(\theta_1), \quad \mu_2=\varphi(\theta_2), \quad \ldots, \quad \mu_{n-1}=\varphi(\theta_{n-1}),$$

$\theta, \theta_1, \theta_2, \ldots, \theta_{n-1}$ désignant toutes les racines de la même équation irréductible du $n^{\text{ième}}$ degré, $N(\mu)$ sera toujours, comme on sait, un nombre rationnel, et ne deviendra $=0$ que si $\mu=0$; en même temps, on a toujours

$$N(\alpha\beta) = N(\alpha)\,N(\beta),$$

α et β étant deux nombres quelconques du corps Ω. Si maintenant μ est un nombre entier et par suite un nombre compris dans o, les autres nombres conjugués $\mu_1, \mu_2, \ldots, \mu_{n-1}$ seront pareillement des nombres entiers, et par suite $N(\mu)$ sera un nombre entier rationnel. Cette norme joue un rôle extrêmement important dans la théorie des nombres du domaine o; en effet, si deux nombres quelconques α, β de ce domaine sont dits congrus ou incongrus par rapport à un troisième μ, pris pour module, selon que leur différence $\pm(\alpha-\beta)$ est ou n'est pas divisible par μ, on pourra, exactement comme dans la théorie des nombres entiers rationnels ou complexes, partager tous les nombres du système o en classes de nombres, de sorte que chaque classe comprenne l'ensemble de tous les nombres qui sont congrus à un nombre déterminé, lequel sera le représentant de cette classe, et une étude plus approfondie nous apprend que le nombre de ces classes (à l'exception du seul cas de $\mu=0$) est toujours fini, et de plus égal à la valeur absolue de $N(\mu)$. Une conséquence immédiate de ce résultat, c'est que $N(\mu)$ sera toujours

$= \pm 1$ dans le cas, et seulement dans ce cas, où μ sera une unité. Si maintenant un nombre du système o est dit **décomposable**, lorsqu'il est le produit de deux nombres de ce système, dont aucun ne soit une unité, il suit évidemment de ce qui précède que tout nombre décomposable peut toujours être représenté comme le produit d'un nombre fini de facteurs **indécomposables**.

Ce résultat correspond encore complétement à la loi qui a lieu dans la théorie des nombres entiers rationnels ou complexes, savoir que tout nombre composé peut être représenté par le produit d'un nombre fini de facteurs premiers; mais en même temps c'est ici le point où l'analogie, observée jusqu'ici, avec l'ancienne théorie menace de se rompre pour toujours. Dans ses recherches sur le domaine des nombres qui appartiennent à la théorie de la division du cercle, et qui correspondent par suite aux équations de la forme $\theta^m = 1$, Kummer a remarqué l'existence d'un phénomène par lequel les nombres de ce domaine se distinguent en général de ceux qu'on a considérés auparavant, d'une manière si complète et si essentielle, qu'il restait à peine un espoir quelconque de conserver les lois simples qui régissent l'ancienne théorie des nombres. En effet, tandis que, dans le domaine des nombres entiers, tant rationnels que complexes, tout nombre composé ne peut se mettre **que d'une seule manière** sous la forme d'un produit de nombres premiers, on reconnaît que, dans les domaines numériques considérés par Kummer, un nombre décomposable peut souvent se représenter **de plusieurs manières, entièrement différentes entre elles,** sous la forme d'un produit de nombres indécomposables, ou, ce qui dans le fond revient au même, on reconnaît que les nombres indécomposables ne possèdent pas tous le caractère d'un nombre **premier** proprement dit, lequel consiste en ce qu'un nombre premier ne peut diviser un produit de deux ou de plusieurs facteurs, s'il ne divise au moins un de ces facteurs. Mais plus le succès des recherches ultérieures sur de tels domaines numériques devait sembler désespéré[*]), plus

---

[*]) Dans le Mémoire: De numeris complexis qui radicibus unitatis et numeris integri realibus constant (Vrastislaviæ, 1844, § 8), Kummer dit: «Maxime dolendum videtur, quod hæc numerorum realium virtus, ut in factores primos dissolvi possint qui pro eodem numero semper iidem sint, non eadem est numerorum complexorum, quæ si esset tota hæc doctrina, quæ magnis adhuc difficultatibus laborat, facile absolvi et ad finem perduci posset.»

on doit de reconnaissance aux efforts persévérants de Kummer, qui ont été enfin récompensés par une découverte vraiment grande et féconde. Ce géomètre est parvenu*) à ramener toutes les irrégularités apparentes à des lois rigoureuses, et en considérant les nombres indécomposables, mais dépourvus du caractère de véritables nombres premiers, comme des produits de facteurs premiers idéaux, qui n'apparaissent et ne manifestent leur effet que combinés ensemble, et non pas isolés, il a obtenu ce résultat surprenant, que les lois de la divisibilité dans les domaines de nombres étudiés par lui coïncident maintenant complétement avec celles qui régissent le domaine des nombres entiers rationnels. Tout nombre qui n'est pas une unité se comporte, dans toutes les questions de divisibilité, tant dans un rôle actif que dans un rôle passif, ou comme un nombre premier, ou comme un nombre formé par la multiplication de facteurs premiers, existants ou idéaux, complétement déterminés. Deux nombres idéaux, soit premiers, soit composés, qui se changent en deux nombres existants par la combinaison avec un seul et même nombre idéal, sont dits équivalents, et tous les nombres idéaux équivalents à un même nombre idéal déterminé forment une classe de nombres idéaux; l'ensemble de tous les nombres existants, qui sont considérés comme un cas spécial des nombres idéaux, forme la classe principale; à chaque classe correspond un système d'une infinité de formes homogènes équivalentes, à n variables et du degré n, qui sont décomposables en n facteurs linéaires à coefficients algébriques; le nombre de ces classes est fini, et Kummer est parvenu à étendre à la détermination de ce nombre les principes par lesquels Dirichlet a déterminé le nombre des classes des formes quadratiques binaires.

Le grand succès des recherches de Kummer, dans le domaine de la division du cercle, donnait lieu de présumer que les mêmes lois subsistaient dans tous les domaines numériques o de l'espèce la plus générale, dont il a été question plus haut. Dans mes recherches, qui avaient pour but d'amener la question à une solution définitive, j'ai commencé par m'appuyer sur la théorie des congruences d'ordre supérieur, parce que j'avais déjà précédemment remarqué que par l'application de cette théorie les recherches de Kummer pouvaient

---

*) Zur Theorie der complexen Zahlen (Journal de Crelle, t. 35).

être considérablement abrégées ; mais, bien que ce moyen conduisît jusqu'à un point très-voisin du but de mes efforts, je n'ai pu toutefois réussir par cette voie à soumettre certaines exceptions apparentes aux lois constatées pour les autres cas. Je ne suis parvenu à la théorie générale et sans exceptions, que j'ai publiée pour la première fois au lieu indiqué plus haut, qu'après avoir entièrement abandonné l'ancienne marche plus formelle, et l'avoir remplacée par une autre partant de la conception fondamentale la plus simple, et fixant le regard immédiatement sur le but. Dans cette marche, je n'ai plus besoin d'aucune création nouvelle, comme celle du nombre idéal de Kummer, et il suffit complétement de la considération de ce système de nombres réellement existants, que j'appelle un idéal. La puissance de ce concept reposant sur son extrême simplicité, et mon dessein étant avant tout d'inspirer la confiance en cette notion, je vais essayer de développer la suite des idées qui m'ont conduit à ce concept.

Kummer n'a pas défini les nombres idéaux eux-mêmes, mais seulement la divisibilité par ces nombres. Si un nombre α possède une certaine propriété A, consistant toujours en ce que α satisfait à une ou plusieurs congruences, il dit que α est divisible par un nombre idéal déterminé, correspondant à la propriété A. Bien que cette introduction de nouveaux nombres soit tout à fait légitime, il est toutefois à craindre d'abord que, par le mode d'expression que l'on a choisi, dans lequel on parle de nombres idéaux déterminés et de leurs produits, et aussi par l'analogie présumée avec la théorie des nombres rationnels, on ne soit entraîné à des conclusions précipitées et par là à des démonstrations insuffisantes, et en effet cet écueil n'est pas toujours complétement évité. D'autre part, une définition exacte et qui soit commune à tous les nombres idéaux qu'il s'agit d'introduire dans un domaine numérique déterminé o, et en même temps une définition générale de leur multiplication paraissent d'autant plus nécessaires, que ces nombres idéaux n'existent nullement dans le domaine numérique considéré o. Pour satisfaire à ces exigences, il sera nécessaire et suffisant d'établir une fois pour toutes le caractère commun de toutes les propriétés A, B, C, ..., qui toujours, et elles seules, servent à l'introduction de nombres idéaux déterminés, et ensuite d'indiquer généralement comment de deux de ces propriétés A, B, auxquelles correspondent deux nombres idéaux déterminés, on pourra déduire la propriété C qui doit correspondre au produit de ces deux nombres idéaux*).

*) La légitimité ou plutôt la nécessité de telles exigences, qui devraient toujours s'imposer dans l'introduction ou la création de nouveaux éléments arithmétiques, deviendra encore plus évidente par la comparaison avec l'introduction des nombres réels irrationnels, objet dont je me suis occupé dans un écrit spécial (Stetigkeit und irrationale Zahlen; Brunswick, 1872). En admettant que l'arithmétique des nombres rationnels, dont nous désignerons l'ensemble par R, soit définitivement fondée, il s'agit de savoir de quelle manière on devra introduire les nombres irrationnels, et définir les opérations d'addition, de soustraction, de multiplication et de division à exécuter sur ces nombres. Comme première exigence, je reconnais que l'Arithmétique doit être maintenue exempte de tout mélange d'éléments étrangers, et pour cette raison je rejette la définition d'après laquelle le nombre serait le rapport de deux grandeurs de même espèce; au contraire, la définition ou la création du nombre irrationnel doit être fondée uniquement sur des phénomènes que l'on puisse déjà constater clairement dans le domaine R. En second lieu, on devra exiger que tous les nombres réels irrationnels puissent être engendrés à la fois par une commune définition, et non successivement comme racines des équations, comme logarithmes, etc. La définition devra, en troisième lieu, être de nature à permettre aussi une définition parfaitement claire des calculs (addition, etc.) que l'on aura à faire sur les nouveaux nombres. On parvient à tout cela de la manière suivante, que je ne ferai ici qu'indiquer:

1^0 J'appelle section du domaine R un partage quelconque de tous les nombres rationnels en deux catégories, tel que chaque nombre de la première catégorie soit algébriquement moindre que chaque nombre de la seconde catégorie.

2^0 Tout nombre rationnel déterminé a engendre une section déterminée (ou deux sections, non essentiellement différentes), par cela qu'un nombre rationnel quelconque sera classé dans la première ou dans la seconde catégorie, suivant qu'il sera algébriquement plus petit ou plus grand que a (tandis que a lui-même pourra être inscrit à volonté dans l'une ou dans l'autre des deux catégories).

3^0 Il y a une infinité de sections qui ne peuvent pas être engendrées par des nombres rationnels, de la manière indiquée: pour toute section de cette espèce, on crée et l'on introduit dans l'arithmétique un nombre irrationnel spécial, correspondant à cette section (ou l'engendrant).

4^0 Soient α, β deux nombres quelconques réels (rationnels ou irrationnels); il est facile, d'après les sections qu'ils engendrent, de définir si l'on a $\alpha > \beta$ ou $\alpha < \beta$; de plus, on peut aisément définir, au moyen de ces deux sections, les quatre sections auxquelles doivent correspondre la somme, la différence, le produit, le quotient des deux nombres α, β. Par là sont définies sans aucune obscurité les quatre opérations fondamentales de l'Arithmétique pour deux nombres réels quelconques, et l'on peut démontrer réellement des propositions telles, par exemple, que l'égalité $\sqrt{2}.\sqrt{3} = \sqrt{6}$, ce qui n'a pas encore été fait, que je sache, dans le sens rigoureux du mot.

5^0 Les nombres irrationnels ainsi définis forment, réunis aux nombres rationnels, un domaine $\mathfrak{R}$ sans lacunes et continu; toute section de ce domaine $\mathfrak{R}$ sera produite par un nombre déterminé du même domaine; il est impossible de classer encore de nouveaux nombres dans ce domaine $\mathfrak{R}$.

Ce problème est essentiellement simplifié par les réflexions suivantes. Comme une telle propriété caractéristique A sert à définir, non un nombre idéal lui-même, mais seulement la divisibilité des nombres contenus dans o par un nombre idéal, on est conduit naturellement à considérer l'ensemble $\mathfrak{a}$ de tous ces nombres α du domaine o qui sont divisibles par un nombre idéal déterminé; j'appellerai dès maintenant, pour abréger, un tel système $\mathfrak{a}$ un **idéal**, de sorte que, à tout nombre idéal déterminé, correspond un **idéal** déterminé $\mathfrak{a}$. Maintenant comme, réciproquement, la propriété A, c'est-à-dire la divisibilité d'un nombre α par le nombre idéal, consiste uniquement en ce que α appartient à l'idéal correspondant $\mathfrak{a}$, on pourra, au lieu des propriétés A, B, C, ..., par lesquelles a été définie l'introduction des nombres idéaux, considérer les idéaux correspondants $\mathfrak{a}$, $\mathfrak{b}$, $\mathfrak{c}$, ..., pour établir leur caractère commun et exclusif. En ayant égard actuellement à ce que l'introduction des nombres idéaux n'a pas d'autre but que de ramener les lois de la divisibilité dans le domaine numérique o à une complète conformité avec la théorie des nombres rationnels, il est évidemment nécessaire que les nombres réellement existants dans o, et qui toutefois se présentent en première ligne comme facteurs de nombres composés, ne soient considérés que comme un cas particulier des nombres idéaux; si donc μ est un nombre déterminé de o, le système $\mathfrak{a}$ de tous les nombres $\alpha = \mu \omega$ du domaine o divisibles par μ aura également le caractère essentiel d'un idéal, et il sera appelé un **idéal principal**; ce système évidemment n'est pas altéré, quand on remplace μ par $\varepsilon \mu$, ε désignant une unité quelconque renfermée dans o. Maintenant, de la notion de nombre entier établie plus haut résultent immédiatement les deux théorèmes élémentaires suivants sur la divisibilité:

1º Si les deux nombres entiers $\alpha = \mu \omega$, $\alpha' = \mu \omega'$ sont divisibles par le nombre entier μ, leur somme $\alpha + \alpha' = \mu(\omega + \omega')$ et leur différence $\alpha - \alpha' = \mu(\omega - \omega')$ seront aussi divisibles par μ, puisque la somme $\omega + \omega'$ et la différence $\omega - \omega'$ de deux nombres entiers ω, ω' sont elles-mêmes aussi des nombres entiers.

2º Si $\alpha = \mu \omega$ est divisible par μ, tout nombre $\alpha \omega' = \mu(\omega \omega')$, divisible par α, sera aussi divisible par μ, puisque tout produit $\omega \omega'$ de deux nombres entiers ω, ω' est aussi lui-même un nombre entier.

Si l'on applique ces théorèmes, vrais pour tous les nombres entiers, aux nombres ω de notre domaine numérique o, en désignant par μ un de ces nombres déterminés, et par $\mathfrak{a}$ l'idéal principal qui lui correspond, on obtiendra les deux propriétés fondamentales suivantes d'un tel système numérique $\mathfrak{a}$:

I. **Les sommes et les différences de deux nombres quelconques du système $\mathfrak{a}$ sont toujours des nombres du même système $\mathfrak{a}$.**

II. **Tout produit d'un nombre du système $\mathfrak{a}$ par un nombre du système $\mathfrak{o}$ est un nombre du système $\mathfrak{a}$.**

Maintenant, comme nous poursuivons le but de ramener généralement, par l'introduction des nombres idéaux et d'un mode de langage correspondant, les lois de la divisibilité dans le domaine numérique $\mathfrak{o}$ à une complète conformité avec celles qui règnent dans le domaine des nombres entiers rationnels, il s'ensuit que les définitions des nombres idéaux et de la divisibilité par ces nombres devront s'énoncer de telle manière que les deux théorèmes élémentaires ci-dessus, 1° et 2°, continuent à subsister lors même que μ ne serait pas un nombre existant, mais un nombre idéal, et par suite les deux propriétés I et II appartiendront non-seulement aux idéaux principaux, mais aussi à tous les idéaux. Nous avons donc trouvé par là un caractère commun à tous les idéaux ; à tout nombre existant ou idéal correspond un idéal complétement déterminé $\mathfrak{a}$, jouissant toujours des deux propriétés I et II.

Mais un fait de la plus haute importance, et dont je n'ai pu démontrer rigoureusement la vérité qu'à la suite de nombreux et vains efforts et après avoir surmonté de grandes difficultés, c'est que, réciproquement, tout système $\mathfrak{a}$ qui jouit des propriétés I et II est aussi un idéal, c'est-à-dire que $\mathfrak{a}$ forme l'ensemble de tous les nombres α du domaine $\mathfrak{o}$ qui sont divisibles par un nombre existant déterminé, ou par un nombre idéal, indispensable pour compléter la théorie. Les deux propriétés I et II sont donc non-seulement les conditions nécessaires, mais encore les conditions suffisantes pour qu'un système numérique $\mathfrak{a}$ soit un idéal ; toute autre condition à laquelle on voudrait assujettir les systèmes numériques $\mathfrak{a}$, si elle n'était pas une simple conséquence des propriétés I et II, rendrait impossible l'explication complète de tous les phénomènes de la divisibilité dans le domaine $\mathfrak{o}$.

Cette constatation m'a conduit naturellement à fonder toute la théorie des nombres du domaine $\mathfrak{o}$ sur cette définition simple, entièrement délivrée de toute obscurité et de l'admission des nombres idéaux*):

Tout système α de nombres entiers du corps Ω, qui possède les propriétés I et II, est dit *un idéal de ce corps*.

La divisibilité d'un nombre α par un nombre μ consiste en ce que α est un nombre $\mu\omega$ de l'idéal principal, qui correspond au nombre μ et peut être convenablement désigné par $o(\mu)$ ou $o\mu$; et de la propriété II ou du théorème 2°, il résulte qu'en même temps tous les nombres de l'idéal principal $o\alpha$ sont aussi des nombres de l'idéal principal $o\mu$. Réciproquement, il est évident que α est certainement divisible par μ, quand tous les nombres de l'idéal $o\alpha$, et par suite aussi α lui-même, sont contenus dans l'idéal $o\mu$. De là on est conduit à établir la notion suivante de la divisibilité, non-seulement pour les idéaux principaux, mais encore pour tous les idéaux:

Un idéal α est dit divisible par un idéal b, ou un multiple de b, et b un diviseur de α, lorsque tous les nombres de l'idéal α sont en même temps contenus dans b. Un idéal p, différent de o, qui n'a aucun diviseur autre que o et p, est dit un idéal premier**).

De cette divisibilité des idéaux, qui comprend évidemment celle des nombres, il faut d'abord bien séparer la notion suivante de la multiplication et des produits de deux idéaux:

Si α parcourt tous les nombres d'un idéal α, et β tous les nombres d'un idéal b, tous les produits de la forme $\alpha\beta$ et toutes les sommes de ces produits formeront un idéal qui s'appellera le produit des idéaux α, b, et que l'on désignera par αb***).

Or on voit immédiatement, il est vrai, que le produit αb est divisible aussi bien par α que par b; mais l'établissement complet de la liaison entre les deux notions de la divisibilité et de la multiplication des idéaux réussit seulement après que l'on a vaincu des diffi-

---

*) Il est naturellement permis, quoique ce ne soit aucunement nécessaire, de faire correspondre à tout idéal tel que α un nombre idéal qui l'engendre, si ce n'est pas un idéal principal.

**) En même temps le nombre idéal correspondant à l'idéal α s'appellerait divisible par le nombre idéal correspondant à l'idéal b; à un idéal premier correspondrait un nombre idéal premier.

***) Le nombre idéal correspondant à l'idéal αb s'appellerait le produit des deux nombres idéaux correspondants à α et b.

cultés caractéristiques, profondément attachées à la nature du sujet; cette liaison s'exprime essentiellement par les deux théorèmes suivants:

Si l'idéal c est divisible par l'idéal a, il existera toujours un idéal b, et un seul, tel que le produit ab soit identique avec c.

Tout idéal différent de o ou est un idéal premier, ou peut être représenté, et cela d'une seule manière, sous forme d'un produit d'idéaux tous premiers.

Dans le présent Mémoire, je me borne à démontrer ces résultats avec une entière rigueur et par voie synthétique. En cela consiste le fondement propre de la théorie complète des idéaux et des formes décomposables, laquelle offre aux mathématiciens un champ inépuisable de recherches. De tous les développements ultérieurs, pour lesquels je dois renvoyer à l'exposition faite dans les Vorlesungen über Zahlentheorie de Dirichlet et à quelques Mémoires qui paraîtront plus tard, je n'ai inséré dans le Mémoire actuel que le partage des idéaux en classes, et la démonstration que le nombre de ces classes d'idéaux (ou des classes de formes correspondantes) est fini. La première Section contient seulement les propositions indispensables pour le but présent, extraites d'une théorie auxiliaire, importante aussi pour d'autres recherches, et dont je publierai ailleurs l'exposition complète. La seconde Section, qui a pour but d'éclaircir sur des exemples numériques complètement déterminés les notions générales qui devront être introduites plus tard, pourrait être entièrement supprimée; mais je l'ai conservée parce qu'elle peut être utile pour faciliter l'intelligence des Sections suivantes, où l'on trouvera la théorie des nombres entiers d'un corps fini quelconque développée jusqu'au point indiqué ci-dessus. Pour cela, il suffit d'emprunter seulement les premiers éléments à la théorie générale des corps, théorie dont le développement ultérieur conduirait aisément aux principes algébriques inventés par Galois, lesquels servent à leur tour de base aux recherches plus approfondies dans la théorie des idéaux.

I.

Théorèmes auxiliaires de la théorie des modules

Ainsi qu'il ressort de l'Introduction, nous aurons dans la suite à considérer très-souvent des systèmes de nombres qui se reproduisent par addition et soustraction; le développement des propriétés générales de pareils systèmes forme l'objet d'une théorie assez étendue, qui peut aussi être utilisée pour d'autres recherches, tandis que, pour notre but, les premiers éléments de cette théorie sont suffisants. Pour ne pas interrompre plus tard le cours de notre exposition, et en même temps pour faire apercevoir plus clairement la portée des divers concepts sur lesquels s'appuie notre théorie suivante des nombres algébriques entiers, il nous semble à propos d'établir préalablement un petit nombre de théorèmes très-simples, bien qu'ils ne puissent offrir un véritable intérêt que par leurs applications. ...

... Les recherches dans cette première Section ont été exposées sous la forme spéciale qui répond à notre but; mais il est clair qu'elles ne cessent en rien d'être vraies, quand les lettres grecques désignent, non plus des nombres, mais des éléments quelconques, objets de l'étude que l'on poursuit, dont deux quelconques α, β, par une opération commutative et uniformément inversible (composition), tenant la place de l'addition, produiront un élément déterminé $\gamma = \alpha + \beta$ de la même espèce; les modules $\mathfrak{a}$ se changent en groupes d'éléments, dont les résultats (les composés) appartiennent toujours au même groupe; les coefficients rationnels entiers indiquent combien de fois un élément contribue à la génération d'un autre.

II.

Le germe de la théorie des idéaux

Dans cette Section, je me propose, comme je l'ai déjà indiqué dans l'Introduction, d'expliquer sur un exemple déterminé la nature du phénomène qui a conduit Kummer à la création des nombres idéaux, et j'utiliserai le même exemple pour éclaircir le concept d'idéal introduit par moi, et celui de la multiplication des idéaux.

§ 5. — Les nombres rationnels entiers

La théorie des nombres s'occupe d'abord exclusivement du système des nombres rationnels entiers $0, \pm 1, \pm 2, \pm 3, \ldots$, et il sera bon de remémorer ici en peu de mots les lois importantes qui régissent ce domaine. Avant tout, il faut rappeler que ces nombres se reproduisent par addition, soustraction et multiplication, c'est-à-dire que les sommes, les différences et les produits de deux nombres quelconques de ce domaine appartiennent au même domaine. La théorie de la divisibilité considère de préférence la combinaison des nombres par multiplication; le nombre a est dit divisible par le nombre b, lorsque $a = bc$, c étant également un nombre rationnel entier. Le nombre 0 est divisible par un nombre quelconque; les deux unités ± 1 divisent tous les nombres, et elles sont les seuls nombres qui jouissent de cette propriété. Si a est divisible par b, $\pm a$ sera aussi divisible par $\pm b$, et nous pourrons, par conséquent, nous restreindre à la considération des nombres positifs. Tout nombre positif, différent de l'unité, est ou un nombre **premier**, c'est-à-dire un nombre divisible seulement par lui-même et par l'unité, ou un nombre **composé**; dans ce dernier cas, on pourra toujours le mettre sous la forme d'un produit de nombres premiers, et, ce qui est le plus important, on ne le pourra que d'une seule manière, c'est-à-dire que le système de tous les nombres premiers qui entrent comme facteurs dans ce produit est complétement déterminé, ainsi que le nombre de fois qu'un nombre premier désigné entre comme facteur. Cette propriété repose essentiellement sur ce théorème, qu'un produit de deux facteurs n'est divisible par un nombre premier que lorsque celui-ci divise au moins un des deux facteurs.

La manière la plus simple de démontrer ces propositions fondamentales de la théorie des nombres est fondée sur la considération du procédé enseigné déjà par Euclide, et qui sert à trouver le plus grand commun diviseur de deux nombres*). Cette opération a, comme on sait, pour base l'application répétée de ce théorème, que, si m désigne un nombre positif, un nombre quelconque z pourra toujours être mis sous la forme $qm + r$, q et r désignant aussi des nombres entiers, dont le second est **moindre** que m; car il résulte de là que l'opération devra s'arrêter après un nombre fini de divisions.

La notion de la **congruence** des nombres a été introduite par Gauss**); deux nombres z, z' sont dits **congrus** par rapport au module m, ce qu'on exprime par la notation
$$z \equiv z' \pmod{m},$$
lorsque la différence $z - z'$ est divisible par m; dans le cas contraire, z et z' sont dits **incongrus** par rapport à m. Si l'on range

---

*) Voir, par exemple, les Vorlesungen über Zahlentheorie de Dirichlet.
**) Disquisitiones arithmeticæ, art. 1.

les nombres, pris deux à deux dans la même classe*) de nombres ou dans deux classes différentes suivant qu'ils sont congrus ou incongrus par rapport à m, on conclut aisément du théorème rappelé plus haut que le nombre de ces classes est fini, et qu'il est égal à la valeur absolue du module m. C'est ce qui résulte évidemment aussi des études de la Section précédente; car la définition de la congruence établie dans la Section I contient celle de Gauss comme cas particulier. Le système $\mathfrak{o}$ de tous les nombres entiers rationnels est identique avec le module fini [1], et de même le système $\mathfrak{m}$ de tous les nombres divisibles par m est identique avec $[m]$; la congruence de deux nombres par rapport au nombre m coïncide avec leur congruence par rapport au système $\mathfrak{m}$; donc (d'après § 3, 2°, ou § 4, 4°), le nombre des classes est $= (\mathfrak{o}, \mathfrak{m}) = \pm m$.

§ 6. — Les nombres complexes entiers de Gauss

Le premier et le plus grand pas vers la généralisation de ces notions a été fait par Gauss, dans son second Mémoire sur les résidus biquadratiques, lorsqu'il les a transportées au domaine des nombres complexes entiers $x + yi$, x et y désignant des nombres rationnels entiers quelconques, et i étant $= \sqrt{-1}$, c'est-à-dire une racine de l'équation quadratique irréductible $i^2 + 1 = 0$. Les nombres de ce domaine se reproduisent encore par addition, soustraction et multiplication, et l'on peut par conséquent définir pour ces nombres la notion de divisibilité de la même manière que pour les nombres rationnels. On peut établir très-simplement, comme Dirichlet l'a montré d'une manière très-élégante**), que les propositions générales sur la composition des nombres au moyen de nombres premiers subsisteront encore dans ce nouveau domaine, en s'appuyant sur la remarque suivante. Si l'on entend par la norme $N(w)$ d'un nombre $w = u + vi$, u et v désignant des nombres rationnels quelconques, le produit $u^2 + v^2$ des deux nombres conjugués $u + vi$ et $u - vi$, la norme d'un produit sera égale au produit des normes des facteurs, et en outre il est clair que, w étant donné, on pourra toujours

---

*) Le mot classe semble avoir été employé par Gauss pour la première fois dans ce sens à propos des nombres complexes. (Theoria residuorum biquadraticorum, II, art. 42.)

**) Recherches sur les formes quadratiques à coefficients et à indéterminées complexes. (Journal de Crelle, t. 24.)

choisir un nombre complexe **entier** q, de telle sorte que l'on ait $N(w-q) \leq \frac{1}{2}$; en désignant maintenant par z et m deux nombres complexes entiers quelconques, dont le second soit différent de zéro, il en résulte, si l'on prend $w = \dfrac{z}{m}$, que l'on pourra toujours poser $z = qm + r$, q et r étant des nombres complexes entiers, et cela de telle manière que l'on ait $N(r) < N(m)$. On pourra donc, absolument comme pour les nombres rationnels, trouver par un nombre fini de divisions le plus grand commun diviseur de deux nombres complexes entiers quelconques, et les démonstrations des lois générales de la divisibilité des nombres rationnels entiers pourront s'appliquer presque mot pour mot au domaine des nombres complexes entiers. Il y a quatre unités, ± 1, $\pm i$, c'est-à-dire quatre nombres qui divisent tous les nombres, et dont la norme est, par suite, $= 1$. Tout autre nombre différent de zéro est dit un nombre composé, lorsqu'il peut être représenté par le produit de deux facteurs dont aucun n'est une unité; dans le cas contraire, le nombre est dit un nombre premier, et un tel nombre ne peut diviser un produit s'il ne divise au moins l'un des facteurs. Tout nombre composé peut toujours, et d'une seule manière, être mis sous la forme d'un produit de nombres premiers, les quatre nombres premiers associés $\pm q$, $\pm qi$ ne comptant naturellement que comme les représentants d'un seul et même nombre premier q. L'ensemble de tous les nombres premiers q du domaine des nombres complexes entiers se compose:

1° De tous les nombres premiers rationnels qui (pris positivement) sont de la forme $4n + 3$;

2° Du nombre $1 + i$, qui divise le nombre premier rationnel $2 = (1+i)(1-i) = -i(1+i)^2$;

3° Des couples de deux facteurs $a + bi$ et $a - bi$, contenus dans tout nombre premier rationnel p de la forme $4n + 1$, et dont la norme $a^2 + b^2 = p$.

L'existence des nombres premiers $a \pm bi$, cités en dernier lieu, laquelle résulte immédiatement du célèbre théorème de Fermat contenu dans l'équation $p = a^2 + b^2$, et entraîne réciproquement ce théorème comme conséquence, se déduit ici sans le secours de ce théorème, avec une merveilleuse facilité, et ce n'est là qu'un premier exemple de la puissance extraordinaire des principes auxquels nous parviendrons par la plus grande généralisation de l'idée de nombre entier.

La congruence des nombres complexes entiers par rapport à un nombre donné de même nature m peut aussi se définir absolument de la même manière que dans la théorie de nombres rationnels; les nombres z, z' sont dits congrus par rapport à m, et l'on pose $z \equiv z'$ (mod m) lorsque la différence $z - z'$ est divisible par m. Si l'on range les nombres, pris deux à deux, dans la même classe ou dans deux classes différentes, suivant qu'ils sont congrus ou incongrus par rapport à m, le nombre total des classes différentes sera fini, et $= N(m)$. C'est ce qui résulte très-facilement des recherches de la première Section; car le système o de tous les nombres complexes entiers $x + yi$ forme un module fini $[1, i]$, et pareillement le système m de tous les nombres $m(x + yi)$ divisibles par m forme le module $[m, mi]$, dont la base est liée avec celle de o par deux équations de la forme

$$m = a.1 + b.i, \quad mi = -b.1 + a.i;$$

par suite, on a (§ 4, 4°)

$$(\mathfrak{o}, \mathfrak{m}) = \begin{vmatrix} a & b \\ -b & a \end{vmatrix} = N(m).$$

§ 7. — **Le domaine o des nombres $x + y\sqrt{-5}$**

Il y a encore d'autres domaines numériques qui peuvent se traiter absolument de la même manière. Désignons, par exemple, par θ une racine de l'une des cinq équations

$$\theta^2 + \theta + 1 = 0, \quad \theta^2 + \theta + 2 = 0,$$
$$\theta^2 + 2 = 0, \quad \theta^2 - 2 = 0, \quad \theta^2 - 3 = 0,$$

et faisons prendre à x, y toutes les valeurs rationnelles et entières; les nombres $x + y\theta$ formeront un domaine numérique correspondant. Dans chacun de ces domaines, comme il est aisé de s'en assurer, on peut trouver le plus grand commun diviseur de deux nombres par un nombre fini de divisions, et il s'ensuit de là immédiatement que les lois générales de la divisibilité coïncident avec celles qui ont lieu pour les nombres rationnels, bien que, dans les deux derniers exemples, apparaisse cette circonstance, que le nombre des unités est infini.

Cette méthode, au contraire, n'est plus applicable au domaine $\mathfrak{o}$ des nombres entiers

$$\omega = x + y\theta,$$

où θ est une racine de l'équation

$$\theta^2 + 5 = 0,$$

x, y prenant encore toutes les valeurs rationnelles et entières. Ici l'on rencontre déjà le phénomène qui a suggéré à Kummer la création des nombres idéaux, et que nous allons maintenant décrire en détail sur quelques exemples.

Les nombres ω du domaine $\mathfrak{o}$, dont il sera exclusivement question dans ce qui va suivre, se reproduisent encore par addition, soustraction et multiplication, et nous définirons, par suite, exactement comme dans ce qui précède, les notions de divisibilité et de congruence des nombres. Si l'on appelle, de plus, norme $N(\omega)$ d'un nombre $\omega = x + y\theta$ le produit $x^2 + 5y^2$ des deux nombres conjugués $x \pm y\theta$, la norme d'un produit sera égale au produit des normes de tous les facteurs; et si μ est un nombre déterminé, différent de zéro, on en conclut, absolument comme ci-dessus, que $N(\mu)$ exprime combien il y a de nombres non congrus par rapport à μ. Si μ est une unité, et partant divise tous les nombres, il faut que l'on ait $N(\mu) = 1$, d'où $\mu = \pm 1$.

Nous appellerons décomposable un nombre (différent de zéro et de ± 1), lorsqu'il sera le produit de deux facteurs dont aucun ne sera une unité; dans le cas contraire, le nombre sera dit indécomposable. Alors il résulte bien du théorème sur la norme d'un produit que tout nombre décomposable peut être mis sous la forme d'un nombre fini de facteurs indécomposables; mais dans une infinité de cas il se présente ici un phénomène tout nouveau, savoir, qu'un seul et même nombre est susceptible de plusieurs représentations de cette sorte, essentiellement différentes entre elles. Les exemples les plus simples de ces cas sont les suivants. Il est aisé de se convaincre que chacun des quinze nombres suivants:

$$a = 2, \quad b = 3, \quad c = 7;$$

$b_1 = -2 + \theta, \quad b_2 = -2 - \theta; \quad c_1 = 2 + 3\theta, \quad c_2 = 2 - 3\theta;$
$d_1 = 1 + \theta, \quad d_2 = 1 - \theta; \quad e_1 = 3 + \theta, \quad e_2 = 3 - \theta;$
$f_1 = -1 + 2\theta, \quad f_2 = -1 - 2\theta; \quad g_1 = 4 + \theta, \quad g_2 = 4 - \theta$

est indécomposable. En effet, pour qu'un nombre premier rationnel p soit décomposable et, par suite, de la forme $\omega\omega'$, il faut que $N(p) = p^2 = N(\omega)N(\omega')$, et comme ω, ω' ne sont pas des unités, on devra avoir $p = N(\omega) = N(\omega')$, c'est-à-dire que p devra pouvoir se représenter par la forme quadratique binaire $x^2 + 5y^2$. Or les trois nombres premiers 2, 3, 7, comme on le voit par la théorie de ces formes*), ou encore par un petit nombre d'essais directs, ne peuvent pas se représenter de cette manière; ils sont donc indécomposables. Il est aisé de démontrer la même chose, et d'une manière semblable, pour les douze autres nombres, dont les normes sont les produits de deux de ces trois nombres premiers. Mais, malgré l'indécomposabilité de ces quinze nombres, il existe entre leurs produits de nombreuses relations, qui toutes peuvent se déduire des suivantes:

(1) $\qquad ab = d_1 d_2, \qquad b^2 = b_1 b_2, \qquad ab_1 = d_1^2,$

(2) $\qquad ac = e_1 e_2, \qquad c^2 = c_1 c_2, \qquad ac_1 = e_1^2,$

(3) $\qquad bc = f_1 f_2 = g_1 g_2, \qquad af_1 = d_1 e_1, \qquad ag_1 = d_1 e_2.$

Dans chacune de ces dix relations, un même nombre est représenté de deux ou trois manières différentes sous la forme d'un produit de deux nombres indécomposables; on voit donc qu'un nombre indécomposable peut très-bien diviser un produit, sans toutefois diviser l'un ou l'autre des facteurs; un tel nombre indécomposable ne possède donc pas la propriété qui, dans la théorie des nombres rationnels, est tout à fait caractéristique pour un **nombre premier**.

Imaginons pour un instant que les quinze nombres précédents soient des **nombres rationnels entiers**; alors, d'après les lois générales de la divisibilité, on déduirait aisément des relations (1) une décomposition de la forme

$$a = \mu\alpha^2, \qquad d_1 = \mu\alpha\beta_1, \qquad d_2 = \mu\alpha\beta_2,$$
$$b = \mu\beta_1\beta_2, \qquad b_1 = \mu\beta_1^2, \qquad b_2 = \mu\beta_2^2,$$

et de même, des relations (2) une décomposition de la forme

$$a = \mu'\alpha'^2, \qquad e_1 = \mu'\alpha'\gamma_1, \qquad e_2 = \mu'\alpha'\gamma_2,$$
$$c = \mu'\gamma_1\gamma_2, \qquad c_1 = \mu'\gamma_1^2, \qquad c_2 = \mu'\gamma_2^2,$$

où toutes les lettres grecques désignent des nombres rationnels entiers, et il en résulterait immédiatement, en vertu de l'équation

---

*) Voir Dirichlet, Vorlesungen über Zahlentheorie, §71.

$\mu \alpha^2 = \mu' \alpha'^2$, que les quatre nombres f_1, f_2, g_1, g_2, qui entrent dans les relations (3), seraient également des nombres entiers. Ces décompositions se simplifient si l'on introduit, en outre, l'hypothèse que a est un nombre premier avec b et avec c; car on tire de là $\mu = \mu' = 1$, $\alpha = \alpha'$, et l'on obtient les quinze nombres, exprimés comme il suit, au moyen des cinq nombres α, β_1, β_2, γ_1, γ_2,

$$(4) \begin{cases} a = \alpha^2, & b = \beta_1 \beta_2, & c = \gamma_1 \gamma_2; \\ b_1 = \beta_1^2, & b_2 = \beta_2^2; & c_1 = \gamma_1^2, & c_2 = \gamma_2^2; \\ d_1 = \alpha \beta_1, & d_2 = \alpha \beta_2; & e_1 = \alpha \gamma_1, & e_2 = \alpha \gamma_2; \\ f_1 = \beta_1 \gamma_1, & f_2 = \beta_2 \gamma_2; & g_1 = \beta_1 \gamma_2, & g_2 = \beta_2 \gamma_1. \end{cases}$$

Quoique maintenant nos quinze nombres soient en réalité indécomposables, ils se comportent cependant, chose remarquable, dans toutes les questions de divisibilité relatives au domaine o, absolument comme s'ils étaient composés, de la manière indiquée ci-dessus, au moyen de cinq nombres premiers α, β_1, β_2, γ_1, γ_2, différents les uns des autres. Je vais exposer tout à l'heure en détail ce qu'il faut entendre par cette relation des nombres.

§ 8. — Rôle du nombre 2 dans le domaine o

Dans ce dessein, je remarque avant tout que, dans la théorie des nombres rationnels entiers, on peut reconnaître complètement la constitution essentielle d'un nombre, sans en effectuer la décomposition en facteurs premiers, en observant seulement la manière dont il se comporte comme diviseur. Si l'on sait, par exemple, qu'un nombre positif a ne divise un produit de deux carrés que si l'un au moins de ces carrés est divisible par a, on en conclut avec certitude que a est égal à 1, ou qu'il est un nombre premier ou le carré d'un nombre premier. Il est pareillement certain qu'un nombre a doit contenir au moins un facteur carré, outre l'unité, lorsqu'on peut démontrer l'existence d'un nombre non divisible par a, et dont le carré est divisible par a. Si l'on peut donc constater, pour un nombre a, l'un et l'autre de ces deux caractères, on en conclut d'une manière sûre que a est le carré d'un nombre premier.

Nous allons maintenant examiner, dans ce sens, comment se comporte le nombre 2 dans notre domaine o des nombres $\omega = x + y\theta$. Comme deux nombres conjugués quelconques sont congrus par rapport au module 2, on aura
$$\omega^2 \equiv N(\omega) \pmod{2},$$

et par suite aussi $\omega^2 \omega'^2 \equiv N(\omega) N(\omega') \pmod 2$; maintenant, pour que le nombre 2 divise le produit $\omega^2 \omega'^2$, et par suite aussi le produit des deux nombres rationnels $N(\omega)$, $N(\omega')$, il faut que l'une au moins de ces normes, et par suite aussi que l'un au moins des deux carrés ω^2, ω'^2 soient divisibles par 2. Si de plus on choisit pour x, y deux nombres impairs quelconques, on obtient un nombre $\omega = x + y\theta$ non divisible par 2, et dont le carré est divisible par 2. En ayant égard aux remarques précédentes sur les nombres rationnels, nous dirons donc que le nombre 2 se comporte dans notre domaine o comme s'il était le carré d'un nombre premier α.

Bien qu'un tel nombre premier α n'existe nullement dans le domaine o, nous n'en introduirons pas moins, comme l'a fait Kummer avec grand succès dans des circonstances semblables, un pareil nombre α sous le nom de **nombre idéal**, et nous nous laisserons d'abord conduire par l'analogie avec la théorie des nombres rationnels, pour définir avec précision la présence du nombre α dans les nombres existants quelconques ω du domaine o. Or, quand un nombre rationnel a est déjà reconnu comme étant le carré d'un nombre premier rationnel α, on peut aisément, sans même avoir à faire intervenir α, juger si α est contenu et combien de fois il est contenu comme facteur dans un nombre rationnel entier quelconque z; car il est clair que z est divisible par α^n toutes les fois, et alors seulement, que z^2 est divisible par a^n. Nous étendrons donc ce critérium au cas qui nous occupe, et nous dirons qu'un nombre ω du domaine o est divisible par la $n^{\text{ième}}$ puissance α^n du nombre premier idéal α, lorsque ω^2 sera divisible par 2^n. Le succès fera voir que cette définition est très-heureusement*) choisie, parce qu'elle conduit à un mode d'expression en harmonie parfaite avec les lois de la théorie des nombres rationnels.

Il s'ensuit d'abord, pour $n = 1$, qu'un nombre $\omega = x + y\theta$ est divisible par α dans le cas, et seulement dans ce cas, où $N(\omega)$ est un nombre pair, et où l'on a, par suite,

(α) $\qquad\qquad\qquad x \equiv y \pmod 2$.

---

*) Heureusement, car, par exemple, la tentative de déterminer d'une manière analogue le rôle du nombre 2 dans le domaine des nombres $x + y\sqrt{-3}$ aurait complètement échoué; plus tard nous découvrirons clairement la raison de ce phénomène.

Le nombre ω n'est pas divisible par α, quand $N(\omega)$ est un nombre impair, et que l'on a par suite $x \equiv 1 + y \pmod{2}$; et de là résulte évidemment le théorème dans lequel on reconnaîtra le caractère du nombre idéal α comme nombre premier: «Tout produit de deux nombres non divisibles par α est aussi non divisible par α».

Relativement aux puissances supérieures de α, on conclut d'abord de la définition qu'un nombre ω divisible par α^n l'est aussi par toutes les puissances inférieures de α, puisqu'un nombre ω^2 divisible par 2^n l'est aussi par toutes les puissances inférieures de 2. Nous allons maintenant, si ω est différent de zéro, chercher l'exposant m de la plus haute puissance de α qui divise ω, c'est-à-dire l'exposant de la plus haute puissance de 2 qui divise ω^2. Soit s l'exposant de la plus haute puissance de 2 qui divise ω lui-même; on aura

$$\omega = 2^s \omega_1 = 2^s(x_1 + y_1 \theta),$$

et l'un au moins des deux nombres rationnels entiers x_1, y_1 sera impair; si les deux sont impairs, ω_1 sera divisible par α, et l'on aura

$$\omega_1^2 = x_1^2 - 5 y_1^2 + 2 x_1 y_1 \theta = 2 \omega_2,$$

$\omega_2 = x_2 + y_2 \theta$ n'étant pas divisible par α, puisque x_2 est pair et y_2 impair; mais si l'un des deux nombres x_1, y_1 est pair, et partant l'autre impair, ω_1 et par suite aussi ω_1^2 ne seront pas divisibles par α. Donc, dans le premier cas, $m = 2s + 1$; dans le second cas, $m = 2s$; mais dans les deux cas $\omega^2 = 2^m \omega'$, ω' désignant un nombre non divisible par α. On voit en même temps que m est aussi l'exposant de la plus haute puissance de 2 qui divise la norme $N(\omega)$; on a donc ce théorème: «L'exposant de la plus haute puissance de α qui divise un produit est égal à la somme des exposants des plus hautes puissances de α qui divisent les facteurs.» Il est pareillement évident que tout nombre ω divisible par α^{2n} est aussi divisible par 2^n; car, si l'exposant désigné plus haut par s était $< n$, les nombres $2s$, $2s + 1$, et par suite aussi m seraient $< 2n$, ce qui est contre l'hypothèse. Il suit immédiatement de la définition que, réciproquement, tout nombre divisible par 2^n l'est aussi par α^{2n}.

Le nombre $1 + \theta$ étant divisible par α, mais ne l'étant pas par α^2, on reconnaît aisément, à l'aide du théorème précédent, que la congruence $\omega^2 \equiv 0 \pmod{2^n}$, qui a servi de définition pour la divisibilité du nombre ω par α^n, peut être complétement remplacée par la congruence

(α^n) $\qquad \omega(1 + \theta)^n \equiv 0 \pmod{2^n}$,

qui a l'avantage de ne contenir le nombre ω qu'à la **première puissance**.

§ 9. — Rôle des nombres 3 et 7 dans le domaine $\mathfrak{o}$

Quand toutes les quantités qui entrent dans les équations (4) du § 7 sont des **nombres rationnels entiers**, et qu'en même temps a est premier avec b et avec c, il est évident qu'un nombre rationnel entier quelconque z sera ou ne sera pas divisible par β_1, β_2, γ_1, γ_2, selon qu'il satisfera ou ne satisfera pas à la congruence correspondante

$$z d_2 \equiv 0, \quad z d_1 \equiv 0 \pmod{b}$$
$$z e_2 \equiv 0, \quad z e_1 \equiv 0 \pmod{c}.$$

Ces congruences ont maintenant ceci de particulier, que les nombres β_1, β_2, γ_1, γ_2 n'y entrent aucunement par eux-mêmes, et c'est précisément pour cela que, dans le cas que nous traitons effectivement, et où il s'agit de nombres du domaine $\mathfrak{o}$, elles sont appropriées pour servir à l'introduction de quatre nombres idéaux β_1, β_2, γ_1, γ_2. Nous dirons qu'un nombre quelconque $\omega = x + y\theta$ est **divisible** par l'un de ces quatre nombres, si ω est une racine de la congruence correspondante

$$(1 - \theta)\omega \equiv 0, \quad (1 + \theta)\omega \equiv 0 \pmod{3},$$
$$(3 - \theta)\omega \equiv 0, \quad (3 + \theta)\omega \equiv 0 \pmod{7}.$$

En effectuant la multiplication, ces congruences se changent dans les suivantes:

(β_1) $\qquad\qquad x \equiv y \pmod{3}$
(β_2) $\qquad\qquad x \equiv -y \pmod{3}$,
(γ_1) $\qquad\qquad x \equiv 3y \pmod{7}$,
(γ_2) $\qquad\qquad x \equiv -3y \pmod{7}$.

A cela nous rattacherons les remarques suivantes.

Chacune de ces conditions peut être satisfaite par l'un des nombres $\omega = 1 + \theta$, $1 - \theta$, $3 + \theta$, $3 - \theta$, ce nombre ne satisfaisant à aucune des trois autres, et il s'ensuit de là qu'il est légitime d'appeler ces quatre nombres idéaux **différents** entre eux. Comme, en outre, tout nombre ω divisible par β_1 et par β_2 est aussi divisible

par 3, puisque l'on doit avoir $x \equiv y \equiv -y \equiv 0 \pmod 3$, et que réciproquement tout nombre divisible par 3 est aussi divisible par chacun des nombres β_1, β_2, on devrait, par analogie avec la théorie des nombres rationnels, considérer le nombre 3 comme le plus petit commun multiple des deux nombres idéaux β_1, β_2. Mais chacun de ces deux nombres idéaux possède aussi le caractère d'un nombre premier, c'est-à-dire qu'il ne divise un produit $\omega \omega'$ que lorsqu'il divise un au moins des facteurs ω, ω'; si l'on pose, en effet,
$$\omega = x + y\theta, \quad \omega' = x' + y'\theta, \quad \omega'' = \omega\omega' = x'' + y''\theta,$$
on aura
$$x'' = xx' - 5yy', \quad y'' = xy' + yx',$$
et par suite
$$x'' \pm y'' \equiv (x \pm y)(x' \pm y') \pmod 3,$$
ce qui vérifie immédiatement notre assertion, en ayant égard aux congruences ci-dessus (β_1), (β_2). D'après cela, le nombre 3 devra être considéré, à un certain point de vue, comme le produit des deux nombres premiers idéaux différents β_1, β_2.

Comme, de plus, chacun de ces deux nombres premiers idéaux β_1, β_2 est différent (dans le sens indiqué ci-dessus) du nombre premier idéal α introduit plus haut, dès lors, en observant que 2 se comporte comme le carré de α, et que $1 + \theta$ est divisible par α et par β_1, de même que $1 - \theta$ est divisible par α et par β_2, on devra conclure, de l'équation $2 \cdot 3 = (1 + \theta)(1 - \theta)$, que $1 + \theta$ se comporte comme le produit de α et de β_1, et $1 - \theta$ comme le produit de α et de β_2. Cette présomption se confirme en effet pleinement: tout nombre $\omega = x + y\theta$ divisible par $1 + \theta$ est, en effet, divisible par α et par β_1, puisque
$$x + y\theta = (1 + \theta)(x' + y'\theta),$$
d'où
$$x = x' - 5y', \quad y = x' + y',$$
et par suite
$$x \equiv y \pmod 2, \quad x \equiv y \pmod 3;$$
et réciproquement, tout nombre $\omega = x + y\theta$, divisible par α et par β_1, c'est-à-dire satisfaisant aux deux congruences précédentes, est aussi divisible par $1 + \theta$, puisque l'on a $y = x + 6y'$, et par suite
$$x + y\theta = (1 + \theta)(x + 5y' + y'\theta).$$

On peut maintenant introduire aussi les puissances des nombres premiers idéaux β_1, β_2, comme on l'a fait plus haut pour les puissances du nombre idéal α; par analogie avec la théorie des nombres rationnels, nous définirons la divisibilité d'un nombre quelconque ω par β_1^n ou par β_2^n respectivement par les congruences

(β_1^n) $\qquad \omega(1-\theta)^n \equiv 0 \pmod{3^n}$,

(β_2^n) $\qquad \omega(1+\theta)^n \equiv 0 \pmod{3^n}$,

et il en résulterait une suite de théorèmes qui coïncideraient parfaitement avec ceux de la théorie des nombres rationnels. On traiterait de la même façon les nombres premiers idéaux γ_1, γ_2.

§ 10. — Lois de la divisibilité dans le domaine o

En étudiant d'une manière semblable tout le domaine o des nombres $\omega = x + y\theta$, on trouve les résultats suivants:

1° Tous les nombres premiers rationnels positifs qui sont $\equiv 11$, 13, 17, 19 (mod 20) se comportent aussi, dans le cas actuel, comme des nombres premiers.

2° Le nombre θ, dont le carré $= -5$, possède le caractère d'un nombre premier; le nombre 2 se comporte comme le carré d'un nombre premier idéal α.

3° Tout nombre premier rationnel positif qui est $\equiv 1, 9 \pmod{20}$ peut se décomposer en deux facteurs différents, réellement existants dont chacun a le caractère d'un nombre premier.

4° Tout nombre premier rationnel positif qui est $\equiv 3, 7 \pmod{20}$ se comporte comme un produit de deux nombres premiers idéaux différents entre eux.

5° Tout nombre existant ω, différent de zéro et de ± 1, est ou un des nombres désignés ci-dessus qui ont le caractère de nombres premiers, ou bien il se comporte, dans toutes les questions de divisibilité, comme s'il était un produit composé d'une manière complètement déterminée de facteurs premiers existants et idéaux.

Mais, pour parvenir à ce résultat et acquérir une certitude complète sur la question de savoir si, en réalité, toutes les lois générales de la divisibilité qui régissent le domaine des nombres rationnels peuvent s'étendre à notre domaine o à l'aide des nombres idéaux que nous avons introduits*), il faut encore, comme on s'en

---

*) Il semblera peut-être à quelques personnes évident a priori que le rétablissement de cette harmonie avec la théorie des nombres rationnels doit pouvoir s'imposer, quoi qu'il arrive, par l'introduction des nombres idéaux; mais l'exemple, déjà donné plus haut, du rôle irrégulier du nombre 2 dans le domaine des nombres $x + y\sqrt{-3}$, suffit bien pour dissiper cette illusion.

apercevra bientôt quand on essayera une déduction rigoureuse, se livrer à une étude très-approfondie, lors même qu'on voudrait supposer connue ici la théorie des résidus quadratiques et celle des formes quadratiques binaires (théorie qui, réciproquement, se tire avec la plus grande facilité de la théorie générale des nombres algébriques entiers). On peut bien atteindre en toute rigueur le but proposé, en suivant la voie indiquée; mais, comme nous l'avons remarqué dans l'Introduction, la plus grande circonspection est nécessaire pour ne pas se laisser entraîner à des conclusions prématurées, et, en particulier, la notion de produit de facteurs quelconques, existants ou idéaux, ne peut être exactement définie qu'à l'aide de détails assez minutieux. A cause de ces difficultés, il semblera toujours désirable de remplacer le nombre idéal de Kummer, qui n'est jamais défini en lui-même, mais seulement comme diviseur des nombres existants ω du domaine $\mathfrak{o}$, par un substantif réellement existant, et c'est ce qui peut se faire de plusieurs manières.

On pourrait, par exemple (et, si je ne me trompe, ce serait la voie que Kronecker aurait choisie dans ses recherches), introduire, au lieu des nombres idéaux, des nombres algébriques existants, mais non compris dans le domaine $\mathfrak{o}$, et les adjoindre à ce domaine dans le sens que Galois a donné à ce mot. En effet, si l'on pose

$$\beta_1 = \sqrt{-2+\theta}, \quad \beta_2 = \sqrt{-2-\theta},$$

et que l'on choisisse ces radicaux carrés de manière que l'on ait $\beta_1 \beta_2 = 3$, on aura

$$\theta^2 = -5, \quad \beta_1^2 = -2+\theta, \quad \beta_2^2 = -2-\theta,$$
$$\beta_1 \beta_2 = 3, \quad \theta \beta_1 = -2\beta_1 - 3\beta_2, \quad \theta \beta_2 = 3\beta_1 + 2\beta_2,$$

d'où il s'ensuit que les nombres quadrinômes

$$x + y\theta + z_1 \beta_1 + z_2 \beta_2,$$

où x, y, z_1, z_2 désignent des nombres rationnels entiers quelconques, se reproduiront par addition, soustraction et multiplication; le domaine $\mathfrak{o}'$ de ces nombres embrasse le domaine $\mathfrak{o}$, et tous les nombres idéaux qu'il fallait introduire dans ce dernier pourront être remplacés par des nombres existants du nouveau domaine $\mathfrak{o}'$. En posant, par exemple,

$$\alpha = \beta_1 + \beta_2, \quad \gamma_1 = 2\beta_1 + \beta_2, \quad \gamma_2 = \beta_1 + 2\beta_2,$$

toutes les équations (4) du § 7 seront satisfaites; pareillement, les deux facteurs premiers idéaux du nombre 23 dans le domaine o seront remplacés par les deux nombres existants $2\beta_1 - \beta_2$ et $-\beta_1 + 2\beta_2$ du domaine o', et il en sera de même de tous les nombres idéaux du domaine o.

Cependant cette voie, bien qu'elle puisse aussi conduire au but, ne me semble pas présenter toute la simplicité désirable, parce que l'on est forcé de passer du domaine donné o à un domaine plus compliqué o'; et il est facile aussi de reconnaître que dans le choix de ce nouveau domaine o' il règne un grand arbitraire. Dans l'Introduction, j'ai exposé avec tant de détails le courant d'idées qui m'a conduit à fonder cette théorie sur une tout autre base, savoir, sur la notion de l'idéal, qu'il serait superflu d'y revenir ici, et je me bornerai, en conséquence, à éclaircir cette notion par un exemple.

§ 11. — Idéaux dans le domaine o

La condition pour qu'un nombre $\omega = x + y\theta$ soit divisible par le nombre premier idéal α consiste, d'après le § 8, dans la congruence $x \equiv y \pmod 2$; donc, pour obtenir le système $\mathfrak{a}$ de tous les nombres ω divisibles par α, on posera $x = y + 2z$, y et z désignant des nombres rationnels entiers quelconques; ce système $\mathfrak{a}$ se compose donc de tous les nombres de la forme $2z + (1 + \theta)y$, c'est-à-dire que $\mathfrak{a}$ est un module fini, dont la base se compose des deux nombres indépendants 2 et $1 + \theta$, et par suite

$$\mathfrak{a} = [2, 1 + \theta].$$

En désignant de même par $\mathfrak{b}_1$, $\mathfrak{b}_2$, $\mathfrak{c}_1$, $\mathfrak{c}_2$ les systèmes de tous les nombres ω divisibles respectivement par les nombres premiers idéaux β_1, β_2, γ_1, γ_2, on tirera, des congruences correspondantes du § 9,

$$\mathfrak{b}_1 = [3, 1 + \theta], \quad \mathfrak{b}_2 = [3, 1 - \theta],$$
$$\mathfrak{c}_1 = [7, 3 + \theta], \quad \mathfrak{c}_2 = [7, 3 - \theta].$$

Si l'on désigne maintenant par $\mathfrak{m}$ un quelconque de ces cinq systèmes, $\mathfrak{m}$ jouira des propriétés suivantes:

I. Les sommes et les différences de deux nombres quelconques du système $\mathfrak{m}$ seront toujours des nombres de ce même système $\mathfrak{m}$.

II. Tout produit d'un nombre du système $\mathfrak{m}$ et d'un nombre du système o est un nombre du système $\mathfrak{m}$.

La première propriété, caractéristique de chaque module, est évidente. Pour constater la seconde propriété relativement au système m, dont la base se compose des deux nombres μ, μ', il suffit évidemment de démontrer que les deux produits $\theta\mu$, $\theta\mu'$ appartiennent au même système; pour le système $\mathfrak{a}$, cela résulte des deux égalités

$$2\theta = -1.2 + 2(1+\theta), \quad (1+\theta)\theta = -3.2 + (1+\theta),$$

et il en est exactement de même pour les autres systèmes. Mais ces deux propriétés peuvent aussi s'établir sans ces vérifications, en s'appuyant sur ce que chacun des cinq systèmes m est l'ensemble de tous les nombres ω du domaine o qui satisfont à une congruence de la forme

$$\nu\omega \equiv 0 \pmod{\mu},$$

μ, ν étant deux nombres donnés du domaine o.

Nous appellerons maintenant tout système m, composé de nombres du domaine o et jouissant des deux propriétés I et II, un idéal, et nous nous poserons d'abord le problème de trouver la forme générale de tous les idéaux. En excluant le cas singulier où m se compose du seul nombre zéro, et choisissant arbitrairement un nombre μ (différent de zéro), de l'idéal m, alors, si l'on désigne par μ' le nombre conjugué, la norme $N(\mu) = \mu\mu'$, ainsi que le produit $\theta N(\mu)$, appartiendra aussi, en vertu de II, à l'idéal m; donc tous les nombres du module $\mathfrak{o} = [1, \theta]$, en les multipliant par le nombre rationnel $N(\mu)$ différent de zéro, se changeront en nombres du module m, lequel est en même temps un multiple de o; or il s'ensuit de là (§ 3, 2°) que m est un module fini, de la forme $[k, l+m\theta]$, k, l, m étant des nombres rationnels entiers, parmi lesquels k et m pourront être choisis positifs. Puisque m possède déjà, comme module, la propriété I, il ne s'agit plus maintenant que de l'assujettir à la propriété II, qui consiste en ce que les deux produits $k\theta$ et $(l+m\theta)\theta$ appartiennent au même système m. Les conditions nécessaires et suffisantes pour cela consistent, comme on le voit sans peine, en ce que k et l soient divisibles par m et que les nombres rationnels entiers a, b, qui entrent dans l'expression

$$\mathfrak{m} = [ma, m(b+\theta)],$$

satisfassent, en outre, à la congruence

$$b^2 \equiv -5 \pmod{a};$$

si l'on remplace b par un nombre quelconque qui soit $\equiv b \pmod{a}$, l'idéal $\mathfrak{m}$ ne sera pas changé. Les cinq idéaux ci-dessus $\mathfrak{a}$, $\mathfrak{b}_1$, $\mathfrak{b}_2$, $\mathfrak{c}_1$, $\mathfrak{c}_2$ sont évidemment contenus dans cette forme, puisque $(b + \theta)$ peut aussi être remplacé par $-(b + \theta)$.

L'ensemble de tous les nombres conjugués avec les nombres de l'idéal $\mathfrak{m}$ est évidemment aussi un idéal

$$\mathfrak{m}_1 = [m\,a,\ m(-b + \theta)];$$

deux idéaux de cette sorte $\mathfrak{m}$, $\mathfrak{m}_1$ peuvent être appelés des idéaux conjugués.

Soit μ un nombre quelconque du domaine $\mathfrak{o}$; le système $[\mu, \mu\theta]$ de tous les nombres divisibles par μ formera un idéal, que nous appellerons un idéal principal*), et que nous désignerons par $\mathfrak{o}(\mu)$ ou encore par $\mathfrak{o}\mu$; il est facile de lui donner la forme ci-dessus $[m\,a,\ m(b + \theta)]$; m est le plus grand nombre rationnel entier qui divise $\mu = m(u + v\theta)$, et l'on a, de plus

$$a = \frac{N(\mu)}{m^2}, \quad vb \equiv u \pmod{a}.$$

On trouve ainsi, par exemple,

$$\mathfrak{o}(\pm 1) = \mathfrak{o} = [1,\ \theta],$$

et

$$\mathfrak{o}(2) = [2,\ 2\theta],\quad \mathfrak{o}(3) = [3,\ 3\theta],\quad \mathfrak{o}(7) = [7,\ 7\theta],$$

$$\mathfrak{o}(1\pm\ \theta) = [\ 6,\ \pm 1 + \theta],\quad \mathfrak{o}(3\pm\ \theta) = [14,\ \pm 3 + \theta],$$

$$\mathfrak{o}(-2\pm\ \theta) = [\ 9,\ \mp 2 + \theta],\quad \mathfrak{o}(2\pm 3\theta) = [49,\ \pm 17 + \theta],$$

$$\mathfrak{o}(-1\pm 2\theta) = [21,\ \pm 10 + \theta],\quad \mathfrak{o}(4\pm\ \theta) = [21,\ \pm 4 + \theta].$$

Comme tous les idéaux sont en même temps des modules, nous dirons (d'après le § 2, 1°) que deux nombres ω, ω' sont congrus par rapport à l'idéal $\mathfrak{m}$, et nous poserons $\omega \equiv \omega' \pmod{\mathfrak{m}}$, lorsque la différence $\omega - \omega'$ sera un nombre contenu dans $\mathfrak{m}$; la norme $N(\mathfrak{m})$ de l'idéal $\mathfrak{m} = [m\,a,\ m(b + \theta)]$ sera le nombre

$$(\mathfrak{o},\ \mathfrak{m}) = m^2 a$$

---

*) Si l'on étend la définition de l'idéal au domaine $\mathfrak{o}$ des nombres rationnels entiers, ou à celui des nombres complexes entiers de Gauss, ou à l'un des cinq domaines $\mathfrak{o}$ dont il a été question dans le § 7, on voit aisément que tout idéal est un idéal principal; il est évident aussi que, dans le domaine des nombres rationnels entiers, la propriété II est déjà contenue dans la propriété I.

des classes dans lesquelles se décompose le domaine o par rapport au module m (§ 4, 4°). Si m est un idéal principal o μ, la congruence précédente sera identique avec $\omega \equiv \omega'$ (mod μ), et l'on aura

$$N(\mathfrak{m}) = N(\mu).$$

La norme d'un nombre quelconque $m\{ax + (b + \theta)y\}$ contenu dans l'idéal $\mathfrak{m} = [ma, m(b + \theta)]$ est égale au produit de $N(\mathfrak{m}) = m^2 a$ par la forme quadratique binaire $ax^2 + 2bxy + cy^2$, dont le déterminant, suivant la définition de Gauss, est $b^2 - ac = -5$ *).

§ 12. — Divisibilité et multiplication des idéaux dans le domaine o

Je vais maintenant montrer de quelle manière la théorie des nombres $\omega = x + y\theta$ du domaine o peut se fonder sur la notion de l'idéal; toutefois, je serai obligé, pour abréger, de laisser au lecteur le soin de développer quelques calculs faciles.

Nous dirons, absolument comme dans la théorie des modules (§ 1, 2°), qu'un idéal m″ est divisible par un idéal m, quand tous les nombres du premier seront contenus aussi dans le second. D'après cela, un idéal principal o μ'' sera toujours divisible par un idéal principal o μ dans le cas, et seulement dans ce cas, où le nombre μ'' sera divisible par le nombre μ; de là résulte que la théorie de la divisibilité des nombres est contenue dans celle des idéaux. Les conditions nécessaires et suffisantes pour que l'idéal

$$\mathfrak{m}'' = [m''a'', m''(b'' + \theta)]$$

soit divisible par l'idéal $\mathfrak{m} = [ma, m(b + \theta)]$ consiste, comme on l'aperçoit immédiatement, dans les trois congruences

$$m''a \equiv m''a'' \equiv m''(b'' - b) \equiv 0 \pmod{ma}.$$

La définition de la multiplication des idéaux est celle-ci: Si μ parcourt tous les nombres de l'idéal m, et de même μ' tous les nombres de l'idéal m′, tous les produits $\mu \mu'$ et leurs sommes formeront un idéal m″, qui sera dit le produit**) des facteurs m, m′, et que l'on désignera par m m′. On aura évidemment o m = m, m m′ = m′ m,

---

*) La théorie générale des formes se simplifie cependant un peu si l'on admet aussi les formes $Ax^2 + Bxy + Cy^2$, où B est impair, et si l'on entend toujours par déterminant de la forme le nombre $B^2 - 4AC$.

**) La même définition s'applique aussi à la multiplication de deux modules quelconques.

$(\mathfrak{m}\mathfrak{m}')\mathfrak{n} = \mathfrak{m}(\mathfrak{m}'\mathfrak{n})$, et de là s'ensuivent, pour les produits d'un nombre quelconque d'idéaux, les mêmes théorèmes que pour les produits de nombres*); de plus, il est clair que le produit des deux idéaux principaux $\mathfrak{o}\mu$ et $\mathfrak{o}\mu'$ est l'idéal principal $\mathfrak{o}(\mu\mu')$.

Soient donnés maintenant deux idéaux,
$$\mathfrak{m} = [m\,a,\, m(b+\theta)], \quad \mathfrak{m}' = [m'\,a',\, m'(b'+\theta)];$$
on déduira de là leur produit
$$\mathfrak{m}'' = \mathfrak{m}\mathfrak{m}' = [m''\,a'',\, m''(b''+\theta)],$$
à l'aide des méthodes indiquées dans la première Section (§ 4, 5° et 6°); car il est clair d'abord, en vertu de la définition, que le produit $\mathfrak{m}\mathfrak{m}'$ est un module fini, dont la base se compose des **quatre** produits
$$mm'\,aa', \quad mm'\,a(b'+\theta), \quad mm'\,a'(b+\theta),$$
$$mm'(b+\theta)(b'+\theta) = mm'[bb' - 5 + (b+b')\theta],$$
dont **deux** seulement sont indépendants entre eux. On trouve ainsi, par exemple, pour les idéaux considérés plus haut,

le produit
$$\mathfrak{b}_1 = [3,\, 1+\theta], \quad \mathfrak{c}_2 = [7,\, 3-\theta],$$
$$\mathfrak{b}_1\mathfrak{c}_2 = [21,\, 9-3\theta,\, 7+7\theta,\, 8+2\theta];$$
ce module se déduit de celui qui a été considéré à la fin de la première Section (§ 4, 6°), en y faisant $\omega_1 = 1$, $\omega_2 = \theta$, et l'on en tire
$$\mathfrak{b}_1\mathfrak{c}_2 = [21,\, -17+\theta] = [21,\, 4+\theta] = \mathfrak{o}(4+\theta);$$
on obtiendrait absolument de la même manière les résultats suivants, entièrement analogues aux équations hypothétiques (4) du § 7:
$$\mathfrak{o}(2) = \mathfrak{a}^2, \quad \mathfrak{o}(3) = \mathfrak{b}_1\mathfrak{b}_2, \quad \mathfrak{o}(7) = \mathfrak{c}_1\mathfrak{c}_2;$$
$$\mathfrak{o}(-2+\theta) = \mathfrak{b}_1^2, \quad \mathfrak{o}(-2-\theta) = \mathfrak{b}_2^2;$$
$$\mathfrak{o}(2+3\theta) = \mathfrak{c}_1^2, \quad \mathfrak{o}(2-3\theta) = \mathfrak{c}_2^2;$$
$$\mathfrak{o}(1+\theta) = \mathfrak{a}\mathfrak{b}_1, \quad \mathfrak{o}(1-\theta) = \mathfrak{a}\mathfrak{b}_2;$$
$$\mathfrak{o}(3+\theta) = \mathfrak{a}\mathfrak{c}_1, \quad \mathfrak{o}(3-\theta) = \mathfrak{a}\mathfrak{c}_2;$$
$$\mathfrak{o}(-1+2\theta) = \mathfrak{b}_1\mathfrak{c}_1, \quad \mathfrak{o}(-1-2\theta) = \mathfrak{b}_2\mathfrak{c}_2;$$
$$\mathfrak{o}(4+\theta) = \mathfrak{b}_1\mathfrak{c}_2, \quad \mathfrak{o}(4-\theta) = \mathfrak{b}_2\mathfrak{c}_1.$$

Pour effectuer en **général** la multiplication de deux idéaux quelconques $\mathfrak{m}$, $\mathfrak{m}'$, il faut transformer la base composée des quatre

---

*) Voir Dirichlet, Vorlesungen über Zahlentheorie, § 2.

nombres ci-dessus en une autre composée seulement des deux nombres $m''a''$, $m''(b''+\theta)$. On y parvient (en vertu du § 4), au moyen de quatre équations de la forme

$$mm'aa' = p\ m''a'' + q\ m''(b''+\theta),$$
$$mm'a(b'+\theta) = p'\ m''a'' + q'\ m''(b''+\theta),$$
$$mm'a'(b+\theta) = p''m''a'' + q''m''(b''+\theta),$$
$$mm'[bb'-5+(b+b')\theta] = b'''m''a'' + q'''m''(b''+\theta),$$

où p, p', ..., q''' désignent huit nombres rationnels entiers tellement choisis que les six déterminants, formés avec ces nombres,

$$P = pq'-qp', \quad Q = pq''-qp'', \quad R = pq'''-qp''',$$
$$U = p''q'''-q''p''', \quad T = p'q'''-q'p''', \quad S = p'q''-q'p'',$$

n'admettent aucun diviseur commun. Des quatre équations précédentes, dont chacune se décompose en deux autres, on conclura maintenant sans peine que ces six déterminants sont respectivement proportionnels aux six nombres

$$a, \quad a', \quad b'+b,$$
$$c, \quad c', \quad b'-b,$$

c et c' étant déterminés par les équations

$$bb-ac = b'b'-a'c' = -5;$$

or, comme ces six nombres n'admettent non plus aucun diviseur commun[*]), ils devront coïncider précisément avec ces six déterminants. Il s'ensuit de là puisque l'on a $q = 0$, et que q', q'', q''' ne peuvent avoir aucun diviseur commun, que l'on déterminera comme il suit le produit $\mathfrak{m}'' = \mathfrak{m}\mathfrak{m}'$ des deux facteurs donnés $\mathfrak{m}$, $\mathfrak{m}'$. Soit p le plus grand commun diviseur (positif) des trois nombres donnés

$$a = pq', \quad a' = pq'', \quad b+b' = pq''';$$

on aura

$$m'' = pmm', \quad a'' = \frac{aa'}{p^2} = q'q'',$$

et b'' sera déterminé par les congruences

$$q'b'' \equiv q'b', \quad q''b'' \equiv q''b, \quad q'''b'' \equiv \frac{bb'-5}{p} \quad (\text{mod } a'');$$

puis on aura en même temps $b''b'' \equiv -5$ (mod a''), c'est-à-dire

$$b''b'' - a''c'' = -5,$$

---

[*]) Il n'en serait pas toujours ainsi dans le domaine des nombres $x+y\sqrt{-3}$.

c'' désignant un nombre rationnel entier, et, d'après la dénomination employée par Gauss*), la forme quadratique binaire (a'', b'', c'') sera composée des deux formes (a, b, c) et (a', b', c').

Des valeurs de m'', a'' on tire $m''^2 a'' = m^2 a \cdot m'^2 a'$, d'où ce théorème
$$N(\mathfrak{m}\mathfrak{m}') = N(\mathfrak{m})\, N(\mathfrak{m}');$$
en outre, il faut remarquer le cas particulier où $\mathfrak{m}'$ est l'idéal $\mathfrak{m}_1$ conjugué avec $\mathfrak{m}$; des formules précédentes on déduit immédiatement ce résultat
$$\mathfrak{m}\,\mathfrak{m}_1 = \mathfrak{o}\, N(\mathfrak{m}).$$

Les deux notions de la divisibilité et de la multiplication des idéaux sont maintenant liées entre elles de la manière suivante. Le produit $\mathfrak{m}\mathfrak{m}'$ est divisible à la fois par $\mathfrak{m}$ et par $\mathfrak{m}'$, puisque, en vertu de la propriété II des idéaux, tous les produits $\mu\mu'$, dont les facteurs sont contenus respectivement dans $\mathfrak{m}$, $\mathfrak{m}'$, appartiennent également à ces idéaux; on tirerait la même conclusion de la forme de l'idéal-produit trouvée plus haut. Réciproquement, si l'idéal $\mathfrak{m}'' = [m''a'', m''(b''+\theta)]$ est divisible par l'idéal $\mathfrak{m} = [ma, m(b+\theta)]$, il existera un idéal $\mathfrak{m}'$, et un seul, tel que l'on aura $\mathfrak{m}\mathfrak{m}' = \mathfrak{m}''$; si l'on désigne, en effet, par $\mathfrak{m}_1$ l'idéal conjugué de $\mathfrak{m}$, et que l'on forme, d'après les règles précédentes, le produit
$$\mathfrak{m}_1 \mathfrak{m}'' = [m'''a', m'''(b'+\theta)],$$
il résulte, des trois congruences établies au commencement de ce paragraphe, que m''' est divisible par $N(\mathfrak{m}) = m^2 a$, et par suite que $m''' = m^2 a m'$, m' désignant un nombre entier; en joignant à cela le théorème précédent, que $\mathfrak{m}\mathfrak{m}_1 = \mathfrak{o}\,(m^2 a)$, on en conclut aisément que l'idéal $\mathfrak{m}' = [m'a', m'(b'+\theta)]$, et lui seul, remplit la condition $\mathfrak{m}\mathfrak{m}' = \mathfrak{m}''$. Il en résulte en même temps que l'égalité $\mathfrak{m}\mathfrak{m}' = \mathfrak{m}\mathfrak{m}'''$ entraîne toujours l'égalité $\mathfrak{m}' = \mathfrak{m}'''$.

Pour arriver maintenant à la conclusion de cette théorie, il ne nous reste plus qu'à introduire encore la notion suivante: un idéal $\mathfrak{p}$, différent de $\mathfrak{o}$ et n'ayant pour diviseur aucun autre idéal que $\mathfrak{o}$ et $\mathfrak{p}$, sera dit un idéal premier. η étant un nombre déterminé, le système $\mathfrak{r}$ de toutes les racines ϱ de la congruence $\eta\varrho \equiv 0$ (mod $\mathfrak{p}$) formera un idéal, parce qu'il possède les propriétés I et II;

---

*) Disquisitiones arithmeticæ, art. 235, 242.

cet idéal r est un diviseur de 𝔭, puisque tous les nombres contenus dans 𝔭 sont aussi des racines de cette congruence; donc, si 𝔭 est un idéal premier, r devra être ou $= \mathfrak{o}$ ou $= \mathfrak{p}$. Si le nombre donné η n'est pas contenu dans 𝔭, le nombre 1, contenu dans 𝔬, ne sera pas une racine de la congruence, et partant dans ce cas r ne sera pas $= \mathfrak{o}$, mais $= \mathfrak{p}$, c'est-à-dire que toutes les racines ϱ devront être contenues dans 𝔭. Ainsi se trouve évidemment établi le théorème suivant*): «Un produit $\eta \varrho$ de deux nombres η, ϱ n'est contenu dans un idéal premier 𝔭 que si l'un au moins des deux facteurs est contenu dans 𝔭.» Et de là résulte immédiatement cet autre théorème: «Si aucun des deux idéaux 𝔪, 𝔪' n'est divisible par l'idéal premier 𝔭, leur produit 𝔪𝔪' ne sera pas non plus divisible par 𝔭»; car, puisqu'il y a dans 𝔪, 𝔪' respectivement des nombres μ, μ' qui ne sont pas contenus dans 𝔭, il existera aussi dans 𝔪𝔪' un nombre $\mu \mu'$ qui ne sera pas non plus contenu dans 𝔭.

En combinant le théorème que nous venons de démontrer avec les théorèmes précédents relatifs à la dépendance entre les notions de divisibilité et de multiplication des idéaux, et ayant égard à ce que, en dehors de 𝔬, il n'existe aucun autre idéal dont la norme soit $= 1$, on arrive, par les mêmes raisonnements**) que dans la théorie des nombres rationnels, au théorème suivant: «Tout idéal différent de 𝔬 ou est un idéal premier, ou peut se mettre, et cela d'une seule manière, sous la forme d'un produit d'un nombre fini d'idéaux premiers.» De ce théorème il résulte immédiatement qu'un idéal 𝔪'' est toujours divisible par un idéal 𝔪 dans le cas, et seulement dans ce cas, où toutes les puissances d'idéaux premiers qui divisent 𝔪 divisent aussi 𝔪''. Si $\mathfrak{m} = \mathfrak{o}\mu$ et $\mathfrak{m}'' = \mathfrak{o}\mu''$ sont des idéaux principaux, le même critérium décide aussi de la divisibilité du nombre μ'' par le nombre μ. Et ainsi la théorie de la divisibilité des nombres dans le domaine 𝔬 se trouve ramenée à des lois fixes et simples.

Toute cette théorie peut s'appliquer presque mot pour mot à un domaine 𝔬 quelconque composé de tous les nombres entiers d'un corps quelconque Ω du second degré, quand la notion de nombre

---

*) Ce théorème conduit aisément à la détermination de tous les idéaux premiers contenus dans 𝔬, et ceux-ci correspondent exactement aux nombres premiers, existants et idéaux, énumérés dans le § 10.
**) Voir Dirichlet, Vorlesungen über Zahlentheorie, § 8.

entier est définie comme elle l'a été dans l'Introduction*). Mais cette base de la théorie, bien qu'elle ne laisse rien à désirer du côté de la rigueur, n'est nullement celle que je me propose d'établir. On peut remarquer, en effet, que les démonstrations des propositions les plus importantes se sont appuyées sur la représentation des idéaux par l'expression $[m\,a,\ m(b+\theta)]$ et sur la réalisation effective de la multiplication, c'est-à-dire sur un calcul qui coïncide avec la composition des formes quadratiques binaires, enseignée par Gauss. Si l'on voulait traiter de la même manière tous les corps Ω de degré quelconque, on se heurterait à de grandes difficultés, peut-être insurmontables. Mais, lors même qu'il n'en serait pas ainsi, une telle théorie, fondée sur le calcul, n'offrirait pas encore, ce me semble, le plus haut degré de perfection; il est préférable, comme dans la théorie moderne des fonctions, de chercher à tirer les démonstrations, non plus du calcul, mais immédiatement des concepts fondamentaux caractéristiques, et d'édifier la théorie de manière qu'elle soit, au contraire, en état de prédire les résultats du calcul (par exemple, la composition des formes décomposables de tous les degrés). Tel est le but que je vais poursuivre dans les Sections suivantes de ce Mémoire. ...

---

*) Le domaine, mentionné plus haut, des nombres $x + y\sqrt{-3}$, où x, y prennent toutes les valeurs rationnelles et entières, n'est pas un domaine de cette nature; mais il constitue seulement une partie du domaine $\mathfrak{o}$ de tous les nombres $x + y\varrho$, ϱ étant une racine de l'équation $\varrho^2 + \varrho + 1 = 0$.

[Erläuterungen gemeinsam mit denen zu XLVI, XLVII, XLIX am Schluß von XLIX.]

XLIX
Über die Theorie der ganzen algebraischen Zahlen

§ 170

Während unsere bisherigen Untersuchungen über Ideale wesentlich nur in einer Anwendung der Lehre von der Teilbarkeit der Moduln bestanden, gehen wir jetzt zu einer neuen Idealbildung, nämlich zur **Multiplikation der Ideale** über, welche den eigentlichen Kern der Idealtheorie bildet.

Sind $\mathfrak{a}$, $\mathfrak{b}$ zwei beliebige Ideale, und bedeutet α jede Zahl in $\mathfrak{a}$, ebenso β jede Zahl in $\mathfrak{b}$, so verstehen wir unter dem **Produkte** $\mathfrak{ab}$ der Faktoren $\mathfrak{a}$, $\mathfrak{b}$ den Inbegriff aller Zahlen, welche als ein Produkt $\alpha\beta$ oder als Summe von mehreren solchen Produkten $\alpha\beta$ darstellbar sind. Alle diese Zahlen sind wieder in $\mathfrak{o}$ enthalten, und sie verschwinden nicht sämtlich; sie reproduzieren sich durch Addition und Subtraktion, sowie durch Multiplikation mit beliebigen Zahlen ω des Gebietes $\mathfrak{o}$, weil jedes Produkt $\beta\omega$ wieder in $\mathfrak{b}$ enthalten ist. Mithin ist das Produkt $\mathfrak{ab}$ wieder ein **Ideal**.

Es leuchtet ohne weiteres ein, daß $\mathfrak{ao} = \mathfrak{a}$, $\mathfrak{a}(\mathfrak{o}\eta) = \mathfrak{a}\eta$, $\mathfrak{ab} = \mathfrak{ba}$ und $(\mathfrak{ab})\mathfrak{c} = \mathfrak{a}(\mathfrak{bc})$ ist; wir bezeichnen dieses letztere Produkt kurz mit $\mathfrak{abc}$, und aus der schon öfter angewendeten Schlußweise (§§ 2, 147) geht hervor, daß das mit $\mathfrak{abcb}\ldots$ zu bezeichnende Produkt aus m beliebigen Idealen $\mathfrak{a}$, $\mathfrak{b}$, $\mathfrak{c}$, $\mathfrak{b}\ldots$ eine vollständig bestimmte, von der Anordnung der sukzessiven Multiplikationen gänzlich unabhängige Bedeutung hat*). Sind alle diese m Faktoren identisch mit dem Ideal $\mathfrak{a}$, so bezeichnen wir ihr Produkt mit $\mathfrak{a}^m$ und nennen es die m^{te} Potenz von $\mathfrak{a}$; m heißt der Exponent dieser Potenz, und wir dehnen diesen Begriff auch auf die beiden Fälle $m = 0$ und $m = 1$ aus, indem wir $\mathfrak{a}^0 = \mathfrak{o}$ und $\mathfrak{a}^1 = \mathfrak{a}$ setzen; dann gelten allgemein die Sätze $\mathfrak{a}^r \mathfrak{a}^s = \mathfrak{a}^{r+s}$ und $(\mathfrak{a}^r)^s = \mathfrak{a}^{rs}$.

Es wird nun unsere Hauptaufgabe sein, den Zusammenhang zwischen diesem Begriffe der Multiplikation und demjenigen der Teilbarkeit der Ideale vollständig zu ergründen; diese Untersuchung bietet erhebliche Schwierigkeiten dar, und wir begnügen uns für jetzt, die folgenden, äußerst einfachen Sätze zu beweisen.

1. Ist $\mathfrak{a}$ teilbar durch $\mathfrak{a}'$, und $\mathfrak{b}$ teilbar durch $\mathfrak{b}'$, so ist $\mathfrak{a}\mathfrak{b}$ teilbar durch $\mathfrak{a}'\mathfrak{b}'$.

Denn da jede Zahl α des Ideals $\mathfrak{a}$ auch in $\mathfrak{a}'$, und jede Zahl β des Ideals $\mathfrak{b}$ auch in $\mathfrak{b}'$ enthalten ist, so ist jedes Produkt $\alpha\beta$, und folglich auch jede Summe solcher Produkte $\alpha\beta$ in $\mathfrak{a}'\mathfrak{b}'$ enthalten.

2. Das Produkt $\mathfrak{a}\mathfrak{b}$ ist ein gemeinschaftliches Vielfaches der beiden Faktoren $\mathfrak{a}$ und $\mathfrak{b}$.

Denn $\mathfrak{a}$ ist durch $\mathfrak{a}$, und $\mathfrak{b}$ ist durch $\mathfrak{o}$ teilbar, woraus (nach 1.) folgt, daß $\mathfrak{a}\mathfrak{b}$ durch $\mathfrak{a}\mathfrak{o}$, d. h. durch $\mathfrak{a}$ teilbar ist.

3. Ist $\mathfrak{m}$ das kleinste gemeinschaftliche Vielfache, und $\mathfrak{d}$ der größte gemeinschaftliche Teiler von $\mathfrak{a}$ und $\mathfrak{b}$, so ist $\mathfrak{m}\mathfrak{d}$ durch $\mathfrak{a}\mathfrak{b}$ teilbar**).

Denn jede Zahl δ des Ideals $\mathfrak{d}$ ist von der Form $\alpha + \beta$, wo α in $\mathfrak{a}$, und β in $\mathfrak{b}$ enthalten ist, und jede Zahl μ des Ideals $\mathfrak{m}$ ist sowohl in $\mathfrak{b}$ als auch in $\mathfrak{a}$ enthalten, woraus folgt, daß die beiden Produkte $\alpha\mu$ und $\mu\beta$ dem Ideal $\mathfrak{a}\mathfrak{b}$ angehören; dasselbe gilt mithin auch von ihrer Summe $\mu\delta$, also auch von jeder Zahl des Ideals $\mathfrak{m}\mathfrak{d}$.

§ 171

Zwei Ideale $\mathfrak{a}$, $\mathfrak{b}$ heißen relative Primideale, und jedes von ihnen heißt relatives Primideal zu dem anderen, wenn ihr größter gemeinschaftlicher Teiler $= \mathfrak{o}$ ist; da nun die Zahl 1 in $\mathfrak{o}$ enthalten

---

*) Es ist der Inbegriff aller Zahlen von der Form $\Sigma \alpha \beta \gamma \delta \ldots$, wo $\alpha, \beta, \gamma, \delta \ldots$ beliebige Zahlen bzw. der Ideale $\mathfrak{a}, \mathfrak{b}, \mathfrak{c}, \mathfrak{d} \ldots$ bedeuten; dies könnte auch von vornherein als Definition eines Produktes von beliebig vielen Idealen gelten.

**) Daß $\mathfrak{m}\mathfrak{d} = \mathfrak{a}\mathfrak{b}$ ist, werden wir erst später (§ 173, 9.) beweisen können.

ist, so gibt es eine Zahl α in $\mathfrak{a}$ und eine Zahl β in $\mathfrak{b}$, welche der Bedingung

$$\alpha + \beta = 1$$

genügen, und umgekehrt folgt aus der Existenz eines solchen Zahlenpaares α, β, daß $\mathfrak{a}$, $\mathfrak{b}$ relative Primideale sind, weil (nach § 168, 1.) $\mathfrak{o}$ das einzige Ideal ist, welches in 1 aufgeht. Dasselbe Kriterium kann man offenbar auch so ausdrücken, daß in $\mathfrak{b}$ eine Zahl β existiert, welche der Kongruenz

$$\beta \equiv 1 \pmod{\mathfrak{a}}$$

genügt. Wir bemerken ferner ein für allemal, daß, wenn wir mehr als zwei Ideale $\mathfrak{a}$, $\mathfrak{b}$, $\mathfrak{c} \ldots$ relative Primideale nennen, hierunter immer zu verstehen ist, daß jedes dieser Ideale relatives Primideal zu jedem der übrigen ist. Aus dieser Definition ergeben sich zunächst die folgenden Sätze.

1. Ist $\mathfrak{a}$ relatives Primideal zu $\mathfrak{b}$ und zu $\mathfrak{c}$, so ist $\mathfrak{a}$ auch relatives Primideal zu dem Produkte $\mathfrak{b}\mathfrak{c}$.

Denn es gibt in $\mathfrak{b}$, $\mathfrak{c}$ Zahlen β, γ, welche den Bedingungen $\beta \equiv 1$, $\gamma \equiv 1 \pmod{\mathfrak{a}}$ genügen, und hieraus folgt, daß die in $\mathfrak{b}\mathfrak{c}$ enthaltene Zahl $\beta\gamma \equiv 1 \pmod{\mathfrak{a}}$ ist.

2. Ist jedes der Ideale $\mathfrak{a}_1$, $\mathfrak{a}_2$, $\mathfrak{a}_3 \ldots$ relatives Primideal zu jedem der Ideale $\mathfrak{b}_1$, $\mathfrak{b}_2 \ldots$, so sind die Produkte $\mathfrak{a}_1 \mathfrak{a}_2 \mathfrak{a}_3 \ldots$ und $\mathfrak{b}_1 \mathfrak{b}_2 \ldots$ relative Primideale.

Der Beweis ergibt sich durch wiederholte Anwendung des vorhergehenden Satzes (vgl. §· 5, 3.).

3. Sind $\mathfrak{a}$, $\mathfrak{b}$ relative Primideale, so ist $\mathfrak{a}\mathfrak{b}$ ihr kleinstes gemeinschaftliches Vielfaches, und $N(\mathfrak{a}\mathfrak{b}) = N(\mathfrak{a}) N(\mathfrak{b})$.

Denn bedeutet $\mathfrak{m}$ das kleinste gemeinschaftliche Vielfache von $\mathfrak{a}$, $\mathfrak{b}$, so ist $\mathfrak{m}\mathfrak{o}$, also $\mathfrak{m}$ selbst teilbar durch $\mathfrak{a}\mathfrak{b}$ (nach § 170, 3.); da aber $\mathfrak{a}\mathfrak{b}$ (nach § 170, 2.) ein gemeinschaftliches Vielfaches von $\mathfrak{a}$, $\mathfrak{b}$, also durch $\mathfrak{m}$ teilbar ist, so ist $\mathfrak{m} = \mathfrak{a}\mathfrak{b}$; und hieraus folgt (nach § 169, 3.) der Satz über die Normen*).

4. Sind $\mathfrak{a}$, $\mathfrak{b}$, $\mathfrak{c} \ldots$ relative Primideale, so ist ihr Produkt $\mathfrak{a}\mathfrak{b}\mathfrak{c} \ldots$ auch ihr kleinstes gemeinschaftliches Vielfaches, und zugleich ist $N(\mathfrak{a}\mathfrak{b}\mathfrak{c} \ldots) = N(\mathfrak{a}) N(\mathfrak{b}) N(\mathfrak{c}) \ldots$.

---

*) Daß der letztere allgemein für je zwei beliebige Ideale $\mathfrak{a}$, $\mathfrak{b}$ gilt, kann erst später bewiesen werden (§ 173, 7.).

Der Beweis ergibt sich durch wiederholte Anwendung der vorhergehenden Sätze (vgl. § 7).

5. Sind $\mathfrak{a}, \mathfrak{b}$ relative Primideale, und ist $\mathfrak{bc}$ teilbar durch $\mathfrak{a}$, so geht $\mathfrak{a}$ in $\mathfrak{c}$ auf.

Denn es gibt in $\mathfrak{b}$ eine Zahl $\beta \equiv 1 \pmod{\mathfrak{a}}$; ist nun γ eine beliebige Zahl in $\mathfrak{c}$, so ist $\beta\gamma$ in $\mathfrak{bc}$, also auch in $\mathfrak{a}$ enthalten, woraus $\gamma \equiv \beta\gamma \equiv 0 \pmod{\mathfrak{a}}$ folgt, was zu beweisen war. — Die bisher von uns entwickelten Sätze der Idealtheorie bieten eine augenscheinliche Analogie dar mit den Sätzen über die Teilbarkeit der ganzen rationalen Zahlen, und dies findet seinen natürlichen Grund darin, daß, wenn der Körper Ω vom Grade $n = 1$ ist, das Gebiet $\mathfrak{o} = [1]$ und jedes Ideal $\mathfrak{m}$ dieses Gebietes ein Modul $[m]$ ist, wo m irgendeine positive ganze rationale Zahl bedeutet (§ 165). Es liegt nun nahe, in die Theorie der Ideale auch einen Begriff einzuführen, welcher dem Begriffe der rationalen Primzahl entspricht. Das Ideal $\mathfrak{o}$ besitzt offenbar nur einen einzigen Teiler, nämlich $\mathfrak{o}$ selbst; jedes von $\mathfrak{o}$ verschiedene Ideal besitzt aber mindestens zwei verschiedene Teiler, da es außer durch $\mathfrak{o}$ auch noch durch sich selbst teilbar ist. Wir wollen nun ein Ideal $\mathfrak{p}$ ein **Primideal** nennen, wenn es von $\mathfrak{o}$ verschieden ist und keinen anderen Teiler als $\mathfrak{o}$ und $\mathfrak{p}$ besitzt; dagegen soll $\mathfrak{a}$ ein **zusammengesetztes** Ideal heißen, wenn es mindestens einen von $\mathfrak{a}$ und $\mathfrak{o}$ verschiedenen Teiler besitzt. Hieraus fließen die folgenden Sätze.

6. Ist $\mathfrak{a}$ von $\mathfrak{o}$ verschieden, so gibt es mindestens ein in $\mathfrak{a}$ aufgehendes Primideal.

Denn wählt man unter den von $\mathfrak{o}$ verschiedenen Teilern von $\mathfrak{a}$ ein solches Ideal $\mathfrak{p}$ aus, dessen Norm den möglich kleinsten Wert hat, so kann $\mathfrak{p}$ (nach § 169, 5.) keinen von $\mathfrak{o}$ und $\mathfrak{p}$ verschiedenen Teiler haben, und folglich ist $\mathfrak{p}$ ein in $\mathfrak{a}$ aufgehendes Primideal.

7. Zwei Ideale sind entweder relative Primideale, oder es gibt ein in beiden aufgehendes Primideal.

Denn ihr größter gemeinschaftlicher Teiler ist entweder $= \mathfrak{o}$, oder er ist (nach 6.) durch ein Primideal teilbar.

8. Ist $\mathfrak{p}$ ein Primideal, $\mathfrak{a}$ ein beliebiges Ideal, so findet einer und nur einer der folgenden beiden Fälle statt: entweder geht $\mathfrak{p}$ in $\mathfrak{a}$ auf, oder $\mathfrak{a}$ und $\mathfrak{p}$ sind relative Primideale.

Denn der größte gemeinschaftliche Teiler von $\mathfrak{a}, \mathfrak{p}$ ist ein Teiler von $\mathfrak{p}$, also entweder $= \mathfrak{p}$, oder $= \mathfrak{o}$.

9. Wenn ein Produkt von Idealen oder Zahlen durch das Primideal $\mathfrak{p}$ teilbar ist, so geht $\mathfrak{p}$ in mindestens einem der Faktoren auf.

Denn wenn $\mathfrak{p}$ in keinem der Ideale $\mathfrak{a}, \mathfrak{b}, \mathfrak{c}, \ldots$ aufgeht, so ist $\mathfrak{p}$ (nach 8.) relatives Primideal zu jedem derselben, also auch zu ihrem Produkte (nach 2.), welches folglich (nach 8.) nicht durch $\mathfrak{p}$ teilbar ist; und handelt es sich um ein Produkt aus Zahlen $\eta, \eta', \ldots$, so ergibt sich dasselbe, wenn man die entsprechenden Hauptideale $\mathfrak{o}\eta, \mathfrak{o}\eta', \ldots$ betrachtet.

10. Ist $\mathfrak{p}$ ein Primideal, so gibt es im Körper der rationalen Zahlen eine und nur eine positive Primzahl p, welche durch $\mathfrak{p}$ teilbar ist; zugleich ist $N(\mathfrak{p}) = p^f$, und der Exponent f soll der **Grad des Primideals** $\mathfrak{p}$ heißen.

Denn die durch $\mathfrak{p}$ teilbaren ganzen **rationalen** Zahlen, zu denen (nach § 169, 1.) auch $N(\mathfrak{p})$ gehört, bilden offenbar einen Modul, und wenn p die **kleinste** positive dieser Zahlen bedeutet, so ist dieser Modul $= [p]$ [nach § 165, (8)]; nun kann p nicht $= 1$ sein, weil sonst $\mathfrak{p} = \mathfrak{o}$ wäre (nach § 168, 1.), und p kann auch nicht ein Produkt aus zwei kleineren rationalen Zahlen sein, weil sonst eine von beiden (nach 9.) durch $\mathfrak{p}$ teilbar sein müßte, was gegen die Definition von p verstoßen würde; mithin ist p eine Primzahl im Körper der rationalen Zahlen, und es kann keine andere solche Primzahl durch $\mathfrak{p}$ teilbar sein, weil $[p]$ der Inbegriff aller durch $\mathfrak{p}$ teilbaren rationalen Zahlen ist. Da nun $\mathfrak{o}p$ durch $\mathfrak{p}$, und folglich $N(\mathfrak{o}p)$, d. h. p^n durch $N(\mathfrak{p})$ teilbar ist (§ 169, 5.), so folgt, daß $N(\mathfrak{p})$ selbst eine Potenz von p ist.

11. Ist $\mathfrak{a}$ ein zusammengesetztes Ideal, so gibt es zwei durch $\mathfrak{a}$ nicht teilbare Zahlen η, η', deren Produkt durch $\mathfrak{a}$ teilbar ist.

Denn $\mathfrak{a}$ besitzt einen von $\mathfrak{o}$ und $\mathfrak{a}$ verschiedenen Teiler $\mathfrak{e}$, und da derselbe nicht durch $\mathfrak{a}$ teilbar ist, so gibt es in $\mathfrak{e}$ eine durch $\mathfrak{a}$ nicht teilbare Zahl η; der größte gemeinschaftliche Teiler $\mathfrak{b}$ der beiden Ideale $\mathfrak{a}$ und $\mathfrak{o}\eta$ ist teilbar durch $\mathfrak{e}$, also von $\mathfrak{o}$ verschieden, und folglich ist $N(\mathfrak{b}) > 1$ (nach § 169, 2.). Nun sei $\mathfrak{a}'\eta$ das kleinste gemeinschaftliche Vielfache von $\mathfrak{a}$ und $\mathfrak{o}\eta$, so ist $\mathfrak{a}'$ ein Teiler von $\mathfrak{a}$, und zugleich ist (nach § 169, 4.) $N(\mathfrak{a}) = N(\mathfrak{a}')N(\mathfrak{b}) > N(\mathfrak{a}')$; mithin ist $\mathfrak{a}'$ ein echter Teiler von $\mathfrak{a}$, und es gibt folglich in $\mathfrak{a}'$ eine durch $\mathfrak{a}$ nicht teilbare Zahl η'; dann ist das Produkt $\eta\eta'$ in $\eta\mathfrak{a}'$ und folglich auch in $\mathfrak{a}$ enthalten, was zu beweisen war.

12. Ist $\mathfrak{a}$ teilbar durch das Primideal $\mathfrak{p}$, so kann man die Zahl ν so wählen, daß $\mathfrak{p}\nu$ das kleinste gemeinschaftliche Vielfache der beiden Ideale $\mathfrak{a}$ und $\mathfrak{o}\nu$ wird.

Der Beweis dieses einfachen, aber für unsere Theorie äußerst wichtigen Satzes*) ist mit einigen Schwierigkeiten verknüpft, die sich jedoch durch die folgende Kette von Schlüssen überwinden lassen. Zunächst leuchtet die Richtigkeit des Satzes ein, wenn $(\mathfrak{p}, \mathfrak{a}) = 1$, also $\mathfrak{a} = \mathfrak{p}$ ist, weil in diesem Falle die Zahl $\nu = 1$ die verlangte Eigenschaft besitzt. Es sei nun m irgendeine ganze rationale Zahl > 1, und wir wollen annehmen, der Satz sei schon für alle die Fälle bewiesen, in welchen $(\mathfrak{p}, \mathfrak{a}) < m$ ist, so brauchen wir offenbar nur noch zu zeigen, daß hieraus immer seine Richtigkeit auch für den Fall $(\mathfrak{p}, \mathfrak{a}) = m$ folgt. Zu diesem Zweck wollen wir wieder, wenn η eine von Null verschiedene Zahl ist, mit $\mathfrak{b}$ den größten gemeinschaftlichen Teiler, mit $\mathfrak{a}'\eta$ das kleinste gemeinschaftliche Vielfache der Ideale $\mathfrak{a}, \mathfrak{o}\eta$ bezeichnen; dann ist $\mathfrak{a}'$ ein Teiler von $\mathfrak{a}$, und zugleich ist $N(\mathfrak{a}) = N(\mathfrak{a}')N(\mathfrak{b})$. Ist nun $(\mathfrak{p}, \mathfrak{a}) = m > 1$, also $\mathfrak{p}$ ein echter Teiler von $\mathfrak{a}$, so wollen wir zunächst zeigen, daß man durch geeignete Wahl der Zahl η ein zugehöriges Ideal $\mathfrak{a}'$ erhalten kann, welches erstens durch $\mathfrak{p}$ teilbar und zweitens ein echter Teiler von $\mathfrak{a}$ ist; die letztere Forderung kommt offenbar darauf hinaus, daß $\mathfrak{b}$ von $\mathfrak{o}$ verschieden, also $N(\mathfrak{b}) > 1, N(\mathfrak{a}') < N(\mathfrak{a})$ werde. Um diesen Existenzbeweis zu führen, müssen wir zwei Fälle unterscheiden:

a) Wenn $\mathfrak{p}$ das einzige in $\mathfrak{a}$ aufgehende Primideal ist, so wähle man für η eine durch $\mathfrak{p}$, aber nicht durch $\mathfrak{a}$ teilbare Zahl, was stets möglich ist, weil $\mathfrak{p}$ ein echter Teiler von $\mathfrak{a}$, also nicht durch $\mathfrak{a}$ teilbar ist. Da nun $\mathfrak{o}\eta$, und folglich auch $\mathfrak{b}$ durch $\mathfrak{p}$ teilbar ist, so ist $N(\mathfrak{b}) > 1$, also $\mathfrak{a}'$ ein echter Teiler von $\mathfrak{a}$. Da ferner $\mathfrak{o}\eta$ nicht durch $\mathfrak{a}$ teilbar ist, so kann $\mathfrak{a}'$ nicht $= \mathfrak{o}$ sein, und folglich gibt es (nach 6.) ein in $\mathfrak{a}'$ aufgehendes Primideal $\mathfrak{q}$; da aber $\mathfrak{a}'$ ein Teiler von $\mathfrak{a}$ ist, so geht $\mathfrak{q}$ auch in $\mathfrak{a}$ auf und ist folglich $= \mathfrak{p}$; mithin ist $\mathfrak{a}'$ teilbar durch $\mathfrak{p}$, was zu zeigen war.

---

*) Derselbe läßt sich, ohne an Inhalt wesentlich zu gewinnen oder zu verlieren, in sehr verschiedenen Formen ausdrücken; so z. B. ergibt sich aus ihm ohne Zuziehung neuer Beweismittel der folgende Satz: Wenn $\mathfrak{a}, \mathfrak{b}$ nicht relative Primideale sind, so gibt es ein durch $\mathfrak{a}$ nicht teilbares Ideal $\mathfrak{c}$ von der Art, daß $\mathfrak{bc}$ durch $\mathfrak{a}$ teilbar wird (vgl. § 171, 5.). Umgekehrt folgt der obige Satz ebenso leicht aus diesem letzteren, der aber, trotz seiner scheinbaren Evidenz, schwerlich einen einfacheren direkten Beweis gestattet.

b) Wenn $\mathfrak{a}$ durch ein von $\mathfrak{p}$ verschiedenes Primideal $\mathfrak{q}$ teilbar ist, so wähle man für η eine durch $\mathfrak{q}$, aber nicht durch $\mathfrak{p}$ teilbare Zahl, was stets möglich ist, weil $\mathfrak{q}$ nicht durch $\mathfrak{p}$ teilbar ist. Da nun $\mathfrak{o}\eta$, und folglich auch $\mathfrak{b}$ durch $\mathfrak{q}$ teilbar ist, so ist $N(\mathfrak{b}) > 1$, also $\mathfrak{a}'$ ein echter Teiler von $\mathfrak{a}$. Da ferner $\mathfrak{a}'\eta$ durch $\mathfrak{a}$ und folglich auch durch $\mathfrak{p}$ teilbar ist, während $\mathfrak{p}$ in dem Faktor η nicht aufgeht, so ist (nach 9.) das Ideal $\mathfrak{a}'$ teilbar durch $\mathfrak{p}$, was zu zeigen war.

Hiermit ist die Existenz einer solchen Zahl η in allen Fällen nachgewiesen. Da nun das zugehörige Ideal $\mathfrak{a}'$ durch $\mathfrak{p}$ teilbar und zugleich ein echter Teiler von $\mathfrak{a}$ ist, so ist $m = (\mathfrak{p},\mathfrak{a}) = (\mathfrak{p},\mathfrak{a}')(\mathfrak{a}',\mathfrak{a})$, und $(\mathfrak{a}',\mathfrak{a}) > 1$, also $(\mathfrak{p},\mathfrak{a}') < m$; mithin gibt es nach unserer obigen Annahme eine Zahl η' von der Art, daß $\mathfrak{p}\eta'$ das kleinste gemeinschaftliche Vielfache der Ideale $\mathfrak{a}', \mathfrak{o}\eta'$ ist, und da $\mathfrak{a}'\eta$ dasjenige der Ideale $\mathfrak{a}, \mathfrak{o}\eta$ ist, so folgt (nach § 168, 4.), daß $\mathfrak{p}\eta\eta'$ das kleinste gemeinschaftliche Vielfache der Ideale $\mathfrak{a}$ und $\mathfrak{o}\eta\eta'$ ist; mithin hat die Zahl $\nu = \eta\eta'$ die in unserem Satze verlangte Eigenschaft.

§ 172

Man würde nun unsere bisherige Untersuchung auch ohne Zuziehung neuer Hilfsmittel noch einige Schritte weiterführen und z. B. den folgenden Satz beweisen können, in welchem unter einem **einartigen Ideal** ein solches verstanden wird, welches durch ein und nur durch ein einziges Primideal teilbar ist*):

13. Jedes von $\mathfrak{o}$ verschiedene Ideal $\mathfrak{a}$ ist entweder einartiges Ideal, oder es läßt sich, und zwar nur auf eine einzige Weise, als ein Produkt von lauter einartigen Idealen darstellen, die zugleich relative Primideale sind.

Es sei $\mathfrak{p}$ ein in $\mathfrak{a}$ aufgehendes Primideal, und $\mathfrak{p}'$ das kleinste gemeinschaftliche Vielfache aller in $\mathfrak{a}$ aufgehenden, durch $\mathfrak{p}$ teilbaren einartigen Ideale $\mathfrak{e}$, zu denen auch $\mathfrak{p}$ gehört, so ist $\mathfrak{p}'$ offenbar selbst eins der Ideale $\mathfrak{e}$; denn $\mathfrak{p}'$ geht in $\mathfrak{a}$ auf, weil $\mathfrak{a}$ ein gemeinschaftliches Vielfaches dieser Ideale $\mathfrak{e}$ ist, und $\mathfrak{p}'$ ist nur durch das einzige Primideal $\mathfrak{p}$ teilbar, weil selbst das durch $\mathfrak{p}'$ teilbare Produkt aller Ideale $\mathfrak{e}$ (nach 9.) durch kein von $\mathfrak{p}$ verschiedenes Primideal teilbar sein kann. Es sei ferner $\mathfrak{b}$ das kleinste gemeinschaftliche Vielfache aller der-

---

*) [Im Nachlaß fand sich das Manuskript der dritten Auflage, wobei die beiden Seiten mit dem Beweis dieses Satzes die Überschrift trugen: „Für die dritte Auflage kassiert, doch wichtig." Der Beweis soll hier eingeschaltet werden, als erstes explizites Beispiel eines Zerlegungssatzes der allgemeinen Idealtheorie. E. N.]

jenigen in $\mathfrak{a}$ aufgehenden Ideale $\mathfrak{q}$, welche, wie z. B. $\mathfrak{o}$, nicht durch $\mathfrak{p}$ teilbar sind, so ergibt sich auf dieselbe Weise, daß $\mathfrak{b}$ selbst eins dieser Ideale $\mathfrak{q}$ ist. Offenbar sind $\mathfrak{p}'$ und $\mathfrak{b}$ relative Primideale. Wir wollen uns nun begnügen, zu beweisen, daß $\mathfrak{a} = \mathfrak{p}'\mathfrak{b}$ ist, weil der Leser hieraus alles Übrige mit Hilfe der früheren Sätze leicht ableiten wird. Man wähle nach Belieben eine durch $\mathfrak{b}$, aber nicht durch $\mathfrak{p}$ teilbare Zahl η (was möglich ist, weil $\mathfrak{b}$ nicht durch $\mathfrak{p}$ teilbar ist), so wird $\mathfrak{b}$ immer der größte gemeinschaftliche Teiler von $\mathfrak{a}$ und $\mathfrak{o}\eta$ sein; denn jeder gemeinschaftliche Teiler dieser Ideale ist offenbar eins der Ideale $\mathfrak{q}$, mithin ein Teiler von $\mathfrak{b}$, und außerdem ist $\mathfrak{b}$ selbst ein solcher gemeinschaftlicher Teiler. Es sei nun $\mathfrak{r}\eta$ das kleinste gemeinschaftliche Vielfache von $\mathfrak{a}$ und $\mathfrak{o}\eta$, so ist $\mathfrak{r}$ ein Teiler von $\mathfrak{a}$ und (nach § 169, 4.)

$$N(\mathfrak{a}) = N(\mathfrak{r}) \cdot N(\mathfrak{b}).$$

Die Zahl η^2 ist ebenfalls, wie η, durch $\mathfrak{b}$, aber nicht durch $\mathfrak{p}$ teilbar, mithin haben die beiden Ideale $\mathfrak{a}$, $\mathfrak{o}\eta^2$ denselben größten gemeinschaftlichen Teiler $\mathfrak{b}$ wie die Ideale $\mathfrak{a}$, $\mathfrak{o}\eta$; hieraus folgt (nach § 168, 4.), daß $\mathfrak{r}\eta^2$ das kleinste gemeinschaftliche Vielfache von $\mathfrak{a}$, $\mathfrak{o}\eta^2$, mithin $\mathfrak{r}\eta$ dasjenige der Ideale $\mathfrak{r}$, $\mathfrak{o}\eta$ ist; bedeutet aber $\mathfrak{b}'$ den größten gemeinschaftlichen Teiler dieser beiden Ideale, so ist (nach § 169, 4.) $N(\mathfrak{r}) = N(\mathfrak{r}) N(\mathfrak{b}')$, also $N(\mathfrak{b}') = 1$, $\mathfrak{b}' = \mathfrak{o}$. Es ist daher $\mathfrak{r}$ relatives Primideal zu dem Hauptideal $\mathfrak{o}\eta$ und folglich auch zu dessen Teiler $\mathfrak{b}$; mithin ist $\mathfrak{r}\mathfrak{b}$ (nach 3.) das kleinste gemeinschaftliche Vielfache von $\mathfrak{r}$ und $\mathfrak{b}$, und $N(\mathfrak{r}\mathfrak{b}) = N(\mathfrak{r}) \cdot N(\mathfrak{b})$, also $N(\mathfrak{r}\mathfrak{b}) = N(\mathfrak{a})$; da aber $\mathfrak{a}$ ein gemeinschaftliches Vielfaches von $\mathfrak{r}$ und $\mathfrak{b}$, mithin durch $\mathfrak{r}\mathfrak{b}$ teilbar ist, so folgt aus der Gleichheit der Normen (nach § 169, 5.), daß

$$\mathfrak{a} = \mathfrak{r}\mathfrak{b}$$

ist. Wir haben nun noch zu zeigen, daß $\mathfrak{r} = \mathfrak{p}'$ ist; zunächst leuchtet ein, daß das Ideal $\mathfrak{p}'$, weil es in $\mathfrak{r}\mathfrak{b}$ aufgeht, zugleich aber relatives Primideal zu $\mathfrak{b}$ ist, in $\mathfrak{r}$ aufgehen muß; wäre ferner $\mathfrak{r}$ durch ein von $\mathfrak{p}$ verschiedenes Primideal teilbar, so müßte letzteres auch in $\mathfrak{a}$ aufgehen, es wäre folglich eins der Ideale $\mathfrak{q}$ und ginge folglich in $\mathfrak{b}$ auf, was nicht möglich ist, weil $\mathfrak{r}$ und $\mathfrak{b}$ relative Primideale sind; hieraus folgt offenbar, daß $\mathfrak{r}$ eins der Ideale $\mathfrak{e}$ ist und daher in $\mathfrak{p}'$ aufgeht. Also ist $\mathfrak{r} = \mathfrak{p}'$, was wir zeigen wollten.

Indessen ist dieser Satz, den wir später (§ 173, 4.) doch durch einen noch schärferen zu ersetzen haben werden, für unsere Zwecke nicht erforderlich, und wir haben ihn nur erwähnt, um zu zeigen, wie weit man mit den bisherigen Beweismitteln gelangen kann. Bei einer sorgfältigen Prüfung der letzteren und der durch sie gewonnenen Resultate ergibt sich nun folgendes.

So augenfällig auch die Analogie zwischen den vorhergehenden Sätzen und denjenigen über die Teilbarkeit der ganzen rationalen Zahlen ist, so kann dieselbe bis jetzt doch keineswegs eine **vollständige** genannt werden. Man darf nicht vergessen, daß die Teilbarkeit eines Ideals $\mathfrak{c}$ durch ein Ideal $\mathfrak{a}$ nach unserer Definition (§§ 165, 168) lediglich darin besteht, daß alle Zahlen des Ideals $\mathfrak{c}$ auch in $\mathfrak{a}$ enthalten sind; nun ergab sich zwar sehr leicht (§ 170, 2.), daß jedes **Produkt** aus $\mathfrak{a}$ und einem beliebigen Ideal $\mathfrak{b}$ stets durch $\mathfrak{a}$ **teilbar** ist, aber es ist keineswegs leicht zu beweisen, daß umgekehrt jedes durch $\mathfrak{a}$ teilbare Ideal $\mathfrak{c}$ auch ein Produkt aus $\mathfrak{a}$ und einem Ideal $\mathfrak{b}$ ist. Diese Schwierigkeit läßt sich auch mit den bisher von uns gebrauchten Beweismitteln allein durchaus **nicht** überwinden, und wir müssen den Grund dieser Tatsache hier etwas näher erörtern, weil dieselbe mit einer sehr wichtigen Verallgemeinerung der Theorie zusammenhängt. Bei einer genauen Prüfung der bisher entwickelten Theorie wird man sich leicht davon überzeugen, daß alle Definitionen einen bestimmten Sinn und die Beweise aller Sätze ihre volle Kraft behalten, auch wenn **nicht** vorausgesetzt wird, daß das mit $\mathfrak{o}$ bezeichnete Gebiet **alle** ganzen Zahlen des Körpers Ω umfaßt. Die wirklich benutzten Eigenschaften des Systems $\mathfrak{o}$ kommen vielmehr auf die folgenden zurück:

a) Das System $\mathfrak{o}$ ist ein endlicher Modul $[\omega_1, \omega_2, \ldots, \omega_n]$, dessen Basis zugleich eine Basis des Körpers Ω bildet (§ 162).

b) Jedes Produkt aus zwei Zahlen des Systems $\mathfrak{o}$ gehört demselben System $\mathfrak{o}$ an.

c) Die Zahl 1 ist in $\mathfrak{o}$ enthalten.

Ein Gebiet $\mathfrak{o}$, welches diese drei Eigenschaften besitzt, wollen wir eine **Ordnung** nennen. Aus der Verbindung von a) und b) folgt unmittelbar, daß eine Ordnung $\mathfrak{o}$ nur aus ganzen Zahlen des Körpers Ω besteht, und zufolge c) sind auch alle ganzen rationalen Zahlen in $\mathfrak{o}$ enthalten; aber hieraus folgt noch nicht (ausgenommen im Fall $n = 1$), daß $\mathfrak{o}$ alle ganzen Zahlen des Körpers Ω enthält. Nennt man nun eine Zahl α der Ordnung $\mathfrak{o}$ nur dann teilbar durch eine zweite solche Zahl μ, wenn $\alpha = \mu \nu$ ist, wo ν ebenfalls eine Zahl in o bedeutet (vgl. § 167), und modifiziert man in derselben Weise den Begriff der **Kongruenz** der Zahlen innerhalb des Gebietes o, so leuchtet unmittelbar ein, daß die Anzahl $(o, o\mu)$ der in bezug auf μ inkongruenten Zahlen der Ordnung o auch jetzt $= \pm N(\mu)$ ist [§ 167, (9)], und ebenso leicht wird man erkennen, daß alle später entwickelten Begriffe und Sätze ihren Sinn und ihre Geltung behalten, wenn unter einer **Zahl** stets eine Zahl dieser Ordnung o verstanden wird. In jeder Ordnung o des Körpers Ω existiert daher eine besondere Theorie der Ideale, und diese Theorie ist für alle Ordnungen eine gemeinsame, soweit sie im vorhergehenden entwickelt ist. Aber während die Theorie der Ideale in derjenigen Ordnung o, welche aus **allen** ganzen Zahlen des Körpers Ω besteht, schließlich (§ 173) zu allgemeinen Gesetzen führen wird, welche keine Ausnahme erleiden und vollständig mit den Gesetzen der Teilbarkeit der rationalen Zahlen übereinstimmen, so ist die Theorie der Ideale jeder anderen Ordnung nicht von gleicher Einfachheit, insofern eine (immer endliche) Anzahl von Primidealen existiert, aus welchen sich die zugehörigen einartigen Ideale nicht alle durch Potenzierung bilden lassen. Diese allgemeinste Theorie der Ideale **jeder** Ordnung, deren Entwicklung für die Ziele der Zahlentheorie ebenfalls unerläßlich ist, und welche für den Fall $n = 2$ mit der Theorie der verschiedenen **Ordnungen der binären quadratischen Formen** zusammenfällt (§ 61), soll aber im folgenden von unserer Betrachtung gänzlich ausgeschlossen bleiben*), und wir wollen uns begnügen, an einem Beispiel auf den Charakter der oben erwähnten Ausnahmen aufmerksam zu machen.

Das Gebiet o aller ganzen Zahlen desjenigen quadratischen Körpers, dessen Grundzahl $= -3$, ist $= [1, \theta]$, wo θ eine Wurzel der Gleichung $\theta^2 + \theta + 1 = 0$ bedeutet (§ 166). Das System $o' = [1, 2\theta] = [1, \sqrt{-3}]$ ist eine Ordnung, welche nicht alle ganzen Zahlen des Körpers enthält, weil $(o, o') = 2$ ist (§ 165); die durch o' teilbaren Moduln $\mathfrak{p}' = [2, 2\theta] = o(2)$ und $o'(2) = [2, 4\theta]$ sind Ideale dieser Ordnung o' (insofern sie die Eigenschaften I. und II. besitzen); aber obgleich $o'(2)$ durch $\mathfrak{p}'$ teilbar ist, so existiert in o' doch kein Ideal $\mathfrak{q}'$ von der Art, daß $\mathfrak{p}'\mathfrak{q}' = o'(2)$ würde. —

---

*) In einem gewissen Umfange ist diese Theorie behandelt in des Herausgebers Abhandlung: Über die Anzahl der Ideal-Klassen in den verschiedenen Ordnungen eines endlichen Körpers (Braunschweig 1877).

Um nun die Theorie der Ideale in derjenigen Ordnung o, welche alle ganzen Zahlen des Körpers Ω umfaßt, zum vollständigen Abschlusse zu bringen, bedürfen wir der folgenden Hilfssätze:

1. Ist μ eine von Null verschiedene ganze, und φ eine gebrochene, d. h. nicht ganze Zahl des Körpers Ω*), so sind alle Glieder der geometrischen Reihe

$$\mu, \mu\varphi, \mu\varphi^2, \ldots, \mu\varphi^e, \mu\varphi^{e+1}, \ldots$$

bis zu einem in endlicher Entfernung liegenden Gliede $\mu\varphi^e$ ganze Zahlen, und alle folgenden Glieder sind gebrochene Zahlen.

Zum Beweise bemerken wir zunächst, daß alle Glieder der Reihe in Ω enthalten sind, und daß das Anfangsglied eine ganze Zahl ist. Bedeutet nun m den absoluten Wert von $N(\mu)$, so können höchstens m Glieder ganze Zahlen, also in o enthalten sein; wären nämlich mindestens $(m + 1)$ Glieder ganze Zahlen, so müßten unter ihnen [nach § 167, (9)] mindestens zwei verschiedene einander kongruent sein nach dem Modul μ; bezeichnet man dieselben mit $\mu\varphi^s$ und $\mu\varphi^r$, wo $r > s$, so wäre $\mu\varphi^r \equiv \mu\varphi^s \pmod{\mu}$, und folglich würde die gebrochene Zahl φ einer Gleichung r^{ten} Grades von der Form

$$\varphi^r - \varphi^s - \omega = 0$$

genügen, wo ω eine ganze Zahl, was (nach § 160, 2.) unmöglich ist. Von einer bestimmten Stelle ab werden daher alle Glieder der Reihe gewiß gebrochene Zahlen sein; ist nun

$$\mu\varphi^e = \varkappa$$

die letzte in der Reihe auftretende ganze Zahl, so ist e ein endlicher Exponent ≥ 0; ist $e > 0$, so sind alle vorhergehenden Glieder ebenfalls ganze Zahlen; denn wenn $r < e$, so ist

$$(\mu\varphi^r)^e = \mu^{e-r}\varkappa^r$$

eine ganze Zahl, und hieraus folgt (nach § 160, 2.), daß auch $\mu\varphi^r$ eine ganze Zahl ist, was zu beweisen war.

2. Sind μ, ν zwei von Null verschiedene Zahlen in o, und ist ν nicht teilbar durch μ, so gibt es in o immer zwei von Null verschiedene Zahlen $\varkappa, \lambda$ von der Art, daß $\varkappa\mu = \lambda\nu$, und daß $\varkappa^2$ nicht durch λ teilbar ist.

---

*) Da, wenn μ, φ irgendwelche algebraische Zahlen sind, sich immer leicht die Existenz eines endlichen Körpers Ω nachweisen läßt, welchem beide Zahlen angehören, so gilt der obige Satz allgemein, und ebenso der folgende Satz.

Dies folgt unmittelbar aus dem vorhergehenden Satze; denn wenn man $\nu = \mu\varphi$ setzt, so ist φ eine gebrochene Zahl des Körpers Ω, und von den Gliedern der Reihe
$$\mu,\ \mu\varphi,\ \mu\varphi^2,\ \ldots$$
sind die beiden ersten in $\mathfrak{o}$ enthalten; bezeichnet man nun (wie in 1.) die beiden letzten Glieder der Reihe, welche ganze Zahlen, also in $\mathfrak{o}$ enthalten sind, mit
$$\lambda = \mu\varphi^{e-1},\quad \varkappa = \mu\varphi^e,$$
so ist offenbar $\varkappa\mu = \lambda\nu$, und da das nächstfolgende Glied
$$\mu\varphi^{e+1} = \frac{\varkappa^2}{\lambda}$$
eine gebrochene Zahl ist, so kann $\varkappa^2$ nicht durch λ teilbar sein, was zu beweisen war.

§ 173

Mit Hilfe dieser Sätze ist es leicht, die Theorie der Ideale unseres Gebietes $\mathfrak{o}$ zu dem gewünschten Abschluß zu bringen; dies geschieht durch die folgende Reihe von Sätzen.

1. Ist $\mathfrak{p}$ ein Primideal, so gibt es eine durch $\mathfrak{p}$ teilbare Zahl λ und eine durch $\mathfrak{p}$ nicht teilbare Zahl $\varkappa$ von der Art, daß $\mathfrak{p}\varkappa$ das kleinste gemeinschaftliche Vielfache der Ideale $\mathfrak{o}\lambda$ und $\mathfrak{o}\varkappa$ ist.

Denn es sei μ eine beliebige, aber von Null verschiedene Zahl in $\mathfrak{p}$, so gibt es, weil $\mathfrak{o}\mu$ durch $\mathfrak{p}$ teilbar ist, eine Zahl ν von der Art, daß $\mathfrak{p}\nu$ das kleinste gemeinschaftliche Vielfache der Ideale $\mathfrak{o}\mu$ und $\mathfrak{o}\nu$ wird (§ 171, 12.); diese Zahl ν kann nicht durch μ teilbar sein, weil sonst $\mathfrak{o}\nu$, und nicht $\mathfrak{p}\nu$ das kleinste gemeinschaftliche Vielfache von $\mathfrak{o}\mu$ und $\mathfrak{o}\nu$ wäre. Man kann daher (nach § 172, 2.) die beiden Zahlen $\varkappa, \lambda$ so wählen, daß $\varkappa\mu = \lambda\nu$, und $\varkappa^2$ nicht durch λ teilbar wird; dann ist (nach § 165) $\mathfrak{p}\nu\varkappa$ das kleinste gemeinschaftliche Vielfache von $\mathfrak{o}\mu\varkappa$ und $\mathfrak{o}\nu\varkappa$, und da das erste dieser beiden Ideale $= \mathfrak{o}\lambda\nu$ ist, so folgt durch Division mit ν (nach § 165), daß $\mathfrak{p}\varkappa$ das kleinste gemeinschaftliche Vielfache von $\mathfrak{o}\lambda$ und $\mathfrak{o}\varkappa$ ist; mithin ist $\mathfrak{p}$ ein Teiler von $\mathfrak{o}\lambda$ (nach § 168, 4.), d. h. λ ist teilbar durch $\mathfrak{p}$; aber $\varkappa$ ist nicht teilbar durch $\mathfrak{p}$, weil sonst $\varkappa^2$ durch $\mathfrak{p}\varkappa$, also auch durch λ teilbar wäre, was nicht der Fall ist.

2. Jedes Primideal $\mathfrak{p}$ kann durch Multiplikation mit einem geeignet gewählten Ideal $\mathfrak{b}$ in ein Hauptideal $\mathfrak{o}\lambda = \mathfrak{p}\mathfrak{b}$ verwandelt werden.

Denn behalten $\varkappa$, λ dieselbe Bedeutung wie im vorhergehenden Satze, und bezeichnet man mit $\mathfrak{b}$ den größten gemeinschaftlichen Teiler von $\mathfrak{o}\lambda$, $\mathfrak{o}\varkappa$, so ist (nach § 170, 3.) das Produkt $\mathfrak{p}\varkappa\mathfrak{b}$ durch das Produkt $\mathfrak{o}\lambda\varkappa$, und folglich $\mathfrak{p}\mathfrak{b}$ durch $\mathfrak{o}\lambda$ teilbar (§ 165). Da aber $\varkappa$ nicht durch $\mathfrak{p}$ teilbar ist, so ist $\mathfrak{p}$ (nach § 171, 8.) relatives Primideal zu dem Ideal $\mathfrak{o}\varkappa$ und folglich auch zu dessen Teiler $\mathfrak{b}$, mithin ist (nach § 171, 3.) $\mathfrak{p}\mathfrak{b}$ das kleinste gemeinschaftliche Vielfache von $\mathfrak{p}$ und $\mathfrak{b}$, und da λ durch diese beiden Ideale teilbar ist, so muß $\mathfrak{o}\lambda$ auch durch $\mathfrak{p}\mathfrak{b}$ teilbar sein. Mithin ist $\mathfrak{p}\mathfrak{b} = \mathfrak{o}\lambda$, was zu beweisen war.

3. Ist das Ideal $\mathfrak{a}$ teilbar durch das Primideal $\mathfrak{p}$, so gibt es ein und nur ein Ideal $\mathfrak{q}$ von der Art, daß $\mathfrak{p}\mathfrak{q} = \mathfrak{a}$ wird; dieses Ideal $\mathfrak{q}$ ist ein echter Teiler von $\mathfrak{a}$, und folglich ist $N(\mathfrak{q}) < N(\mathfrak{a})$.

Denn wählt man (nach 2.) ein Ideal $\mathfrak{b}$ so, daß $\mathfrak{p}\mathfrak{b} = \mathfrak{o}\lambda$ wird, so muß $\mathfrak{a}\mathfrak{b}$ (nach § 170, 1.) durch $\mathfrak{p}\mathfrak{b}$, also durch λ teilbar sein, weil $\mathfrak{a}$ durch $\mathfrak{p}$ teilbar ist, und folglich ist $\mathfrak{a}\mathfrak{b} = \lambda\mathfrak{q}$, wo $\mathfrak{q}$ ein bestimmtes Ideal bedeutet (§ 168). Multipliziert man diese Gleichung mit $\mathfrak{p}$, so ergibt sich $\lambda\mathfrak{a} = \lambda\mathfrak{p}\mathfrak{q}$, also $\mathfrak{a} = \mathfrak{p}\mathfrak{q}$. Genügt nun das Ideal $\mathfrak{r}$ ebenfalls der Bedingung $\mathfrak{p}\mathfrak{r} = \mathfrak{a}$, so ist $\mathfrak{p}\mathfrak{r} = \mathfrak{p}\mathfrak{q}$; durch Multiplikation mit $\mathfrak{b}$ folgt hieraus $\lambda\mathfrak{r} = \lambda\mathfrak{q}$, also ist $\mathfrak{r} = \mathfrak{q}$ (§ 165). Man kann ferner (nach § 171, 12.) die Zahl ν so wählen, daß $\mathfrak{p}\nu$ das kleinste gemeinschaftliche Vielfache von $\mathfrak{a}$ und $\mathfrak{o}\nu$ wird; da nun $\mathfrak{p}\nu$ durch $\mathfrak{a}$, also durch $\mathfrak{p}\mathfrak{q}$ teilbar ist, so ergibt sich (nach § 170, 1.) durch Multiplikation mit $\mathfrak{b}$, daß $\lambda\nu$ durch $\lambda\mathfrak{q}$, also die Zahl ν durch $\mathfrak{q}$ teilbar ist; aber ν ist gewiß nicht teilbar durch $\mathfrak{a}$, weil sonst $\mathfrak{o}\nu$, und nicht $\mathfrak{p}\nu$, das kleinste gemeinschaftliche Vielfache von $\mathfrak{a}$ und $\mathfrak{o}\nu$ wäre. Da also ν teilbar durch $\mathfrak{q}$, aber nicht teilbar durch $\mathfrak{a}$ ist, so ist das Ideal $\mathfrak{q}$, welches offenbar in $\mathfrak{a}$ aufgeht, verschieden von $\mathfrak{a}$, also ein echter Teiler von $\mathfrak{a}$, was zu beweisen war.

4. Jedes von $\mathfrak{o}$ verschiedene Ideal $\mathfrak{a}$ ist entweder ein Primideal, oder es läßt sich, und zwar nur auf eine einzige Weise, als Produkt von lauter Primidealen darstellen.

Da $\mathfrak{a}$ von $\mathfrak{o}$ verschieden ist, so gibt es (nach § 171, 6.) ein in $\mathfrak{a}$ aufgehendes Primideal $\mathfrak{p}_1$, und folglich kann man (nach 3.) $\mathfrak{a} = \mathfrak{p}_1\mathfrak{a}_1$ setzen, wo $N(\mathfrak{a}_1) < N(\mathfrak{a})$ ist. Wenn $N(\mathfrak{a}_1) = 1$, also $\mathfrak{a}_1 = \mathfrak{o}$ ist, so ergibt sich $\mathfrak{a} = \mathfrak{p}_1$; ist aber $N(\mathfrak{a}_1) > 1$, also $\mathfrak{a}_1$ von $\mathfrak{o}$ verschieden, so kann man wieder $\mathfrak{a}_1 = \mathfrak{p}_2\mathfrak{a}_2$ setzen, wo $\mathfrak{p}_2$ ein Primideal und $N(\mathfrak{a}_2) < N(\mathfrak{a}_1)$ ist. Wenn $N(\mathfrak{a}_2) > 1$ ist, so kann man in derselben

Weise fortfahren, bis unter den Idealen $\mathfrak{a}_1, \mathfrak{a}_2, \ldots$ das Ideal $\mathfrak{o} = \mathfrak{a}_r$ auftritt, was nach einer endlichen Anzahl von Zerlegungen geschehen muß, weil die Normen dieser Ideale immer kleiner werden. Auf diese Weise erhält man

$$\mathfrak{a} = \mathfrak{p}_1 \mathfrak{p}_2 \ldots \mathfrak{p}_r,$$

wo $\mathfrak{p}_1, \mathfrak{p}_2, \ldots, \mathfrak{p}_r$ sämtlich Primideale sind. Ist nun zugleich

$$\mathfrak{a} = \mathfrak{q}_1 \mathfrak{q}_2 \ldots \mathfrak{q}_s,$$

wo $\mathfrak{q}_1, \mathfrak{q}_2, \ldots, \mathfrak{q}_s$ ebenfalls Primideale bedeuten, so geht $\mathfrak{q}_1$ in $\mathfrak{a}$, also in dem Produkte der r Ideale $\mathfrak{p}$, und folglich (nach § 171, 9.) auch in einem der Faktoren $\mathfrak{p}$, z. B. in $\mathfrak{p}_1$ auf; da aber $\mathfrak{p}_1$ als Primideal keinen anderen Teiler als $\mathfrak{o}$ und $\mathfrak{p}_1$ besitzt, so muß $\mathfrak{q}_1 = \mathfrak{p}_1$ sein. Es ist daher

$$\mathfrak{p}_1(\mathfrak{p}_2 \ldots \mathfrak{p}_r) = \mathfrak{p}_1(\mathfrak{q}_2 \ldots \mathfrak{q}_s),$$

und hieraus folgt (nach 3.)

$$\mathfrak{p}_2 \ldots \mathfrak{p}_r = \mathfrak{q}_2 \ldots \mathfrak{q}_s.$$

Offenbar kann man in derselben Weise fortfahren (vgl. § 8), und man gelangt so zu dem Resultat, daß jedes Primideal, welches in dem einen Produkte einmal oder öfter als Faktor auftritt, genau ebenso oft in dem anderen Produkte als Faktor auftreten muß.

5. Jedes Ideal $\mathfrak{a}$ kann durch Multiplikation mit einem passend gewählten Ideal $\mathfrak{m}$ in ein Hauptideal $\mathfrak{a}\mathfrak{m} = \mathfrak{o}\mu$ verwandelt werden.

Denn man setze $\mathfrak{a}$ (nach 4.) in die Form $\mathfrak{p}_1 \mathfrak{p}_2 \ldots \mathfrak{p}_r$, so lassen sich die Primideale $\mathfrak{p}_1, \mathfrak{p}_2, \ldots, \mathfrak{p}_r$ (nach 2.) durch Multiplikation in Hauptideale $\mathfrak{p}_1 \mathfrak{b}_1 = \mathfrak{o}\lambda_1, \mathfrak{p}_2 \mathfrak{b}_2 = \mathfrak{o}\lambda_2 \ldots \mathfrak{p}_r \mathfrak{b}_r = \mathfrak{o}\lambda_r$ verwandeln; setzt man nun $\mathfrak{b}_1 \mathfrak{b}_2 \ldots \mathfrak{b}_r = \mathfrak{m}, \lambda_1 \lambda_2 \ldots \lambda_r = \mu$, so wird $\mathfrak{a}\mathfrak{m} = \mathfrak{o}\mu$, was zu beweisen war.

6. Ist das Ideal $\mathfrak{c}$ teilbar durch das Ideal $\mathfrak{a}$, so gibt es ein und nur ein Ideal $\mathfrak{b}$, welches der Bedingung $\mathfrak{a}\mathfrak{b} = \mathfrak{c}$ genügt. — Ist $\mathfrak{a}\mathfrak{b}$ teilbar durch $\mathfrak{a}\mathfrak{b}'$, so ist $\mathfrak{b}$ teilbar durch $\mathfrak{b}'$, und aus $\mathfrak{a}\mathfrak{b} = \mathfrak{a}\mathfrak{b}'$ folgt $\mathfrak{b} = \mathfrak{b}'$.

Denn wenn $\mathfrak{c}$ durch $\mathfrak{a}$ teilbar, und $\mathfrak{m}$ ein beliebiges Ideal ist, so ist (nach § 170, 1.) $\mathfrak{c}\mathfrak{m}$ teilbar durch $\mathfrak{a}\mathfrak{m}$; wählt man daher (nach 5.) das Ideal $\mathfrak{m}$ so, daß $\mathfrak{a}\mathfrak{m}$ ein Hauptideal $\mathfrak{o}\mu$ wird, so ist (nach § 168) $\mathfrak{c}\mathfrak{m} = \mathfrak{b}\mu$, wo $\mathfrak{b}$ ein bestimmtes Ideal bedeutet; hieraus folgt, wenn man mit $\mathfrak{a}$ multipliziert, $\mathfrak{c}\mu = \mathfrak{a}\mathfrak{b}\mu$, also $\mathfrak{c} = \mathfrak{a}\mathfrak{b}$. — Sind ferner $\mathfrak{a}, \mathfrak{b}, \mathfrak{b}'$ beliebige Ideale, und nehmen wir an, es sei $\mathfrak{a}\mathfrak{b}$ teilbar durch $\mathfrak{a}\mathfrak{b}'$, so folgt durch Multiplikation mit $\mathfrak{m}$, daß $\mathfrak{b}\mu$ durch $\mathfrak{b}'\mu$, also $\mathfrak{b}$ durch $\mathfrak{b}'$ teilbar ist. Und wenn $\mathfrak{a}\mathfrak{b} = \mathfrak{a}\mathfrak{b}'$ ist, so muß jedes der Ideale $\mathfrak{b}, \mathfrak{b}'$ durch das andere teilbar, folglich $\mathfrak{b} = \mathfrak{b}'$ sein, was zu beweisen war.

7. Sind $\mathfrak{a}, \mathfrak{b}$ beliebige Ideale, so ist $N(\mathfrak{a}\mathfrak{b}) = N(\mathfrak{a})N(\mathfrak{b})$, und folglich $(\mathfrak{a}, \mathfrak{a}\mathfrak{b}) = N(\mathfrak{b})$.

Wir betrachten zunächst ein Produkt $\mathfrak{a} = \mathfrak{p}\mathfrak{q}$, dessen einer Faktor $\mathfrak{p}$ ein Primideal ist. Dann ist der andere Faktor $\mathfrak{q}$ ein echter Teiler von $\mathfrak{a}$, weil sonst $\mathfrak{q} = \mathfrak{a}$, und folglich (nach 6.) $\mathfrak{p} = \mathfrak{o}$ wäre, und es gibt daher in $\mathfrak{q}$ eine durch $\mathfrak{a}$ nicht teilbare Zahl η; bezeichnen wir nun (wie in § 169, 4.) mit $\mathfrak{a}'\eta$ das kleinste gemeinschaftliche Vielfache, mit $\mathfrak{b}$ den größten gemeinschaftlichen Teiler der beiden Ideale $\mathfrak{a}$ und $\mathfrak{o}\eta$, so ist $N(\mathfrak{a}) = N(\mathfrak{a}')N(\mathfrak{b})$, und hieraus folgt

$$N(\mathfrak{p}\mathfrak{q}) = N(\mathfrak{p})N(\mathfrak{q}),$$

weil, wie wir zugleich zeigen wollen, $\mathfrak{a}' = \mathfrak{p}$ und $\mathfrak{b} = \mathfrak{q}$ ist. In der Tat, da η durch $\mathfrak{q}$, also $\mathfrak{p}\eta$ (nach § 170, 1.) durch $\mathfrak{p}\mathfrak{q}$ teilbar ist, so ist $\mathfrak{p}\eta$ ein gemeinschaftliches Vielfaches von $\mathfrak{a}$ und $\mathfrak{o}\eta$, mithin teilbar durch $\mathfrak{a}'\eta$, woraus folgt, daß $\mathfrak{a}'$ in $\mathfrak{p}$ aufgehen, also $= \mathfrak{o}$ oder $= \mathfrak{p}$ sein muß; das erstere ist aber unmöglich, weil $\mathfrak{o}\eta$ nicht durch $\mathfrak{a}$ teilbar ist; also ist $\mathfrak{a}' = \mathfrak{p}$. Da ferner $\mathfrak{q}$ ein gemeinschaftlicher Teiler von $\mathfrak{a}$ und $\mathfrak{o}\eta$ ist und folglich in $\mathfrak{b}$ aufgeht, so kann man (nach 6.) $\mathfrak{b} = \mathfrak{e}\mathfrak{q}$ setzen, und da dieses Ideal $\mathfrak{b}$ in $\mathfrak{a} = \mathfrak{p}\mathfrak{q}$ aufgeht, so muß (nach 6.) das Ideal $\mathfrak{e}$ in $\mathfrak{p}$ aufgehen, also $= \mathfrak{o}$ oder $= \mathfrak{p}$ sein, woraus entsprechend $\mathfrak{b} = \mathfrak{q}$, oder $\mathfrak{b} = \mathfrak{p}\mathfrak{q} = \mathfrak{a}$ folgt; das letztere ist aber unmöglich, weil η nicht durch $\mathfrak{a}$ teilbar ist; also ist $\mathfrak{b} = \mathfrak{q}$, wie behauptet war. Nachdem hiermit unser Satz für den Fall bewiesen ist, daß einer der Faktoren ein Primideal ist, ergibt sich seine Allgemeingültigkeit leicht wie folgt. Da (nach 4.) jedes von $\mathfrak{o}$ verschiedene Ideal

$$\mathfrak{a} = \mathfrak{p}_1\mathfrak{p}_2\mathfrak{p}_3\ldots\mathfrak{p}_r$$

gesetzt werden darf, wo $\mathfrak{p}_1, \mathfrak{p}_2, \ldots, \mathfrak{p}_r$ Primideale bedeuten, so folgt aus dem eben Bewiesenen, daß

$$N(\mathfrak{a}) = N(\mathfrak{p}_1)N(\mathfrak{p}_2\mathfrak{p}_3\ldots\mathfrak{p}_r) = N(\mathfrak{p}_1)N(\mathfrak{p}_2)N(\mathfrak{p}_3\ldots\mathfrak{p}_r),$$

also

$$N(\mathfrak{a}) = N(\mathfrak{p}_1)N(\mathfrak{p}_2)N(\mathfrak{p}_3)\ldots N(\mathfrak{p}_r)$$

ist. Setzt man nun, wenn $\mathfrak{b}$ ein zweites Ideal ist,

$$\mathfrak{b} = \mathfrak{q}_1\mathfrak{q}_2\ldots\mathfrak{q}_s,$$

so folgt ebenso

$$N(\mathfrak{b}) = N(\mathfrak{q}_1)N(\mathfrak{q}_2)\ldots N(\mathfrak{q}_s);$$

zugleich ist aber
$$ab = \mathfrak{p}_1\mathfrak{p}_2\mathfrak{p}_3\ldots\mathfrak{p}_r\mathfrak{q}_1\mathfrak{q}_2\ldots\mathfrak{q}_s,$$
also
$$N(\mathfrak{a}\mathfrak{b}) = N(\mathfrak{p}_1)N(\mathfrak{p}_2)\ldots N(\mathfrak{p}_r)N(\mathfrak{q}_1)\ldots N(\mathfrak{q}_s),$$
mithin wirklich $N(\mathfrak{a}\mathfrak{b}) = N(\mathfrak{a})N(\mathfrak{b})$, was zu beweisen war.

8. *Ein Ideal $\mathfrak{a}$ (oder eine Zahl α) ist stets und nur dann durch ein Ideal $\mathfrak{b}$ (oder eine Zahl δ) teilbar, wenn alle in $\mathfrak{b}$ (oder δ) aufgehenden Potenzen von Primidealen auch in $\mathfrak{a}$ (oder α) aufgehen.*

Denn wenn $\mathfrak{p}$ ein Primideal ist, und $\mathfrak{p}^m$ in einem Ideale $\mathfrak{b}$ aufgeht, so ist (nach 6.) $\mathfrak{b} = \mathfrak{e}\mathfrak{p}^m$, und wenn man das Ideal $\mathfrak{e}$ (nach 4.) in seine Primfaktoren zerlegt, so ist auch $\mathfrak{b}$ als Produkt von lauter Primidealen dargestellt, unter denen folglich der Faktor $\mathfrak{p}$ mindestens $m$mal vorkommt; umgekehrt, wenn in der Zerlegung von $\mathfrak{b}$ in Primfaktoren das Primideal $\mathfrak{p}$ mindestens $m$mal als Faktor auftritt, so ist $\mathfrak{b}$ offenbar durch $\mathfrak{p}^m$ teilbar. Wenn daher gesagt wird, daß alle in $\mathfrak{b}$ aufgehenden Potenzen von Primidealen auch in einem Ideale $\mathfrak{a}$ aufgehen, so heißt dies nichts anderes, als daß alle in der Zerlegung von $\mathfrak{b}$ auftretenden Primfaktoren auch sämtlich mindestens ebensooft in der Zerlegung von $\mathfrak{a}$ als Faktoren auftreten; unter den Faktoren von $\mathfrak{a}$ finden sich daher zunächst alle Faktoren von $\mathfrak{b}$, und wenn man das Produkt der übrigen Faktoren von $\mathfrak{a}$ mit $\mathfrak{r}$ bezeichnet, so ist $\mathfrak{a} = \mathfrak{r}\mathfrak{b}$, und folglich ist $\mathfrak{a}$ teilbar durch $\mathfrak{b}$. Daß aber umgekehrt, wenn $\mathfrak{b}$ ein Teiler von $\mathfrak{a}$ ist, alle in $\mathfrak{b}$ aufgehenden Potenzen von Primidealen auch in $\mathfrak{a}$ aufgehen, versteht sich von selbst.

Nachdem unser Satz bewiesen ist, bemerken wir noch folgendes. Vereinigt man alle untereinander gleichen Primfaktoren eines Ideals $\mathfrak{a}$ zu einer Potenz, so erhält man
$$\mathfrak{a} = \mathfrak{p}^a\mathfrak{q}^b\mathfrak{r}^c\ldots,$$
wo $\mathfrak{p}, \mathfrak{q}, \mathfrak{r}\ldots$ lauter voneinander verschiedene Primideale bedeuten, und nach dem eben bewiesenen Satze sind die sämtlichen Teiler von $\mathfrak{a}$ in der Form
$$\mathfrak{b} = \mathfrak{p}^{a'}\mathfrak{q}^{b'}\mathfrak{r}^{c'}\ldots$$
enthalten, wo die Exponenten $a', b', c'\ldots$ den Bedingungen
$$0 \leq a' \leq a, \quad 0 \leq b' \leq b, \quad 0 \leq c' \leq c\ldots$$
genügen; da je zwei verschiedenen Kombinationen von Exponenten $a', b', c'\ldots$ (nach 4.) zwei verschiedene Ideale $\mathfrak{b}$ entsprechen, so ist die Anzahl aller verschiedenen Teiler
$$= (a+1)(b+1)(c+1)\ldots$$

9. Ist $\mathfrak{m}$ das kleinste gemeinschaftliche Vielfache und $\mathfrak{d}$ der größte gemeinschaftliche Teiler der beiden Ideale $\mathfrak{a}$, $\mathfrak{b}$, so ist

$$\mathfrak{a} = \mathfrak{d}\mathfrak{a}', \quad \mathfrak{b} = \mathfrak{d}\mathfrak{b}', \quad \mathfrak{m}\mathfrak{d} = \mathfrak{a}\mathfrak{b},$$
$$\mathfrak{m} = \mathfrak{d}\mathfrak{a}'\mathfrak{b}' = \mathfrak{a}\mathfrak{b}' = \mathfrak{b}\mathfrak{a}',$$

wo $\mathfrak{a}'$, $\mathfrak{b}'$ relative Primideale bedeuten. Ist ferner $\mathfrak{b}\mathfrak{c}$ teilbar durch $\mathfrak{a}$, so ist $\mathfrak{c}$ teilbar durch $\mathfrak{a}'$.

Denn weil $\mathfrak{a}$ und $\mathfrak{b}$ durch $\mathfrak{d}$ teilbar sind, so kann man (nach 6.) $\mathfrak{a} = \mathfrak{d}\mathfrak{a}'$, $\mathfrak{b} = \mathfrak{d}\mathfrak{b}'$ setzen; bedeutet nun $\mathfrak{d}'$ den größten gemeinschaftlichen Teiler der Ideale $\mathfrak{a}'$, $\mathfrak{b}'$, so ist (nach § 170, 1.) das Produkt $\mathfrak{d}\mathfrak{d}'$ ein gemeinschaftlicher Teiler von $\mathfrak{a}$, $\mathfrak{b}$, also auch ein Teiler von $\mathfrak{d}$, woraus (nach 6.) $\mathfrak{d}' = \mathfrak{o}$ folgt; mithin sind $\mathfrak{a}'$, $\mathfrak{b}'$ relative Primideale. Ist nun $\mathfrak{b}\mathfrak{c}$ teilbar durch $\mathfrak{a}$, also $\mathfrak{d}\mathfrak{b}'\mathfrak{c}$ teilbar durch $\mathfrak{d}\mathfrak{a}'$, so muß (nach 6.) $\mathfrak{a}'$ in $\mathfrak{b}'\mathfrak{c}$, mithin (nach § 171, 5.) auch in $\mathfrak{c}$ aufgehen. Hieraus folgen sofort die Behauptungen über $\mathfrak{m}$; da nämlich $\mathfrak{m}$ teilbar durch $\mathfrak{b}$, also (nach 6.) von der Form $\mathfrak{b}\mathfrak{c}$, zugleich aber auch teilbar durch $\mathfrak{a}$ ist, so ist $\mathfrak{c}$ teilbar durch $\mathfrak{a}'$, also $\mathfrak{m}$ teilbar durch $\mathfrak{b}\mathfrak{a}'$ (nach § 170, 1.); da aber umgekehrt dieses letztere Ideal $\mathfrak{b}\mathfrak{a}' = \mathfrak{d}\mathfrak{a}'\mathfrak{b}' = \mathfrak{a}\mathfrak{b}'$ ein gemeinschaftliches Vielfaches von $\mathfrak{a}$, $\mathfrak{b}$ ist, so muß es durch $\mathfrak{m}$ teilbar und folglich $= \mathfrak{m}$ sein, was zu beweisen war.

Erläuterungen zu den vorstehenden Abhandlungen XLVI bis XLIX

Im vorangehenden ist das „Elfte Supplement" in den verschiedenen Fassungen gegeben, vollständig in der letzten, während von den früheren nur jeweils das dort nicht übernommene gebracht wurde. Es zeigt sich, daß die Entwicklungen zur analytischen Zahlentheorie — Dedekindsche ζ-Funktion, transzendente Bestimmung der Klassenzahl — fast unverändert in alle Auflagen übernommen wurden, ebenso die Theorie der Einheiten. Dagegen hat das, was als Dedekinds ureigene Schöpfung zu bezeichnen ist, Körpertheorie und Idealtheorie, von Auflage zu Auflage neue Formen angenommen.

Die erste Begründung der Körpertheorie (in der 2. Auflage, XLVII) ruht vollständig auf hyperkomplexer Grundlage, einer Grundlage, die Dedekind später verlassen hat, weil sie für die hier vorliegenden Zwecke entbehrlich war, wohl auch um das Verständnis zu erleichtern; die hyperkomplexe Theorie war noch sehr kompliziert und formal. Die hyperkomplexe Auffassung, deren Wichtigkeit in neuester Zeit immer mehr hervortritt, steht aber auch hinter den späteren Fassungen; sie findet sich wieder ziemlich stark in Dedekind-Weber (vgl. die Erläuterungen zu XVIII). Die weiteren hyperkomplexen Arbeiten schließen direkt an die ursprüngliche Begründung der Körpertheorie an (vgl. die Erläuterungen zu XX).

Die ausführliche Entwicklung der Galoisschen Theorie in der heutigen Form findet sich erst in der 4. Auflage (XLVI), Andeutungen davon schon in der ersten Begründung der Körpertheorie (vgl. Anm. *) S. 228), weiter ausgeführte in den folgenden Darstellungen. Dedekind geht aus von der Betrachtung der Isomorphismen beliebiger Körper und ihrer Zusammensetzung, Betrachtungen, die erst in neuester Zeit wieder aufgenommen wurden; durch Spezialisierung auf Galoissche Körper kommt er zur Automorphismengruppe. Diese Auffassung der Galoisschen Gruppe als Automorphismengruppe ist einer der Ausgangspunkte in der neueren Entwicklung der Algebra geworden; Dedekind hat sie schon in seinen Göttinger Vorlesungen 1857/58 entwickelt (vgl. Anm. *) S. 52). Dabei arbeitet Dedekind bei dem Fortsetzungssatz der Isomorphismen ohne Benutzung eines primitiven Elements, ein Umstand, der ihm die Übertragung auf unendliche Körper ermöglichte (XXXI); auch das ist erst in neuester Zeit allgemein in die Algebra eingedrungen.

Die Entwicklung der Idealtheorie läuft ganz ähnlich wie die der Körpertheorie; die ersten Fassungen sind allgemeiner, aber noch sehr kompliziert. Die erste Begründung der 2. Auflage (XLVII) spaltet den Zerlegungssatz in zwei Teile: das Ideal wird als kl. gem. Vielf. (Durchschnitt) von symbolischen Primidealpotenzen dargestellt; erst dann wird der Produktbegriff eingeführt und zu der üblichen Zerlegungsform übergegangen. Dabei wird aber schon bei der Durchschnittsdarstellung benutzt, daß es sich um die Hauptordnung handelt; die ganze Abgeschlossenheit wird wesentlich herangezogen.

Die 3. Auflage enthält ein Stück allgemeine Idealtheorie, die eindeutige Zerlegung der Ideale einer Ordnung in Primärideale (einartige Ideale). Der ausgeführte Beweis fand sich im Nachlaß mit dem Vermerk „für die dritte Auflage kassiert, doch wichtig" und ist jetzt an der betreffenden Stelle wieder eingefügt (XLIX). Daß nur in der Hauptordnung die ausnahmslose Darstellung der Primärideale als Potenzen von Primidealen gilt, ist dort (XLIX, §172) klar ausgesprochen, ebenso, daß nur in der Hauptordnung ausnahmslos aus Teilbarkeit Produktdarstellung folgt; auch auf die Bedeutung der allgemeineren Idealtheorie ist hingewiesen. Bis auf diese Zufügungen ist der Aufbau aus der französischen Darstellung (XLVIII) übernommen, die im übrigen stärker als die übrigen Fassungen durch zahlreich eingefügte Beispiele den Charakter einer elementaren Einführung trägt.

Die 4. Auflage (XLVI) steht auf neuer Grundlage: sie stellt die Gruppeneigenschaft der ganzen und gebrochenen Ideale in den Vordergrund, indem auf Grund der ganzen Abgeschlossenheit — formal eingekleidet in einen allgemeinen Modulsatz — gezeigt wird, daß jedes Ideal ein eigentlicher (umkehrbarer) Modul ist. Diese Auffassung wollte Dedekind in einer nicht mehr zur Ausführung gekommenen 5. Auflage noch unterstreichen, dadurch, daß er von vornherein ganze und gebrochene Ideale seinen Definitionen zugrunde legte. Im übrigen plante er nach den vorgefundenen Notizen keine wesentliche Änderung des 11. Supplements, nur ein noch etwas stärkeres Hervorheben der formalen Modulidentitäten, im Anschluß an XXX.

Über die axiomatische Begründung der Idealtheorie, die überall durch Dedekindsche Gedankengänge beeinflußt ist, ist in den Erläuterungen zu XXV berichtet; die Begriffsbildungen des 11. Supplements durchziehen heute die ganze abstrakte Algebra.

MIX
Papier aus verantwortungsvollen Quellen
Paper from responsible sources
FSC® C105338

If you have any concerns about our products,
you can contact us on
ProductSafety@springernature.com

In case Publisher is established outside the EU,
the EU authorized representative is:
**Springer Nature Customer Service Center GmbH
Europaplatz 3, 69115 Heidelberg, Germany**

Printed by Libri Plureos GmbH
in Hamburg, Germany